Motorräder

Faszination und Abenteuer

HONDA

Motorräder

Faszination und Abenteuer

Roland Brown

Entwurf und Realisation: Stonecastle Graphics Ltd.

Parragon Books Ltd
Queen Street House
4 Queen Street
Bath BA1 1HE; UK

Übersetzung aus dem Englischen: Scriptorium GbR, Köln
Redaktion und Satz: Sabine Gerber, Köln
Koordination: trans texas GmbH, Köln

ISBN: 1-40544-603-X
Printed in China

Bildnachweis:
(l) = links, (M) = Mitte, (r) = rechts, (o) = oben, (u) = unten.

Ray Archer/R Brown: Seiten 9 *(u)*, 277 *(o)*.
Kevin Ash (© Roland Brown): Seiten 126, 127 *(o)*, 128 *(ur)*.
Graeme Bell (© Roland Brown): Seite 247 *(Mr)*.
© Roland Brown: Seiten 6, 8, 35 *(o)*, 65 *(o)*, 78–79, 82, 83 *(or)*, 83 *(u)*, 91, 100, 103 *(o)*, 106 *(u)*, 107, 110–111, 114, 115 *(u)*, 117 *(u)*, 130, 131 *(ol)*, 140 *(u)*, 141, 142–143, 144–145, 146–147, 152, 153 *(o)*, 154–155, 160–161, 166–167, 168, 169 *(ol)*, 169 *(u)*, 176 *(u)*, 177 *(o)*, 178–179, 198 *(o)*, 199 *(l)*, 205 *(u)*, 206 *(u)*, 207 *(l)*, 222, 223 *(o)*, 229 *(ul)*, 230, 232, 233 *(ol)*, 233 *(u)*, 234, 235 *(ur)*, 237 *(u)*, 239 *(r)*, 242, 243 *(M)*, 247 *(u)*, 251 *(l)*, 252, 253 *(ol)*, 253 *(u)*, 254–255, 257 *(Mr)*, 258 *(u)*, 259, 260, 261 *(r)*, 265 *(r)*, 268, 269 *(l)*, 271 *(or)*, 272, 273 *(ol)*, 273 *(Mr)*, 275, 276, 277 *(u)*, 278–279, 280, 281 *(ol)*, 282–283, 288–289, 290 *(u)*, 291, 293 *(o)*, 294–295, 297 *(ur)*, 298, 299 *(u)*, 302, 304, 305 *(l)*, 306, 307 *(ol)*, 307 *(Mr)*, 308, 309 *(l)*, 313 *(Ml)*, 313 *(or)*, 316–317.
Paul Bryant/R Brown: Seiten 243 *(o)*, 243 *(u)*.
Jean-Pierre Bulmet/R Brown: Seite 281 *(u)*.
Jack Burnicle (© Roland Brown): Seiten 108 *(o)*, 134–135, 136, 137 *(ul)*, 149 *(r)*, 156–157.
Jason Critchell/R Brown: Seiten 273 *(u)*, 290 *(o)*, 292, 293 *(ul)*, 293 *(ur)*.
Patrick Curtet/R Brown: Seite 258 *(o)*.
Richard Francis/R Brown: Seite 216 *(o)*.
David Goldman (© Roland Brown): Seiten 125 *(l)*, 162–163, 186–187, 202–203, 204, 205 *(ol)*, 205 *(or)*, 210, 211, 212 *(u)*, 213 *(ol)*, 213 *(u)*, 246, 247 *(ol)*, 249 *(o)*.
Gold & Goose (© Roland Brown): Seiten 31 *(u)*, 67 *(Mr)*, 77 *(ur)*, 98–99, 233 *(Mr)*, 309 *(r)*.
© Gold & Goose: Seiten 3, 172–173, 189 *(o)*, 192, 192 *(l)*, 198 *(u)*, 200–201, 208–209, 212 *(o)*, 214–215, 216 *(u)*, 217, 218–219, 228, 229 *(o)*, 229 *(ur)*, 235 *(ul)*, 238, 239 *(l)*, 251 *(r)*, 261 *(l)*, 264, 265 *(l)*, 274, 303 *(l)*.
Patrick Gosling (© Roland Brown): Seiten 37 *(r)*, 109 *(r)*.
© Mac McDiarmid: Seiten 42–43, 92–93, 104–105, 112–113, 117 *(o)*, 118–119.
Mac McDiarmid (© Roland Brown): Seiten 124, 125 *(r)*, 310–311.
Phil Masters (© Roland Brown): Seiten 1, 17 *(Mr)*, 56, 57 *(ol)*, 57 *(u)*, 58–59, 64, 65 *(ul)*, 65 *(ur)*, 68–69, 70–71, 72–73, 80–81, 83 *(ol)*, 84 *(o)*, 88–89, 90 *(o)*, 96–97, 102, 103 *(u)*, 115 *(o)*, 122–123, 128–129, 132–133, 137 *(Mr)*, 148, 149 *(l)*, 153 *(u)*, 175 *(o)*, 190–191, 196, 197 *(Mr)*, 197 *(u)*, 199 *(r)*, 206 *(o)*, 213 *(Mr)*, 220, 221 *(l)*, 223 *(u)*, 224–225, 226, 227 *(u)*, 235 *(o)*, 236, 237 *(ol)*, 250, 253 *(or)*, 262–263, 266–267, 270, 271 *(ol)*, 271 *(u)*, 284–285, 286–287, 296, 297 *(ul)*, 300–301, 307 *(u)*.
Wout Meppelink/R Brown: Seite 299 *(o)*.
© Andrew Morland: Seiten 7 *(or)*, 12, 13 *(ol)*, 13 *(u)*, 16, 17 *(or)*, 17 *(u)*, 18–19, 22–23, 32, 33 *(u)*, 36, 37 *(l)*, 40, 41 *(o)*, 41 *(u)*, 46–47, 48–49, 50–51, 54–55, 62, 63 *(or)*, 63 *(Ml)*, 76 *(u)*, 77 *(ul)*, 84 *(u)*, 85, 108 *(u)*, 109 *(l)*.
© Don Morley: Seiten 10–11, 14–15, 169 *(Mr)*, 170–171.
Kenny P (© Roland Brown): Seiten 244, 245 *(ol)*, 245 *(or)*.
© Colin Schiller: Seite 9 *(o)*, 176 *(o)*, 177 *(ul)*, 177 *(ur)*, 180–181, 182–183, 185 *(ol)*, 185 *(u)*, 188, 189 *(u)*, 197 *(o)*.
© Garry Stuart: Seiten 7 *(ol)*, 7 *(u)*, 13 *(or)*, 20–21, 24–25, 26–27, 28–29, 30, 31 *(ol)*, 31 *(or)*, 33 *(o)*, 34, 35 *(u)*, 38, 39 *(o)*, 44–45, 52, 53 *(o)*, 57 *(Mr)*, 63 *(ul)*, 76 *(o)*, 90 *(u)*, 94–95, 101, 150, 151 *(o)*, 151 *(ul)*.
Oli Tennent/R Brown: Seiten 312, 313 *(u)*.
Oli Tennent (© Roland Brown): Seiten 2, 39 *(u)*, 41 *(Mr)*, 53 *(u)*, 60–61, 66, 67 *(ol)*, 67 *(u)*, 74–75, 86–87, 106 *(o)*, 116, 117 *(Mr)*, 120–121, 127 *(Mr)*, 131 *(Mr)*, 131 *(u)*, 138–139, 140 *(o)*, 151 *(ur)*, 158–159, 164–165, 174, 175 *(u)*, 184, 185 *(or)*, 193 *(r)*, 194–195, 207 *(r)*, 221 *(r)*, 227 *(o)*, 231, 237 *(Mr)*, 240–241, 248, 249 *(ul)*, 249 *(ur)*, 256, 257 *(ol)*, 257 *(u)*, 303 *(r)*, 314, 315.
Mark Wernham/R Brown: Seite 305 *(r)*.

Inhalt

Einleitung *6*

1900–1940 **Die Evolution des Feuerstuhls** *10*
FN Four *12* • Scott Two-speed *14* • Williamson Flat Twin *16* • Zenith Gradua V-Twin *18* • Pope V-Twin *20* • Harley-Davidson Model 11F *22* • Flying Merkel V-Twin *24* • Cyclone V-Twin *26* • Indian Powerplus *28* • Excelsior V-Twin *30* • Brough Superior SS100 *32* • Henderson KJ *34* • Norton International *36* • Indian Sport Scout *38* • Velocette KSS *40* • Rudge Ulster *42* • Crocker V-Twin *44* • Excelsior Manxman *46* • Harley-Davidson Knucklehead *48* • Triumph Speed Twin *50* • Indian Four *52*

1941–1959 **Zwei ist Trumpf** *54*
Scott Flying Squirrel *56* • Ariel Square Four *58* • Sunbeam S8 *60* • Vincent Black Shadow *62* • Gilera Saturno Sport *64* • Indian Chief *66* • Triumph Tiger 100 *68* • Ariel Huntmaster *70* • BSA Gold Star Clubman *72* • BSA Road Rocket 650 *74* • Harley-Davidson Sportster *76* • Triumph Thunderbird 650 *78* • Royal Enfield Constellation *80* • Moto Guzzi Falcone *82* • Norton Dominator 88 *84* • Matchless G12 de Luxe *86*

Die 1960er **Großbritanniens letztes Gefecht** *88*
Triumph T120 Bonneville *90* • Norton 650SS *92* • BSA Rocket Gold Star *94* • Dresda Triton *96* • Honda CB450 *98* • Velocette Venom Thruxton *100* • Suzuki T500 *102* • Bridgestone 350 GTR *104* • Norton Commando *106* • Triumph Trident *108* • Yamaha XS-1 *110*

Die 1970er **Auftritt der Superbikes** *112*
Honda CB750 *114* • Yamaha YR5 *116* • Rickman Interceptor *118* • Kawasaki H2 750 *120* • Suzuki GT750 *122* • Laverda 750 SFC *124* • Moto Guzzi V7 Sport *126* • MV Agusta 750 Sport *128* • Kawasaki Z1 *130* • BMW R90S *132* • Benelli 750 Sei *134* • Ducati 900SS *136* • Laverda Jota *138* • Moto Guzzi Le Mans *140* • Suzuki GS750 *142* • Harley-Davidson Cafe Racer *144* • Yamaha XS750 *146* • Bimota SB2 *148* • MV Agusta Monza *150* • Honda CBX1000 *152* • Suzuki GS1000 *154* • Yamaha XS1100 *156* • Honda CB900F *158* • Kawasaki Z1300 *160*

Die 1980er **Entwicklung des Superbikes** *162*
Suzuki GSX1100 *164* • Kawasaki GPz1100 *166* • Yamaha RD350LC *168* • Honda CB1100R *170* • Suzuki Katana 1100 *172* • Bimota HB2 *174* • Honda CX500 Turbo *176* • Kawasaki Z1100R *178* • Honda VF1000R *180* • Yamaha RD500LC *182* • Kawasaki GPZ900R *184* • Laverda SFC 1000 *186* • Yamaha FZ750 *188* • Suzuki GSX-R750 *190* • Yamaha V-Max *192* • Honda VFR750F *194* • Suzuki GSX-R1100 *196* • Yamaha FJ1200 *198* • Honda RC30 *200* • Ducati 900SS *202* • Buell RS1200 *204* • BMW K1 *206* • Kawasaki ZXR750 *208* • Bimota YB6 EXUP *210* • Ducati 851 *212*

Die 1990er **An die Grenzen** *214*
Kawasaki ZZ-R1100 *216* • Yamaha FZR1000 *218* • Triumph Trophy 1200 *220* • Honda CBR900RR *222* • Ducati 900 Superlight *224* • Moto Guzzi Daytona *226* • Honda NR750 *228* • Yamaha GTS1000 *230* • Boss Hoss V8 *232* • Ducati 916 *234* • Triumph Speed Triple *236* • Kawasaki ZX-9R *238* • Ducati 748SP *240* • Honda Super Blackbird *242* • Suzuki GSX-R750T *244* • Harris Magnum 5 *246* • Bimota YB11 *248* • Honda Valkyrie *250* • BMW K1200RS *252* • Triumph T595 Daytona *254* • Suzuki TL1000S *256* • Yamaha YZF-R1 *258* • BMW R1100S *260* • Aprilia RSV Mille *262* • Yamaha YZF-R7 *264* • MV Agusta 750 F4 *266* • Buell Lightning X1 *268* • Honda X-11 *270* • Harley-Davidson Dyna Super Glide Sport *272* • Yamaha YZF-R6 *274* • Suzuki Hayabusa *276*

21. Jahrhundert **Schneller, leichter, stärker** *278*
Honda FireBlade *280* • Aprilia Mille R *282* • Kawasaki ZX-12R *284* • Bimota SB8K *286* • Marine Turbine Technologies Y2K *288* • Cagiva V-Raptor *290* • Honda SP-1 *292* • Kawasaki ZX-6R *294* • Ducati MH900e *296* • Yamaha FJR1300 *298* • Suzuki GSX-R1000 *300* • Triumph Daytona 955i *302* • Honda CBR600F Sport *304* • Ducati ST4S *306* • Yamaha Fazer 1000 *308* • MV Agusta Brutale *310* • Harley-Davidson V-Rod *312* • Honda VFR VTEC *314* • Ducati 998 *316*

Register *318*

Einleitung

Die Faszination schneller Motorräder ist seit über einem Jahrhundert ungebrochen. In dieser Zeit haben sie sich von einfachen Einzylindermaschinen zu technischen Wunderwerken entwickelt, die Endgeschwindigkeiten von ca. 320 km/h erreichen können. Das Gefühl, den Lenker zu fassen und den Gasgriff bis zum Anschlag aufzudrehen, ist aber dasselbe geblieben – ob man nun auf einem neuen Superbike oder auf einer V2-Maschine aus den frühen Jahren des letzten Jahrhunderts sitzt.

Der Reiz schneller Motorräder ist stark von Emotionen bestimmt: Kontrolle, Freiheit, der direkte Kontakt zur Natur, ein Hauch von Gefahr, und nicht zu vergessen das unglaubliche Gefühl der Beschleunigung – die Maschinen haben durch ihr Leistungsgewicht eine Beschleunigung, von der andere Verkehrsteilnehmer nur träumen. Das galt vor 100 Jahren, als man das Motorrad vielleicht als Alternative zum Pferd wählte, genauso wie heute für alle, die zum Vergnügen oder um dem Alltagsstress zu entfliehen aufs Motorrad steigen.

Aber Geschwindigkeit und Spaß sind nicht die einzigen Gründe, warum Menschen Motorrad fahren. Steigende Ansprüche an Styling, leichte Handhabung und Komfort auf langen Strecken haben die Designer dazu bewogen, über die Jahre eine Vielzahl unterschiedlicher Motorräder zu entwerfen, die vielfach all diesen Ansprüchen gerecht werden. Die Leistung war seit den Anfängen immer ein entscheidender Faktor der Faszination Motorrad, und viele der herausragenden Maschinen, die seitdem entwickelt wurden, verdienen die Bezeichnung „schnell" zu Recht.

Dies gilt zumindest für die Motorräder in diesem Buch, die von den frühen V2-Motoren der Indian und der Flying Merkel bis zu Harley-Davidsons neuester V-Rod reichen, und von Vierzylindermaschinen wie der Henderson und der belgischen FN bis zur Yamaha YZF-R1 und der Suzuki GSX-T1000. Dazwischen finden sich Einzylinder, Twins und andere Motorentypen wie Dreizylinder oder Sechszylinder. Es ist eine sagenhafte Reihe von Maschinen, die der Geschichte des Motorrads seit der Entwicklung der ersten motorisierten Zweiräder bis zu den schnellsten und besten Bikes folgt, die bis heute gebaut wurden.

Frühe Rennmaschinen

Schnell ist ein relativer Begriff, und heute würde das niemand mehr über ein Motorrad sagen, das nur 40 km/h macht. Das war jedoch die Spitzengeschwindigkeit des ersten Serienmotorrads, das von Hildebrand und Wolfmüller 1894 in Deutschland gebaut wurde. Wenn man bedenkt, dass die Vorderradradbremse dieser wassergekühlten Zweizylindermaschine mit 1500 ccm Hubraum aus zwei Holzklötzchen bestand, welche auf das Profil des Vorderrades gedrückt wurden, kam einem die Maschine bestimmt schnell genug vor.

Die Hildebrand und Wolfmüller war sicher ein Fortschritt gegenüber dem ersten Motorrad, dem hölzernen Einzylinder-„Reitwagen" mit 265 ccm Hubraum,

Links unten: *Das erste Serienmotorrad der Welt war die Hildebrand und Wolfmüller, deren V2-Motor 2,5 PS bei 240 Umdrehungen leistete und mit einem Hubraum von 1500 ccm eine Höchstgeschwindigkeit von 40 km/h erreichte. Am Münchner Hauptsitz und als Lizenz in Frankreich wurden insgesamt etwa 1000 Maschinen produziert.*

Rechts unten: *Obwohl dampfgetriebene Fahrräder bereits in den 1860ern gebaut wurden, war Gottlieb Daimlers „Reitwagen" aus dem Jahr 1885 das erste echte Motorrad. Das hölzerne Rad mit seinem Viertakt-Einzylindermotor und einem Hubraum von 264 ccm drehte mit maximal 800 Umdrehungen und wurde mit Benzin, Kohle oder Gas angetrieben. Daimler wandte seine Aufmerksamkeit aber bald den Automobilen zu.*

den Gottlieb Daimler neun Jahre zuvor gebaut hatte. Aber erst 1901 wurde ein Motorrad konstruiert, wie wir es heute kennen. Es waren die französischen Brüder Werner, deren Firma Räder mit verschiedenen Motorpositionen baute, die einen Einzylindermotor nicht über das Vorderrad, sondern zwischen die Räder setzten.

Die so entstandene „neue Werner" war wesentlich stabiler, da ihr Schwerpunkt niedriger lag, und legte die Grundform fest, der bis auf einige auffällige Ausnahmen bis heute alle Motorräder folgen. Von da an verlief der Fortschritt sehr schnell. Die amerikanische Firma Indian baute ihr erstes Modell, drei Jahre später folgte die Harley-Davidson. Als auf beiden Seiten des Atlantiks der Bedarf des Individualverkehrs rapide anstieg, baute eine wachsende Anzahl von Firmen Motorräder mit verschiedensten Konfigurationen.

Links oben: *Die amerikanische Firma Flying Merkel war einer der innovativsten frühen Hersteller und produzierte schnelle V2-Motoren, die normalerweise in einem leuchtend orangefarbenen Rahmen saßen. Dies ist ein Rennmotorrad mit Sportlenker und kurzen, ungedämpften Auspuffrohren.*

Rechts oben: *Nortons 500-ccm-International wurde 1932 vorgestellt und war eines der besten und berühmtesten Einzylindermodelle der Ära, die von britischen Motorradherstellern dominiert wurde. Zu ihren leistungsstarken Konkurrenten zählte die BSA Gold Star.*

Links: *Brough Superior war eindeutig die schickste Marke vor dem Zweiten Weltkrieg. George Broughs V2-Motoren waren schnell, elegant und hervorragend konstruiert. Dennoch beeinflusste ein anderes britisches Motorrad, die Triumph Speed Twin, die Motorradwelt der Nachkriegszeit am deutlichsten.*

Leistung und Geschwindigkeit durch die Verdopplung der Zylinder zu erhöhen, um einen großvolumigen V2-Motor zu kreieren, war eine logische Weiterentwicklung, die besonders in Amerika sehr beliebt war. Verbesserungen im Detail, wie Harleys voll mechanisch gesteuerte Ventile oder die oben liegende Nockenwelle von Cyclone, folgten. 1914 kam die erste Rennmaschine von Peugeot mit zwei oben liegenden Nockenwellen und Zylinderköpfen mit vier Ventilen. Andere, wie etwa der Brite Scott, verfolgten einen anderen Ansatz. Er produzierte 1910 eine schnelle, wassergekühlte Zweitakt-Parallel-Twin mit einer Telegabel, einem Kickstarter und Kettenantrieb.

Die meisten amerikanischen Firmen gingen in den Jahren nach dem Ersten Weltkrieg Bankrott, da Ford sein erstes in Masse produziertes Auto, das Model T, verkaufte. In Europa hatten Motorräder eine Blütezeit, und leistungsstarke Maschinen wie die Brough Superior V-Twin und die luxuriöse, wenn auch leider fehlerhafte, Ariel Square Four wurden gebaut. Triumphs Speed Twin, deren Name ebenso ambitioniert war wie ihr paralleler Zweizylindermotor, kam 1937 auf den Markt und machte eine Linie populär, mit der britische Marken wie BSA und Norton die Motorradwelt 30 Jahre lang dominieren sollten.

Bis zu den 60er-Jahren hatten sich die Höchstgeschwindigkeiten enorm gesteigert, und die Triumph Bonneville oder die Norton Commando Twin erreichten Geschwindigkeiten von ca. 160 km/h. Durch ein Chassis, das einen Stahlrohrrahmen mit Telegabeln und zwei Heckstoßdämpfern kombiniert, hatten diese Motorräder eine außergewöhnlich gute Straßenlage im Gegensatz zu den früheren Modellen mit Trapezgabel und dem alten „hard-tail"-Heck oder der eher rauen Geradwegfederung.

Der nächste große Schritt kam aus Japan. Die Honda CB750 von 1969 war zwar der wenige Monate früher eingeführten Triumph Trident mit 750 ccm in Geschwindigkeit oder Handling nicht überlegen, spielte aber mit ihrer Ausstattung mit Scheibenbremsen, E-Starter und einem zuverlässigen Vierzylindermotor in einer anderen Liga. Kawasakis 903-ccm-Z1, Suzukis GS 1000 und andere trieben das japanische Vierzylinderformat weiter voran, wodurch sich die Höchstgeschwindigkeit auf 225 km/h erhöhte. Die italienischen Marken hielten mit ausgewiesenen Superbikes wie der Ducati 900SS und der Moto Guzzi Le Mans dagegen, deren feines Handling die Japaner dazu zwang, ihre eigenen Chassis zu verbessern, um dem Konkurrenzdruck standzuhalten.

Unten: *Kurz nach der Honda CB 750 Vierzylinder kam 1974 die Kawasaki Z1 mit 903 ccm Hubraum auf den Markt und setzte einen neuen Leistungsstandard. Mit 82 PS und einer Höchstgeschwindigkeit von 209 km/h führte die Z1 das Motorlayout mit quer eingebautem Vierzylinder mit zwei oben liegenden Nockenwellen ein, das auch noch drei Jahrzehnte später den Motorradbau dominieren sollte – wenn auch verfeinert durch Flüssigkeitskühlung und vier oder fünf Ventile pro Zylinder.*

Links: Hondas VF100R war 1984 ein technisch ausgereiftes Superbike. Ihr flüssigkeitsgekühlter V4 lieferte 122 PS, die die schlanke, vollverkleidete Honda auf 241 km/h beschleunigten. Die Kawasaki GPZ900R mit ihrem günstigeren Reihenvierzylinder genoss allerdings mehr Einfluss.

Unten: Suzukis GSX1300R Hayabusa ist zweifellos das schnellste Serien-Superbike des 20. Jahrhunderts. Ihre Spitzengeschwindigkeit von 306 km/h war das Resultat einer gezielten Entwicklung im Windkanal sowie des mächtigen Vierzylinders mit 173 PS.

Auftakt der Renn-Replicas

Bis zur Mitte der 80er hatten japanische Vierzylinder wie die Kawasaki GPZ900R und die Honda VF100R die Wunschliste der Superbike-Fahrer um Flüssigkeitskühlung, Vollverkleidung und eine Höchstgeschwindigkeit von 240 km/h ergänzt. Mit Suzukis GSX-R750 wurde der Trend zu Renn-Replicas mit aggressivem Styling, Aluminiumrahmen und kompromisslosem Charakter eingeleitet. Die Honda CBR900RR und die Yamaha YZF-R1 steigerten das Tempo in den 90ern im Kampf um mehr Leistung und geringes Gewicht auf 274 km/h, während Ducatis 916 und ihre Nachfolger mit ihren V2s und Gitterrohrrahmen eine immer schnellere Konkurrenz zu den Japanern anführten.

Das jetzige Jahrtausend begann mit einer freiwilligen Leistungsbegrenzung etwa der Kawasaki ZX-12R und der Suzuki Hayabusa auf 300 km/h, da man fürchtete, dass ihre enorme Leistung in vielen Ländern zu strengeren Gesetzen führen könnte. Die modernen Superbikes sind für heutige Straßen- und Verkehrsverhältnisse allemal schnell genug. Da aber immer mehr Superbike-Fahrer mit ihren Motorrädern auf Rennstrecken gehen, wo sie ihre Motorräder in relativ sicherer Umgebung voll ausreizen können, und die Maschinen regelmäßig mit mehr Leistung und weniger Gewicht überarbeitet werden, ist die Geschichte der schnellen Motorräder noch nicht zu Ende geschrieben, und wird es hoffentlich auch nie sein.

MD
4299

1900–1940 **Die Evolution des Feuerstuhls**

Die Motorradbauer brauchten nicht lange, um die einfachen Einzylinder des 19. Jahrhunderts entscheidend weiterzuentwickeln. Schon vor dem Ersten Weltkrieg bauten viele Firmen kraftvolle Zweizylinder und laufruhige Vierzylinder, da sich immer mehr Menschen für den Spaß und die Nützlichkeit eines Motorrades begeistern ließen.

In den 20ern und 30ern waren dann zunehmend schnelle und hoch entwickelte Einzylinder populär, während Zweizylindermaschinen wie die Triumph Speed Twin und die Brough Superior mit Spitzengeschwindigkeiten von 160 km/h bereitstanden, um die Welt der leistungsstarken Motorräder in die nächste Dimension zu führen.

FN Four

Spitze
64 km/h

Die Vierzylindermaschinen des belgischen Herstellers FN waren nicht die schnellsten Motorräder der frühen Jahre, aber sie zählten mit Sicherheit zu den laufruhigsten und am höchsten entwickelten. Die 1904 vorgestellte FN Four war mit ihren fortschrittlichen Eigenschaften wie z. B. einer Kardanwelle und einem leichten und effizienten Chassis eine Sensation. Sie war ebenfalls ein kommerzieller Erfolg und wurde in mehreren Entwicklungsstufen über zwei Jahrzehnte hinweg gefertigt.

FN wurde 1899 als Waffenfabrik unter dem Namen Fabrique Nationale d'Armes de Guerre in Herstal, südlich von Lüttich, gegründet. Das Unternehmen begann 1901 mit dem Bau von Fahrrädern und fertigte im darauf folgenden Jahr auch Motorräder, zunächst Einzylinder mit 225 und 286 ccm Hubraum.

Die Four ist das geistige Kind des Designers Paul Kelecom, der zuvor Motoren unter seinem eigenen Namen entwickelt und gebaut hatte. Diese wurden in den in London gebauten Ormonde-Motorrädern verbaut, von denen eines sogar 1903 an dem prestigeträchtigen Rennen Paris–Madrid teilgenommen hatte. Aus dieser Zeit kannte Kelecom die Probleme der frühen Einzylinder wie rutschende Antriebsriemen und Vibrationen und die daraus entstehenden Belastungen und Unzuverlässigkeiten des Chassis.

Kelecoms Lösung war ein Reihenvierzylindermotor mit 362 ccm, der dank seiner gegenläufigen inneren und äußeren Zylinderpaare sehr ruhig lief. Die vier Zylinder waren einzeln gegossen, und die Zylinderköpfe waren nicht abnehmbar. Wie zu dieser Zeit üblich, wurden die Auslassventile der FN von Wellen gesteuert, während die Einlassventile „automatisch“

__Rechts:__ Die hoch entwickelten Vierzylinder von Paul Kelecom waren Anfang des letzten Jahrhunderts eine Sensation. Der Hubraum wuchs über die Jahre von ursprünglich 362 ccm auf 748 ccm.

__Unten:__ Diese FN Four aus dem Jahr 1922 ist eines der letzten 748-ccm-Modelle vor der Einführung des Kettenantriebs. Schon die ersten Modelle besaßen eine Teleskopgabel.

Pierce Arrow – Der erste amerikanische Vierzylinder

Percy Pierce, der sich um die Zweiradschiene der Auto- und Fahrradfirma seines Vaters in Buffalo, New York, kümmerte, baute 1909 den ersten amerikanischen Vierzylinder, nachdem er sich eine FN aus Europa mitgebracht hatte. Der Einfluss des belgischen Motorrads ist deutlich, aber die Pierce Arrow war keine Kopie. Die Ventile ihres 696-ccm-Motors waren seitengesteuert, und sie besaß einen Kardanantrieb wie die FN. Der Rahmen aus Stahlrohren mit großem Durchmesser fungierte auch als Öl- und Benzintank. Die Arrow schaffte über 80 km/h, lief ruhig, war zuverlässig und gewann mehrere Wettbewerbe. Kommerziell war sie ein Misserfolg – 1913 wurde die Produktion eingestellt.

durch den Unterdruck des Zylinders geöffnet und durch eine kleine Feder wieder geschlossen wurden.

Kardanantrieb

Wesentlich innovativer waren die lange, aus einem Stück bestehende Kardanwelle mit ihren fünf Hauptlagern und das gusseiserne Kurbelgehäuse mit seinen vier kleinen Sichtfenstern, durch die man den Ölstand an den Pleuellagern kontrollieren konnte.

Das Motorrad hatte bis 1908 nur einen Gang, dann wurden ein Zweiganggetriebe und eine Kupplung eingeführt. Aber selbst die erste Four besaß einen Endantrieb mit einer sauber in ein Rahmenrohr eingesetzten Kardanwelle.

Der Rahmen war ein Zweischleifenmodell, dessen Rohre beiderseits des Motors verliefen. Das Hinterrad war ungefedert, aber das Vorderrad der FN besaß eine der ersten Teleskopfederungen in einer Kombination mit einer Parallelogramm-Anordnung. Das Vorderrad war ungebremst, dafür fanden sich am Hinterrad zwei Bremsen: eine Trommelbremse, die durch Rücktritt betätigt wurde, und ein von Hand bedientes Band, dass sich bei Bedarf um die Bremstrommel zusammenzog.

Einige Menschen hielten die FN für zu ungewöhnlich und komplex, um ein wirtschaftlicher Erfolg zu werden, aber Kelecoms Schöpfung setzte sich durch. Ihr Hubraum wuchs zunächst auf 412 ccm und 1911 sogar auf 491 ccm, und die Spitzengeschwindigkeit konnte auf 64 km/h gesteigert werden. Vor dem Ersten Weltkrieg wurde die FN erneut überarbeitet und hatte jetzt 748 ccm, dann aber musste die von den Deutschen besetzte Fabrik Fahrräder für die Wehrmacht bauen. Nach dem Krieg nahm ihre Popularität ab, und die Produktion wurde 1929 eingestellt, drei Jahre nach der letzten Überarbeitung, bei der unter anderem die Kardanwelle durch eine Antriebskette ersetzt wurde.

Links oben: FN vergrößerte den Hubraum und führte in den mehr als 20 Produktionsjahren der Four Verbesserungen wie eine Kupplung und ein Zweiganggetriebe ein.

Links: Die belgische Marke kam vom Waffen- und Fahrradbau her und baute Motorräder bis 1957, als die Konkurrenz billiger Autos zu groß wurde.

Bezeichnung	**FN** Four (1906)
Motor	4 Zylinder in Reihe, luftgekühlt
Hubraum	412 ccm (48 x 57 mm)
Leistung	2,94 kW (4 PS)
Kraftübertragung	Ein Gang, Endantrieb per Kardanwelle
Rahmen	Stahlrohrrahmen
Federung	Teleskopgabel vorne; hinten keine
Bremsen	vorne keine; hinten Trommel und Zugband
Gewicht	75 kg
Spitzengeschwindigkeit	64 km/h

Scott Two-speed

Spitze 80 km/h

Unten: Diese Scott mit 450 ccm war 1910 mit Kickstarter, Zweiganggetriebe und Kettenantrieb äußerst fortschrittlich. Der zylindrische Benzintank unter dem Sitz sollte viele Jahre lang das Markenzeichen der Motorräder aus Yorkshire bleiben. Die Teleskopgabel dieser Maschine wurde von 1908 bis 1930 gebaut.

Die Motorräder von Alfred Angus Scott und seiner in Yorkshire beheimateten Firma zählen zu den innovativsten und technisch brillantesten Fahrzeugen der frühen Jahre – und zu den schnellsten. Scotts parallele Zweitakt-Zweizylinder waren in Aussehen, Klang und Leistung mit nichts anderem auf zwei Rädern vergleichbar. Sie stellten ihre Geschwindigkeit bei zahllosen Gelegenheiten unter Beweis, nicht zuletzt, indem sie die Isle of Man Senior TT 1912 und 1913 in Folge gewannen.

Alfred Scott war wirklich etwas Besonderes. Der Sohn einer Großfamilie mit 13 Jungs begann 1901 mit Experimenten mit motorisierten Fahrrädern und produzierte drei Jahre später einen ersten luftgekühlten Zweitakt-Zweizylinder. 1908 begann er in Bradford mit der Produktion eines Motorrads mit einer 333-ccm-Version des Zweitaktmotors, deren Zylinderköpfe nun wassergekühlt waren.

Der parallel angeordnete Zweizylinder besaß ein zentrales Schwungrad zwischen zwei unabhängigen Kurbelgehäusen. Scott hatte ein einfaches, aber effizientes Zweiganggetriebe und den ersten Kickstarter der Welt entwickelt. Diese außergewöhnliche Maschine besaß einen unverwechselbaren Zweitakter-Sound, dessen Bandbreite zwischen leisem Schnurren und schrillem Jaulen untrennbar zum Fahrerlebnis auf einer Scott gehörte.

Erfolg am Berg

Scott gelang 1908 ein beeindruckendes Wettbewerbsdebüt, als er mit seiner 333-ccm-Zweizylinder beim wichtigsten Bergrennen in Newnham in den englischen Midlands antrat. Nachdem er sein Motorrad mit dem hinten montierten Kickstarter angelassen hatte (alle anderen mussten anschieben und aufspringen), nutzte er die überlegene Beschleunigung des Zweitakters, um gleich drei Rennen zu gewinnen.

Seine Rivalen versuchten, ein Handicap für Zweitakter (durch Multiplikation der Leistungsklasse mit 1,32) zu erreichen, indem sie argumentierten, dass die zusätzlichen Zündimpulse einen unfairen Vorteil bedeuteten. Scott nutzte diese Kampagne für seine Werbung, und seine Motorräder gewannen noch viele Bergrennen. Dann vergrößerte er den Hubraum seines Motors auf 486 ccm und 1912 auf 532 ccm, wodurch der Twin 80 km/h schnell wurde.

Ebenso ungewöhnlich und beeindruckend wie der Motor war auch Scotts Chassis. Er entwickelte einen offenen Duplex-Rahmen aus geraden, dreieckig angeordneten Stahlrohren, die den Motor als tragendes Teil nutzten. Ihre legendäre Straßenlage verdankt die Maschine der starren Konstruktion und dem tiefen Schwerpunkt. Dies und die Teleskopgabel sind Entwicklungen, bei denen Scott Pionierarbeit leistete. Die zurückgebogenen Lenkergriffe und der fassförmige Tank, der in einem charakteristischen Violett mit zwei silbernen Bändern lackiert war, trugen ebenfalls zur Einzigartigkeit der Motorräder bei.

Der Ruhm der Zweitakter wuchs, als Frank Applebee die Isle of Man Senior TT 1912 auf einer Scott mit innovativem Drehschieber gewann. Applebee schaffte eine Rundengeschwindigkeit von fast 80 km/h und gewann mit mehr als sechs Minuten Vorsprung. Ein Jahr später gewann der Werksmechaniker Tim Wood bei der Tourist Trophy, nachdem Applebee in Führung liegend ausgeschieden war.

Bei der Tourist Trophy 1914 stand Wood kurz vor dem dritten Sieg für Scott, als er mechanische Probleme bekam. Aber auch so hatte Scott Leistung und Zuverlässigkeit seiner Zweizylinder bewiesen, und die Maschinen waren äußerst beliebt. Vor allem bei den höheren Berufsständen, die „das Kultivierte, Feine und Schöne am Motorradfahren" schätzten, wie es ein Zeitzeuge formulierte.

Es war reizvoll, dass die Serienmaschinen bis auf den fehlenden Drehschieber den Rennfahrzeugen sehr ähnlich waren. Die 1922 vorgestellte Squirrel Sportster war ein Riesenerfolg, genau wie drei Jahre später die Super Squirrel, immer noch mit dem unverwechselbaren „Keksdosentank".

Bezeichnung	**Scott** Two-Speed
Motor	Parallel-2-Zylinder, luftgekühlt, 2-Takt
Hubraum	532 ccm (73 x 63,5 mm)
Leistung	ca. 2,2 kW (3 PS)
Kraftübertragung	Zweiganggetriebe, Kettenantrieb
Rahmen	gerade Stahlrohre im Dreiecksverbund
Federung	Teleskopgabel vorne; hinten keine
Bremsen	Felgenbremse vorne; Nabenbremse hinten
Gewicht	91 kg
Spitzengeschwindigkeit	80 km/h

Links: Die Frontansicht zeigt den Kühler des unverwechselbaren wassergekühlten Zweitakters. Der außergewöhnliche Geradeauslauf und das gute Handling machten die Maschinen in den 20ern beliebt und konkurrenzfähig.

Oben: Der Motor der Scott war ein nach vorne geneigter Zweizylinder mit zentralem Schwungrad, der als tragendes Teil des Stahlrohrrahmens fungierte. Dieser Motor von 1912 hatte 3,75 PS.

Links: Diese 600-ccm-Scott stammt von 1926 und besitzt eine Handschaltung. Der so genannte „Keksdosentank" ist in den traditionellen Firmenfarben Violett und Silber lackiert.

Williamson Flat Twin

Spitze
88 km/h

Rechts: Der 964-ccm-Boxer wurde von Douglas in Bristol gebaut und dann zu Williamson nach Coventry transportiert. Für ein Kleinstauto gebaut, eignete er sich auch für Motorräder.

Unten: Die Williamson war nicht das schnellste der hubraumstarken Motorräder, aber ihre 80 km/h, die Leistung und das rudimentäre Bremssystem garantierten Spaß und Spannung.

Billy Williamsons Motorräder zählen zu den ungewöhnlichsten und erfolgreichsten der Jahre vor dem Ersten Weltkrieg. Die kleine Firma aus Coventry in den englischen Midlands baute große Boxermotoren mit 964 ccm, die die bekanntere Firma Douglas aus Bristol ursprünglich für ein vierrädriges Kleinstauto entworfen hatte.

Williamson war eine schillernde Persönlichkeit und war Managing Director der Firma Rex, bevor er und sein Bruder Harold, der dort als Vertriebsleiter arbeitete, 1911 kündigten.

Harold heuerte bei Singer an – Billy baute mit Unterstützung durch William Douglas sein eigenes Unternehmen auf, der sich auf die Produktion von längs eingebauten Boxermotoren mit 350 ccm spezialisiert hatte. Douglas hatte auch den größeren, flüssigkeitsgekühlten Boxer für das Kleinstauto entwickelt und wollte durch die Verwendung in Motorrädern einen Teil der Entwicklungskosten wieder hereinholen.

Anlasskurbel

Douglas baute die Motoren und verschiffte sie nach Coventry zu Williamson, dem sich Harold bald als Testfahrer zugesellte. Der Motor war seitengesteuert und verriet seine automobile Herkunft durch eine herausstehende Klaue, in die zum Starten eine Anlasskurbel eingesetzt wurde. Das Zweiganggetriebe von Douglas wurde per Handschaltung und Kupplungspedal bedient.

Die Williamson war eine schicke und gut gebaute Maschine, deren Doppelschleifenrahmen eine Douglas-Druid-Vorderradfederung mit zwei unter Spannung stehenden Federn hielt. Ansonsten war das Chassis einfach gehalten. Es besaß keine Hinterradfederung und ein Bremssystem, das lediglich aus einer Felgenbremse vorne und einem per Fußpedal bedienten Zugband hinten bestand.

Williamson verbesserte das Motorrad in den zwei Jahren nach seiner Einführung 1912, indem er vor allem einen Kickstarter und ein optionales Dreiganggetriebe hinzufügte. Das Unternehmen entwickelte auch eine luftgekühlte Version des Boxers, die mit 75 Pfund gut 7 Pfund günstiger war als die flüssigkeitsgekühlte Variante. Der Ausbruch des Ersten Weltkrieges bedeutete das Ende der Williamson Flat Twin, da die Produktion eingestellt wurde und der Douglas-Motor nach dem Krieg nicht mehr verfügbar war.

Billy Williamson gab nicht auf und baute das Motorrad so um, dass es einen seitengesteuerten V2 mit 980 ccm von JAP in London aufnehmen konnte. Das neue Motorrad sollte 1920 in Produktion gehen, aber Billy Williamson erlitt einen tödlichen Herzinfarkt. Einer der großen Charaktere der frühen Industriegeschichte der britischen Motorräder war gegangen und mit ihm der Traum von einer neuen Generation von Maschinen aus Coventry.

Douglas – Die Boxerfirma

Das in Bristol heimische Unternehmen Douglas, das den flüssigkeitsgekühlten 964-ccm-Motor für Williamson lieferte, war für seine kleineren luftgekühlten 350-ccm-Boxer bekannt, die ebenfalls längs eingebaut wurden. Diese seitengesteuerten Motoren lieferten nur wenig Leistung, waren aber dank ihres geringen Gewichts von weniger als 79 kg recht schnell. 1912 belegte das Unternehmen bei der Isle of Man Junior TT den ersten und den zweiten Platz und gewann den spanischen Grand Prix in der 350er-Klasse.

Douglas hatte 1906 mit dem Bau von Boxern begonnen, nachdem die Firma das Recht erworben hatte, Motorräder unter dem Namen Fairy zu fertigen. Die Produktion lief mit wenigen Veränderungen bis in die späten 20er-Jahre. Dabei wurden 1911 ein Zweiganggetriebe und später auch eine Kupplung angeboten. Wegen ihrer Leichtigkeit und Agilität war die Douglas unter den Meldefahrern des Ersten Weltkriegs sehr beliebt. Danach baute Douglas weiter Boxermaschinen und stellte 1955 die schicke Dragonfly vor, aber die Produktion wurde zwei Jahre später eingestellt.

***Links oben:** Williamson baute neben dem hier zu sehenden Originalentwurf auch eine günstigere luftgekühlte Version des Boxers.*

***Links:** Die Produktion endete 1920 mit Billy Williamsons Tod.*

Bezeichnung	**Williamson** Flat Twin
Motor	2-Zylinder-Boxer, flüssigkeitsgekühlt, seitengesteuert
Hubraum	964 ccm (85 x 85 mm)
Leistung	unbekannt
Kraftübertragung	Zweiganggetriebe, Kettenantrieb
Rahmen	Stahlrohrrahmen
Federung	vorne Trapezgabel; hinten keine
Bremsen	Felgenbremse vorne; Zugband hinten
Gewicht	136 kg
Spitzengeschwindigkeit	88 km/h

Zenith Gradua V-Twin

Spitze
80 km/h

Rechts: Das Gradua-Getriebe von Zenith verbesserte die Leistung einer langen Serie von Motorrädern, viele davon mit JAP-V-Zweizylindern. Dieses Motorrad von 1914 hat 550 ccm.

Unten: Diese Zenith mit 678-ccm-JAP-Motor fuhr auf dem berühmten Steilkurvenkurs in Brooklands Rennen. Die Schlüsselelemente der Gradua-Schaltung waren die senkrechte „Kaffeemühlen"-Kurbel und die horizontale Stange, die Kurbelwellenscheibe und Hinterrad verband.

Ihren Platz in der Geschichte verdankt die Zenith-Gradua zwei Umständen: dem innovativen Gradua-Getriebe und der cleveren Werbekampagne, die auf der beeindruckenden Leistung der Zenith aufbaute. Freddie Barnes war 1911 auf seiner Zenith gegenüber der Konkurrenz mit einem Gang so erfolgreich, dass er 53 Bergrennen in Folge gewann und anschließend von der Auto-Cycle Union von vielen Rennveranstaltungen ausgeschlossen wurde.

Zenith nutzte die Gelegenheit, in ihrer Werbung zu betonen, dass die Gradua wegen ihrer überlegenen Leistung gesperrt worden war. Die Firma aus Surrey erstellte umgehend ein neues Logo mit dem Wort „Barred" und einem Motorrad hinter Gefängnisgittern. Dieses Logo fand nicht nur bei der Gradua Verwendung, sondern auch bei anderen Zenith-Modellen, lange nachdem die Gradua ausgelaufen war.

Vor der Erfindung des Gradua-Systems 1908 bestand die einzige Möglichkeit, bei den Riemenantrieben dieser Zeit den Gang zu wechseln, darin, die Lage der Kurbelwellenscheibe, die die Kraft aufs Hinterrad übertrug, zu verändern. Das Problem dabei war, dass die Riemenspannung in der einen Position stimmte, in der anderen aber der Riemen zu schlaff war. Barnes patentiertes System löste dieses Problem mittels einer langen Kurbel, der „Kaffeemühle", die an einer Seite des Motors senkrecht nach oben führte. Das untere Ende der Kurbel war sowohl mit der Kurbelwellenscheibe als auch mit dem Hinterrad verbunden. Die Kurbel bewegte Wellenscheibe und Radaufhängung simultan, so dass man den Gang wechseln konnte, ohne an Riemenspannung zu verlieren.

Barnes war die treibende Kraft und das technische Genie der Firma Zenith, die er 1905 bei Weybridge gegründet hatte, um ein seltsames zweirädriges Fahrzeug namens Tooley's Bicar zu bauen. Dieses Fahrzeug besaß einen 3-PS-Fafnir-Motor in einem neuartigen Rahmen aus mit Federn verbundenen Doppelrohrschleifen. Ein Rahmenteil trug Fahrer und Motor, das andere Trug die Räder. Gelenkt wurde das Fahrzeug über eine komplexe Achslenkung.

Rutschige Angelegenheit

Das Bicar und die folgenden Zenette-Modelle waren kurzlebig, aber Barnes hatte mehr Erfolg mit konventionellen Motorrädern mit Gradua-Schaltung. Das System hatte durchaus seine Nachteile, vor allem wenn bei nassem Wetter der Antriebsriemen in einigen Schaltpositionen durchrutschte. Auch schwankte die Bremsleistung der Hinterradbremse je nach Position des Rades. In den meisten Fällen aber war das Gradua-Getriebe den Einganggetrieben weit überlegen. Der Tester des Magazins *Motor Cycle* war tief davon beeindruckt, wie die Zenith an der steilen Steigung des Londoner Muswell Hill starten und beschleunigen konnte.

Das Unternehmen bewahrte sich seinen Ruf der Leistungsstärke noch lange, nachdem das Gradua-Getriebe durch die Rudge Multi (die ein ähnliches variables Riemensystem verwendete, ohne aber das Hinterrad bewegen zu müssen) und später auch durch ausgefeiltere Schaltgetriebe und Kettenantriebe abgelöst worden war. In den 20ern wuchs die Produktpalette des Unternehmens und umfasste 1928 neun Modelle, darunter drei mit einem 680-ccm-V-Zweizylinder, deren schnellste die Super-Eight Sports war.

Die berühmte Steilkurvenstrecke im nahe gelegenen Brooklands war ideal für Testfahrten und Rekordversuche geeignet. Die Zenith-Fahrer Oliver Baldwin und Joe Wright hielten auf ihren V-Twins mit JAP-Motor gemeinsam den Bahnrekord von 182,58 km/h, bis Wright ihn auf 191,28 km/h erhöhte. 1930 geriet das Unternehmen in Schwierigkeiten und schloss seine Pforten. Der Zenith-Händler Writers of Kensington kaufte den Markennamen und nahm die Produktion wieder auf. Nach dem Zweiten Weltkrieg stellte JAP allerdings den Motorenbau ein, und nachdem der Vorrat an V2-Motoren mit 750 ccm aufgebraucht war, verschwand die Zenith vom Markt.

Links unten: Zeniths „eingesperrtes" Tankemblem hinter der berühmten „Kaffeemühle" war eine Referenz auf die beeindruckende Leistung, wegen der die Marke für viele Rennveranstaltungen gesperrt war.

Rechts unten: Der Name Zenith wurde in den 20ern berühmt, als die Firma eine Reihe schneller Motorräder mit JAP-Motor baute und erfolgreich an Rennen, vor allem in Brooklands, teilnahm.

Bezeichnung	**Zenith** Gradua V-Twin (1914)
Motor	V2, luftgekühlt, 4 seitlich stehende Ventile
Hubraum	550 ccm
Leistung	ca. 4,4kW (6 PS)
Kraftübertragung	Gradua-Getriebe; Riemenantrieb
Rahmen	Stahlrohrramen
Federung	vorne Trapezgabel; hinten keine
Bremsen	vorne Felgenbremse; hinten Bandbremse
Gewicht	unbekannt
Spitzengeschwindigkeit	80 km/h

Pope V-Twin

Spitze
113 km/h

Pope baute seine großen 1000-ccm-Zweizylindermaschinen ab 1912 nur sieben Jahre lang, aber in dieser Zeit zählten sie in Amerika zu den modernsten und schnellsten Motorrädern. Das Unternehmen aus Westfield in Massachusetts stattete sein Flaggschiff mit in den Zylinderköpfen hängenden Ventilen und Federungen an Vorder- und Hinterrad aus. Nur wenige Konkurrenten konnten da mithalten, und so feierte man auch bei Rennen Erfolge.

Albert Pope diente zunächst als Lieutenant Colonel der Unions-Armee im amerikanischen Bürgerkrieg und wurde dann zu einer führenden Figur in der Fahrzeugindustrie. In den 1870er-Jahren begann er mit dem Import und Bau von Fahrrädern und widmete sich schon vor der Jahrhundertwende der Automobilproduktion. Seine American Cycle Manufacturing Company baute und verkaufte schließlich Motorräder nach Vorbild der Fahrräder unter verschiednen Markennamen wie Columbia, American und Monarch.

Die ersten Motorräder unter dem Namen Pope erschienen 1911 (Pope selbst starb bereits 1909) und waren recht schlichte Einzylinder mit wechselgesteuerten Ventilen und einer Blattfederung vorne. Im folgenden Jahr stattete das Unternehmen den Motor mit durch Stößelstangen gesteuerten Ventilen aus und verdoppelte die Zylinder zu einem kraftvollen V-Zweizylinder mit 1000 ccm.

Rechts: *Der große 999-ccm-Zweizylinder mit seinen im Zylinderkopf hängenden Ventilen war bei seiner Einführung einer der fortschrittlichsten und stärksten Motorradmotoren.*

Unten: *Die Pope sah nicht nur gut aus, sondern hatte auch ein hochwertiges Chassis mit Blattfedern vorne und Kolbenfedern hinten.*

Division war Teil der Pope-Automobilgruppe, die zu den größten amerikanischen Konzernen zählte. Die Mutterfirma hatte das Geld für den kurzen Ausflug in die Renngeschichte zur Verfügung gestellt. Damit hing das Schicksal der Motorradabteilung von der schwankenden finanziellen Gesundheit der Auto-Gruppe ab.

In den Jahren nach 1913 wurden zwar einige Verbesserungen am V-Twin vorgenommen, aber dank mangelnder Investitionen konnte Pope nicht mit den „Big Three" Harley, Indian und Excelsior mithalten. 1918 wurde die Leistung durch einen neuen Schebler-Vergaser noch einmal gesteigert, aber finanzielle Probleme führten schließlich zu einer Einstellung der Produktion.

***Links:** Der gefederte Sattel war seinerzeit üblich und machte die Pope zusammen mit der Heckfederung sehr komfortabel.*

***Unten:** Die Pope war eine schnelle und komfortable Straßenmaschine mit einer Spitzengeschwindigkeit von 113 km/h und feierte Rennerfolge, bis der Ventilantrieb Schwierigkeiten machte.*

Schnell genug fürs Rennen

Dies war eine wichtige Entwicklung, da zu dieser Zeit das einzige andere amerikanische Unternehmen mit hängenden Ventilen im Zylinderkopf Indian war, und diese Technik war den exotischen Einzylindern mit vier Ventilen und den achtventiligen V2-Rennmaschinen vorbehalten. Das Serienmodell der Pope war so schnell, dass einige Privatfahrer sogar bei lokalen Rennen gegen Profi-Rennfahrer gewinnen konnten, und 1913 erzielten Pope-Fahrer einige bemerkenswerte Erfolge gegen etablierte Marken wie Indian und Excelsior.

Dadurch ermutigt, stellte das Pope-Management ein Werksteam für hochkarätige Rennen im Folgejahr auf. Ihre Hoffnungen wurden allerdings enttäuscht, da sich die hängenden Ventile als Schwachstelle herausstellten. Probleme wie gebrochene Kipphebel warfen 1914 alle Pope-Fahrer bei den großen 300-Meilen-Rennen in Venice, Kalifornien, und Dodge City aus dem Rennen, und die Firma wurde bei keinem großen Wettbewerb mehr gesehen.

Nichtsdestotrotz war die große Pope eine beeindruckend schnelle Straßenmaschine. In der Serienausführung erreichte der V2 fast 100 km/h und bot technische Highlights wie ein Zweiganggetriebe und einen Bosch-Magnetzünder. Auch das Chassis war intelligent gebaut. Die Front war ein einfaches an den Motor geschraubtes Stahlrohr mit Blattfederung. Ihrer Zeit voraus war die Pope mit ihren zwei Kolbenfedern am Hinterrad, die erst 20 Jahre später allgemein üblich werden sollten.

Im Zusammenspiel mit dem konventionell gefederten Sattel machte dies die Pope zu einem komfortablen Motorrad, aber auch das sicherte der Maschine keinen anhaltenden Erfolg. Die Pope-Motorcycle-

Bezeichnung	**Pope** V-Twin (1914)
Motor	V2, luftgekühlt, OHV
Hubraum	999 ccm (84,5 x 89 mm)
Leistung	8,8 kW (12 PS)
Kraftübertragung	Dreiganggetriebe; Kettenantrieb
Rahmen	Stahlrohrramen
Federung	vorne Blattfedern; hinten Kolbenfedern
Bremsen	vorne keine; hinten Trommelbremse
Gewicht	138 kg
Spitzengeschwindigkeit	113 km/h

Harley-Davidson Model 11F

Die Model 11F von 1915 war ein Beleg dafür, dass die Gründer von Harley-Davidson beim Bau von V-Twins schnell lernten. Die 11F sah gut aus, war effizient und verdientermaßen beliebt. Ihr V-Zweizylinder lieferte ca. 10 PS aus 989 ccm und erreichte eine Spitzengeschwindigkeit von etwa 97 km/h. Das Motorrad war zudem mit modernen Features wie Fußbrettern und Kettenantrieb ausgestattet.

Die Firmengründer, William Harley und die Davidson-Brüder Arthur, Walter und William, hatten sechs Jahre zuvor einen Rückschlag erlitten, als sie – ermutigt durch den Erfolg ihrer revolutionären Einzylinder – ihren ersten V2 vorgestellt hatten.

Die Model 5D von 1909 hatte 811 ccm und zwei im für Harley-Davidson später typischen 45-Grad-Winkel angeordnete Zylinder. Dieser lieferte mit 7 PS die doppelte Leistung des Einzylinders. Aber die 5D war schwer zu starten und hatte technische Probleme wie einen durchrutschenden Antriebsriemen und wurde schließlich vom Markt genommen.

Das schreckte William Harley und die Davidsons allerdings nicht ab, deren robuste Einzylinder sich zunehmender Nachfrage erfreuten. Das Quartett hatte die Firma 1903 in einem Schuppen im Hinterhof der Davidsons gegründet. Ihr früher Einzylinder wurde dank seiner grauen Farbe und der wirksamen Schall-

Rechts: *Wie andere Hersteller der frühen Jahre, beschloss auch Harley, dass zwei Zylinder im 45-Grad-Winkel eine gute und sinnvolle Lösung sind.*

Unten: *Die Leistung der Model 11F war häufig beeindruckend, vor allem vor dem Hintergrund, dass das Motorrad keine Vorderbremse und nur eine krude Bandbremse am Hinterrad hatte.*

dämpfer als „Silent Gray Fellow" bekannt. Die Produktion stieg dramatisch von nur 49 Motorrädern im Jahr 1906 auf mehr als 3000 Stück 1910 an. Zu dieser Zeit war das Unternehmen bereits auf ein größeres Gelände an der späteren Juneau Avenue umgezogen, die auch heute noch der Firmensitz ist.

Im Folgejahr stellte Harley-Davidson den V-Zweizylinder erneut als Model 7D vor (für die Firma war 1904 das Jahr Null, sodass 1911 das siebte Modelljahr war). Die Maschine besaß einen verbesserten wechselgesteuerten Ventilantrieb und eine Spannrolle für den Antriebsriemen sowie einen neuen stabileren Rahmen. Dies war ein großer Fortschritt, aber William Harley, der Chefentwickler des Unternehmens, ruhte sich nicht auf seinen Lorbeeren aus. In den folgenden Jahren stellte er eine Reihe von Verbesserungen vor, die Harley-Davidson zu einem der führenden Hersteller Amerikas machen sollten.

Das „Ful-Floteing"-System

1912 wurde der V-Zweizylinder mit 989 ccm, 8 PS, Ketten- statt Riemenantrieb und einer optionalen Kupplung (in der Hinterradnabe) angeboten. Zu den weiteren Verbesserungen zählten eine verbesserte Schmierung, ein neuer Rahmen mit niedrigerer Sitzposition und einer gefederten Sattelstange – kurioserweise als „Ful-Floteing"-System bezeichnet. Zwei Jahre darauf folgten weitere Verbesserungen: Fußbretter, geschlossene Ventilfedern, ein Kickstarter und ein Zweiganggetriebe.

Als 1911 die Model 11F vorgestellt wurde, hatte Harley ein V2-Format installiert, das das Unternehmen die nächsten 15 Jahre gut dastehen ließ. Es folgten weitere Verbesserungen, vor allem in Form der Model J mit drei Gängen, aber Harley hatte einen großen V-Twin gebaut, dessen Leistung und Stärke ihm viele Bewunderer eintrug, bis er 1930 durch die seitengesteuerte V-Serie abgelöst wurde.

1915 war für Harley auch aus anderem Grund bemerkenswert: Man feierte den ersten Rennerfolg. Nach anfänglichem Widerstand gegen Motorradrennen heuerte man den Ex-Rennfahrer Bill Ottaway als Leiter eines Werksteams an und entwickelte eine getunte und leichtere Version, die 11K. Nach Ausfällen in der ersten Saison trug die 160 km/h schnelle 11K ihren Fahrer Otto Walker in zwei prestigeträchtigen 300-Meilen-Rennen zum Sieg. In den kommenden Jahren errang die werkseigene „Wrecking Crew" noch viele weitere Siege, viele davon auf starken, speziell gebauten V-Twins mit acht Ventilen.

Unten: *Das Zweiganggetriebe der Model 11F wurde mit einem links vom Tank sitzenden Hebel bedient. Außerdem musste der Fahrer die Maschine mit einer Handpumpe selbst schmieren.*

Links unten: *Zwar boten andere Firmen wie Indian eine Art Hinterradfederung an, aber Harley blieb bei seiner „Hard-Tail"-Konstruktion und stattete den Sattel lieber mit Federn und der so genannten „Ful-Floteing"-Sattelstange aus.*

Bezeichnung	**Harley-Davidson** Model 11F (1915)
Motor	V2 45°, luftgekühlt, wechselgesteuert
Hubraum	989 ccm (84 x 88,9 mm)
Leistung	7,36 kW (10 PS)
Kraftübertragung	Zweiganggetriebe; Ketten- oder Riemenantrieb
Rahmen	Stahlrohrrahmen
Federung	Kurzschwinge mit Hilfsgabel; hinten keine
Bremsen	vorne keine; hinten Bandbremse
Gewicht	141 kg
Spitzengeschwindigkeit	97 km/h

Flying Merkel V-Twin

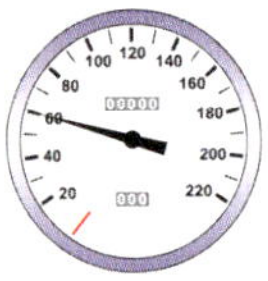

Spitze
97 km/h

Joseph Merkels clever gebaute V-Zweizylindermotorräder waren ebenso für ihre Leistung wie für ihre leuchtend orange Lackierung bekannt. Merkel begann 1902 in Milwaukee mit dem Bau von Motorrädern. Sein erstes Modell war ein selbst entworfener Einzylinder. Wie verschiedene andere Hersteller auch, nutzte Merkel anfangs das vordere Rahmenrohr als Teil der Auspuffanlage.

1909 wurde Merkels Unternehmen von der Light Motor Company aufgekauft, deren Motorräder den bereits existierenden Indians nachempfunden waren. Joe Merkel zog nach Pottstown, Pennsylvania, zum Hauptquartier der Firma, die in Merkel-Light Motor Co umbenannt wurde, und begann seine Motorräder weiterzuentwickeln. Er erfand eine Hinterrad-Zentralfederung, ähnlich der später von Vincent verwendeten, und eine kompakte gefederte Gabel, die Komfort und Handling verbesserte.

Ab 1910 waren die Motorräder als Flying Merkel bekannt, und man baute einen V-Zweizylinder mit 1000 ccm. Im Folgejahr wurde die Firma von der Miami Cycle Company aufgekauft, die die Produktion nach Middleton, Ohio, verlegte. Merkel besaß zwar keine offizielle Rennabteilung, unterstützte aber hin und wieder Angestellte, die Rennen fuhren. Der berühmteste Merkel-Fahrer war Maldwyn Jones, ursprünglich ein vielversprechender Rennfahrer, der als Motorentester in der Reparaturabteilung des Unternehmens arbeitete. 1910 erwarb Jones eine alte Merkel-Einzylinder-Rennmaschine, die erfolglos geblieben war, weil Öl aus dem Zylinder den Antriebsriemen durchrutschen ließ. Er reparierte das Motorrad, baute einen Schild zum Schutz des Riemens und gewann am 4. Juli das große 10-Meilen-Rennen in Hamilton, Ohio.

Rennerfolge

Im Hauptlauf des Verfolgungsrennens sah sich Jones dem legendären Indian-Fahrer Erwin „Cannonball" Baker gegenüber. Nachdem sie die Konkurrenz deklassiert hatten, lagen beide auf gegenüberliegenden Seiten des Kurses gleichauf, ohne dass einer von beiden die Oberhand gewinnen konnte. Schließlich ging der Merkel das Benzin aus, und Baker gewann. Im gleichen Jahr lieferte Jones auf einer ebenfalls überholten Flying-Merkel-Einzylindermaschine ein beeindruckendes Debüt als Profi-Rennfahrer ab, indem er drei von vier Rennen gewann.

__Unten:__ Diese im traditionellen Firmenorange lackierte Flying Merkel ist eine Rennmaschine von 1910, die für ein kalifornisches Museum restauriert wurde. In diesem Jahr schlug der Merkel-Fahrer Fred Whittler den Indian-Star Jake de Rosier in mehreren Rennen im Los Angeles Coliseum mit einer Durchschnittsgeschwindigkeit von über 119 km/h.

Bezeichnung	**Flying Merkel** V-Twin (1915)
Motor	V2 45°, luftgekühlt, wechselgesteuert
Hubraum	998 ccm
Leistung	6,6 kW (9 PS)
Kraftübertragung	Kettenantrieb
Rahmen	Stahlrohrrahmen
Federung	vorne Teleskopgabel; hinten Einzelfeder
Bremsen	vorne keine; hinten Trommelbremse
Gewicht	127 kg
Spitzengeschwindigkeit	97 km/h

Merkel war einer der innovativsten und mutigsten Hersteller und stellte in den folgenden Jahren viele technische Neuerungen vor. 1913 wurde das Chassis durch einen in den Rahmen integrierten Tank modifiziert, die Einlassventile wurden mechanisch gesteuert (statt durch Unterdruck), und man bot einen optionalen Kettenantrieb anstelle des Riemenantriebs an. 1915 kam ein Kickstarter hinzu. Die V2-Straßenmaschine wurde mit 885 ccm oder 1000 ccm und optionalem Zweiganggetriebe angeboten. Der größere Motor lieferte 9 PS und brachte eine Spitzengeschwindigkeit von ca. 97 km/h.

Maldwyn Jones' Rennkarriere sicherte Flying Merkel einen hohen Bekanntheitsgrad. Für die Rennsaison 1913 baute er eine Maschine für Halbmeilenrennen mit einem Jefferson-Motor mit hängenden Ventilen und selbst entworfenen Nockenwellen. Dies führte zu einer Geschwindigkeitssteigerung, vor allem, als Jones einen selbst entworfenen tief nach unten gezogenen Rennlenker montierte. In den nächsten drei Saisons gewann er 24 von 42 Rennen und belegte zehn Mal den zweiten und drei Mal den dritten Platz.

„Wenn es dich überholt, ist es eine Flying Merkel", tönte damals die Werbung, aber die Verkäufe hielten nicht mit Jones' Erfolgen auf der Rennstrecke Schritt. Joe Merkel hatte die Firma 1913 verlassen, und der amerikanische Motorradmarkt konzentrierte sich. Außerdem hatte das Unternehmen 1914 bei seinen Tourenmaschinen einen katastrophal erfolglosen Anlasser eingeführt, der zu hohen Reparatur- und Gerichtskosten führte. Die Produktion wurde 1915 eingestellt und nie wieder aufgenommen.

Links: *Der 45-Grad-V2 der Flying Merkel hatte durch Unterdruck im Zylinder gesteuerte Einlassventile. Das umfassende Rennprogramm der Firma dauerte nur von 1909 bis 1911.*

Unten: *Joe Merkel entwickelte eine kompakte Teleskopfederung für die Gabel, die später von vielen Herstellern übernommen wurde. Allerdings besaß das Motorrad ganz im Stil vieler früher Rennmaschinen überhaupt keine Bremsen.*

Cyclone V-Twin

Spitze
137 km/h

Rechts: *Der Cyclone-V2 mit oben liegenden Nockenwellen war der am weitesten entwickelte Motor Amerikas und wahrscheinlich die weltweit stärkste Maschine ihrer Größe.*

Unten: *Die Cyclone waren für ihre Geschwindigkeit, ihre hoch entwickelten, wenn auch nicht immer zuverlässigen Motoren und die leuchtend gelbe Lackierung berühmt. Der 996-ccm-V-Zweizylinder saß in einem u-förmigen Stahlrohrrahmen, dessen obere Rohre den Benzintank einfassten.*

Wären die schlanken und kraftvollen V-Zweizylinder von Cyclone neben ihrer unzweifelhaften Schnelligkeit auch noch zuverlässig gewesen, wären sie ein riesiger Erfolg geworden. Die in St. Paul, Minnesota, von der Joerns Motor Manufacturing Company gebauten Motorräder wurden ab 1913 nur wenige Jahre gebaut, hinterließen aber einen beachtlichen Eindruck in der Motorradwelt.

Der Schlüssel zur Leistung des von Andrew Strand entworfenen 45-Grad-V2-Motors liegt in der einzelnen oben liegenden Nockenwelle pro Zylinder, einer Seltenheit zu dieser Zeit. Die Nockenwellen wurden über Königswellen angetrieben, ebenso wie der vor den Zylindern liegende Magnetzünder. Der Rest des Motors bestand aus modernster Technik: Kurbelwelle mit Kugellagern, Pleuelstangen in Leichtbauweise und geschmiedete Stahlschwungräder mit Speichen.

Die meisten Serien-Cyclone boten neben einer hervorragenden Leistung dank Blattfedern vorne und hinten auch hohen Fahrkomfort. Die Rennmaschinen zeichneten sich neben den hoch getunten Motoren auch durch eine leuchtend gelbe Lackierung und eine komplett fehlende Federung aus. Auch andere Teile wie der Lenker wurden verändert, aber der Stahlrohrrahmen, in dem der Tank zwischen zwei parallelen

Rohren saß, und der den Motor in seinem u-förmigen Unterzug trug, war beiden Versionen gemein.

Die Marke erregte großes Aufsehen. Dies lag zum Teil an der Geschwindigkeit und den technischen Werten der Motorräder, aber auch am kompromisslosen Fahrstil des Werkspiloten Don Johns. Die Viertakt-V-Zweizylinder der Renn-Cyclone besaßen, wie damals üblich, rechteckige Steueröffnungen, die sich öffneten, wenn der Kolben den unteren Totpunkt erreichte. In der Theorie sollte dies die Leistung durch abrupten Ausstoß von Abgasen erhöhen, aber heute hält man die Leistungssteigerung eher für das Ergebnis eines primitiven Aufladungseffekts.

Durch diese Konstruktion wurden die Cyclone buchstäblich zu Feuer speienden Rennmaschinen, die Rauch, Lärm und blaue Flammen um den Motor und die Beine des Fahrers herum ausstießen. Die Öffnungen verhinderten eine genaue Kontrolle der Ansaugluft, und so mussten Fahrer wie Johns ihre Rennmaschinen mit dem Zündungsunterbrecherschalter am Lenker steuern, was zu beeindruckenden Rutschern und manchmal auch spektakulären Unfällen führte.

Verdächtig schnell

Der Ruf der Cyclone erhielt 1913 neuen Auftrieb, als der Werksfahrer J. A. McNeil in Omaha, Nebraska, einen Rundenrekord von 178,8 km/h fuhr und damit sowohl den Welt- als auch den amerikanischen Rekord mit über 16 km/h Differenz einstellte. Dieser Abstand war so groß, dass die Offiziellen misstrauisch wurden und eine Anerkennung des Rekords verweigerten.

Die Erfolge des Unternehmens setzten sich in der Saison 1915 mit einer Reihe von Siegen fort, auch wenn einige zweitklassige Rennen in Illinois und Ohio darunter waren. Weniger willkommen war eine Reihe von mechanischen Problemen, die Cyclone durch alle Produktionsjahre hindurch plagen sollten. Dazu zählten Schwierigkeiten mit den Kolben und Ventilen. Zusätzlich galt der zweiteilige Nockenwellenantrieb bei hohen Umdrehungen nicht gerade als verwindungssteif.

Ein typisches Beispiel für die Geschicke der Marke war das prestigeträchtige 300-Meilen-Rennen in Dodge City, Kansas. Cyclone-Fahrer Dave Kinney setzte sich in der Qualifikation mit 142 km/h gegen die Werkskonkurrenz der „Großen Drei" Harley-Davidson, Excelsior und Indian durch und führte auch in den ersten Runden des Rennens. Aber noch vor der Dritteldistanz waren beide Cyclone-Fahrer mit Motorproblemen ausgeschieden.

Johns wechselte am Ende der Saison zu Indian, und auch wenn Kinney 1916 noch einige Rennen für Cyclone gewann, konnte Joerns Manufacturing nicht genügend Straßenmaschinen verkaufen, um die weitere Motorenentwicklung und erstklassige Fahrer zu finanzieren. So stellte das Unternehmen am Ende der Saison seinen Betrieb ein.

Oben: Die Straßen- und Rennversionen waren sich sehr ähnlich, aber die Straßenmaschine besaß vorne und hinten Blattfedern. Nach Komfort und Leistung hätte die Cyclone ein herausragendes Motorrad sein können, wäre sie nur zuverlässiger gewesen.

Links unten: Die Cyclone wurden von der Joerns Motor Manufacturing Company in St. Pauls, Minnesota, gebaut. Sie wurden nur vier Jahre lang gefertigt, aber ihre Technologie und Leistung waren beeindruckend.

Bezeichnung	**Cyclone** V-Twin (1916)
Motor	V2 45°, luftgekühlt, OHC
Hubraum	996 ccm
Leistung	18,4 kW (25 PS) bei 5000 U/min
Kraftübertragung	Kettenantrieb
Rahmen	Einschleifenstahlrahmen
Federung	vorne und hinten Blattfedern
Bremsen	vorne keine; hinten Trommelbremse
Gewicht	127 kg
Spitzengeschwindigkeit	137 km/h

Indian Powerplus

Spitze
105 km/h

Indian war der größte amerikanische Motorradhersteller der frühen Jahre und baute in seinem „Wigwam“ genannten Werk in Springfield, Massachusetts, V-Zweizylinder in großen Stückzahlen. Die Indian waren in jeder Hinsicht schnell. Sie gewannen Rennen auf Holz- und Sandbahnen und sogar die Tourist Trophy auf der Isle of Man (wo Indian 1911 die ersten drei Plätze belegte). Sie stellten Geschwindigkeitsrekorde auf und legten die kürzesten Zeiten für die Strecke von Küste zu Küste vor.

Eine der besten und einflussreichsten der frühen Indian war die 1916 vorgestellte Powerplus. Wie der Name bereits andeutet, war der Motor eine kräftigere Version des bereits existierenden 42-Grad-V-Zweizylinder. Der seit 1907 verwendete wechselgesteuerte Zylinderkopf (F-head) wurde durch einen mit seitlichen Ventilen ersetzt.

Ironischerweise waren die großen Tage der Indian bereits vorbei, als die Powerplus vorgestellt wurde. Das Unternehmen war 1901 von den beiden ehemaligen Radrennfahrern George Hendee und Oscar Hedstrom gegründet worden und schnell gewachsen. Die Stückzahlen lagen 1909 bei 5000 und 1913 bei über 32000 Einheiten. Aber im Jahr darauf eröffnete Henry Ford seine erste Fließband-Autofabrik, und der amerikanische Motorradmarkt brach rapide ein. Indian verkaufte nie wieder so viele Motorräder.

Mitgründer und Chefingenieur Hedstrom zog sich 1913 zurück. Die Powerplus wurde von Charles Gustafson sen. entwickelt, der vorher für Reading Standard gearbeitet hatte, die wiederum die ersten amerikanischen Motorräder mit seitengesteuerten Motoren gebaut hatten. Der neue Motor traf auf Widerstand seitens einiger Anhänger des Hedstrom'schen F-Head-Motors. Aber in der Regel genügte eine Fahrt, um sie zu überzeugen, denn die Powerplus wurde ihrem Namen mit ihrer beachtlichen Leistung voll und ganz gerecht.

Ihr 998-ccm-Motor lieferte angeblich 18 PS und verlieh der Powerplus eine Spitzengeschwindigkeit von über 97 km/h. Der neue Motor war dank seiner neuen geschlossenen Ventilanlage sauberer und leiser. Das Motorrad besaß ein Dreiganggetriebe mit Handschaltung und ein Kupplungspedal. Daneben gab es auch noch einen zusätzlichen Kupplungshebel rechts neben dem Tank, denn der Gashebel saß auf der linken Seite.

Unten: *Die im traditionellen Kastanienbraun lackierte Powerplus wurde ihrem Namen durch reichlich Leistung von 18 PS aus einem seitengesteuerten 42-Grad-V-Zweizylinder gerecht. Die Rekorde des Langstrecken-Asses „Cannonball“ Baker machte das Modell populär, und es wurde fast ein Jahrzehnt lang mit nur geringfügigen Veränderungen produziert.*

Das Chassis der Powerplus entsprach den Vorgängermodellen, was nicht verwundert, bot doch Indian bereits Jahre vor den anderen Herstellern eine optionale Blattfederung hinten. Auch die Frontfederung bestand aus Blattfedern. Die Bedienung erfolgte bis 1918 über ein kompliziertes System aus Hebeln und Gelenken, bevor Züge eingeführt wurden.

Bezeichnung	**Indian** Powerplus (1918)
Motor	V2 42°, luftgekühlt, seitengesteuert
Hubraum	998 ccm (79,4 x 100,8 mm)
Leistung	13,2 kW (18 PS)
Kraftübertragung	Dreiganggetriebe, Kettenantrieb
Rahmen	Stahlrohrrahmen
Federung	vorne und hinten (optional) Blattfedern
Bremsen	vorne keine; hinten Trommelbremse
Gewicht	186 kg
Spitzengeschwindigkeit	105 km/h

Rekordbrecher

Die Langstreckenlegende Erwin „Cannonball“ Baker verhalf der Powerplus Ende 1915 zu einem perfekten Auftritt, als er im Canada-to-Mexico Three-Flags-Rennen einen neuen Rekord aufstellte, indem er die 2664,2 Kilometer in 3 Tagen, 9 Stunden und 15 Minuten zurücklegte. Im Folgejahr stellte er in Australien trotz widriger Umstände wie Riesenpapageien und Sturzregen einen neuen 24-Stunden-Rekord von 1639,4 Kilometern auf. 1917 schließlich fuhr Baker auf der Rennbahn von Cincinnati mit 1534,7 Kilometern einen weiteren 24-Stunden-Rekord ein.

Die Indian Powerplus wurde mit nur wenigen Veränderungen bis 1924 gebaut. Allerdings erhielt sie im hohen Alter einen neuen Namen. Nach der Einführung der Chief 1922 wurde die Powerplus in Standard umbenannt, um das neue Model nicht zu überschatten.

Links unten: *Da der Gashebel links vom Tank saß, mussten die Hebel für Kompression, Schaltung und Hilfskupplung auf der rechten Seite Platz finden.*

Oben: *Die Maschinen für Bahnrennen wurden von Feuer speienden V-Zweizylindern mit acht Ventilen und offenen Auslässen angetrieben. Die tief sitzenden Lenkergriffe verhalfen den Fahrern zu einer aerodynamischen Sitzhaltung.*

Links: *Die Blattfederung hinten war ein Zubehör. Die vordere Blattfederung fand in Maschinen für Bahn- und Bergrennen sowie in Straßenmaschinen Verwendung.*

Die Achtventil-Helden

Die Indian verdankt ihre beträchtliche Popularität zum Teil ihren tollkühnen Bahnrennfahrern wie Jake de Rosier, Charles „Fearless“ Balke und Eddie Hasha. Sie fuhren getunte und abgespeckte V-Twins, die auf den steilen Bretterbahnen mehr als 160 km/h erreichten. Allerdings erlebte der Sport nach dem Tod von Eddie Hasha, Johnnie Albright und sechs Zuschauern 1912 in New Jersey seinen Niedergang. De Rosier, der über 900 Rennen gewonnen hatte und viele Geschwindigkeitsrekorde hielt, wechselte von Indian zu Excelsior und erlag 1913 seinen Rennverletzungen.

Excelsior V-Twin

Spitze 129 km/h

Excelsior war die dritte der „Großen Drei" amerikanischen Marken. Zu Beginn des letzten Jahrhunderts baute sie hoch entwickelte Straßenmaschinen und auch Rennmotorräder, die der Konkurrenz von Harley-Davidson und Indian oft überlegen waren. Die Excelsior Supply Company begann 1907 in Chicago mit dem Bau eines einfachen Einzylinders mit 438 ccm und 3,25 PS und stellte drei Jahre später einen 45-Grad-V2 mit 820 ccm Hubraum vor. Dem folgte 1911, als Excelsior vom Fahrradhersteller Schwinn übernommen wurde, ein Modell mit 1000 ccm.

Diese Excelsior-Zweizylinder war ein beeindruckendes Motorrad, das über die Jahre weiterentwickelt wurde. Rennen waren wichtig für die Entwicklung und die Popularität. Stars wie Joe Wolters und Jake de Rosier gewannen zahlreiche Rennen auf Maschinen aus Chicago, und ein zusätzlicher Popularitätsschub kam 1913, als Lee Humiston auf einer Rennstrecke in Los Angeles erstmals offiziell eine Rundengeschwindigkeit von 100 mph (160 km/h) erreichte.

Der große V2 besaß wechselgesteuerte Ventile und lieferte etwa 20 PS, was für eine Spitzengeschwindigkeit von 129 km/h reichte. Die Schmierung des vorderen Zylinders erfolgte über ein Rohr, das zu seinem Fuß führte. Dies war nötig, weil der vordere Zylinder, anders als der hintere, durch das von Kurbelwelle und Pleueln hochgeschleuderte Öl nicht ausreichend geschmiert wurde.

Umgestaltet und verbessert

Schwinn führte zahlreiche Verbesserungen ein, vor allem als er 1915 den Zweizylinder umgestaltete und ein Dreiganggetriebe einbaute. 1919 besaß die Excelsior die übliche Blattfederung vorne, einen gefederten Sattel, Fußbretter und olivfarbenen Tarnlack (ein Überbleibsel des Ersten Weltkrieges). Die Beleuchtung war aufpreispflichtiges Extra, und einige Motorräder besaßen eine Zwillings-Trommelbremse am Hinterrad, während das Vorderrad ungebremst war.

1917 kaufte Schwinn mit der Firma Henderson einen Hersteller hoch entwickelter Reihenvierzylinder hinzu. Das Werk der neuen Firma Excelsior-Henderson in Chicago war die größte Motorradfabrik der Welt und berühmt für ihre Teststrecke auf dem Dach. Nachdem

Unten: *Diese Excelsior mit 992 ccm stammt von 1919 und zeigt die für dieses Jahr typische olivfarbene Lackierung. Sie besitzt ein Dreiganggetriebe mit großen Schalthebel links neben dem Tank und eine Fußkupplung. Der kleinere Hebel am Tank verstellt den Zündzeitpunkt das Magnetzünders.*

Amerika in den Ersten Weltkrieg eingetreten war, zogen sich die großen Werke aus dem Renngeschäft zurück. Aber der Excelsior-Fahrer Wells Bennett förderte das Firmen-Image mit einer Reihe von Geschwindigkeitsfahrten wie einer Wüstendurchquerung über 480 km von Los Angeles nach Needles in Kalifornien, bei der er 1918 ein Durchschnittstempo von 68 km/h erreichte.

Die vermutlich berühmteste Excelsior war die 1925 vorgestellte Super-X mit einem neuartigen 750-ccm-V-Zweizylinder, bei dem Motor und Getriebe in einem gemeinsamen Gehäuse saßen. Das Chassis bestand aus einem Zweischleifenrahmen mit geschobener Kurzschwinge. Die leichte Super-X setzte sich bei Bergrennen und im Rennoval sofort durch und löste die Einrichtung eines 750-ccm-Class-C-Wettbewerbs aus, als Indian und Harley-Davidson eigene „45s" bauten.

1929 wurde die Super-X mit dem „Streamline"-Styling des Unternehmens umgestaltet und war eine anerkannt hoch entwickelte Maschine mit zentralen Instrumenten in der Tankmitte. Aber die Große Depression der frühen 30er und die billigen Autos wie der Ford Model T setzten dem Unternehmen zu. 1931 überraschte der mittlerweile 70-jährige Schwinn die Industrie, indem er die Produktion kurzerhand einstellte und sich zurückzog.

Oben und links oben: *Die beiden Zylinder standen im üblichen 45-Grad-Winkel und hatten wechselgesteuerte Ventile. Ein Öltank unter dem Sattel diente zur Schmierung des vorderen Zylinders.*

Bezeichnung	**Excelsior** V-Twin (1918)
Motor	V2 45°, luftgekühlt, wechselgesteuert
Hubraum	992 ccm
Leistung	14,7 kW (20 PS)
Kraftübertragung	Dreiganggetriebe, Kettenantrieb
Rahmen	Stahlrohrrahmen
Federung	vorne Blattfedern; hinten starr
Bremsen	vorne keine; hinten Trommelbremse
Gewicht	227 kg
Spitzengeschwindigkeit	129 km/h

Kurzes Revival – Die Neue Super-X

Der Name Excelsior tauchte mehr als 60 Jahre später noch einmal auf, als die Brüder Dave und Dan Hanlon den Namen Excelsior-Henderson von der Schwinn Company kauften und für eine Cruiser namens Super-X verwendeten. Das Motorrad zeigte Anleihen an die alte Super-X wie offene Gabelfedern und wurde von einem 50-Grad-V2 mit 1386 ccm, zwei oben liegenden Nockenwellen und acht Ventilen angetrieben, der 65 PS leistete. Die Produktion begann 1999 in einer eigens für 30 Millionen Dollar gebauten Fabrik in Belle Plain, Minnesota. Die Super-X war schnell für eine Cruiser, aber teuer und schwer verkäuflich. Excelsior-Henderson stellte die Produktion im selben Jahr nach nur 2000 gefertigten Einheiten wieder ein.

Brough Superior SS100

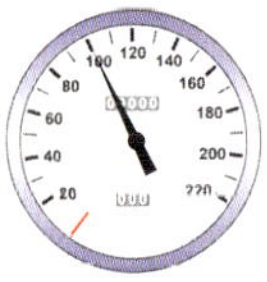

Spitze 160 km/h

Es besteht kaum ein Zweifel daran, welches Motorrad in der Zeit vor dem Zweiten Weltkrieg die schnellste und glamouröseste Straßenmaschine war. Die Brough Superior SS100 war eine große, schöne und leistungsstarke V-Zweizylinder, die den Worten ihres Schöpfers, George Brough, zufolge „einem Ideal folgte und nicht einer Preisvorstellung". Zwischen 1925 und 1940 wurden weniger als 400 Exemplare der SS100 gebaut, aber in dieser Zeit existierte nichts auf zwei Räder, das ihr das Wasser hätte reichen können.

George Brough war ein Meister der Werbung. Er fasste den Reiz der SS100 im Katalog von 1926 so zusammen: „[Sie] ist eine Maschine für den erfahrenen Motorradfahrer, der weiß, dass die SS100 mit ihrer kolossalen Leistung ebenso mehr Aufmerksamkeit verlangt als andere Sportmaschinen, wie ein Rennpferd mehr Pflege braucht als ein Jagdpferd. Schenken Sie ihr diese Aufmerksamkeit und Sie haben eine Maschine, die zuverlässig allen anderen ihre Heckleuchte zeigt."

Unterschriebene Garantie

Brough, Sohn eines Motorradherstellers, baute seine Motorräder mit einem kleinen Team von Enthusiasten in einer Werkstatt in der Haydn Road in Nottingham zusammen. Er nannte seine erste große Zweizylinder SS80, nach der Spitzengeschwindigkeit von 80 mph (130 km/h). Die SS100 war das logische und noch schnellere Folgemodell und wurde mit einer unterschriebenen Garantie ausgeliefert, dass das Motorrad auf der Viertelmeile mit 100 mph (160 km/h) gemessen worden war.

Die genauen technischen Werte variierten beträchtlich, und selbst der Motor der SS100 wurde über die Jahre verändert. Die ersten Modelle besaßen ein JAP-Triebwerk mit 988 ccm, das über 40 PS leistete. Die letzten 100 Maschinen wurden von einem V2 von AMC (Matchless) gleichen Hubraums angetrieben. Was sich nicht veränderte, war George Broughs Weigerung, etwas anderes als nur das Beste zu akzeptieren. Hersteller wie JAP bauten Teile unter dem Label „Special for Brough", und viele Kompo-

Unten: *Diese SS100 von 1932 gehörte dem berühmtesten Kunden George Broughs, Lawrence von Arabien. Nach seiner ersten Fahrt schrieb Lawrence an Brough: „Es ist die seidenweichste Maschine, die ich je gefahren bin … Ich glaube, es wird ein wirklich herausragendes Motorrad … Ich danke Ihnen und allen, die sich die Mühe gemacht haben, Perfektion zu erreichen."*

Links: *Schnelles Touren in entspannter Haltung war das Ressort der Brough, und nur wenige Konkurrenten konnten ihr da annähernd das Wasser reichen. Auch das Handling war nach damaligem Standard herausragend, und Brough versprach „sicheres freihändiges Fahren“ bei hoher Geschwindigkeit. Ruf und Seltenheit sowohl der SS80 als auch der SS100 stellen sicher, dass sie heute noch viel wertvoller als die meisten modernen Superbikes sind.*

nenten wurden zur Überarbeitung und Verbesserung an ihre Hersteller zurückgesandt.

Brough selbst und bekannte Superior Fahrer wie Freddie Dixon, Eric Fernihough und Bert Le Vack errangen bei Bahn-, Berg- und Sprintrennen eine Reihe von Siegen. Dies stachelte Broughs Talent für Werbung an, das sich schon bei Prägung des Namens Superior zeigte, der die Frage seines Vaters auslöste: „Dann ist mein Motorrad wohl die Inferior?“

„Der Rolls-Royce der Motorräder“

Die Broschüre der SS100 versprach „stabiles freihändiges Fahren bei 153 km/h“, aber wirkliche Wirkung zeigte erst George Broughs Slogan vom „Rolls-Royce der Motorräder“. Der aus einem Testbericht in einem Magazin übernommene Satz verärgerte zunächst die Bosse des Luxusautoherstellers. Nachdem aber ein Rolls-Royce-Manager die Arbeiter in der Haydn Road mit weißen Handschuhen gesehen hatte (sie sollten beim Zusammenbau keine Spuren auf den Teilen hinterlassen), gab man allen Widerstand auf.

Der berühmteste Superior-Enthusiast war T. E. Lawrence („Lawrence von Arabien“), der sich einen speziellen Edelstahltank an seine Broughs montieren ließ. Lawrence schrieb über seine Liebe zu den schnellen Fahrten auf seinen Superior und starb bei einem Motorradunfall, vermutlich, nachdem er einen Fahrradfahrer gerammt hatte.

George Brough war nie mit der Leistung der SS100 zufrieden und baute verschiedene Sondermodelle wie die Alpine Grand Sports für schnelle Reisen. Die schnellste war die legendäre SS100 Pendine, benannt nach einem langen Strand in Südwales, auf dem viele Geschwindigkeitsrekorde aufgestellt wurden. Mit flachen Lenkergriffen, nach hinten versetzten Fußrasten und dem hoch verdichteten Motor schaffte die Pendine echte 177 km/h. Brough stoppte die Produktion mit Ausbruch des Krieges und nahm sie nie wieder auf.

Links: *Lawrence SS100 wird von einem 998-ccm-V2 von JAP aus Nordlondon angetrieben. Unter dem Sattel ist eine horizontale Feder der Bentley-and-Draper-Heckfederung zu sehen. Das System funktionierte gut, erforderte aber eine regelmäßige Wartung der Lagerbuchsen, damit das gute Handling erhalten blieb.*

Bezeichnung	**Brough Superior** SS100 (1925)
Motor	V2 50°, luftgekühlt, OHV
Hubraum	988 ccm (85,5 x 86 mm)
Leistung	33,1 kW (45 PS) bei 5000 U/min
Kraftübertragung	Vierganggetriebe, Kettenantrieb
Rahmen	Stahlrohrrahmen
Federung	vorne Trapezgabel; Doppelfedern hinten
Bremsen	vorne und hinten Trommelbremsen
Gewicht	180 kg
Spitzengeschwindigkeit	160 km/h

Henderson KJ

Spitze
160 km/h

__Unten:__ Schnell, schick und hoch entwickelt. Die Henderson KJ „Streamline" war eines der besten Motorräder der späten 20er. Sie besaß unter anderem Trommelbremsen, ein Dreiganggetriebe mit Handschaltung und eine beleuchtete Instrumentenkonsole auf dem Tank. Trotz ihres hohen Preises war die Vierzylindermaschine leider nicht profitabel.

Die hoch entwickelten Vierzylinder zählten fast 20 Jahre lang zu den schnellsten und luxuriösesten Straßenmotorrädern. Die Brüder Tom und William Henderson bauten ihr erstes Motorrad 1912 in Detroit, bei dem sie einen Reihenvierzylinder in ein langes Chassis setzten, bei dem der Sozius vor dem Fahrer saß. Dies wurde im Folgejahr durch einen konventionellen Rahmen ausgetauscht, als der 965-ccm-Motor der Henderson mit seinen wechselgesteuerten Ventilen 7 PS leistete. Der Vierzylinder war eher für Langstrecken als auf Geschwindigkeit ausgelegt, erreichte aber trotzdem eine Geschwindigkeit von 97 km/h.

1913 machte Carl Stevens Clancy Henderson berühmt, als er als erster Motorradfahrer die Welt umrundete. Die Hendersons verbesserten in den folgenden Jahren den Motor immer wieder und hielten die Maschine im oberen Marktsegment. 1915 stellten sie die Model E vor, eine komfortablere Maschine mit einem Radstand von 1486 mm, 178 mm kürzer als der des Vorgängermodells D. 1917 wurde das längere Modell eingestellt, und die Model G lieferte nun 12 PS und war 120 km/h schnell.

Gut genug für Henry Ford

Es bestehen keine Zweifel an der Leistung und Qualität der Henderson. 1917 durchquerte Alan Bedell Amerika von Küste zu Küste in 7 Tagen und 16 Stunden und schlug damit den Indian-Fahrer „Cannonball" Baker um fast vier Tage. Ein anderer Henderson-Fahrer, Ray Artley, unterbot den Three-Flags-Rekord Bakers von Kanada nach Mexiko mit 72 Stunden und 25 Minuten um fast neun Stunden. Henry Ford war so beeindruckt, dass er eine Henderson zum vollen Preis von 370 Dollar kaufte, nachdem man ihm einen Rabatt verweigert hatte.

Zu dieser Zeit hatte Henderson bereits eine Preiserhöhung mit dem Argument gerechtfertigt, dass „es unmöglich ist, die Produktion auf dem gegenwärtigen hohen Niveau aufrechtzuerhalten, ohne bei jeder Maschine Verlust zu machen". Ende 1917 wurde die Firma von Excelsior-Eigner Ignaz Schwinn übernommen und die Produktion nach Chicago verlegt. Beide Hendersons verließen die Firma 1919, aber das Motorrad wurde mit diversen Verbesserungen wie Seitensteuerung, Druckschmierung und schwereren Rahmen weitergebaut.

Ein schnellerer Vierzylinder – Die Mighty Ace

Als Bill Henderson Excelsior-Henderson 1919 verließ, zog er nach Philadelphia und begann mit der Produktion eines neuen Vierzylindermotorrads, der Ace. Henderson starb bei einem Zusammenstoß mit einem Auto bei einer Testfahrt mit seinem neuesten Modell. Daraufhin verließen Ingenieur Arthur Lemon und Testfahrer Charles „Red" Wolverton Excelsior, um Hendersons Arbeit an der Ace fortzusetzen. Ihre berühmteste Schöpfung war die XP4: eine hoch getunte Vierzylindermaschine mit 1262 ccm, die 45 PS leistete und weniger als 136 kg wog. Wolverton erreichte auf ihr 1922 208 km/h, woraufhin sich die Werbung damit brüstete, die Ace sei „das schnellste Motorrad der Welt". Aber auch die Ace war zu teuer für die Serienproduktion. Die Firma wurde 1924 liquidiert und ihre Aktiva von Indian aufgekauft, die die Produktion unter eigenem Namen wieder aufnahm.

Links oben: *Hendersons 1301-ccm-Reihenvierzylinder wurde für die KJ mit Verbesserungen wie einem neuen Schebler-Vergaser, einem neuen Einlasskrümmer und einer stabileren Kurbelwelle mit fünf statt drei Lagern ausgestattet.*

Links: *Die Streamline war eine schöne Maschine, die ihren Namen ihrer Stromlinienform mit großen Kotflügeln und einem neuen Tank verdankte, der die vorher frei liegenden oberen Rahmenrohre verdeckte.*

Rekordbrecher

Die Rekordserie der Henderson ging ebenfalls weiter, vor allem mit dem Star-Fahrer Wells Bennett. 1922 legte er auf der Rennbahn von Tacoma, Washington, in 24 Stunden die Strecke von 2514,6 km mit einer Durchschnittsgeschwindigkeit von über 104 km/h zurück und stellte damit einen Rekord auf, der 15 Jahre halten sollte. Einige Monate später holte sich Bennett den Transkontinental-Rekord für Henderson wieder und im folgenden Jahr setzte er den Three-Flags-Rekord auf 42 Stunden und 24 Minuten.

Hendersons Straßenmaschinen wurden in den 20ern immer weiter entwickelt und erreichten mit der als „Streamline" bekannten KJ einen neuen Höhepunkt. Sie hatte einen 1301-ccm-Motor mit verbesserter Kühlung und einer Spitzenleistung von 40 PS.

Die Streamline schaffte 160 km/h und besaß Ausstattungsmerkmale wie eine Kurzschwinge mit Hilfsgabel und einen beleuchteten Tachometer auf dem Tank. Aber die exotische KJ war in der Zeit der Depression zu teuer, und so zog sie Schwinn 1931 zurück.

Bezeichnung	**Henderson** KJ (1929)
Motor	4 Zylinder in Reihe, luftgekühlt, wechselgesteuert
Hubraum	1301 ccm
Leistung	29,4 kW (40 PS)
Kraftübertragung	Dreiganggetriebe, Kettenantrieb
Rahmen	Stahlrohrrahmen
Federung	kurze Schwinge mit Hilfsgabel; hinten keine
Bremsen	vorne und hinten Trommelbremsen
Gewicht	225 kg
Spitzengeschwindigkeit	160 km/h

Norton International

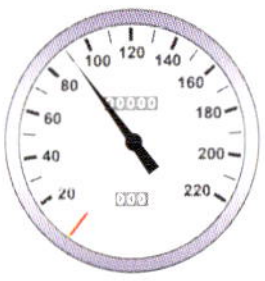

Spitze
145 km/h

Rechts: *Der Vorläufer der International, die CS1, wurde durch Rennsieg und Rundenrekord bei der Senior TT 1937 zu einem Riesenerfolg.*

Unten: *Die International hatte zwar eine identische silberschwarze Lackierung, ließ sich aber durch den rechts statt links sitzenden Auspuff von der CS1 unterscheiden.*

Norton erwarb sich vor allem mit einer Reihe von Tourist-Trophy-Siegen auf der Isle of Man in den frühen Jahren einen derartigen Ruf, dass das Unternehmen aus Birmingham seinem Namen in der Werbung das Wort „unerreichbar" voranstellte und niemand protestierte. Dieser Ruf nahm seinen Anfang mit den frühen Ein- und Zweizylindern mit seitlich stehenden oder über Stößelstangen gesteuerten hängenden Ventilen. Aber es waren die späteren Einzylinder mit oben liegender Nockenwelle, die CS1 und vor allem die International, die den größten Eindruck hinterließen.

Die CS1 (für Cam Shaft 1) wurde bei ihrem Debüt 1927 sehnsüchtig erwartet, denn die Zukunft Nortons sah nicht rosig aus. Gründer James Lansdowne „Pa" Norton war zwei Jahre zuvor mit 56 Jahren an Herzversagen gestorben. In diesem Jahr hatte es keinen Sieg auf der Isle of Man gegeben, und nur das Können des neuen Stars Stanley Woods hatte 1926 einen Sieg bei der Senior TT erbracht. Die Tage des Einzylinders mit Stößelstangen schienen gezählt, und Ersatz musste her.

Tage des Ruhmes

Hier kommt Walter Moore ins Spiel, der Rennsportchef und Entwicklungsingenieur, der die CS1 mit oben liegender Nockenwelle entwickelte. Seine Pläne entstanden zu Hause, bevor er sie Norton anbot. Der 490-ccm-Motor hatte eine Königswelle und das traditionelle Verhältnis von Bohrung und Hub von 79 x 100 mm. Die CS1 hatte ihren großen Auftritt, als

Renn-Eintopf – Die Manx

Nortons Erfolge bei der Tourist Trophy in den 30ern führten zur Entwicklung einer Rennversion der International namens Manx. Der Einzylinder wurde mehrfach überarbeitet, vor allem 1937 mit zwei oben liegenden Nockenwellen. 1950 konstruierten die irischen Brüder Rex und Cromie McCandless den innovativen „Featherbed"-Stahlrohrrahmen. Der Name entstammt dem Kommentar des Rennfahrers Harold Daniell, man sitze auf dem Motorrad wie auf einem Federbett. Geoff Duke gewann 1951 auf einer Manx die 500-ccm- und 350-ccm-Weltmeisterschaften und verteidigte 1952 den 350er-Titel. Der Einzylinder musste sich später den Vierzylindern aus Italien geschlagen geben, aber 1969 gewann Godfrey Nash auf einer Manx noch einmal den jugoslawischen GP.

Bezeichnung	**Norton** International (1932)
Motor	Einzylinder, luftgekühlt, OHC
Hubraum	490 ccm (79 x 100 mm)
Leistung	21,3 kW (29 PS) bei 5500 U/min
Kraftübertragung	Vierganggetriebe, Kettenantrieb
Rahmen	Stahlrohrrahmen
Federung	vorne Trapezgabel; hinten keine
Bremsen	vorne und hinten Trommelbremsen
Gewicht	161 kg
Spitzengeschwindigkeit	145 km/h (Straßenversion)

Alec Bennett 1927 die Senior TT gewann und Woods auf einem gleichen Motorrad den Rundenrekord brach.

Norton war wieder da, und 1928 kam die CS1 als Supersport-Straßenmaschine heraus. Die nächsten beiden Saisons waren für das Werksteam aus der Bracebridge Street enttäuschend, zumal Moore ein lukratives Angebot der deutschen Firma NSU annahm und seinen Motorentwurf mitnahm. Die darauf erscheinende NSU 500SS war der CS1 so ähnlich, dass die Arbeiter bei Norton spotteten, der Name NSU stehe für „Norton Spares Used" (Norton-Ersatzteile verwendet).

Norton brauchte einen neuen Motor und bekam ihn auch, als Arthur Carroll 1931 die CS1 unter der Leitung von Rennsportchef Joe Craig überarbeitete. Carrolls Design hatte die gleichen Zylinderdimensionen, aber der Nockenwellenantrieb war neu und der Auspuff saß jetzt auf der rechten statt auf der linken Seite. Die Leistung von 30 PS verlieh dem Motorrad in der Rennversion eine Spitzengeschwindigkeit von über 160 km/h und ermöglichte große Erfolge für Norton, deren Werksteam die Grand-Prix-Rennen auf dem Kontinent beherrschte und bei der Senior TT die ersten drei Plätze belegte.

Norton baute 1932 ein ähnliches Modell für den Verkauf und nannte es in Anlehnung an der Erfolg der letzten Saison International. Die Kunden konnten eine Straßen- oder Rennausstattung ordern, die sich aber anfangs vor allem durch einen Schalldämpfer unterschieden, der die Spitzengeschwindigkeit auf 145 km/h senkte. Zur Ausstattung der International zählen ein Amal-TT-Vergaser, ein Vierganggetriebe und eine Webb-Trapezgabel. Das Modell blieb die ganzen 30er hindurch populär und überlebte in verschiedenen Formen bis in die 50er hinein.

Links oben: *Arthur Carrolls Einzylindermotor der zweiten Generation hatte die gleichen Zylindermaße wie die CS1 und einen rechts liegenden Auspuff, aber einen neuen Königswellenantrieb für die Nockenwelle.*

Indian Sport Scout

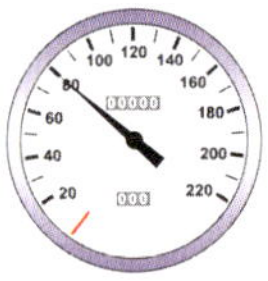

Spitze 130 km/h

Unten: Die riesigen ausgestellten Radkästen wurden nach ihrer Einführung 1940 zum Markenzeichen der Indian, passten aber kaum zum sportlichen Image der Sport Scout. Eine Heckfederung wurde erstmals 1941 eingeführt und machte die Fahrt bequemer, erhöhte aber gleichzeitig das Gewicht. Die Front wurde wie gehabt weiterhin durch eine Trapezgabel gefedert.

Nur wenige Motorräder haben einen solchen Eindruck auf der Straße und bei diversen Wettbewerben hinterlassen wie die 1934 vorgestellte Indian Sport Scout. Dabei waren die Werte gar nicht so exotisch. Das Prinzip des seitengesteuerten V-Zweizylinder mit 750 ccm im genieteten Stahlrohrrahmen (vom Werk „Keystone" – Grundpfeiler – genannt), war auch bei den früheren Indian zu finden.

Aber die Sport Scout verband gutes Handling mit lebendiger Beschleunigung auf etwa 130 km/h und ließ sich gut tunen. Innerhalb kurzer Zeit behaupteten sich die Scouts auf der Straße, bei Tourist Trophys, Bergrennen, Ausdauerrennen und den zunehmend beliebteren Sandbahnrennen der Class C.

Eine Reihe von Erfolgen etablierte den Ruf der Sport Scout. 1937 gewann der Kalifornier Ed Kretz auf einer Scout das erste 200-Meilen-Rennen in Daytona, und Rollie Free erreichte auf dem Strand von Daytona 179 km/h. Im folgenden Jahr gewann Kretz auf der selben Maschine die erste Tourist Trophy in Laconia, New Hampshire.

Nach der Großen Depression waren die Zeiten auch für Indian nicht rosig. Vor allem Kretz verlieh der Firma mit einen Rennerfolgen einen riesigen Schub. Er gewann zwar nie wieder in Daytona, war aber Amerikas erfolgreichster Rennfahrer. Das lag zu gleichen Teilen an seinem kompromisslosen Fahrstil, wie an der Überlegenheit seiner getunten und abgespeckten Sport Scout, die 1938 35 PS lieferte, statt der standardmäßigen 22 PS. Sie erreichte damit 169 km/h und wog mit 145 kg gut 54 Kilo weniger als die Straßenmaschine.

Die Sport Scout war die berühmteste einer langen Reihe von Scout-Modellen, die 1919 mit dem 615-ccm-Modell von Charles B. Franklin ihren Anfang nahm. Seitdem erwarben sich die mittelgroßen V-Zweizylinder einen Ruf der Geschwindigkeit und Verlässlichkeit. 1920 legte eine Scout in 24 Stunden 1793 Kilometer zurück und unterbot den Langstreckenweltrekord um mehr als 402 Kilo-

Rechts: Die ersten Scouts waren bei vielen offiziellen und inoffiziellen Wettbewerben erfolgreich, und viele fahren heute noch auf Rennstrecken. Hier im Bild Butch Baer in Daytona, wo Scouts immer noch Oldtimer-Rennen gewinnen. Allerdings fährt man heute auf dem Daytona Speedway und nicht mehr auf dem Strand, wie Kretz bei seinem berühmten Sieg 1937.

meter. 1927 erhielt die Maschine durch den größeren Hubraum von 750 ccm mehr Leistung.

Für die Ewigkeit gebaut

Die beste der frühen Modelle war die 1928 vorgestellte 101 Scout, deren langer Radstand und niedrige Sitzposition ein hervorragendes Handling ermöglichten. Ihr seitengesteuerter 42-Grad-V-Zweizylinder war selbsttragend und stark genug, den Werbespruch „Sie können eine Indian nicht abnutzen" zu rechtfertigen. Weitere Innovationen umfassten eine Trommelbremse vorne und neue Vergaser und Ölpumpen.

Nicht alle Scouts waren so erfolgreich wie die 101 und die Sport Scout. Die 1932 eingeführte Standard Scout war schwerer als die 101 und galt bei vielen Enthusiasten als nicht sportlich genug. Die 500-ccm-Scout-Pony war ein für Einsteiger gedachtes Leichtgewicht, aber zu langsam, um ein Erfolg zu werden. Ihre Nachfolgerin Motoplane, im Prinzip eine auf 750 ccm vergrößerte Pony, war ebenfalls ein Flop, weil sie zu viel Kraft für das unverändert gebliebene Getriebe und das Chassis hatte.

Dann trat die Sport Scout auf den Plan, um den Ruf der Firma zu retten, und blieb noch lange nach Produktionsende 1942 erfolgreich. So gewann sie bis 1936 Class-C-Rennen. Die letzte Serien-Sport-Scout unterschied sich stark von ihren Vorgängerinnen, da man sie – wie alle Indian-Serien ab 1940 – mit den großen Radkästen ausgestattet hatte, die das Gewicht auf 220 kg erhöhten. Die letzte Sport Scout konnte in der Serienversion ihrem Namen kaum noch gerecht werden, aber viele Fahrer steigerten ihre Leistung, indem sie den Motor aufbohrten und die Radkästen abschraubten.

Bezeichnung	**Indian** Sport Scout (1934)
Motor	V2 42°, luftgekühlt, seitengesteuert
Hubraum	744 ccm (73 x 89 mm)
Leistung	16,2 kW (22 PS)
Kraftübertragung	Dreiganggetriebe, Kettenantrieb
Rahmen	Stahlrohrrahmen
Federung	vorne Trapezgabel; hinten keine
Bremsen	vorne und hinten Trommelbremsen
Gewicht	204 kg
Spitzengeschwindigkeit	130 km/h

Oben: *Diese Sport Scout von 1941 ist ein schönes Motorrad, aber kein sonderlich sportliches. Die Leistung wurde leicht auf 25 PS gesteigert, aber die großen Radkästen und zahlreiche weitere Veränderungen erhöhten das Gewicht zum Nachteil der Geschwindigkeit auf beachtliche 220 kg.*

Links: *Eine Variante der Sport Scout war die Militärmaschine Model 741, deren Hubraum von 750 ccm auf 500 ccm verkleinert war. Das amerikanische Militär zog zwar die 45er von Harley vor, aber auch die Model 741 wurde in großen Stückzahlen gekauft.*

Velocette KSS

Spitze
120 km/h

Unten: *Diese KSS von 1934 zeigt die klassischen Merkmale wie schwarz-goldene Lackierung, Einzylindermotor und Fishtail-Auspuff. Das Tankemblem feiert die drei TT-Siege auf der Isle of Man zwischen 1926 und 1929. Dieses Modell besitzt einen Satteltank, eine verbesserte Elektrik und ein Viergang-getriebe mit Fußschaltung. Damit war das Motorrad zwar besser ausgestattet, aber auch schwerer als bei der Modell-einführung 1925.*

Der 350-ccm-Einzylinder mit oben liegender Nockenwelle von Velocette Mitte der 20er war eines der erfolgreichsten Aggregate, das die Motorradwelt je gesehen hat. Percy Goodmans Schöpfung, die 1925 vom Birminghamer Unternehmen Veloce Ltd. als Model K vorgestellt wurde, lieferte nicht nur über 20 Jahre lang herausragende Leistungen auf der Rennstrecke ab, sondern war ebenfalls die Basis für sportliche Straßenmaschinen, die in großen Stückzahlen verkauft wurden.

Der erste Erfolg stellte sich bei der Tourist Trophy 1926 auf der Isle of Man ein, als Alec Bennett in der letzten Runde stürzte, aber dennoch die 350-ccm-Junior-TT mit 107,3 km/h Durchschnittsgeschwindigkeit und über zehn Minuten Vorsprung gewann, was ihm in der 500-ccm-Klasse den zweiten Platz eingebracht hätte. Velocette legte im Folgejahr mit dem zweiten Platz bei der Junior TT und zwei weiteren Siegen von Bennett und Freddie Hicks 1928 und 1929 nach.

Bennetts TT-Siegerin war eine leicht modifizierte Version der serienmäßigen Model K. Darauf folgte Ende 1925 ein neues Modell, die KSS – für „camshaft super sports". Wie ihre Vorgängerin besaß die KSS eine über eine Welle und Kegelräder gesteuerte oben liegende Nockenwelle. Sie hatte 18 PS, fuhr 130 km/h und besaß nicht zuletzt dank ihres geringen Gewichts von nur 100 kg ohne Beleuchtung eine hervorragende Beschleunigung.

In den kommenden Jahren wurde die KSS wiederholt überarbeitet und erhielt unter anderem einen Tacho, einen größeren Tank, einen Dynamo und eine Batterie. Darüber hinaus wurde das Dreiganggetriebe durch eine Viergang-Fußschaltung mit Ratschenmechanismus ersetzt, die Werksingenieur Harold Wilks entwickelt hatte und die 1929 bereits in die Werksmaschinen von Velocette eingebaute wurde.

Manx-Grand-Prix-Siege

Velocette betrat Neuland, als man die KTT vorstellte: ebenfalls eine 350er, aber eine „Serienversion" des Werksrenners. Sie gab einen großartigen Einstand, indem sie beim Manx Grand Prix des folgenden Jahres die ersten acht Plätze belegte. Beeindruckenderweise war ihre Nachfahrin KTT Mk VIII noch zwei Jahrzehnte später erfolgreich. So bewiesen Freddie Frith und Bob Foster noch 1949 und 1950, dass man Weltmeisterschaften in der 350er-Klasse auf Werksmaschinen mit zwei oben liegenden Nockenwellen (im Jargon von Harold Wills „double-knocker" genannt) gewinnen konnte.

Links: *Die Modellbezeichnung der Velocette stand für „camshaft super sports", wobei das K statt des C eine Reverenz an die deutsche Herkunft der Familie Goodman war.*

Links unten: *Percy Goodmans 349-ccm-Einzylinder hatte eine Königswelle zur Steuerung der oben liegenden Nockenwelle und lieferte 18 PS. Die von Harold Wills entwickelte Viergangschaltung wurde bei der KSS 1932 eingeführt.*

Während die KTT schneller wurde, wurde die KSS in den kommenden Jahren dank immer besserer Ausstattung und Qualität schwerer und langsamer. 1935 wurde die Produktion gestoppt, während man die Entwicklung der KSS Mk II abschloss, die im Folgejahr eingeführt werden sollte. Sie besaß einen Zylinderkopf aus Aluminium mit voll verkapselten Ventilen, eine verbesserte Schmierung und ein neues Chassis.

Die KSS war ein ausgereifteres Motorrad, aber auch 154 kg schwer, während die Leistung weiterhin bei 18 PS lag. Zu dieser Zeit boten die einfacheren Einzylinder mit Stößelstangen-Steuerung vergleichbare Leistung für weniger Geld, und so waren die Tage der KSS gezählt. Nach dem Zweiten Weltkrieg baute Velocette kurzfristig eine KSS mit Teleskopgabel anstelle der Trapezgabel, aber das Modell wurde 1948 eingestellt.

Die MAC – Eine 350er für die Massen

Die KSS war ein Hit auf Rennstrecken und Straßen, aber die 350-ccm-Einzylinder, die den meisten Profit erwirtschaftete, war die bescheidenere, mit Stößelstangen gesteuerte MAC. 1933 als MOV (OV stand für „overhead valves" – hängende Ventile) eingeführt und im Folgejahr auf 350 ccm zur MAC vergrößert, war die von Charles Udall konstruierte Einzylinder wesentlich günstiger zu produzieren und wurde zum Verkaufsschlager der Modellpalette. Die MAC wurde bis 1960 produziert und erhielt in dieser Zeit Teleskopgabel, Aluzylinder und schließlich einen gefederten Rahmen. 1935 gesellte sich mit der MSS eine 500-ccm-Version hinzu.

Bezeichnung	**Velocette** KSS (1934)
Motor	Einzylinder, luftgekühlt, OHC
Hubraum	349 ccm (74 x 81 mm)
Leistung	13,2 kW (18 PS) bei 5800 U/min
Kraftübertragung	Vierganggetriebe, Kettenantrieb
Rahmen	Stahlrohrrahmen
Federung	vorne Trapezgabel; hinten keine
Bremsen	vorne und hinten Trommelbremse
Gewicht	145 kg
Spitzengeschwindigkeit	120 km/h (Straßenversion)

Rudge Ulster

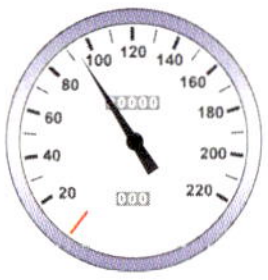

Spitze 150 km/h

Rudge ist berühmt für seine Vierventil-Einzylinder, vor allem für die 500-ccm-Ulster-Modelle, die Sport-Flaggschiffe der Firma aus Coventry in den 30ern. Der Name rührt vom Ulster Grand Prix her, wo Werksfahrer Graham Walker 1928 einen Sieg auf einem neuen Einzylindermotorrad mit vier um eine zentrale Zündkerze gruppierten Ventilen errang.

Walkers Sieg in Nordirland war der weltweit erste in einem Straßenrennen mit einer Durchschnittsgeschwindigkeit von über 129 km/h. Er war ein Glücksfall für Rudge, die erfolgreiche Renninnovationen gerne für die Straßenmaschinen des Folgejahres übernahmen. 1929 stellte man einen Einzylinder mit vier Ventilen unter dem Namen Ulster vor, nachdem Ernie Nott einen 2-Stunden-Weltrekord mit einer Durchschnittsgeschwindigkeit von etwas über 160 km/h aufgestellt hatte – inklusive Tankstopps.

Rudge legte mit einer Maschine der zweiten Generation mit vier radial angeordneten Ventilen und mehr Leistung nach. Diese Konstruktion hatte ihr Debüt 1930, als Rudge bei der Junior TT auf der Isle of Man die ersten drei Plätze belegte.

Das darauf folgende Serienmodell der Ulster hatte eine halbradiale Ventilanordnung und lief gut 145 km/h. Rudge baute auch eine 500 Special, deren vier Ventile parallel statt radial angeordnet waren. Sie war nicht ganz so stark wie die Ulster, aber billiger und einfacher zu warten.

Die Rudge Ulster zeichnete aber mehr aus als nur ihr Motor. Das Modell war als eines der ersten mit

Rechts: *Das Herz der Serien-Ulster war ihr kräftiger und kultivierter Vierventiler, der aus den erfolgreichen Rennmotoren der frühen 30er entwickelt worden war.*

Unten: *Diese Ulster stammt von 1935 und besitzt eine Handschaltung und das innovative und bei vielen beliebte Bremssystem, bei dem Vorder- und Hinterradbremse wie bei einem modernen Verbundsystem gleichzeitig bedient wurden.*

einer Viergangschaltung und einem innovativen Verbundbremssystem ausgestattet. Ein Fußpedal wirkte sowohl auf die vordere als auch auf die hintere Trommelbremse, während ein Handhebel zusätzlich nur auf die Vorderradbremse wirkte.

Sportliche Erfolge

Die Ulster war keineswegs die erste schnelle Rudge. Die Firma – mit vollem Namen Rudge-Whitworth – war 1894 gegründet worden, als der Fahrradhersteller Whitworth Cycles seinen Konkurrenten Rudge aufkaufte, um 1911 sein erstes Motorrad zu bauen. Der sportliche Erfolg kam, als Victor Surridge auf der Brooklands-Strecke in Surrey in der 500-ccm-Klasse eine Rundengeschwindigkeit von 106,97 km/h fuhr. 1914 gewann Werksfahrer Cyril Pullin die Senior TT auf der Isle of Man mit einer beeindruckenden Durchschnittsgeschwindigkeit von fast 80 km/h.

Das erste berühmte Modell war die Rudge Multi von 1912, benannt nach ihrer innovativen Riemenübersetzung. Die Multi verwendete eine Flaschenzuganordnung, um die Spannung des Antriebsriemens zu erhalten, während der Fahrer per langem Hebel eine von 21 Übersetzungen wählte. 1919 stellte die Firma eine V-Zweizylindermaschine mit 998 ccm vor, die ebenfalls mit dem Multisystem erhältlich war und dann Multwin hieß.

Leider reichten die Leistungen auf Rennstrecke und Straße nicht aus, um den Betrieb in der Rezession der 30er rentabel zu halten. Rudge versuchte, Motoren unter der Marke Python zu verkaufen, aber 1933 ging der Abnehmer pleite und die Rennabteilung wurde endgültig geschlossen. Die Produktion ging zwar weiter, aber Rudge hatte seine besten Tage hinter sich, und die Firma überlebte den Krieg nicht.

Triumph Ricardo – Vierventil-Pionier

Der Vierventiler von Rudge beruht zu großen Teilen auf dem Motor der innovativen Triumph Type R von Harry Ricardo, die 1921 auf den Markt kam. Der 499-ccm-Einzylinder besaß vier Ventile und eine zentral platzierte Zündkerze und leistete beeindruckende 20 PS. Die Type R war über 120 km/h schnell und stellte mehrere Rekorde auf, unter anderem den Einstunden-Rekord in der 500er-Klasse mit 123,5 km/h. Triumph entschied sich aber schließlich für die Produktion des einfacheren Einzylinders mit zwei Ventilen.

Bezeichnung	Rudge Ulster (1935)
Motor	Einzylinder, luftgekühlt, 4 Ventile, OHV
Hubraum	499 ccm (85 x 88 mm)
Leistung	22 kW (30 PS) bei 5200 U/min
Kraftübertragung	Vierganggetriebe, Kettenantrieb
Rahmen	Stahlrohrrahmen
Federung	vorne Trapezgabel; hinten keine
Bremsen	vorne und hinten Trommelbremsen
Gewicht	135 kg
Spitzengeschwindigkeit	150 km/h

Links: *Als dieses Modell 1938 gebaut wurde, hatte die Ulster sich nur wenig verändert. Trotz der exzellenten Leistung und der beachtlichen Rennerfolge Anfang des Jahrzehnts war die Firma bereits in finanziellen Schwierigkeiten. Dies ist eine der letzten Ulsters vor Einstellung der Produktion bei Kriegsausbruch.*

Crocker V-Twin

Spitze 177 km/h

__Unten:__ Die Crocker war ein schönes Motorrad, vor allem mit dem sportlich lackierten Aluminiumtank, überzeugte aber vor allem durch ihren großen, starken, leichten und hervorragend gebauten V2-Motor. Leider konnten sich nur wenige Fahrer die teuren Maschinen leisten.

Albert Crocker war in den Jahren vor dem Zweiten Weltkrieg eine der herausragenden Figuren in der amerikanischen Motorradindustrie. Er war sowohl Händler und Unternehmer als auch Fahrer, Entwickler und Ingenieur. Die großen 1000-ccm-V-Twins mit seinem Namen zählten zu den schnellsten und gefragtesten Maschinen auf der Straße.

Crocker arbeitete als Ingenieur bei Thor, bevor er zunächst in Denver, dann in Kansas City und schließlich in Los Angeles als Händler für Indian tätig war. In Los Angeles entwickelte er zusammen mit dem jungen Ingenieur Paul Bigsby ein Motorrad für Speedway-Rennen. Ihre ersten Modell wurden von einem 750er V-Zweizylinder aus einer Indian Scout angetrieben, der sich aber auf der engen Bahn als den kleineren Einzylindern gegenüber unterlegen herausstellte.

Als nächstes bauten die zwei einen 500-ccm-Einzylinder mit hängenden Ventilen und Stößelstangenantrieb. Er lieferte etwa 40 PS, erreichte mit der kurzen Rennübersetzung 105 km/h und wog renntaugliche 109 Kilogramm. Die Brüder Jack und Cordy Milne, die später Weltmeister auf Motorrädern mit JAP-Triebwerken wurden, halfen, die Crocker zu entwickeln und feierten selbst Erfolge auf ihr. Aber dem amerikanischen Motor fehlte es gegenüber den britischen JAP an Leistung, und so wandte sich Crocker dem Bau von Straßenmaschinen zu.

1936 stellte er einen 45-Grad-V2 vor, der viel vom Einzylinder hatte. Als Rennenthusiast hatte Crocker ein Faible für leichte Motorräder mit reichlich Kraft. Sein V-Zweizylinder mit hemisphärischem Zylinderkopf, Stößelstangen und oben liegenden Ventilen besaß offen liegende Ventilfedern und leistete beeindruckende 50 PS bei 5800 U/min. Das ungemein stabile Dreiganggetriebe war an den Rahmen angegossen und von Stahlplatten flankiert, um mit dem Motor eine Linie zu bilden.

Gewicht sparende Teile

Um Gewicht zu sparen, benutzte Crocker Aluminium für zahlreiche Bauteile wie den Tank, die Instrumentenkonsole, den Motor und das Lichtmaschinengehäuse, die Fußbretter und die Rückleuchte. Dadurch wog die V-Twin sehr wettbewerbstaugliche 218 Kilogramm und war nicht nur bedeutend leichter als die neue Harley Knucklehead, sondern auch 10 PS stärker.

Sie war ein schönes und gut gebautes Motorrad mit hohen Lenkergriffen, Trapezgabel und Starrahmenheck mit gefedertem Sattel.

Die Crocker erreichte eine Spitzengeschwindigkeit von 177 km/h und sah auch so aus. Sie war ein typisches Motorrad ihrer Zeit mit nach hinten gezogenen Lenkergriffen, einem großen runden Scheinwerfer und einer Zwei-in-eins-Auspuffanlage. Die Motorräder wurden von Hand zusammengebaut und die Motoren nach Kundenwunsch modifiziert. Leider konnte sich Crocker geschäftlich nicht gegen die höheren Stückzahlen und niedrigeren Preise der Konkurrenz durchsetzen.

Es war Crockers Pech, dass Harley gleichzeitig zu seiner Maschine ihre Knucklehead mit oben liegenden Ventilen herausbrachte. Die Harley war zwar schwerer und schwächer, aber die größere und besser etablierte Marke aus Milwaukee bot die Maschine für 150 Dollar weniger an als Crocker seine V-Twin, die ab 500 Dollar aufwärts kostete. Während die Knucklehead ungeheuer erfolgreich war und zur Urmutter vieler späteren Harleys wurde, wurden weniger als 100 Exemplare der exotischen Kalifornierin gebaut.

Ab 1939 baute Crocker auch einen Motorroller namens Scootabout, der ebenfalls in nur kleinen Stückzahlen produziert wurde. Er hatte gehofft, dass die Firma Indian, zu der er noch Kontakte unterhielt, die Lizenz zum Bau seiner Motoren erwerben würde. Aber seine Pläne wurden mit dem Ausbruch des Zweiten Weltkrieges zerschlagen, und Crocker nahm die Produktion seiner exzellenten, aber unprofitablen Maschine nie wieder auf.

Oben: Das robuste Dreiganggetriebe wurde per Hebel links vom Tank geschaltet, hier mit einem Griff in Würfelform verziert. Die Spitzengeschwindigkeit lag bei über 160 km/h.

Links: Der Crocker-V2 lieferte 50 PS und war sehr gut gebaut. Dieses spätere Modell besitzt geschlossene Stößelstangenhülsen und doppelte Ölpumpen, typische Crocker-Merkmale, die den Preis in die Höhe trieben.

Bezeichnung	**Crocker** V-Twin (1936)
Motor	V2 45°, luftgekühlt, OHV
Hubraum	998 ccm
Leistung	36,8 kW (50 PS) bei 5800 U/min
Kraftübertragung	Dreiganggetriebe, Kettenantrieb
Rahmen	Stahlrohrrahmen
Federung	vorne Trapezgabel; hinten keine
Bremsen	vorne und hinten Trommelbremsen
Gewicht	218 kg
Spitzengeschwindigkeit	177 km/h

Excelsior Manxman

Spitze
129 km/h

Unten: Die Seitenansicht zeigt den Königswellenantrieb der oben liegenden Nockenwelle. Diese Konstruktion war einfacher und billiger herzustellen als die Mechanical Marvel mit ihren radial angeordneten vier Ventilen, brachte aber exzellente Leistung und Zuverlässigkeit. Die Werbung versprach den Käufern echte handgebaute Rennmaschinen, keine Replicas.

Die Firma, die allgemein als der erste britische Motorradhersteller gilt, hat in ihrer langen Existenz vorwiegend billige Zweitakter für Berufspendler gebaut. Allerdings entstanden in den 30ern auch einige herausragende und erfolgreiche Sportmaschinen. Die erfolgreichste war die Manxman mit Einzylindermotor und oben liegender Nockenwelle, deren Geschwindigkeit und Verlässlichkeit sie auf Rennstrecken und Straßen gleichermaßen beliebt machte.

Excelsior baute fast von Anfang an schnelle Motorräder. Die Firma begann 1874 mit dem Bau von Hochrädern und produzierte ab 1896 Motorräder unter dem Namen Bayliss, Thomas & Co. Bald folgten auch Rennmaschinen mit MMC-Motoren. Der vom Werk in Coventry unterstützte Fahrer Sam Wright wurde zu einem der ersten Rennstars des Landes, und Harry Martin brach 1903 auf der Canning Town Rennbahn in London mehrere Rekorde.

Nach einer kurzen Unterbrechung wurde die Motorradproduktion unter dem Namen Excelsior 1910 wieder aufgenommen, nachdem eine deutsche Firma dieses Namens aus dem Geschäft geschieden war. Man baute hubraumstarke Einzylinder wie die seitengesteuerte 850er, und in den 20ern begann Excelsior unter der Leitung von Eric Walker, sich einen sportlichen Ruf mit Modellen mit JAP-Motor aufzubauen.

Das Motorrad, das den Durchbruch für Excelsior brachte, war die so genannte Mechanical Marvel (das „mechanische Wunder") von 1933. Die Maschine wurde nach ihrem innovativen 250-ccm-Einzylindermotor mit radial angeordneten Ventilen benannt, der von Ike Hatch von Burney & Blackburne (B&B) in Zusammenarbeit mit Walker entworfen worden war. Im Gegensatz zum ähnlich aufgebauten Motor von Rudge besaß das Excelsior-Aggregat zwei Einlasskanäle mit separaten Vergasern. Sid Gleave erzielte mit der Mechanical Marvel 1933 bei der Lightweight TT eine Rekorddurchschnittsgeschwindigkeit von 113 km/h.

Stark und stabil

Der komplexe Einzylinder mit radialen Ventilen war allerdings schwer zu warten und einzustellen, und Eric Walker brauchte ein Motorrad, das nicht nur Rennen fahren, sondern auch als Basis für ein Serienmodell dienen konnte. Also entwickelten er und Hatch die Manxman auf Basis eines wesentlich einfacheren 250-ccm-Einzylinders mit einer über eine Königswelle

angetriebenen oben liegenden Nockenwelle. Die starke und robuste Manxman war ein großer Erfolg. Sie gewann zwar keine Tourist Trophy, belegte aber beim Leichtgewichtsrennen 1938 den zweiten bis siebten Platz hinter einer aufgeladenen Zweitakt-DKW.

Excelsior verfügte über ein hervorragendes Werksteam unter Leitung von H. G. Tyrell-Smith, der in der 250er-Klasse bei Lightweight TTs in den 30ern zwei Mal den dritten und ein Mal den zweiten Platz belegte. Ebenso wichtig war, dass die Firma ihren Kunden versprach, dass die Serienmodelle der Manxman echte Rennmaschinen seien und keine Repliken. Laut Excelsiors Werbekatalogen waren alle Maschinen „handgefertigt und von unserer Renn- und Versuchsabteilung getestet", und selbst die Reifen wurden „von Dunlop-Rennmechanikern montiert".

Die Manxman wurde mit 250, 350 und 500 ccm gebaut. Es gab sie nicht nur als Rennmaschine für Straßen- oder Grasbahnrennen, sondern auch als leistungsstarke Straßenmaschine. Hier bot sie eine konventionellere, aufrechte Sitzposition und eine vollständige Miller-Dynamag-Beleuchtung.

Blackburne schloss sein Motorenwerk 1937, aber die Manxman wurde weiterproduziert. Zu dieser Zeit hatte Excelsior selbst mit der Fertigung von Motorteilen begonnen und ließ sich den Rest vom ehemaligen Autohersteller Beans Industries liefern. Die Produktion endete 1939 mit dem Ausbruch des Zweiten Weltkrieges. Excelsior kehrte nach dem Krieg zu seinen Wurzeln zurück und baute leichte Zweizylinder mit Villiers-Motoren wie die 250er Viking und die Talisman. Die Verkäufe gingen jedoch in den 50ern zurück, und die Produktion wurde 1962 eingestellt.

Bezeichnung	**Excelsior** Manxman 250 (1936)
Motor	Einzylinder, luftgekühlt, OHC
Hubraum	246 ccm (63 x 79 mm)
Leistung	16,2 kW (22 PS) bei 6000 U/min
Kraftübertragung	Vierganggetriebe, Kettenantrieb
Rahmen	Stahlrohrrahmen
Federung	vorne Trapezgabel; hinten keine
Bremsen	vorne und hinten Trommelbremsen
Gewicht	136 kg
Spitzengeschwindigkeit	129 km/h

Links: *Der Name Manxman und das dreibeinige Logo der Isle of Man deuteten auf die Erfolge bei der Tourist Trophy hin, wo die Maschine zwar nicht gewann, aber 1938 den zweiten bis siebten Platz belegte.*

Unten: *Ein flacher Lenker und die fehlende Beleuchtung weisen diese Manxman als Rennmaschine aus, aber die Straßenversion war ihr sehr ähnlich. Neben der hier gezeigten 250er gab es auch Ausführungen mit 350 und 500 ccm.*

Harley-Davidson Knucklehead

Spitze 160 km/h

__Unten:__ Die Grundform der Model EL war der der aufgewerteten, seitengesteuerten Model VLH sehr ähnlich, die ebenfalls 1936 eingeführt wurde. Es besteht aber kein Zweifel, welches Motorrad schneller und wichtiger war. Diese glänzenden Ventildeckel zeigen, dass es sich um das lang erwartete Triebwerk mit oben liegenden Ventilen handelt.

Viele Harley-Enthusiasten halten die Model 61E, Spitzname Knucklehead, für das wichtigste Motorrad, das die Firma je gebaut hat. Es war sicherlich eines der mutigsten Projekte. Die nach der Form ihrer Ventildeckel benannte Knucklehead wurde während der Wirtschaftskrise der 30er entwickelt. Überall schlossen in Amerika die Geschäfte, Gehälter wurden gekürzt, und die Motorradverkäufe waren im Keller.

Trotzdem beschloss man nach einigen Diskussionen bei Harley-Davidson – deren Motorräder eher für Zuverlässigkeit als für Leistung bekannt waren –, die neue Maschine zu produzieren, die 1936 vorgestellt wurde. Der 45-Grad-V-Twin der Model E hatte einen Hubraum von 989 ccm (oder 61 Kubikzoll, daher die Bezeichnung) und war aus zwei Gründen bemerkenswert. Der erste war der geschlossene Ölkreislauf, der das Öl im Gegensatz zur recht primitiven Gemischschmierung in einen Aufnahmetank zurückleitete.

Zum zweiten war die Model E die erste Serien-Harley mit oben liegenden Ventilen statt der weniger effizienten seitlich stehenden. Dies bedeutete endlich mehr Leistung. Im Fall des Grundmodells 61E mit seiner Verdichtung von 6,5:1 hieß dies maximal 37 PS. Die Model 61EL mit einer Verdichtung von 7:1 hatte beeindruckende 40 PS, die für eine Geschwindigkeit von 160 km/h auf freier Straße reichten.

Auch der Zweischleifen-Stahlrahmen war neu (er wurde auch für die großvolumige, seitengesteuerte Model V verwendet) und bot eine verbesserte Version der Springergabel. Weitere Ausstattungsmerkmale waren ein Vierganggetriebe und ein neuer Tank mit klassischen Art-Déco-Motiven, der auch zum ersten Mal einen Tachometer auf einer Konsole trug.

Die 61E hatte ein gewollt muskulöses Styling, das durch den neuen Öltank zwischen Motor und hinterem Kotflügel noch unterstützt wurde. Trotz der zahlreichen Kinderkrankheiten wie Ölverlust und zu

schwachem Rahmen wurde die Knucklehead schnell zu einem Liebling der amerikanischen Motorradfahrer.

Was Milwaukee berühmt machte

Es war Harleys Glück – und vielleicht auch der Lohn für bewiesenen Mut – dass die Depression gerade nachließ, als die 61E 1936 auf den Markt kam. Im ersten Jahr wurden fast 2000 Einheiten gebaut und verkauft. Was noch wichtiger war: Design und Leistung gaben Harley zum ersten Mal seit Jahren einen Vorteil gegenüber dem großen Rivalen Indian – und diesen Vorteil würde Milwaukee nie wieder aufgeben.

Nur um die Leistungsfähigkeit des neuen Modells zu demonstrieren, schickte Harley-Davidson den Rennfahrer Joe Petrali 1937 mit einer getunten Knucklehead mit einer kleinen Verkleidung, einem Scheibenrad vorne und einer verkleideten Hecksektion nach Daytona Beach. Petrali fuhr über die gemessene Meile eine Durchschnittsgeschwindigkeit von 219,2 km/h, stellte einen neuen Rekord auf und erzielte eine große Öffentlichkeitswirkung.

Im Jahr 1937 konnte man sich wohl nicht einmal bei Harley vorstellen, dass die grundsätzliche Motorenauslegung der Knucklehead dem Unternehmen bis ins 21. Jahrhundert hinein dienen würde. Aber seit der ersten großen Überarbeitung von 1941 bei der Model 74F mit 1213 ccm hat die Firma den großen V-Twin zwar immer wieder modernisiert, ohne aber dabei das grundlegende Design zu verändern. Und trotz der kürzlich erfolgten Einführung modernerer Triebwerke aus Milwaukee zeigt der gute alte luftgekühlte 45-Grad-V-Zweizylinder mit seinen Stoßstangen und oben liegenden Ventilen keine Anzeichen dafür, dass er zum alten Eisen gehört.

Bezeichnung	**Harley-Davidson** Model 61EL (1936)
Motor	V2 45°, luftgekühlt, OHV
Hubraum	989 ccm (84 x 88,9 mm)
Leistung	29,4 kW (40 PS) bei 4800 U/min
Kraftübertragung	Vierganggetriebe, Kettenantrieb
Rahmen	Stahlrohrrahmen
Federung	vorne Springergabel; hinten keine
Bremsen	vorne und hinten Trommelbremsen
Gewicht	234 kg
Spitzengeschwindigkeit	161 km/h

Links: *Angesichts dieser Ventildeckel versteht man schnell, warum die Model E Knucklehead („Beulenkopf") genannt wurde. Das schicke Tankemblem wurde zwischen 1936 und 1939 verwendet.*

Unten: *Die Model E hatte einen neuen Rahmen und einen neuen Motor, aber immer noch keine Spur von Heckfederung. Das Vierganggetriebe wurde mit dem Hebel links vom Tank geschaltet.*

Triumph Speed Twin

Spitze 150 km/h

Unten: *Edward Turner war ein hervorragender Designer und Ingenieur, und das Aussehen der Speed Twin entsprach ganz der Leistung ihres Parallelzweizylinders. Frühe Modelle wie dieses hatten Trapezgabeln und starre Hecks; spätere Twins kombinierten die gleiche braunsilberne Lackierung mit Teleskopgabeln und Kolbenfedern am Heck.*

Die Motorradwelt änderte sich dramatisch, als 1937 die Speed Twin den Markt eroberte und eindrucksvoll unter Beweis stellte, dass zwei Zylinder besser sein können als einer. Sie begründete damit eine Ära der Vorherrschaft der Parallelzweizylinder, die mehr als drei Jahrzehnte dauern sollte. Es ist fraglich, ob je ein anderes britisches Motorrad alle folgenden so beeinflusste wie die Speed Twin.

Die Begeisterung für die Speed Twin ist einfach zu erklären. Das 498-ccm-Meisterstück von Triumph-Chef Edward Turner war schnell, elegant, praktisch, hatte einen vernünftigen Preis und einen deutlichen Leistungsvorteil gegenüber den meisten Einzylindermaschinen, die den Motorradmarkt bis zu diesem Zeitpunkt beherrscht hatten. Turner, der selten mit seiner Meinung hinter dem Berg hielt, hatte keine Zweifel an den Vorteilen eines Zweizylindermotors.

„Ein Twin liefert ein besseres Drehmoment“, sagte er. „Er läuft mit höherer Drehzahl als ein Einzylinder mit ähnlicher Leistung, ohne die wichtigen Komponenten über Gebühr zu belasten. Da die Zündintervalle gleich sind, was ein gleichmäßiges Drehmoment bedeutet, ist der Anzug bei niedriger Drehzahl besser. Der Motor beschleunigt schneller und ist besser gekühlt. In der Handhabung ist er also in jeder Hinsicht der angenehmere Motor.“

Beschwingtes Fahrgefühl

Die meisten Fahrer konnten dem kaum widersprechen, wenn sie erst einmal auf der Speed Twin gesessen hatten. Zwar erreichten auch einige Einzylinder etwas über 145 km/h, aber bei weitem nicht den Fahrkomfort der Speed Twin, die bei 113 km/h sanft dahin glitt. Der mit Stößelstangen gesteuerte Motor mit 360-Grad-Kurbelwelle (die Kolben stiegen und fielen gleichzeitig) war mit einer Kompression von 7:1 und 29 PS bei 6000 U/min recht sanft getunt. Es gab einige Vibrationen, aber wesentlich weniger als beim Einzylinder.

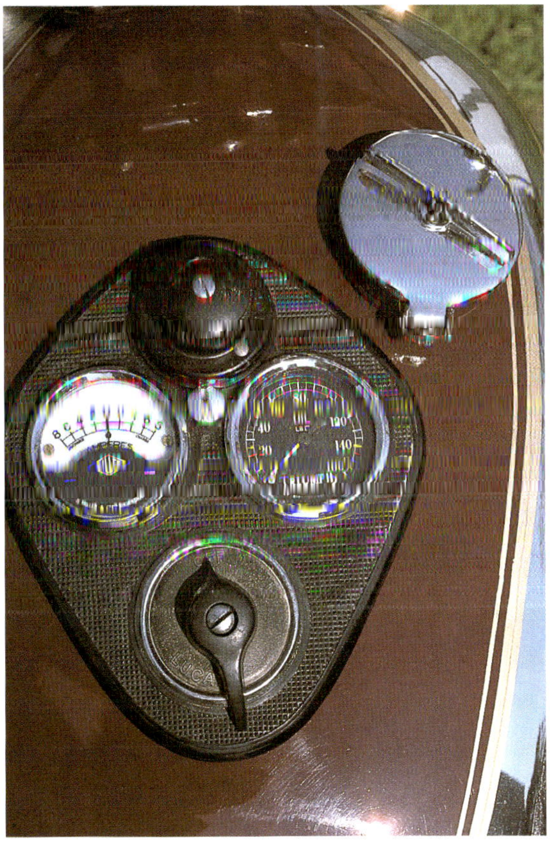

Turner war kurz zuvor von Ariel gekommen (wo er die Square Four entwickelt hatte), nachdem die Firma von Triumph übernommen worden war. Er machte seinen Einstand mit der Überarbeitung der 250er-, 350er- und 500er-Einzylinder und steigerte die Verkäufe mit frischem Styling und schicken neuen Namen: Tiger 70, 80 und 90. Turners seltenes Talent für Styling und Marketing zeigte sich erneut bei der Speed Twin mit ihrem bezeichnenden Namen und den eleganten Linien.

Gelobtes Handling

Das schlanke, schlichte Auftreten der Twin war keine Übertreibung. Sie nutzte praktisch die gleiche Gabel und den gleichen Rahmen wie die Tiger 90 und war sogar leichter als der 500er-Einzylinder und der Motor schmaler. Die Trommelbremsen waren zupackend und das Handling wurde hoch gelobt, auch wenn das starre Heck bei Bodenwellen gerne sprang.

Aber es war letztendlich der Motor, der die damaligen Tester in Verzückung stürzte. „Auf der offenen Landstraße ist die Maschine ein reines Vergnügen", berichtete *The Motor Cycle*. „Jederzeit stand reichlich Kraft mit einer Handbewegung bereit, und die geringe Geräuschentwicklung bei Reisegeschwindigkeit ist fast unheimlich." Das Magazin ermittelte ein Durchschnittstempo von 150 km/h und eine „wirklich erstaunliche" Spitzenleistung von 172 km/h.

Dies und der wettbewerbsfähige Preis, der leicht über dem einer Tiger 90 lag, machten die Maschine zu einem Riesenerfolg. Der Ausbruch des Zweiten Weltkrieges unterbrach die Entwicklung, aber schon 1948, drei Jahre nach Kriegsende, hatten alle großen Hersteller Parallelzweizylinder im Programm. Zwischenzeitlich war die Speed Twin zu einem Sportmodell, der Tiger 100, getunt worden, und es wurde ein Ableger mit 650 ccm entwickelt. Die Parallel-Twin-Revolution Triumphs war in vollem Gang.

Links oben: *Ein Einsatz im Tank nahm die Instrumente auf – ein typisches Triumph-Merkmal der 30er.*

Oben: *Der kräftige und relativ ruhig laufende 498-ccm-Motor löste den Siegeszug der Parallelzweizylinder in Großbritannien aus.*

Bezeichnung	**Triumph** Speed Twin (1938)
Motor	2-Zylinder parallel, luftgekühlt, OHV
Hubraum	498 ccm (63 x 80 mm)
Leistung	21,3 kW (29 PS) bei 6000U/min
Kraftübertragung	Vierganggetriebe, Kettenantrieb
Rahmen	Stahlrohrrahmen
Federung	vorne Trapezgabel, hinten keine
Bremsen	vorne und hinten Trommelbremsen
Gewicht	166 kg
Spitzengeschwindigkeit	150 km/h

Indian Four

Spitze
145 km/h

__Unten:__ Diese Four aus dem Jahr 1939 ist eine der letzten, bevor das Modell mit großen, heruntergezogenen Kotflügeln ausgestattet wurde, die später zu einem Markenzeichen von Indian werden sollten. Das 1939er-Motorrad profitierte von manchen Verbesserungen, die in den Vorjahren vorgenommen worden waren. Es hatte einen rechts liegenden Schalthebel (deutlich vor dem Indian-Emblem auf dem Tank sichtbar) und einen Ledersattel mit Fransen.

Indians Four war elegant, komfortabel, schnell und teuer. Tatsächlich war sie zu teuer, um je in großen Stückzahlen verkauft zu werden, wurde aber dennoch mehr als 15 Jahre lang produziert. Während dieser Zeit brachte die in Springfield, Massachusetts, beheimatete Firma mehrere verbesserte Versionen des Modells heraus. Die Rechte hatte Indian 1927 erworben, als sie die Produktionsstätten der Firma Ace in Philadelphia übernahm, die drei Jahre zuvor in Konkurs gegangen war.

Das Ace-Motorrad war von William Henderson entworfen worden, dem Mitbegründer der Marke Henderson. Nach seinem Tod beim Test eines seiner Motorräder 1922 wurde sein Entwurf überarbeitet. Da die Ace einen hervorragenden Ruf für Geschwindigkeit und Qualität hatte, hatte Indian nach der Übernahme die Vierzylindermaschine zunächst ohne Veränderungen weiterbauen wollen. Als Indian die Produktion aufnahm, hieß das Motorrad zunächst einfach Ace, wurde aber ab Juni 1927 in Indian Ace umbenannt und sowohl in Indians traditionellem dunklen Rot als auch im ursprünglichen Blau angeboten.

Für ihre Zeit war die Indian Ace mit ihrem ruhig laufenden 1265-ccm-Motor mit wechselgesteuerten Ventilen ein außergewöhnliches und schnelles Motorrad. Bei einer Leistung von 35 PS und einer Spitzengeschwindigkeit von 129 km/h war sie gut zu handhaben. Im Juni 1927 berichtete das Magazin *Motorcycling* begeistert: „Nur aus Spaß schalteten wir in den zweiten Gang herunter, verlangsamten auf 32 km/h und drehten dann das Gas voll auf. Eine Bewegung des Handgelenks und wir wären fast vom Sattel geflogen. Die neue Indian Ace ist ein absoluter Hammer."

1928 beschloss Indian, dass der Markenname Ace nicht mehr benötigt würde, und stellte eine verbesserte Version des Vierzylinders unter dem Namen Indian vor. Zu dieser Zeit verfolgte der Hersteller eine eher kurzlebige Firmenpolitik, indem er Verbesserungen sofort auf den Markt brachte, anstatt bestimmte Modelljahre anzupeilen. Innerhalb weniger Jahre rüstete Indian die Four mit einer stärkeren Kurbelwelle (mit fünf statt wie bisher drei Hauptlagern), einem Doppelschleifenrahmen, einer Vordergabel mit Blattfederung und einer effektiveren Trommelbremse am Vorderrad aus.

Links: 1931 waren an der Four durch Indian schon einige Verbesserungen vorgenommen worden. Ihr Tank hatte jedoch noch die alte Form mit darüber verlaufendem Rahmenrohr. Die 1931er-Four war zwar technisch noch nicht ausgefeilt, aber leichter als ihre Nachfolger. Dennoch waren die Verkaufszahlen in den 30ern sehr niedrig.

Unten: Obwohl es sehr ähnlich aussieht, ist dieses Motorrad keine alte Indian, sondern eine neue Vierzylindermaschine mit dem Namen Dakota 4 aus dem Jahr 2000. Sie wurde von einem Schweden entworfen und in kleinen Stückzahlen in Schottland von Alan Forbes produziert. Der Indian-Liebhaber und Ersatzteilhändler hielt in einigen Ländern die Rechte am Namen Indian.

Mehr Gewicht

Für die Saison 1932 wurde die Four überarbeitet und mit einem anderen Tank, einer längeren Gabel und einem stabileren Rahmen ausgestattet, was ihr Gewicht auf 225 kg erhöhte. Sie wurde standardmäßig mit dem Gasgriff auf der linken Seite oder einem rechts liegenden Schalthebel für die Dreigangschaltung gebaut, war aber ab 1932 auch mit seitenverkehrten Hebeln erhältlich. Die Verkaufszahlen von Indian sanken im Zuge der Depression genau wie beim Rest der amerikanischen Automobilbranche auf ein Rekordtief.

1933 erreichte Indian die niedrigste Produktion seiner Geschichte, mit nur 1667 Motorrädern insgesamt, von denen gerade einmal 130 die teuren Four ausmachten. Viele der Maschinen gingen an die Polizei, die die Maschinen sehr schätzte. Drei Jahre später erholte sich die Wirtschaft, aber Indian schlug mit der 436 Four mit umgekehrt übereinander angeordneten Ventilen einen Holzweg ein. Indian bewarb das Motorrad als „das beste und schnellste Serienmotorrad der Welt“. Der unübersichtliche Motor war aber unbeliebt und brachte der Four den Spitznamen „umgedrehte Four“ ein, bevor man zur ursprünglichen Ventilanordnung zurückkehrte.

Die letzten Four, zwischen 1940 und 1942 gebaut, wurden überarbeitet und waren mit großen heruntergezogenen Kotflügeln und einer Hinterradfederung ausgestattet. Sie waren schön und komfortabel, aber auch schwerfällig. Dann kam der Zweite Weltkrieg, währenddessen Indian große Stückzahlen von V2-Militärmaschinen baute und zwei Vierzylindermaschinen entwickelte, die X44 und Torque Four genannt wurden. Aber aus ihnen wurde nichts, und die Produktion von Indians Vierzylinder-Flaggschiff wurde nach dem Krieg nicht wieder aufgenommen.

Bezeichnung	**Indian** Four (1939)
Motor	4 Zylinder in Reihe, luftgekühlt, Ventile übereinander
Hubraum	1265 ccm (69,8 x 82,5 mm)
Leistung	29,5kW (40 PS) bei 5000 U/min
Kraftübertragung	Dreiganggetriebe, Kettenantrieb
Rahmen	Stahlrohrrahmen
Federung	vorne Blattfederung; hinten keine
Bremsen	vorne und hinten Trommelbremsen
Gewicht	241 kg
Spitzengeschwindigkeit	145 km/h

1941–1959
Zwei ist Trumpf

Die 500er-Triumph Speed Twin wurde zwar kurz vor dem Zweiten Weltkrieg eingeführt, aber ihr Einfluss sollte noch lange wirken. Die britischen Hersteller waren in den 40ern und 50ern bestimmend, vor allem mit ihren Variationen zum Thema Parallelzweizylinder, die mit unterschiedlichem Erfolg von allen großen Herstellern übernommen wurden.

Einzylinder waren weiterhin beliebt, wobei sportliche Modelle wie die BSA Gold Star und die Gilera Saturno das eher nüchterne Erscheinungsbild des Marktes mit Stil und Leistung bereicherten. Gleichzeitig loteten Firmen wie Harley-Davidson und Indian das aufregende Potential hubraumstarker V-Zweizylinder aus.

Scott Flying Squirrel

**Spitze
145 km/h**

Rechts: *Eine Scott in voller Fahrt war ein schöner Anblick, und dank des hohen und unverwechselbaren Zweitakt-„Heulens“ auch ein Fest für die Ohren.*

Unten: *Die Flying Squirrel wirkte zwar konventioneller als die früheren Modelle mit zylindrischem Tank, war aber immer noch ein ungewöhnlich aussehendes Motorrad, das sich über die Jahre kaum veränderte.*

Nur wenige Motorräder wurden über einen so langen Zeitraum mit so wenigen Veränderungen produziert wie die Scott Flying Squirrel. Bei ihrer Einführung als verbesserte Version des Zweitakt-Parallelzweizylinders 1926 war die Flying Squirrel mit 498 oder 596 ccm erhältlich und hob sich mit ihrem konventionellen Rahmen und Tank von den früheren Scotts ab.

Als 1978 die letzte Flying Squirrel gebaut wurde, sah sie nicht nur aus wie ihre Urahnin, sondern besaß auch immer noch den 596-ccm-Zweitaktmotor, der seit Einführung der abnehmbaren Zylinderköpfe 1934 kaum verändert worden war.

Gegen Ende ihrer Produktion wurde die Scott nur noch in sehr geringen Stückzahlen gefertigt und spielte im Leistungswettbewerb der Motorräder schon lange keine Rolle mehr. Nichtsdestotrotz ist die lange Produktionszeit ein Beleg für das fortschrittliche Design des Originals und das hohe Ansehen, das die Scotts bei ihren treuen Anhängern genossen.

Unverwechselbarer Sound

Verkäufe und Entwicklungsarbeit waren in der zweiten Lebenshälfte der Flying Squirrel sehr begrenzt. Firmengründer Alfred Scott war 1923 an einer Lungenentzündung gestorben, und die Firma war seit Anfang der 30er beständig in finanziellen Schwierigkeiten. Aber der Zweitakter bot unverdrossen sowohl lebendige Leistung als auch unverwechselbares Fahrgefühl und einen Motorensound, der bis zu fortschrittlichen

Zweizylindern zurückreichte, mit denen Scott 1904 die Produktion aufgenommen hatte.

1939, kurz vor der Produktionsunterbrechung durch den Zweiten Weltkrieg, war die ebenfalls mit 596 ccm Hubraum ausgestattete neue Clubman vom Magazin *Motor Cycling* mit 145 km/h gemessen worden. Die Scott wurde als „sehr angenehme Maschine für das mühelose Fahren mit hoher Reisegeschwindigkeit" beschrieben, auch wenn der Tester anmerkte, dass das Handling bei den Unebenheiten der Brooklands-Rennstrecke durchaus Raum für Verbesserungen biete.

Die Werbebroschüre der Nachkriegs-Flying-Squirrel tönte: „Laufruhe, Leistung, Einfachheit und Geschmeidigkeit verleihen der Scott eine Individualität, die von keiner anderen Marke erreicht wird", und pries weiterhin „die mühelose Kraftentfaltung des Zweitakt-Zweizylinders, die geschmeidige Beschleunigung, die Stabilität, den unstillbaren Hunger nach Arbeit, die Laufruhe, die aufgeräumte Konstruktion, die mühelose Wartung und das kraftvolle und doch angenehm musikalische Schnurren des Auspuffs."

Ein Teil davon waren typische Werbebehauptungen, aber es besteht kein Zweifel, dass die Flying Squirrel ungewöhnlichen Stil mit einer vernünftigen Leistung kombinierte. Ihre Laufruhe bei 113 km/h war ebenso beeindruckend wie das charismatische „Heulen" des Auspuffs bei hohen Drehzahlen. Der größte Nachteil war für viele nicht so sehr die Leistung, sondern die regelmäßig nötige Wartung.

1947 verbesserte Scott das Chassis mit einer luftgefederten Teleskopgabel, die gut funktionierte, bis die Dichtungen aufgaben. Das Starrheck wurde 1956 unter Leitung von Matt Holder, der die bankrotte Firma 1950 übernommen und nach Birmingham verlagert hatte, durch zwei Federbeine ersetzt. Ansonsten unternahm Holder nur wenige Versuche, die Scott nach 30 Jahren zu verbessern, und baute insgesamt weniger als 300 Motorräder.

Die Silk – Eine Scott für die 70er

Die Flying Squirrel hat sich zwar über die Jahre kaum verändert, aber sie war Inspiration für eine neue, modernere Zweitakt Parallel-Twin: die Silk 700S. George Silk, ein Scott-Enthusiast, schuf einen kompakten 653 ccm Motor mit elektronischer Zündung, verbesserter Schmierung und einer Leistung von 47 PS. Schick gestylt und mit einem leichten, steifen Rahmen von Spondon Engineering, ließ sich die 700S hervorragend steuern und erreichte bei ihrer Einführung 1972 177 km/h. Trotz des hohen Preises wurden mehr als 100 Stück verkauft, die Produktion war aber unprofitabel und wurde 1979 eingestellt.

Bezeichnung	Scott Flying Squirrel (1947)
Motor	Parallel-2-Zylinder, flüssigkeitsgekühlt, 2-Takt
Hubraum	596 ccm (73 x 71,4 mm)
Leistung	22 kW (30 PS) bei 5000 U/min
Kraftübertragung	Dreiganggetriebe; Kettenantrieb
Rahmen	gerade Stahlrohre im Dreiecksverbund
Federung	vorne Teleskopgabel; hinten keine
Bremsen	vorne und hinten Trommelbremsen
Gewicht	185 kg
Spitzengeschwindigkeit	145 km/h

Links oben: *Diese Flying Squirrel stammt von 1947 und hat die in diesem Jahr eingeführte luftgefederte Teleskopgabel. Eine Heckfederung folgte erst neun Jahre später.*

Links: *Der flüssigkeitsgekühlte Zweitakter mit 596 ccm lieferte 30 PS und lief angenehm geschmeidig. Er erforderte aber auch regelmäßige Wartung.*

Ariel Square Four

Unten: *Die Square Four 4G MkI war eine 997-ccm-Maschine, die reichlich Laufruhe und Komfort, wenn auch keine herausragende Leistung, bot. Dieses Motorrad stammt von 1952, dem Jahr, bevor diese „Squariel" durch die MkII mit mehr Leistung, verbesserter Motorkühlung und vier Auspuffkrümmern abgelöst wurde.*

„Von zehn auf hundert im obersten Gang", war die stolze Werbeaussage für die Ariel Square Four in den 1950ern, die das Durchzugsvermögen aus dem Drehzahlkeller sowie die Spitzengeschwindigkeit von über 100 Meilen pro Stunde (160 km/h) anpries. In Wirklichkeit war die letzte Version der Square Four gar nicht so schnell, wie die beeindruckenden Werte und der hohe Preis suggerierten. Sie war eher ein luxuriöser – wenn auch etwas unzuverlässiger – Tourer als eine Sportmaschine. Trotzdem war Ariels Flaggschiff viele Jahre lang eines der glamourösesten Motorräder auf der Straße.

Die Square Four durchlief in ihrem langen Leben von 1931 bis 1958 zahlreiche Überarbeitungen. In diesen 27 Jahren verdoppelte sich der Hubraum, und Chassis und Styling wurden überholt. Was sich nicht veränderte, waren Kraft, Geschmeidigkeit und kompakte Größe des im Quadrat angeordneten Vierzylinders – ebenso wenig wie die Nachteile wie hohe Produktionskosten und die schwierige Kühlung der beiden hinteren Zylinder.

Zigarettenbildchen

Die Legende will es, dass dieses äußerst exotische Motorrad entstand, nachdem ein begabter junger Ingenieur namens Edward Turner eine Skizze einer neuartigen, quadratischen Zylinderanordnung auf die Rückseite einer Zigarettenpackung kritzelte und erfolglos versuchte, die Idee einer Reihe von Herstellern zu verkaufen. Turner, der später bei Triumph zu anhaltendem Ruhm gelangte, überzeugte schließlich den Ariel-Chef Jack Sangster, dass die quadratische Anordnung funktionierte, und erhielt den Auftrag, den Motor zu bauen.

Turners Entwurf beruhte auf zwei Parallelzweizylindern, die sich einen Zylinderkopf, einen Motorblock und ein Kurbelwellengehäuse mit zwei über Zahnräder verbundenen Wellen teilten. Dadurch entstand ein ruhig laufender Motor, der so kompakt gebaut war, dass das 497-ccm-Aggregat in einen Rahmen passte, der dem des aktuellen Ariel-Einzylinders mit 500 ccm stark ähnelte. Die 1931 vorgestellte erste Square Four hatte eine kettengetriebene oben liegende Nockenwelle und in den Zylinderkopf integrierte Aus-

lasskrümmer, so dass nur zwei Auspuffrohre aus dem Motor austraten. Der ursprüngliche Entwurf war von einem integrierten Dreiganggetriebe ausgegangen, aber die Serienmaschine bekam einen Primärantrieb über Kette und ein separates Burman-Vierganggetriebe.

Nach dem ersten Produktjahr wurde der Motor auf 597 ccm vergrößert. In dieser Form lieferte die Square Four 24 PS bei 6000 U/min und lief bis zu ihrer Spitzengeschwindigkeit von 137 km/h sehr geschmeidig. Aber die „Squariel" litt unter Kühlungs- und anderen Problemen. Nachdem Turner 1937 zu Triumph gewechselt war, stellte Ariel die überarbeiteten Modelle 4F und 4G mit 597 beziehungsweise 997 ccm vor, die der neue Chefingenieur Val Page entwickelt hatte.

Die neuen Motoren besaßen mehr Kühlrippen und einen Kanal zwischen den Zylindern, der Kühlluft nach hinten leitete. Außerdem wurden jetzt Stößelstangen zur Ventilsteuerung verwendet und der Hub verlängert. Die größere 4G lieferte 34 PS und viel Drehmoment im unteren Drehzahlbereich. Aber neben einer gewissen Unzuverlässigkeit litt sie auch unter nur mittelmäßigem Handling, weil sie zu schwer für die zusammen mit der Telegabel eingeführten hinteren Federbeine war.

1953 stellte Ariel mit der 4G MkII eine verbesserte Version mit neuem Zylinderkopf und vier anstelle von zwei Auspuffkrümmern vor. Die Kühlung war verbessert worden, da nun Luft über die Auslasskanäle lief. Neu geformte Kolben steigerten die Leistung auf 40 PS bei 5000 U/min. Aber Ariel schaffte es nie, die Flüssigkeitskühlung zu bauen, die die traditionellen Überhitzungsprobleme ein für alle Mal gelöst hätte.

Der Grund für die fehlende Weiterentwicklung war einfach: Ariel gehörte nun zur BSA-Gruppe und hatte die umstrittene Entscheidung getroffen, die Viertakter zu Gunsten der zweitaktigen Leader aufzugeben. Als die Leader 1958 eingeführt wurde, wurde das Vierzylindermotorrad fallen gelassen, und eine über 30 Jahre andauernde Ära war zu Ende. Kein Fahrer, der die einzigartige Mischung der Square Four aus Leistung, Laufruhe und Geschmeidigkeit erlebt hat, wird sie je vergessen.

***Oben:** Das Handling war dank des Gewichts nicht die starke Seite der heckgefederten Square Four 4G MkI, aber man fuhr recht komfortabel.*

***Links unten:** Die nur zwei Krümmer des Vierzylinders täuschten. Trotz der zahlreichen Kühlrippen war die Kühlung der hinteren Zylinder immer ein Problem.*

***Links:** Das gute Aussehen trug viel zum Reiz der Square Four bei, und wenn sie gut lief, gab es nur wenige Maschinen der frühen 1950er, die ihr an Laufkultur nahe kamen.*

Bezeichnung	**Ariel** Square Four 4G MkI (1952)
Motor	4 Zylinder im Quadrat, luftgekühlt, OHV
Hubraum	997 ccm (65 x 75 mm)
Leistung	25 kW (34 PS) bei 5400 U/min
Kraftübertragung	Vierganggetriebe; Kette
Rahmen	Stahlrohrrahmen
Federung	vorne Teleskopgabel; hinten Kolbenfedern
Bremsen	vorne und hinten Trommelbremsen
Gewicht	196 kg
Spitzengeschwindigkeit	160 km/h

Sunbeam S8

Spitze
129 km/h

Mit ihrem geschmeidigen und verlässlichen 487-ccm-Zweizylinder, gutem Handling und annehmbarer Geschwindigkeit war die S8 das beste Motorrad der berühmten Marke Sunbeam, deren Geschichte im Motorradbau bis ins Jahr 1912 zurückreichte. Die 1949 eingeführte S8 war im Prinzip eine sportlichere und zuverlässigere Version der S7, die sich seit ihrer Vorstellung zwei Jahre zuvor nur schlecht verkauft hatte.

Die grundlegende Motorkonstruktion der S8 war identisch mit der der S7. Der Tandem-Zweizylinder hatte eine 360-Grad-Kurbelwelle und einen Kardanantrieb. Ungewöhnlich war die per Kette getriebene, einzelne oben liegende Nockenwelle anstelle der üblicheren Stößelstangen. Zu den zahlreichen Veränderungen, die die Unzuverlässigkeit der S7 beheben sollten, zählten eine größere Ölmenge und neu gestaltete Kolben. Die erhöhte Kompression und das großzügiger dimensionierte Auspuffrohr steigerten die Spitzenleistung leicht auf 26 PS bei 5800 U/min.

Traditionelles Schwarz

Die Lackierung war schwarz, eine Reverenz an die Zeit, als die Marke aus Wolverhampton für ihre hochwertigen Konstruktionen geschätzt wurde. Die S8 behielt den Doppelschleifenrahmen der S7 und gewann durch eine neue Gabel und schmalere Reifen

Rechts: *Das Handling der S8 war dank geringerem Gewicht, neuer Telegabel und schmalerer Räder und Reifen besser als das der S7.*

Unten: *Trotz der ungewöhnlichen hintereinander stehenden Zylinder waren Styling, Lackierung und Chassis der S8 im Gegensatz zur schwereren und auffälligeren S7 konventionell.*

und Räder ein besseres Handling. Die Gabel war eine konventionelle Teleskopgabel von BSA, die die erfolglose ursprüngliche Konstruktion mit einer einzelnen Feder und ohne hydraulische Dämpfung ablöste. Am Heck fanden sich Kolbenfeder und ein gefederter Sattel.

Die Spitzengeschwindigkeit der S8 lag bei knapp 130 km/h und damit etwa 8 km/h über der der S7, aber der größte Vorteil lag in der Beschleunigung gegenüber der schwereren Maschine. Die S8 legte die Viertelmeile in 18 Sekunden zurück, war damit mehrere Sekunden schneller als die S7 und machte generell einen wesentlich lebhafteren Eindruck. Auch waren die Gummidämpfer der S8 sehr wirksam und schluckten die Vibrationen des Parallelzweizylinders fast völlig. Allerdings galten die positiven Kommentare zur S8 in der Öffentlichkeit nicht der Simplex-Trommelbremse im Vorderrad, die im Test als mittelmäßig bewertet wurde.

Geschmeidig und verlässlich

Im Großen und Ganzen aber genoss die S8 einen hervorragenden Ruf. Sie war leicht anzulassen und lief ruhig, zuverlässig und komfortabel, so dass sich ein Tester des Magazins *Motor Cycling* nach 500 Meilen in 24 Stunden noch relativ frisch fühlte – eine reife Leistung in den 1950ern.

Die S8 war preiswerter als ihre Vorgängerin und zeichnete für den Großteil der 10 000 verkauften Sunbeam-Twins in den vier Jahren bis 1952 verantwortlich. Aber danach waren die Weiterentwicklungen nur noch minimal, und die Sunbeam-Produktion wurde 1956 eingestellt, nachdem BSA und Triumph fusionierten.

Bezeichnung	**Sunbeam** S8 (1949)
Motor	Tandem-2-Zylinder, luftgekühlt, OHC
Hubraum	487 ccm (70 x 63,5 mm)
Leistung	19,1 kW (26 PS) bei 5800 U/min
Kraftübertragung	Vierganggetriebe; Kardanwelle
Rahmen	Stahlrohrrahmen
Federung	vorne Teleskopgabel; hinten Kolbenfedern
Bremsen	vorne und hinten Trommelbremsen
Gewicht	181 kg
Spitzengeschwindigkeit	129 km/h

Die S7 – Der erste Sunbeam Tandem-Twin

Sunbeams Probleme rührten von der erfolglosen Einführung der S7 zehn Jahre zuvor her, von der die S8 abstammte. Die individuelle S7, deren Zweizylindermotor zwischen den dicken Ballonreifen und den großen, tief herabgezogenen Kotflügeln im amerikanischen Stil fast verschwand, war als luxuriöse und hochwertige Tourenmaschine gedacht. Die Werbung schwärmte vom „großartigsten Motorrad der Welt", und sie war mit Sicherheit eine der teuersten.

Wenn sie gut lief, war die S7 ein angenehmer und komfortabler Tourer, litt aber unter einer Reihe grundlegender Entwicklungsfehler. Für eine 500-ccm-Twin war sie recht schwer und nicht sehr schnell. Ihr Handling war schlecht, was zum Teil an den mächtigen Reifen lag, und ihre Bremsen schwach. Der Motor mit Kardanwelle war nicht sonderlich sparsam und hatte bald den Ruf der Unzuverlässigkeit, weil er überhitzte, Zylinderbüchsen rissen oder Kurbelwellenlager ausschlugen. So wurden nur wenige Exemplare verkauft, und trotz der Entwicklung der S8 erholte sich Sunbeam nicht mehr.

***Links:** Der Tandem-Zweizylinder mit 487 ccm basierte eng auf dem der S7, besaß aber Modifikationen wie neue Kolben und einen größeren Ölvorrat, die ihn zuverlässiger machten. Das neue Auspuffsystem steigerte die Leistung auf 26 PS.*

Vincent Black Shadow

Spitze
200 km/h

Vincent war einer der wichtigsten Namen in den Jahren nach dem Zweiten Weltkrieg, und die Black Shadow war der strahlende Stern der Firma. Mit ihrem kraftvollen 998-ccm-V-Zweizylinder und dem leicht handhabbaren Chassis war die Shadow eine exotische, hervorragend verarbeitete und sehr schnelle Maschine. Ihre Spitzengeschwindigkeit von etwa 200 km/h rechtfertigte die Werbung: „Das schnellste Serienmotorrad der Welt."

Die Black Shadow war eine getunte Version der Vincent Rapide, die selbst eine prachtvolle Maschine war. Beide waren leistungsstarke Straßenrenner, die in geringen Stückzahlen von einem kleinen Team unter der Leitung von Firmengründer Philip Vincent und seines australischen Chefingenieurs Phil Irving gebaut wurden.

Unten: *Die Black Shadow der Series C war in den späten 40ern und frühen 1950ern das schnellste und schickste Motorrad auf der Straße. Leider war das Motorrad in der Produktion so teuer, dass es trotz des hohen Preises nicht profitabel war.*

Einstieg ins Geschäft

Philip Vincent hat während seines Ingenieurstudiums in Cambridge 1927 mit der Entwicklung eines neuartigen gefederten Rahmens begonnen. Er verließ Cambridge und gründete mit Unterstützung seines Vaters sein Geschäft. Um seinem Unternehmen Glaubwürdigkeit zu verschaffen, kaufte Vincent den Namen der HRD Motors. Die Initialen stammten von Howard Davies, einem Rennfahrer und Ingenieur, der 1925 die Senior Tourist Trophy auf einem selbstgebauten Motorrad gewonnen hatte, dessen Firma aber in der Rezession gescheitert war. Vincent übernahm wenig von HRD, außer der schwarzen Lackierung mit Goldverzierungen, aber auch er wollte hochwertige, technisch innovative Motorräder bauen.

Die frühen Vincents hatten Motoren von Firmen wie JAP oder Rudge. Aber 1934 gerieten Vincent und Irving in Rage, als die Unzuverlässigkeit der „speziellen" Rennmotoren von JAP den ersten Auftritt der Firma bei der Tourist Trophy zunichte machte. Nach der Rückkehr von der Isle of Man entwickelte Irving einen Einzylinder mit 499 ccm und innovativer hoch liegender Nockenwelle.

Die schlichte Einzylinder Meteor und die sportlichere Comet, die 145 km/h erreichte, waren erfolgreich. Sie führten 1936 zur ersten V-Zweizylinder Rapide, die 45 PS aus einem 47-Grad-Motor leistete. Mit den Spitznamen „Snarling Beast" („Knurrendes Biest") oder auch „Plumber's Nightmare" („Klempners Albtraum") wegen der außen liegenden Ölleitungen versehen, war sie schnell, litt aber wegen ihres Drehmoments unter Getriebeproblemen.

Vincent ersetzte sie nach dem Krieg durch die Series B Rapide. Die Zylinder des neuen V2-Motors standen im 50-Grad-Winkel, und der Motor selbst war als tragendes Rahmenteil ausgelegt. Die Maschine lief 177 km/h, hatte reichlich Drehmoment bei mittleren Drehzahlen, lief geschmeidig bei hohen Geschwindigkeiten und ließ sich gut steuern. Zwei Trommelbremsen an jedem Rad verliehen ihr ein gutes Bremsverhalten.

Die 1948 eingeführte Black Shadow war sogar noch schneller. Um die zusätzliche Leistung hervorzuheben, reichte der große Smith-Tacho bis 240 km/h, und Zylinder und Kurbelgehäuse waren schwarz lackiert. Ein Jahr später stellte Vincent die Series C vor, mit der Rapide als Tourer, der Black Shadow als Sportler und der Black Lightning als Rennversion.

Die Vincents stellten ihre Leistung weltweit unter Beweis. 1949 fuhr der Amerikaner Rollie Free nur mit seiner Badehose bekleidet auf einer getunten Black Shadow auf dem Bonneville-Salzsee in Utah mit 241,89 km/h einen Weltrekord für nicht aufgeladene Motorräder ein. Ein weiterer Held war George Brown, der auf der Gunga Din, der Nero und der aufgeladenen Super Nero Geschwindigkeitsrekorde aufstellte.

Vincents Problem bestand darin, dass die exotischen, handgefertigten V-Twins nicht profitabel produziert werden konnten. Die Firma geriet Mitte der 1950er in Schwierigkeiten und war gezwungen, Firefly Motoren und leichte NSU-Motorräder in Lizenz zu fertigen. 1955 stellte Vincent die vollverkleidete Serie D mit der Black Knight und der getunten Black Prince vor, aber die Öffentlichkeit war noch nicht bereit für schwarze Glasfaserverkleidungen, und die Verkäufe gingen zurück. Auch überarbeitete Rapide- und Black-Shadow-Modelle halfen nicht mehr. Am Ende des Jahres hatte Vincents mächtiges Biest zum letzten Mal geknurrt.

Oben: *Der schwarze Lack zeigt, dass dies der Motor einer Black Shadow ist. Er ist stärker getunt als der graue Motor des Tourers Rapide.*

Links: *Die Seitenansicht zeigt die Trapezgabel und eines der beiden diagonal eingebauten zentralen Federbeine unter dem Sitz.*

Links unten: *Der glückliche Black-Shadow-Fahrer durfte den Anblick des großen Smith-Tachos genießen, der bis 150 mph (240 km/h) ging.*

Bezeichnung	**Vincent** Black Shadow Series C (1949)
Motor	V2 50°, luftgekühlt, OHV
Hubraum	998 ccm (84 x 90 mm)
Leistung	40,5 kW (55 PS) bei 5700 U/min
Kraftübertragung	Vierganggetriebe; Kette
Rahmen	Zentralrohrrahmen
Federung	vorne Trapezgabel; hinten zwei Zentralfederbeine
Bremsen	vorne und hinten Doppeltrommelbremsen
Gewicht	208 kg
Spitzengeschwindigkeit	200 km/h

Gilera Saturno Sport

Spitze
137 km/h

Rechts: Diese 1950er Saturno Sport ließ sich dank geringen Gewichts und starren Rahmens leicht steuern, aber kurz darauf modernisierte Gilera das Chassis mit Teleskopgabel und Heckstoßdämpfern.

Unten: Schlichtes Styling und italienisches Rennrot machen die Sport zu einer sehr attraktiven Straßenmaschine. Durch Abbau der Beleuchtung und anderer unnötiger Accessoires konnte sie schnell und preiswert zu einer brauchbaren Rennmaschine umgebaut werden.

Die schlanke, schlichte und in italienischem Rennrot lackierte Saturno Sport war eine leistungsstarke Vertreterin der Mailänder 500-ccm-Einzylinder, zu denen auch die Turismo, ein Polizeimotorrad und eine Militärmaschine zählten.

Die Vierzylinder-Werksrenner von Gilera brachten der Firma in den 1950ern mit sechs Weltmeistertiteln einen Großteil ihres Ruhmes ein. Aber die Saturno beeindruckte sowohl auf der Straße als auch auf der Rennpiste. Viele Besitzer entfernten einfach die Straßenausstattung wie Beleuchtung und Batterie und fuhren mit beachtlichem Erfolg Straßenrennen.

Bei aller sportlichen Reputation war die Saturno eine einfache Maschine. Sie wurde von Giuseppe Salmaggi entworfen und aus dem „otto bulloni"-Motor (acht Bolzen verbanden Zylinder und Kurbelgehäuse) entwickelt, Gileras wichtigstem 500-ccm-Motor der 30er-Jahre. Die ersten Saturnos waren 1940 reine Rennmaschinen. Der Testfahrer Massimo Masserini verschaffte dem Modell eine gute Einführung, indem er das wichtige Targa-Florio-Straßenrennen gewann, bei dem sowohl Ausdauer als auch Geschwindigkeit zählten. Mit Ausbruch des Zweiten Weltkrieges wurde die Produktion unterbrochen.

1946 nahm Gilera die Produktion wieder auf. Der Motor war nach wie vor ein luftgekühlter stehender Einzylinder mit Bohrung und Hub von 84 x 90 mm (auch bei den Rennmaschinen). Die von Stößelstangen getriebenen Ventile schlossen mit Hilfe von Haarnadelventilfedern, und das Motorrad hatte ein Viergang-getriebe. Die Sport besaß einen Zylinderkopf aus Aluminium und eine Verdichtung von 6:1 und leistete 22 PS bei 5000 U/min. Dadurch hatte sie einen Vorteil gegenüber der Tourenmaschine mit Eisenkopf, niedrigerer Kompression und weicherer Nockenwelle.

Gileras fantastische Vierzylinder

Die Firma Gilera wurde 1909 gegründet, als der junge Mechaniker und Bergsteiger Giuseppe Gellera in seiner Werkstatt nahe Mailand ein Motorrad einem 317-ccm-Einzylinder baute. Gellera änderte seinen Namen in Gilera, weil er ihm für eine Motorradfirma geeigneter erschien, und wurde einer der erfolgreichsten italienischen Hersteller. Viele Gileras nahmen in dieser Zeit erfolgreich an Rennen teil, aber der ganz große Ruhm kam erst, als Gilera die CNA-Rondine-Motorräder aufkaufte: aufgeladene Vierzylinder mit 250 ccm, die zuvor bei vielen Rennen gesiegt hatten.

Die Glanzzeit der Marke liegt in den 1950ern, als ihre von Piero Remor entworfenen Maschinen die 500er-Weltmeisterschaften dominierten. 1950 und 1952 gewann Umberto Masetti, bevor Geoff Duke mit einem Hattrick übernahm. Libero Liberati fügte dem 1957 einen sechsten Titel hinzu, bevor Gilera sich aus dem Rennsport verabschiedete und das Feld der noch erfolgreicheren Firma MV Agusta überließ.

Links oben: Die Rennmaschinen mit ihrem kräftigen DOHC-Vierzylinder gewannen vier 500er-Weltmeisterschaften und führten zu weiteren Siegen, als Entwickler Piero Remor zu MV Agusta wechselte.

Links: *Das patentierte Federungssystem, dessen vertikale Stahlarme die Radbewegungen auf verkapselte Federn über dem Schwingenarm übertrugen. Die Dämpfung ließ sich an zwei Scherengelenken einstellen.*

Links außen: *Das Kurbelgehäuse trägt den Namen von Arcore, der Stadt bei Mailand, in der das Gilera-Werk bis zu seiner Schließung 1993 stand.*

Patentierte Federung

Das Chassis der 1950er-Sport war weitgehend konventionell mit einem einfachen Stahlrahmen und einer Trapezgabel, aber die von Gilera patentierte Hinterradfederung war einzigartig. Ovale Schwingenarme übertrugen die Bewegungen des Hinterrads über zwei aufrechte Stahlarme auf die über den Schwingarmen montierten, verkapselten Federn. Jedes Federgehäuse enthielt eine Hauptfeder, die die Stöße abfing, und eine kleinere Rückstellfeder. Die Dämpfung ließ sich über Scherengelenke einstellen. Leistungsmäßig kam die Sport nicht an den feurigen, 177 km/h schnellen Renn-Einzylinder Sanremo heran, war aber mit viel Drehmoment im unteren Drehzahlbereich und einer Spitzengeschwindigkeit von rund 137 km/h recht lebhaft. Sie ließ sich in der Originalversion auch recht gut steuern, wobei Gilera das Chassis 1952 durch Teleskopgabel und Doppelstoßdämpfer modernisierte.

Die Nachfrage nach der Saturno ließ Mitte der 1950er nach und die Produktion endete 1959 nach 6500 gefertigten Exemplaren. Zu dieser Zeit war das Management mehr an der Jahresproduktion von über 20000 leichten Motorrädern mit Hubräumen zwischen 98 und 175 ccm interessiert. Abgesehen davon bekam man für die halbe Million Lire, die die Saturno Sport kostete, auch schon einen Fiat 500. Diese Schlacht konnte selbst die Saturno Sport mit all ihrer Geschwindigkeit und ihrem Esprit niemals gewinnen.

Bezeichnung	**Gilera** Saturno Sport (1950)
Motor	Einzylinder, luftgekühlt, OHV
Hubraum	499 ccm (84 x 90 mm)
Leistung	16,2 kW (22 PS) bei 5000 U/min
Kraftübertragung	Vierganggetriebe; Kette
Rahmen	Einschleifenstahlrahmen
Federung	vorne Trapezgabel; hinten horizontale Federn
Bremsen	vorne und hinten Trommelbremsen
Gewicht	175 kg
Spitzengeschwindigkeit	137 km/h

Indian Chief

Spitze 145 km/h

Unten: *Der riesige vordere Radkasten mit dem charakteristischen beleuchteten Indianerkopf verlieh dieser späten Chief ein unverwechselbares Gesicht. Selbst durch die Vergrößerung des seitengesteuerten V2 auf 1311 ccm konnte der großen, schweren Chief keine herausragende Leistung verpassen, aber sie war ein komfortables, verlässliches und schönes Motorrad. Leider reichte das nicht aus, um die Firma über das Jahr 1953 hinweg am Leben zu erhalten.*

Eine Indian Chief der 40er oder frühen 1950er mit ihrem großen V2 und den riesigen, oftmals leuchtend lackierten Radkästen zählt zu den unverkennbaren Motorrädern der Geschichte. Ihre Geschichte begann schon lange vor Einführung der großen Kotflügel. Die Chief war seit ihrer Einführung 1922 mehr als 30 Jahre lang der Schwergewichtsstar der Indian-Modellpalette.

Das von Charles B. Franklin entworfene erste Modell vereinte Elemente der 1916 erstmals aufgelegten 988-ccm-Powerplus mit der kleiner motorisierten Scout, die 1921 vorgestellt wurde. Die Melange der ersten Chief aus seitengesteuertem 988-ccm-42-Grad-V-Twin und einteiligem Rahmen im Stil der Scout führte zu einem guten Handling und einer Spitzengeschwindigkeit von 137 km/h.

Nichtsdestotrotz glaubten viele Fahrer an die alte Biker-Weisheit, dass es keinen Ersatz für Hubraum geben kann, und so vergrößerte Indian den Motor ein Jahr später auf 1213 ccm oder 74 Kubik-Inch und schuf so die so genannte „Big Chief“.

Es folgten zahlreiche Modernisierungen, darunter 1928 vor allem eine Vorderradbremse. Außerdem stattete Indian 1933 alle Zweizylinder mit einem geschlossenen Ölkreislauf anstelle der traditionellen Gemischschmierung aus – mehrere Jahre bevor Hauptrivale Harley-Davidson auf die Idee kam.

Leistungsträger

1935 konnten Kunden die Chief mit dem optionalen Y-Motor mit Aluminiumzylinderköpfen und größeren Kühlrippen sowie einem Vierganggetriebe statt der normalen Dreigangschaltung ordern. Später bot Indian auch den leistungsstarken Bonneville-Motor mit Rennnockenwellen, polierten Kanälen und präzise eingestellten Steuerzeiten an, der die Spitzengeschwindigkeit auf beeindruckende 169 km/h steigerte.

Die Chief von Mitte der 30er war auch eine sehr attraktive Maschine, die in einer Vielzahl von Lackierungen bestellt werden konnte, da Indian 1930 vom Lackhersteller DuPont aufgekauft wurde. Zu dieser Zeit listet der Indian-Katalog mindestens 21 ein- und

Rückkehr der Chief

Das Interesse an Indians erwachte in den 90ern neu, als die Verkaufszahlen der Harleys zeigten, dass der Markt Raum für ihre alte Rivalin bot. Der Name Indian wurde von mehreren Firmen vor Gericht heiß umkämpft, die angeblich alle eine neue Chief in der Entwicklung hatten. Als sich der Staub 1998 legte, war die Siegerin die Firma Indian Motorcycle Company aus dem kalifornischen Gilroy. Im Jahr darauf nahm das Unternehmen die Produktion einer Limited Edition 1999 Indian Chief auf, die wieder die klassischen geschwungenen Radkästen besaß. Vielen Traditionalisten stieß zwar der als „Harley Clone" verschriene V-Twin mit 1442 ccm sauer auf, aber die neue Chief war gut gebaut und ließ auf eine erfolgreiche Zukunft für Indian hoffen.

zweifarbige Standardlackierungen auf, plus aufpreispflichtiger Sonderlackierungen nach Wunsch aus dem DuPont-Lackprogramm.

Aber die Dinge standen nicht gut im „Wigwam", dem großen Indian-Werk in Springfield, das zu dieser Zeit nur mit einem Bruchteil seiner Kapazität arbeitete. Durch die Depression der 30er kam Indian in finanzielle Schwierigkeiten und ging 1933 beinahe bankrott. Das Unternehmen überlebte zwar, schaffte es aber nicht, wie Harley einen oben gesteuerten V-Zweizylinder für seine Chief zu konstruieren, deren Seitensteuerung langsam veraltete.

1940 wurden die klassischen geschwungenen Radkästen eingeführt. Zur gleichen Zeit stattete Indian die Chief mit neuen Zylinderköpfen und Zylindern aus, deren riesige Kühlrippen die Arbeitstemperatur senkten. Außerdem gab es einen neuen Rahmen mit Kolbenfedern am Heck. Dies führte zu einem Aufsehen erregenden, ruhig laufenden Motorrad, das aber nicht sonderlich schnell war. Die 253 kg schwere Chief war ganze 45 kg schwerer als ihre Vorgängerin von 1933. Die Tage, als ein Indian-Fahrer einen Harley-Reiter „Staub schlucken" lassen konnte, waren vorbei.

1950 vergrößerte Indian den Motor auf 1311 ccm, tauschte die Trapezgabel gegen eine Telegabel aus und verlegte den Gasgriff zum ersten Mal nach rechts, aber das reichte nicht mehr aus. Die finanziellen Probleme, die durch erfolglose Unternehmungen auf dem Markt für kleine Maschinen noch verschärft worden waren, führten dazu, dass relativ wenige Chiefs gebaut wurden und die Produktion 1953 eingestellt wurde.

Links oben: *Der Autor dreht eine Runde auf der Chief des kalifornischen Restaurators und Teilespezialisten Bob Stark.*

Links unten: *Indian blieb dem traditionellen 42-Grad-Winkel der ersten V-Zweizylinder treu.*

Bezeichnung	**Indian** Chief (1953)
Motor	V2 42°, luftgekühlt, seitengesteuert
Hubraum	1311 (82,5 x 122 mm)
Leistung	36,8 kW (50 PS) bei 4800 U/min
Kraftübertragung	Dreiganggetriebe; Kette
Rahmen	Stahlrohrrahmen
Federung	vorne Telegabel; hinten Kolbenfedern
Bremsen	vorne und hinten Trommelbremsen
Gewicht	259 kg
Spitzengeschwindigkeit	145 km/h

Triumph Tiger 100

Spitze
158 km/h

Unten: *Edward Turners Talent für Styling entsprach mindestens seinem technischen Können, und die silbern lackierte Tiger 100 war eine der attraktivsten Triumph ihrer Zeit. Dieses Motorrad stammt von 1955 und besitzt die Telegabel und die hinteren Stoßdämpfer, die die ursprüngliche Trapezgabel und den gefederten Sattel ersetzten.*

In den Jahren nach dem Zweiten Weltkrieg legte die Tiger 100 den Grundstein für den leistungsstarken Ruf der Firma Triumph. Von einem 500-ccm-Parallelzweizylinder angetrieben und nach ihrer Spitzengeschwindigkeit von 100 mph (160 km/h) benannt, wurde die Tiger dank ihres Aussehens und des guten Handlings zu einer der begehrtesten Maschinen ihrer Zeit. Das blieb auch so, lange nachdem Triumph in den 1950ern ihre kräftigeren 650er eingeführt hatte.

Wie alle britischen Parallel-Twins verdankte die T100 Tiger ihre Konstruktion Edward Turner, da sie auf der Speed Twin basierte, mit der der Triumph-Designer die Industrie 1938 revolutioniert hatte. Tatsächlich war die Tiger 100 schon einmal kurz vor Kriegsausbruch 1939 vorgestellt worden, allerdings wurde die Produktion gestoppt, bis Triumph sie 1946 bei Meriden wieder aufnahm. In diesem Jahr gewann Ernie Lyons den 500-ccm-Manx-Grand-Prix auf einer GP-Rennversion der T100, die über einen leichten Zylinder und Zylinderkopf für zusätzliche Leistung verfügte.

Die Serien-Tiger 100 war im Prinzip die Sportversion der T5 Speed Twin, von der sie sich hauptsächlich im Styling und Motortuning unterschied, und war für mehrere Jahre die schnellste und beliebteste 500er auf den Straßen. Im Gegensatz zur roten T5 war sie silbern lackiert, ihre Kompression betrug 7,8:1 statt 7:1, und ihre Leistung wurde mit 30 PS bei 6500 U/min angegeben, während die Speed Twin 27 PS bei 6300 U/min leistete. Die Werbung sprach auch stolz vom polierten Motorinnenleben, aber längst nicht alle Serienmaschinen wurden mit solchen Teilen ausgestattet.

1951 wurde das Motorrad unter anderem mit einer Teleskopgabel aufgewertet. Mitte der 1950er wurde das Chassis durch eine Schwinge mit zwei Federbeinen am Heck verbessert.

Dadurch blieb die T100 wettbewerbsfähig, auch wenn die Triumph-Sportmaschinen im Bezug auf das Handling nicht ganz mit Nortons „Featherbed"-Rahmen mithalten konnten. Eine Gaswegnahme im Kurvenscheitel belastete den einfachen Rahmen so, dass die Maschine in Schlingern kam, aber ein Test in *Motor Cycling* von 1957 berichtet, dass „Handling und Steuerung so gut wie immer" waren.

Erfolgreiche Clubman's TT

Zu dieser Zeit hatten weitere Rennerfolge sowohl in Amerika als auch auf der Isle of Man den Reiz der Triumph erhöht, vor allem, als eine T100 die Clubman's Tourist Trophy 1952 gewann. Im Jahr darauf produzierte Triumph einen rennfähigen Ersatz für die eingestellte GP. Die T100C leistete mit ihren Rennnockenwellen, Doppelvergasern und Megaphon-Auspuffrohren satte 40 PS.

In Serienform konnte die Maschine das Versprechen von 160 km/h nicht ganz einlösen, kam aber immerhin nahe heran. *Motor Cycling* stoppte 1951 die Serien-T100 mit 154 km/h, während eine Rennversion nahezu 177 km/h schnell lief. 1957 bekam auch die einfache Tiger einen Doppelvergaser und sportlichere Nockenwellen und schaffte damit solide 169 km/h.

1960 wurde die Tiger durch ein brandneues Modell gleichen Namens mit verbessertem Motor und einem Chassis mit „Badewannen"-Heckverkleidung ersetzt. Allerdings wurde die Neuerscheinung durch die 650er-Bonneville in den Schatten gestellt, aber die kleinere Zweizylinder hielt sich noch durch die 60er hindurch und lieferte die Basis für die 1967er T100T Daytona. Die 500er-Triumph hatten in den beinahe 30 Jahren seit der ersten T100 einen langen Weg zurückgelegt.

Bezeichnung	**Triumph** Tiger 100 (1955)
Motor	Parallel-2-Zylinder, luftgekühlt, OHV
Hubraum	499 ccm (63 x 80 mm)
Leistung	24 kW (32 PS) bei 6500 U/min
Kraftübertragung	Vierganggetriebe; Kette
Rahmen	Stahlrohrrahmen
Federung	vorne Teleskopgabel; hinten Stoßdämpfer
Bremsen	vorne und hinten Trommelbremsen
Gewicht	175 kg
Spitzengeschwindigkeit	158 km/h

***Oben:** Die Serien-Tiger hatte vielleicht Schwierigkeiten, die im Namen versprochenen 100 mph (160 km/h) zu erreichen, aber sie war Mitte der 1950er eines der schnellsten Motorräder auf der Straße. Ihre Fahrer mussten hin und wieder schon warten, bis ihre Mitfahrer aufholen konnten.*

***Links:** Der kompakte Parallelzweizylinder trug zur schlanken Erscheinung ebenso bei wie zur beeindruckenden Leistung. Mit 499 ccm Hubraum lief die Maschine selbst bei hohen Drehzahlen ruhig. Zusammen mit dem flachen Lenker lud dies zu schnellem Fahren ein.*

Ariel Huntmaster

Spitze
160 km/h

Rechts: Der 646-ccm-Parallel-Twin von Ariel stammte im Prinzip aus der BSA Golden Flash, war aber mit neuem Getriebe, Kupplung und Motordeckeln modifiziert.

Unten: Die Huntmaster war eine Maschine, die die traditionelle Ariel-Lackierung mit einem hohen Fertigungsniveau kombinierte. Die Marke produzierte als Einzige Ein-, Zwei- und Vierzylinder.

Ariels Variation des in der britischen Motorradindustrie der 1950er beliebten 650-ccm-Parallelzweizylinder-Themas ist eines der erfolgreicheren Beispiele. Die schon unter der Mutterfirma BSA gebaute Huntmaster war eine modifizierte Version der BSA Golden Flash. Allerdings gab es genügend Unterschiede, um beiden Maschinen ein individuelles Aussehen und eine eigene Persönlichkeit zu verschaffen.

Die meiste Arbeit steckte Ariel ins Chassis. Der Doppelrohrrahmen galt gemeinhin als stabiler als der der Golden Flash. Die Gabeln waren ähnlich, da BSA schon lange Ariel-Teile verwendete, aber die Huntmaster besaß Heckstoßdämpfer von Armstrong statt von Girling. Die Ariel zeigte den bekannt hohen Fertigungsstandard und sah in ihrer traditionellen tiefroten Lackierung schick aus.

Weniger Unterschiede fanden sich in den luftgekühlten 646-ccm-Motoren mit Stößelstangen und einer Nockenwelle. Ariel baute ein Burman-Vierganggetriebe und eine Trockenkupplung ein und nahm einige Veränderungen vor, um schlicht die BSA-Herkunft des Aggregats zu verschleiern. Der rechte Motordeckel war eher dreieckig statt Y-förmig, und das Kipphebelgehäuse samt Deckeln war neu gestaltet. Die Spitzenleistung blieb allerdings bei 35 PS bei 5600 Umdrehungen.

Knapp geschafft

Nach den Standards von 1954 war dies eine gute, wenn auch keine herausragende Leistung. Die Spitzengeschwindigkeit lag anfangs knapp unter 160 km/h, was an der langen Übersetzung lag. Ariel verkürzte 1956 die Übersetzung leicht, und der Motor und schaffte die 100 mph (160 km/h) gerade so. Die Huntmaster besaß auch eine gute Beschleunigung, litt aber unter den typischen Vibrationen eines Parallel-Twins bei hohen Drehzahlen.

Das Handling war ebenfalls gut, und die Maschine setzte sich mit dem neuen Getriebe deutlich von ihrem BSA-Zwilling ab. Mit 186 kg war die Huntmaster nicht sonderlich leicht, aber sie lief stabil, ließ sich gut lenken und war komfortabel, vor allem nachdem Ariel 1956 die Sitzbank erneuerte. Auch die Trommelbremsen griffen gut zu, und die Fahrer schätzten sehr bald den geringen Spritverbrauch, selbst mit angesetztem Beiwagen.

Darüber hinaus war die Huntmaster beeindruckend zuverlässig. Spätere Versionen hatten zahlreiche fahrerfreundliche Ausstattungsmerkmale wie eine leicht verstellbare Lampe und Bremsen, eine vollverkleidete Antriebskette und einen mit Scharnier versehenen Spritzschutz, der den Ausbau des Hinterrads erleichterte. Daneben bot der Hersteller auch Anbauteile wie einen hohen Windschild, Sturzbügel, Gepäckträger und Beinschilde an.

Leistung und Vielseitigkeit der Huntmaster machten sie relativ erfolgreich, und ihre Fahrer liebten sie. All das reichte aber nicht aus, das Modell oder die Firma zu retten, als Ariel die umstrittene und letztendlich selbstmörderische Entscheidung traf, die Viertakterproduktion vollständig aufzugeben.

Das Unternehmen hatte eine stolze und manchmal turbulente Geschichte, die um die Jahrhundertwende mit dem Motorradbau begonnen hatte. Ariel war in den 30ern einer der wichtigsten britischen Motorradhersteller gewesen und hat eine Reihe erfolgreicher Viertakter wie z. B. die Red-Hunter-Einzylinder gebaut. Der Name Red Hunter war auch für einen ab 1948 gebauten Zweizylinder verwendet worden, und dann war da noch die berühmte Square Four …

Aber 1959 ließ Ariel die Huntmaster und alle anderen Viertakter zu Gunsten des 250-ccm-Zweitakttoners Leader fallen, mit dem die Firmenleitung die Motorradwelt umkrempeln wollte. Als der Leader zu wenig Anhänger fand, hatte die Firma nichts mehr, wohin sie hätte zurückkehren können. 1963 wurde die Ariel-Produktion ins BSA-Werk verlegt und wenige Jahre später komplett eingestellt.

Links oben: *Die Huntmaster besaß zwar genügend Eigenheiten, um als eigenständiges Modell zu gelten, war aber ein Produkt des in Großbritannien der 1950er beliebten „badge engineering" (der vordergründigen Produktdifferenzierung). Ariel gehörte seit 1944 zur riesigen BSA-Gruppe.*

Oben: *Der neue Stahlrohrrahmen und die Armstrong-Stoßdämpfer gaben der Huntmaster ein Handling, das dem der BSA Gold Flash zumindest ebenbürtig war. Auch die Bremskraft der Trommelbremsen entsprach dem gehobenen Standard der 1950er.*

Bezeichnung	**Ariel** Huntmaster (1955)
Motor	Parallel-2-Zylinder, luftgekühlt, OHV
Hubraum	646 ccm (70 x 84 mm)
Leistung	25,6 kW (35 PS) bei 5600 U/min
Kraftübertragung	Vierganggetriebe; Kette
Rahmen	Stahlrohrrahmen
Federung	vorne Teleskopgabel; hinten zwei Stoßdämpfer
Bremsen	vorne und hinten Trommelbremsen
Gewicht	186 kg
Spitzengeschwindigkeit	160 km/h

BSA Gold Star Clubman

Spitze 177 km/h

Für den wettbewerbshungrigen Motorradfahrer der 1950er war die BSA Gold Star DBD34 Clubman ohne Zweifel die ultimative Maschine, sei es nun für die Isle of Man, kurze Rennstrecken oder inoffizielle Straßenrennen von einem Café zum anderen. Schlank, kompromisslos und unverkennbar aggressiv, war die DBD34 Clubman die letzte, schnellste und bekannteste Version einer Serie von Gold-Star-Einzylindern mit 350er- und 500er-Motoren für Touren, Trials und Motocross-Rennen.

Unverwechselbares Gesicht

Ihr Gesicht war unverwechselbar: chromgeschmückter Tank mit dem berühmten BSA-Emblem eines Sterns in einem roten Kreis, ein vorstehender Scheinwerfer über zwei Lenkerstummeln und ein elegant nach hinten geschwungener Auspuff an einem mit großen Kühlrippen versehenen Zylinder. Auch die Leistung war einzigartig. Im ersten Gang waren mühelos 97 km/h möglich. Wenn der Fahrer mit dem Kinn dicht über dem Lenker hing, konnte die „Goldie" eine Spitzengeschwindigkeit von über 177 km/h erreichen.

Die Geschichte der Gold Star begann 1937, als Wal Handley mit seiner 500er-BSA-M23-Empire-Star auf der Brooklands-Rennstrecke den Gold-Star-Preis für eine Rundengeschwindigkeit von 160 km/h erhielt. Im Jahr darauf produzierte BSA eine Replica mit dem Namen M24 Gold Star, um anzuzeigen, dass jede Maschine mit ausgewählten Bauteilen wie polierten Kanälen, Pleuelstangen und Kurbelgehäuse gefertigt und getunt war.

Diese erste Gold Star hatte ein Aluminiumgetriebegehäuse und Aluminiumzylinder und -zylinderköpfe. Mit Benzin betankt, leistete sie 28 PS, mit Alkohol getunt 33 PS. Aber das Management beschloss aus Kostengründen, dass die Sportversion der Gold Star dem Standardeinzylinder so ähnlich wie

__Oben:__ In den 1950ern gab es nur wenige aufregendere Motorräder als eine gut eingestellte Gold Star Clubman mit ihrer Kombination aus Motorkraft, leichtem, agilem Handling und kraftvollem Bremsvermögen.

__Rechts:__ Diese 1956er DBD34 Clubman hat alle Rennzutaten wie flache Stummellenker, nach hinten versetzte Fußrasten, offenen Amal-Vergaser und ungedämpften Auspuff. Nicht zu vergessen die drehfreudige Maschine, deren 42 PS für eine Spitzengeschwindigkeit von über 160 km/h reichten.

möglich sein sollte, und so blieb das Chassis relativ unverändert.

Nach dem Zweiten Weltkrieg baute BSA ein Rennmotorrad namens B32, dessen mit Stößelstangen getriebener Einzylinder auf dem der B31 basierte. Dieser war eigentlich für Trials gefertigt worden, wurde aber durch Aluminiumzylinder und -zylinderkopf zu einem Rennmotor. 1949 stellte BSA die 350er-ZB32-Gold-Star vor, auf die ein Jahr später die 500er-ZB34 folgte. Beide waren schnell, bezahlbar und mit zahlreichen Optionen erhältlich – vier Nockenwellen, drei verschiedene Getriebe (Standard-, Motocross- und Renngetriebe), vier Kompressionen (für verschiedene Treibstoffe) und verschiedene Tankformen, Auspuffsysteme und Räder.

Plötzlich hatte der Clubman-Renner einen Motor sowohl für die Straße als auch für die Rennstrecke. Bei der Tourist Trophy 1949 fuhr Harold Clark beim Junior Clubman's Race auf einer ZB32 mit einem Durchschnitt von 121 km/h zum Sieg, und im Folgejahr dominierte die Gold Star sowohl die 350er-Junior-TT als auch die 500er-Senior-TT. In der Junior-TT 1955 fuhren 33 von 35 Fahrern „Goldies". Aber die Überlegenheit der BSA führte dazu, dass die Clubman's TT zwei Jahre später eingestellt wurde.

Sporterfolge

1956 stellte BSA die DBD34 vor, die von einem Entwicklungsprogramm profitierte, dank dessen Werksfahrer wie Bill Nicholson in vielen Motocross-Rennen und Trials auf „Goldies" zum Sieg gefahren waren. Die wettbewerbserprobten Modifikationen wie die steilere Lenkergeometrie, die Schwingenfederung und die neue Vorderradbremse kamen nach und nach auch der Serienmaschine zugute. Außerdem wurde der Motor der DBD34 mehrfach von Chef-Entwickler Bert Hopwood überarbeitet. Ein großer Amal-GP-Vergaser und ein eng gestuftes Getriebe führten zu einer Spitzenleistung von 42 PS bei 7000 Umdrehungen.

Zu den weiteren Modifikationen der DBD34 Clubman zählt die in den Rennregularien dieser Saison erstmals geforderte Beleuchtung. Dadurch sah die Gold Star täuschend normal aus, wobei aber an ihrer sportlichen Leistungsfähigkeit keine Zweifel bestehen konnten. Sie war ein echter Straßenrenner: anspruchsvoll, temperamentvoll und – vor allem – sehr schnell.

Bezeichnung	**BSA** DBD34 Gold Star Clubman (1956)
Motor	Einzylinder, luftgekühlt, OHV
Hubraum	499 ccm (85 x 88 mm)
Leistung	31 kW (42 PS) bei 7000 U/min
Kraftübertragung	Viergangetriebe; Kette
Rahmen	Stahlrohrrahmen
Federung	vorne Teleskopgabel; hinten zwei Stoßdämpfer
Bremsen	vorne und hinten Trommelbremsen
Gewicht	174 kg
Spitzengeschwindigkeit	177 km/h

Links unten: *Das Tankemblem der Gold Star reicht bis zum Brooklands-Stern zurück, den BSA-Fahrer Wal Handley errang.*

Unten: *Die schlanken, aufgeräumten Linien halfen nicht nur der Geschwindigkeit, sondern gaben dem Motorrad auch ein sehr eindeutiges Aussehen.*

BSA Road Rocket 650

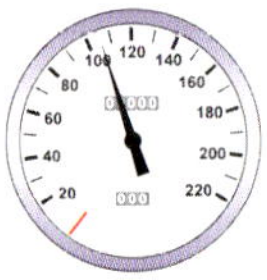

Spitze 169 km/h

__Rechts:__ Das Handling der Road Rocket war vielleicht nicht herausragend, aber die schnell beschleunigende Twin ging gut genug um Kurven, um mit ihren Zweizylinder-Rivalinnen mithalten zu können.

__Unten:__ Das schlanke Styling in BSA-Tradition gab der Road Rocket das zur aggressiven Leistung passende Aussehen. Zu den Tuningteilen des 646-ccm-Motors zählten ein Aluminiumzylinderkopf, eine schärfere Nockenwelle und hoch komprimierende Kolben.

Bei ihrer Einführung 1954 war die BSA Road Rocket das schnellste und beste Motorrad, das BSA je gebaut hatte. Genauer gesagt, war sie schnell und schick genug, nicht nur den amerikanischen Markt zu erobern, für den sie entwickelt war. Sie steigerte auch das Image des riesigen Birminghamer Werks, dessen bereits existierende 650er-Zweizylinder, die A10 Golden Flash, kompetent, aber nicht wirklich aufregend war.

Die Road Rocket war definitiv sportlicher als die Golden Flash. Wie das Magazin *Motor Cycling* bei der Einführung auf dem heimischen Markt 1956 bemerkte, war die Road Rocket ein straßengängiger Einsitzer „mit exakt dem kleinen Extra an Geschwindigkeit und Ausstattungsluxus“. Sie war genau richtig für den amerikanischen Markt, der bei Motorrädern nach Stil, Hubraum und Leistung verlangte.

1954 stellte BSA gerade einen neuen Rahmen mit zwei Stoßdämpfern vor, die die alten Kolbenfedern ersetzen sollten. Die Road Rocket nutzte das neue Chassis mit einem Motor, der auf dem der kurzlebigen A10 Super Flash basierte, BSAs erster Sport-650er, die im vorausgegangenen Jahr fast ausschließlich in die USA verkauft worden war.

Der 646-ccm-Parallelzweizylinder wurde mit einem Aluminiumzylinderkopf, verbesserten Auspuffrohren, einem Amal-TT9-Vergaser, schärferer Nockenwelle, gehärteter Kurbelwelle und hoch verdichtenden Kolben getunt. Außerdem ließ sich die Zündung manuell feineinstellen, was man bei der eher sanft abgestimmten Golden Flash für überflüssig erachtet hatte. Die

Geschwindigkeit und gutes Aussehen trugen der Road Rocket in Verbindung mit ihrem zuverlässigen Handling viele Bewunderer ein. Auch ihr Motor war überzeugend zuverlässig. Die einzige Schwachstelle war der untere Bereich des Zylinderblocks, bei dem Probleme entstehen konnten, wenn der hoch verdichtete Motor mit hohen Drehzahlen gefahren wurde.

Die Road Rocket verkaufte sich in den Staaten gut, hielt sich aber nach ihrer Einführung auf dem heimischen Markt zwei Jahre später Mitte 1958 kaum noch ein Jahr in der Produktion, bevor sie durch die ähnliche Super Rocket mit höherer Kompression, überarbeitetem Zylinderkopf, Amal-Monobloc-Vergaser und stromlinienförmigem Lampentopf abgelöst wurde. Die Road Rocket gab es nicht mehr, aber sie hatte überzeugend bewiesen, dass BSA einen schnellen und aufregenden 650-ccm-Zweizylinder bauen konnte.

Links: Name und Tankemblem der Road Rocket sollten die feurige Leistung betonen. Nicht, dass ein Fahrer dieses Motorrads wirklich daran erinnert werden musste, sobald der Gasgriff einmal aufgedreht war.

Unten: Die verchromten Tankseiten sahen zusammen mit der roten Lackierung sehr gut aus. Die Schutzbleche der Road Rocket waren ursprünglich ebenfalls verchromt. Die rote Lackierung dieser restaurierten Maschine wurde erst 1958 mit der Super Rocket eingeführt.

Spitzenleistung wuchs auf 40 PS bei 6000 Umdrehungen.

Die Road Rockets für den heimischen Markt wurden mit einem flacheren Lenker und effizienteren Schalldämpfern ausgestattet als die Exportmodelle. Ansonsten waren sie mit der amerikanischen Version identisch bis hin zur roten Lackierung und dem teilverchromten Tank, der zum Markenzeichen der BSA geworden war.

Lebhafte Beschleunigung

Die Beschleunigung der Maschine war lebhaft, und der Zweizylinder der Road Rocket hatte trotz des Tunings genügend Drehmoment bei niedrigen Drehzahlen und eine sehr gutmütige Natur. *The Motor Cycle* vermerkte in seinem Test im März 1957, dass die Golden Flash für ihr breit verteiltes Drehmoment bekannt sei, dass dies aber „bei der getunten Maschine eher noch verstärkt scheint als verringert. In der Praxis bedeutet dies eine richtig erfreuliche Beschleunigung und Kraftreserven an Steigungen, bei Gegenwind und im Soziusbetrieb über einen breiten Drehzahlbereich hinweg“.

Knapp gesagt: Die Rocket war schnell. BSA gab eine Spitzengeschwindigkeit von 169 km/h an, und das Motorrad wurde vom Magazin trotz Seitenwindes genau mit dieser Geschwindigkeit gestoppt. Die 650er-Rivalin, die Triumph Tiger 110, war zwar immer noch schneller, aber nur sehr knapp. Genauso wichtig war, dass die Road Rocket einem zeitgenössischen Test zufolge „ohne Ermüdungsanzeichen“ mit einer Reisegeschwindigkeit von 150–160 km/h gefahren werden konnte.

Bezeichnung	**BSA** Road Rocket (1956)
Motor	Parallel-2-Zylinder, luftgekühlt, OHV
Hubraum	646 ccm (70 x 84 mm)
Leistung	29,5 kW (40 PS) bei 6000 U/min
Kraftübertragung	Vierganggetriebe; Kette
Rahmen	Stahlrohrrahmen
Federung	vorne Teleskopgabel; hinten zwei Stoßdämpfer
Bremsen	vorne und hinten Trommelbremsen
Gewicht	190 kg
Spitzengeschwindigkeit	169 km/h

Harley-Davidson Sportster

Spitze 160 km/h

Rechts: *Der oben gesteuerte 883-ccm-V-Twin der Sportster lieferte etwa 40 PS, was für 160 km/h reichte. Die so genannte „Trumpet Jubilee"-Hupe war von den großen Zweizylindern ausgeborgt.*

Unten: *Die frühen Sportster waren äußerst attraktive Motorräder mit einem schlanken und schlichten Profil, das durch die zweifarbige Lackierung und die verchromten Heckstoßdämpfer noch betont wird. Die Alternative zu dieser Kombination aus Pepper red und Schwarz war Skyline blue und Weiß.*

Es ist lange her, dass die Harley Sportster ihrem Namen gerecht wurde. Aber es gab eine Zeit, einige Jahre nach ihrer Einführung 1957, als der schlanke und attraktive Renner aus Milwaukee nahezu jeder Serienmaschine auf der Straße aus dem Stand heraus sein Heck zeigen konnte.

Das definierende Merkmal der XL war der oben gesteuerte Motor, der die Seitensteuerung der K-Serie ablöste. Der neue XL-Motor hatte den gleichen Hubraum von 883 ccm, aber eine größere Bohrung und einen kürzeren Hub, was größere Ventile und höhere Drehzahlen ermöglichte. Weitere Merkmale der ersten Sportster waren gusseiserne Zylinderköpfe und das „Sportster"-Emblem auf der Abdeckung des Primärantriebs. Das Motorrad hatte eine zweifarbige Lackierung, eine Teleskopgabel, zwei verchromte Stoßdämpfer und einen gefederten Sattel.

Das Magazin *Cycle* stoppte die XL mit knapp über 160 km/h und berichtete, dass die Maschine eine „fantastische Beschleunigung über den gesamten Drehzahlbereich" zeigte und „mühelos hohe Reisegeschwindigkeiten aus dem grundsolide konstruierten Motor" ermöglichte. Eine solche Leistung war zwar keine riesige Verbesserung gegenüber der seitengesteuerten KHK, aber die XL war ein spontaner Erfolg und verkaufte sich nahezu doppelt so oft wie die Modelle der K-Serie 1956.

Wachsende Anerkennung

Eine Legende war geboren und wuchs über die folgenden Jahre mit einer Reihe von Sportster-Varianten, von denen viele den winzigen „Peanut"-Tank aufwiesen, der ursprünglich für die 125er-Zweitakter

Bezeichnung	**Harley-Davidson** XL Sportster (1957)
Motor	V2 45°, luftgekühlt, OHV
Hubraum	883 ccm (76,2 x 96,8 mm)
Leistung	29,5 kW (40 PS) bei 5500 U/min
Kraftübertragung	Vierganggetriebe; Kette
Rahmen	Stahlrohrrahmen
Federung	vorne Teleskopgabel; hinten zwei Stoßdämpfer
Bremsen	vorne und hinten Trommelbremsen
Gewicht	210 kg
Spitzengeschwindigkeit	160 km/h

Model S oder Hummer gebaut worden war. Es gab eine Offroad-XLC ohne Beleuchtung und mit offenen Auspuffrohren und die XLH mit getuntem Motor. Die schnellste war das ursprünglich nur für Kalifornien gebaute Dirt-Bike XLCH ohne Lampen und mit heißem Motor, die aber 1959 zu einem legalen Straßenmodell für alle Bundesstaaten umgebaut wurde. Ihr schlankes, rustikales, vom Motor dominiertes Aussehen und die donnernd hervorgebrachte Leistung fassten den Reiz der Sportster umfassend zusammen.

Ab 1960 wurde der stärkere H-Motor in alle Sportster eingebaut, gefolgt von weiteren Modifikationen wie größeren Trommelbremsen, einem stromlinienförmigen Lampentopf, 12-Volt-Elektrik, einem Tillotson- statt des Linkert-Vergasers und der bereits erwähnten schärferen Nocken. 1968 konnten die Käufer zwischen der rustikal-schlichten XLCH oder der XLH wählen, die erstmalig einen E-Starter bekam.

Die für die Elektrik modifizierten Motorgehäuse erforderten einen längeren Radstand, und neue Teile wie die größere Batterie erhöhten das Gewicht auf beachtliche 235 kg. Aber die XLH war immer noch ein sehr schnelles Motorrad. Der Punch des V2 und das tiefe Donnergrollen waren suchtgefährdend, und die Möglichkeit, entspannt und geschmeidig mit 110 km/h dahin zu gleiten, war einfach verlockend.

Harley veränderte und verbesserte die Sportster weiter und ging dabei auch einmal einen Schritt zurück (wie bei dem hässlichen „Boat-Tail"-Sattel, der 1971 eingeführt und ganz schnell wieder fallen gelassen wurde). 1974 wurde der Motor auf 1000 ccm aufgebohrt und eine Scheibenbremse vorne eingeführt. Die Anniversary Sportster von 1978 besaß Gussräder, Doppelscheibenbremsen und eine schwarze Lackierung. Andere Varianten waren die XLS Roadster von 1980 mit großem Tank und hohem Lenker, die schnelle, aber unzuverlässige XR-1000 Special von 1983 und vor allem das 1986er Modell XLH 883 mit ihrem Evolution-Motor mit dem traditionellen 883er Hubraum.

Die Sportster ist mit Innovationen wie dem 1200-ccm-Motor und der niedrigen Hugger bis ins 21. Jahrhundert hinein erfolgreich. Neuere Modell kombinieren den unverwechselbaren XLH-Look mit Riemenantrieb und verbesserter Qualitätskontrolle ab Werk. Aber trotz Stil und Effizienz fehlt es den modernen Sportstern an einer Eigenschaft ihrer Vorgängerinnen: Sie können der schnellsten Konkurrenz nicht mehr davon fahren.

__Links unten:__ Dieser XL Motor wurde 1958 mit größeren Ventilen, leichteren Ventilstößeln und einer höheren Kompression von 9:1 zur XHL-Spezifikation aufgewertet und leistete 45 PS. Spätere Modelle wurden optisch mit dem „Peanut"-Tank aufgewertet, verloren aber das Emblem auf dem Antriebsdeckel.

__Unten:__ In jüngerer Zeit ist die Sportster äußerst beliebt wurde ihrem Namen aber nicht mehr gerecht. Allerdings erhielt die 1996er XL1200S Sportster Sport mit verbesserter Federung und Bremsen einen Leistungsschub.

Triumph Thunderbird 650

Spitze
166 km/h

Rechts: *Das schicke Styling dieser 1957er T-bird gleicht dem der 499-ccm-Modelle, aber der 649-ccm-Motor lieferte nützliche zusätzliche Leistung.*

Unten: *Das Handling der Thunderbird wurde Mitte der 50er durch die Einführung eines Chassis mit zwei Stoßdämpfern verbessert, aber am bekanntesten ist das Modell immer noch für seine Geschwindigkeit.*

Der interessanteste Motorradmarkt der 1950er waren die USA, und besonders Triumph-Chef Edward Turner wollte die Möglichkeiten ausschöpfen, die Horden leistungshungriger Motorradfahrer und die darbende heimische Industrie boten.

Turners Enthusiasmus führte zu einem der interessantesten Triumph-Modelle, denn das bis dahin schnellste Motorrad der Briten, die Thunderbird, war die Antwort auf die amerikanischen Forderungen nach mehr Hubraum und Leistung.

Im Prinzip war die T-bird, wie sie genannt wurde, eine 650er-Version der existierenden 500-ccm-Speed-Twin. Die Vergrößerung des Parallelzweizylinders auf 649 ccm ergab eine Leistung von 34 PS bei 6300 U/min, 7 PS mehr als die Speed Twin (4 PS mehr als die sportlichere Tiger 100) und eine deutliche Steigerung des Drehmoments über den gesamten Drehzahlbereich. Die Leistungssteigerung fiel deshalb so deutlich aus, weil die Thunderbird mit 175 kg kaum mehr wog als die kleineren Modelle.

Selbstverständlich wurde die Thunderbird in Großbritannien und dem Ausland sehr positiv aufgenommen. Mehr noch als die Spitzengeschwindigkeit, war es die Fähigkeit des drehfreudigen 650ers, hohe Durchschnittsgeschwindigkeiten zu halten, die die Tester beeindruckte. „Die Thunderbird ist so schnell, dass die Spitzengeschwindigkeit, bei der die Maschine dauerhaft gefahren werden kann, ohne Anzeichen von Motorversagen zu zeigen, nicht fest-

gestellt werden konnte“, berichtete *The Motor Cycle.* „Wenn die Straßenverhältnisse es zuließen, konnten oftmals Geschwindigkeiten von 130 bis 145 km/h durchgehalten werden, so lange der Fahrer dem Zerren des Fahrtwindes widerstehen konnte.“

Große Aufregung

In Amerika erklärte das Magazin *Cycle* die Thunderbird für nahezu fehlerfrei, auch wenn die ursprüngliche blaue Lackierung unbeliebt war. Die amerikanische Werbung betonte die Leistung lautstark: „Warum sich mit zweitklassiger Leistung zufrieden geben? Nehmen Sie eine Triumph und fahren Sie voraus!“

Tausende gehorchten, und die Thunderbird wurde zu einem Riesenerfolg für Triumph, der die Marke fest am amerikanischen Markt etablierte. Neuen Schub erhielt das Modell 1953 durch den Film *Der Wilde,* in dem Marlon Brando eine 1950er Thunderbird fuhr. Bis zu diesem Zeitpunkt waren in Filmen alle Tankembleme von Motorrädern abgeklebt. Aber die T-bird war in all ihrer Pracht zu sehen, und die Verkäufe zogen kräftig an.

Das Handling war gut, ohne herausragend zu sein, und wurde Mitte der 1950er durch einen neuen Rahmen mit zwei Stoßdämpfern verbessert. Eine weitere Veränderung folgte 1960, als die Thunderbird eines der zahlreichen Modelle war, die die umstrittene „Badewannen“-Heckverkleidung erhielten. Zu dieser Zeit war die Thunderbird zu Gunsten der schnelleren Tiger 110 zu einer Tourenmaschine herabgestuft worden, aber ihr Platz in der Geschichte ist unbestritten.

Links: Triumphs Stößelstangen-Zweizylinder war schon mit 499 ccm beeindruckend, gewann aber nach der Vergrößerung auf 649 ccm in der Thunderbird beträchtlich an Leistung und Drehmoment. In dieser Form hat er einen Amal-Vergaser und eine maximale Leistung von 34 PS. Er vibrierte zwar bei hohen Drehzahlen, war aber verlässlich und schnell.

Die Tiger 110 – Die heißere 650er

Die Thunderbird war ein großer Hit, aber Triumph rüstete sie bald auf, um 1954 ein getuntes 650er Modell namens T110 Tiger vorzustellen. Sie hatte sportlichere Nockenwellen, eine höhere Kompression, modifizierte Kanäle und einen größeren Amal-Vergaser, der die Leistung auf 42 PS steigerte. Die Tiger war Triumphs bis dahin schnellstes Motorrad und wurde schnell populär. Zu den zahlreichen Veränderungen zählte auch die Badewannen-Heckverkleidung 1960, als ihr Status als Triumphs heißeste 650er schon an die Bonneville mit zwei Vergasern weitergereicht war.

Bezeichnung	**Triumph** Thunderbird (1957)
Motor	Parallel-2-Zylinder, luftgekühlt, OHV
Hubraum	649 ccm (71 x 82 mm)
Leistung	25 kW (34 PS) bei 6300 U/min
Kraftübertragung	Vierganggetriebe; Kette
Rahmen	Stahlrohrrahmen
Federung	vorne Teleskopgabel; hinten zwei Stoßdämpfer
Bremsen	vorne und hinten Trommelbremsen
Gewicht	175 kg
Spitzengeschwindigkeit	166 km/h

Royal Enfield Constellation

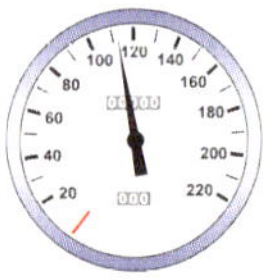

Spitze 180 km/h

Rechts: *Der flache Lenker und der auf 150 mph (240 km/h) kalibrierte Smiths-Tacho unterstrichen die sportliche Natur der Constellation.*

Unten: *Der große verchromte Benzintank und der stark gerippte Motor verliehen der Maschine ein muskulöses Aussehen, das von der ungestümen Leistung bestätigt wurde.*

Hätte Royal Enfield ihrer Constellation die gleiche Zuverlässigkeit wie die Leistung verleihen können, wäre das Resultat eine formidable Maschine gewesen. Der 692-ccm-Parallel-Twin war bei der Einführung 1985 das schnellste Motorrad auf der Straße. Eine Constellation wurde mit 187 km/h Spitze und einem beeindruckenden Durchschnittstempo von 180 km/h gemessen und war damit allen Zweizylinder-Rivalen überlegen.

Nur wenige Straßenmaschinen konnten die Constellation aus dem Stand heraus schlagen, und der große Motor bot darüber hinaus reichlich Drehmoment im unteren Drehzahlbereich. Aber die Hoffnungen bei Royal Enfield, diese Leistung würde zu hohen Verkaufszahlen führen, wurden enttäuscht, weil sich der große Zweizylinder unter Volllast allzu oft als unzuverlässig erwies. Zu den Problemen zählten unter anderem Pleuelbrüche bei hohen Drehzahlen, eine rutschende Kupplung und Ölleckagen.

Besonders offensichtlich wurden die Probleme bei Langstreckenrennen mit Serienmaschinen. Werksfahrer Bob McIntyre führte beim prestigeträchtigen 500-Meilen-Rennen von Thruxton vier Jahre in Folge, hatte aber jedes Mal Schwierigkeiten. 1958 erreichte er den dritten Platz, obwohl er Zeit durch einen gerissenen

Benzintank verloren hatte. Aber ein Jahr später stürzte der Schotte aus dem Rennen, als er versuchte, nach einem Kupplungsproblem aufzuholen. Und er stürzte in jedem der folgenden beiden Rennen bei hoher Geschwindigkeit wegen Motorschadens.

Bullet-Motor

Die großen Zweizylinder von Royal Enfield waren dank ihres Stylings und der Größe immer schon unverwechselbar. Der Hubraum von 692 ccm, der sie zu den größten britischen Zweizylindern machte, rührte daher, dass Enfield den Motor ursprünglich für die 1953er Meteor durch Kombination zweier 346-ccm-Bullet-Motoren konstruiert hatte. Die erste Meteor lieferte nur 36 PS, aber das konnte 1956 mit der Super Meteor auf 40 PS gesteigert werden.

Zwei Jahre später wurde die Constellation mit einem umfassend überarbeiteten Motor eingeführt. Zu den Modifikationen zählten schärfere und höher liegende Nockenwellen, leichtere Stößelstangen, überarbeitete Ventile und Zylinderköpfe, eine stärkere Kurbelwelle, eine höhere Kompression, eine neue Kupplung und eine kürzere Übersetzung. Die Spitzenleistung stieg auf 51 PS bei 6250 Umdrehungen. Die Motoren wurden nicht im heimischen Redditch gebaut, sondern nahe Bradford-on-Avon in Wiltshire.

In Enfield-Tradition forderte der Motor alles von dem Stahlrohrrahmen, der dem der Super Meteor glich. Die meisten Teile stammten ebenfalls aus dieser Reihe, aber die Constellation besaß einen neuen Tank und eine Zwei-in-eins-Auspuffanlage, sowie einen auf 150 mph (240 km/h) kalibrierten Smiths-Tachometer. Das Chassis funktionierte relativ gut. Federung und Bremsen arbeiteten ordentlich, und die Enfield konnte in Kurven mit den meisten Rivalen mithalten.

Das galt auch für gerade Strecken, aber die Leistung über einen längeren Zeitraum abzurufen, war riskant. Die Enfield reagierte auf Anforderung mit quicklebendiger Geschwindigkeit, fühlte sich aber bei einer Reisegeschwindigkeit von 110 km/h wohler und lief dann ruhig und verlässlich. Der flache Lenker ermöglichte eine aerodynamische Sitzhaltung, und zusätzlich bot Enfield die zukunftsweisende Airflow-Vollverkleidung an. Aber die unbestrittene Leistung bei hohen Drehzahlen wurde durch Vibrationen und Ausfälle zunichte gemacht.

1963, ein Jahr, bevor der Motor der Constellation für die Interceptor 750 vergrößert wurde, führte Enfield eine Reihe von Modifikationen durch, die einen Großteil der Probleme beseitigten. Die Kompression wurde reduziert, die Belüftung des Kurbelwellengehäuses verbessert, um Leckagen zu verhindern, die Kupplung überarbeitet und die Kurbelwelle neu ausgewuchtet, um Vibrationen zu verringern. Aber der schlechte Ruf der Constellation sorgte dafür, dass ihre Verkäufe niemals so beeindruckend wurden wie ihre Leistungswerte.

Oben: *Die Zwei-in-eins-Auspuffanlage verlieh dem Motorrad in der Ansicht von links ein ungewöhnlich aufgeräumtes Aussehen. Der flache Lenker diktierte eine aggressiv vorgebeugte Sitzhaltung, die sich für hohe Geschwindigkeiten empfahl, vor allem in Verbindung mit der optionalen Airflow-Vollverkleidung.*

Links: *Die Leistung auf gerader Strecke war bis weit über 160 km/h beeindruckend, vorausgesetzt, der 692-ccm-Parallel-Twin blieb stabil. Bei gemäßigterer Fahrweise lief die Constellation relativ ruhig und komfortabel.*

Bezeichnung	**Royal Enfield** Constellation (1958)
Motor	Parallel-2-Zylinder, luftgekühlt, OHV
Hubraum	692 ccm (70 x 90 mm)
Leistung	37,5 kW (51 PS) bei 6250 U/min
Kraftübertragung	Vierganggetriebe; Kette
Rahmen	Stahlrohrrahmen
Federung	vorne Teleskopgabel; hinten Stoßdämpfer
Bremsen	vorne und hinten Trommelbremsen
Gewicht	194 kg
Spitzengeschwindigkeit	180 km/h

Moto Guzzi Falcone

Spitze
120 km/h

Rechts: *Der liegende Einzylinder mit dem großen Schwungrad war äußerlich fast dreißig Jahre lang unverändert geblieben, als die Falcone 1950 vorgestellt wurde.*

Unten: *Trotz seiner roten Rennlackierung zeigt der hohe Lenker dieses 1964er-Modells der Falcone an, dass es sich um eine Turismo und nicht um die etwas stärkere Sport handelt.*

Die Falcone war die bekannteste und langlebigste der vielen 500er mit liegendem Einzylinder, die Moto Guzzi mehr als ein halbes Jahrhundert lang produzierte. Ihr charakteristischer Motor mit dem großen außen liegenden Schwungrad geht bis auf das Modell Normale zurück, mit dem die Firmengründer Carlo Guzzi und Giorgio Parodi 1921 in den Motorradbau einstiegen.

Die Moto-Guzzi-Einzylinder hatten sich bereits einen soliden Ruf erworben, als die Falcone 1950 vorgestellt wurde. Das neue Motorrad war eine modifizierte Version der Astore, die aus der GTV entwickelt worden war. Diese Straßenmaschinen waren eng mit einer exotischen Gruppe von Straßenrennern in Sonderanfertigung verwandt: Condor, Albatros und Dondolino. Die Condor war Mitte der 30er eingeführt worden. Sie war ein für die Straße zugelassenes Motorrad mit Beleuchtung und Schalldämpfern und gewann 1940 das Rennen Mailand–Taranto. Nach dem Zweiten Weltkrieg wurde das Einzylindermotorrad mit mehr Leistung unter dem recht ungewöhnlichen Namen Dondolino („Schaukelstuhl") wieder eingeführt.

Die Falcone kostete nur halb so viel wie die exotische Dondolino, sah aber mit ihrer schlanken Linie, der roten Lackierung und dem flachen Lenker hinreichend sportlich aus. Ihr mit Stößelstange getriebener 498-ccm-Motor wies zahlreiche Rennmerkmale auf, z. B. ein Vierganggetriebe aus der Condor, auch wenn das Kurbelgehäuse aus Aluminium statt aus dem leichtgewichtigen Elektron bestand und die Ventile im Gegensatz zur Rennversion verkapselt waren. Die Spitzenleistung lag bei 23 PS bei 4500 Umdrehungen.

Links außen. *Das einzigartige Guzzi-Chassis geht bis auf die 20er zurück und war 1964 definitiv altmodisch, aber die Falcone zeigte nichtsdestotrotz ein gutes Handling.*

Links. *Der Scheinwerfer der Falcone saß recht hoch, um Platz für eine Sirene zu lassen, denn das Motorrad war bei den Carabinieri sehr beliebt*

Bezeichnung	**Moto Guzzi** Falcone Turismo (1958)
Motor	Einzylinder, luftgekühlt, OHV
Hubraum	498 ccm (88 x 82 mm)
Leistung	14 kW (19 PS) bei 4300 U/min
Kraftübertragung	Vierganggetriebe; Kette
Rahmen	Stahlrohrrahmen mit Stahlplatten
Federung	Teleskopgabel; hinten horizontale Federn, Reibungsdämpfer
Bremsen	vorne und hinten Trommelbremsen
Gewicht	167 kg
Spitzengeschwindigkeit	120 km/h

Das Chassis war eine Guzzi-eigene Konstruktion und basierte auf einem Rahmen aus Stahlplatten und zwei vorne liegenden Stahlrohren. Die Heckfederung war ungewöhnlich und ging bis auf die Guzzis der 20er zurück. Die Schwinge wirkte auf ein Paar Federn, die in einem Kasten unter dem Motor saßen. Kleinere Rückholfedern zwischen Motor und Schwinge arbeiteten mit einstellbaren Schwingungsdämpfern zwischen Schwinge und hinterem Hilfsrahmen zusammen.

Die meisten Änderungen, die Guzzi während ihrer langen Lebenszeit an der Falcone vornahm, waren eher geringfügig. Die wichtigste erfolgte 1954, als das Urmodell zur Falcone Sport wurde und eine neue Version, die Turismo, eingeführt wurde. Diese sah der Falcone sehr ähnlich, hatte den gleichen Rahmen und die gleiche Federung, aber einen höheren Lenker, nach vorne versetzte Fußrasten und eine entschärfte Maschine, die 19 PS leistete und 120 km/h lief.

Kleine Produktionszahlen

Die Falcone wurde nie in großen Stückzahlen produziert. In den meisten Jahren waren es nur einige hundert. Dank der Erfolge der Werksmaschinen bei Langstreckenrennen wie Mailand–Taranto und dem Giro d'Italia in den frühen 1950ern genoss das Modell aber einen hervorragenden Ruf. Dies war allerdings nicht ganz gerechtfertigt, denn diese Falcones waren oft weit von der Serie entfernt und verwendeten Teile aus der Dondolino, um die Spitzengeschwindigkeit auf über 160 km/h zu steigern.

Diese Rennsieger sahen zwar genauso aus, waren aber viel schneller als die verlässliche Falcone, die schließlich 1968 eingestellt wurde. Nur ein Jahr später stellte Moto Guzzi die Nuovo Falcone mit modernisiertem Motor und zeitgemäßerem Rahmen vor. Sie verkaufte sich recht gut und wurde sieben Jahre lang produziert. Allerdings fehlten ihr Stil und sportliches Image der ursprünglichen, heiß geliebten Falcone.

Guzzis glamouröse V8

Moto Guzzi feierte große Rennerfolge mit seinen Einzylindern, vor allem mit drei Weltmeisterschaften in der 250er-Klasse zwischen 1949 und 1952 und fünf 350er-Titeln in Folge im Jahr 1953. Der Rennsport inspirierte die berühmteste Moto Guzzi: die 500-ccm-V8 von 1956. Der exotische flüssigkeitsgekühlte 90-Grad-V8 mit vier Nockenwellen des Ingenieurs Giulio Carcano drehte mit 12 000 U/min, lieferte 72 PS und wurde beim belgischen Grand Prix 1957 mit 286 km/h gemessen. Aber Guzzi zog sich Ende der Saison vom Grand-Prix-Zirkus zurück, bevor die V8 (hier mit dem damaligen Werksfahrer Bill Lomas bei der Isle of Man TT 1996) einen bleibenden Eindruck hinterlassen konnte.

Norton Dominator 88

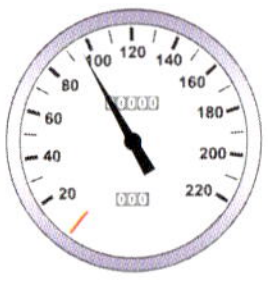

Spitze
153 km/h

Rechts: *Diese 1960er Dominator hat den Slimline-Rahmen und den schmaleren Tank dieses Jahres, wodurch die Norton besser beherrschbar wurde.*

Unten: *Die Dominator 88 von 1958 hatte den ursprünglichen breiten Featherbed-Rahmen und den 497-ccm-Parallel-Twin. Das Resultat war überlegenes Handling in Verbindung mit lebendiger Kraftentfaltung.*

Norton benötigte mehr als zehn Jahre, um Triumph mit einem eigenen Parallelzweizylinder auf der Straße die Stirn bieten zu können. 1949 schließlich brachte das Unternehmen mit der Dominator genannten Model 7 schließlich eine Rivalin der Speed Twin heraus. Das neue Motorrad besaß einen 497-ccm-OHV-Motor mit Stößelstangen. Entwickler war Bert Hopwood, der zuvor sowohl bei Ariel als auch bei Triumph mit dem Speed-Twin-Entwickler Edward Turner zusammen gearbeitet hatte.

Hopwoods Motor unterschied sich in zahlreichen Details vom Triumph-Zweizylinder. So hatte er z. B. eine einzelne vorne liegende Nockenwelle, statt zweier Wellen vorne und hinten. Die Dominator war zwar mit 29 PS nicht sonderlich stark, aber sie war gefügig, verlässlich und relativ laufruhig. Daneben war der Motor auch kompakt, da er aus Kostengründen in den Rahmen der Einzylinder-Flaggschiffs ES2 passen musste.

Featherbed-Rahmen

Dies war aber kein Handikap, da das geringe Gewicht und das stabile Chassis der Model 7 ein gutes Handling ermöglichten – zumindest, bis die Heckstoßdämpfer abgenutzt waren, dann schlingerte das Motorrad bei hohen Geschwindigkeiten. Die Antwort auf das Problem war die Dominator 88, die 1952 für den Exportmarkt und 1953 für den britischen Markt eingeführt wurde. Sie besaß einen 497-ccm-Motor in einer straßentauglich stoßgedämpften Version des Featherbed-Rahmens.

Dieser Rahmen war durch die Renn-Einzylinder Manx berühmt geworden. Seine Schöpfer, die McCandless-Brüder, hatten ihn allerdings immer schon zur Aufnahme verschiedener Norton-Motoren und -Getriebe vorgesehen, und das charakteristische Doppelschleifendesign eignete sich hervorragend für das Zweizylindertriebwerk. „Dass der Rahmen aus dem Rennsport stammt, ist allgemein bekannt“, begeisterte sich *Motor Cycling* bei einem Test der Dominator. „Es sollte aber auch jeder wissen, dass das Lenken ein Vergnügen und das Handling der Traum jedes Kurvenenthusiasten ist.“

Norton modernisierte den Motor über das Jahrzehnt hinweg mehrfach. 1955 erhielt der 88er-Motor einen Zylinderkopf aus einer Stahllegierung, eine höhere Kompression und einen Amal-Monobloc-Vergaser. Ein Jahr später kam die Dominator 99 mit auf 597 ccm aufgebohrtem Motor und einer Leistung von 31 PS. Die auch in der Dominator 88 eingebaute rennerprobte Daytona-Nockenwelle steigerte die Spitzengeschwindigkeit des größeren Modells auf etwas über 160 km/h.

1960 stattete Norton beide Modelle mit dem neuen Slimline-Rahmen – einer schlankeren Version des Featherbed – und einem neuen Hilfsrahmen sowie mit einem schmaleren Tank aus. Einige Fahrer protestierten, dass der breitere Rahmen starrer sei und unter Rennbedingungen ein besseres Handling gebe, aber auf der Straße machte dies keinen Unterschied, und die schlanke Dominator war für Fahrer mit kürzeren Beinen besser beherrschbar.

Wie dem auch sei, eine der größten Stärken der Dominator war, dass ihr Chassis dem Motor immer gewachsen blieb. Das Norton-Triebwerk war nie einer der kräftigsten Zweizylinder. Die Dominator 88 besaß zwar eine relativ gute Beschleunigung und eine respektable Spitzengeschwindigkeit von etwa 153 km/h, aber Fahrer auf der Suche nach Höchstgeschwindigkeit waren bei Triumph und BSA besser aufgehoben.

War der Motor der 88 eher unauffällig, so wurde dies durch das Chassis wettgemacht. Auf langen, geraden Strecken konnten mehrere Motorräder die Auspuffrohre zeigen, aber auf kurvenreichen Strecken machten die flexible Kraftentfaltung, das hervorragende Handling und die unschlagbare Straßenlage die Norton nicht nur sehr schnell, sondern auch zum puren Fahrvergnügen.

***Oben:** Der 1958er-Motor der Dominator 88 profitierte von Verbesserungen wie dem neuen Zylinderkopf, höherer Kompression und dem Amal-Monobloc-Vergaser.*

Bezeichnung	**Norton** Dominator 88 (1958)
Motor	Parallel-2-Zylinder, luftgekühlt, OHV
Hubraum	497 ccm (66 x 73 mm)
Leistung	22 kW (30 PS) bei 7000 U/min
Kraftübertragung	Vierganggetriebe; Kette
Rahmen	Featherbed-Rahmen
Federung	vorne Roadholder-Teleskopgabel; hinten 2 Stoßdämpfer
Bremsen	vorne und hinten Trommelbremsen
Gewicht	184 kg
Spitzengeschwindigkeit	153 km/h

Matchless G12 de Luxe

Spitze 160 km/h

Die Geschichte des Matchless-Parallel-Twin ist in vielerlei Hinsicht typisch für die britische Motorradindustrie: wiederholte Steigerungen von Hubraum und Leistung, die nicht immer in einem erfolgreichen Motorrad resultierten. Nach seiner Einführung 1949 mit einem Hubraum von 498 ccm wurde der Motor über die Jahre vergrößert, um vor allem den Forderungen des amerikanischen Marktes Rechnung zu tragen. Die ursprüngliche G9 wurde 1956 zur 592-ccm-G11, und drei Jahre später entstand daraus die G12, als der Motor erneut vergrößert wurde, dieses Mal auf 646 ccm.

Viele Fahrer waren vom Ergebnis beeindruckt. „Gutmütigkeit und hohe Leistung sind eine seltene Kombination", schrieb der Tester von *The Motor Cycle*. „Man kann Lenkbarkeit im höchsten Gang haben, man kann Leistung haben. Aber beides zusammen? Ja, beides zusammen! Bei der jüngsten Matchless G12 de Luxe kann man beides haben. Eine Bulldogge mit der Beschleunigung aus dem Stand eines Windhundes, das ist dieser Zweizylinder, mit dem man sowohl gemütlich mit 30 Meilen (48 km/h) über Landstraße tuckern als auch mit halb aufgedrehtem Gasgriff mit 80 Meilen (130 km/h) über die M1 fegen kann."

Nicht jeder Fahrer war so begeistert wie dieser Tester, aber die G12 war eine kompetente und recht beliebte Maschine mit lebhafter Beschleunigung, einer Spitzengeschwindigkeit von rund 160 km/h und exzellentem Handling. Sie war auch annehmbar zuverlässig, zumindest als Standard oder De Luxe, mit schnell demontierbarem Hinterrad und verbesserter Zündung.

Überentwickelte Maschine

Schnellstes Mitglied der G12-Familie war die CSR mit höherer Kompression, Zwei-in-eins-Auspuffanlage, schmalerer Sitzbank und Leichtmetallschutzblechen. Die G12 CSR erreichte 175 km/h, litt aber unter Vibrationen und Unzuverlässigkeit und wurde von vielen als Beispiel für einen überzüchteten Motor betrachtet.

Es existierten deutliche Unterschiede zwischen der G12-Familie und den Parallel-Twins der Konkurrenz – allerdings nur wenige zwischen der G12 und der AJS Model 21, die praktisch identisch waren. Matchless war eine berühmte alte Marke aus Südlondon, deren Mitbegründer Charlie Collier die Einzylinderkonkurrenz bei der allerersten Tourist Trophy auf der Isle of Man im Jahr 1907 gewonnen hatte. Das Unternehmen hatte AJS in Wolverhampton 1931 übernommen.

__Unten:__ Dies ist eine Matchless G12 de Luxe von 1959, als es nur einer anderen Lackierung und anderer Embleme bedurfte, um sie in eine AJS Model 31 zu verwandeln. Die Loyalität vieler Motorradfahrer machte dieses „badge engineering" lukrativ, auch wenn beide Versionen des Motorrads im Matchless-Werk nahe London gefertigt wurden.

Links: Das gute Handling der G12 machte die Maschine mit breit gestreckter Kraftentfaltung und brauchbarer Endgeschwindigkeit zu einem ansprechenden Motorrad, vor allem in der De-Luxe-Version. Das stärkere und sportlichere CSR-Modell war schneller, vibrierte aber stärker und war unzuverlässig.

Die neu entstandene Firma nahm den Namen Associated Motor Cycles (AMC) an und übernahm später Marken wie Francis Barnett, James und 1952 die einst mächtige Norton. AJS und Matchless waren besonders eng verbunden, da fast identische Maschinen im Matchless-Werk in Plumstead gebaut und unter beiden Namen verkauft wurden – ein besonders eklatantes Beispiel für „badge engineering". Die Matchless 500-ccm-G9 unterschied sich von der AJS Model 20 nur in der Lackierung (Rot für Matchless, Blau für AJS). Die G11 entsprach der Model 30, die G12 der Model 31.

Der Hauptunterschied zwischen dem AMC-Motor und anderen britischen Zweizylindern war das zentrale Kurbelwellenlager. Designer Phil Walker wollte den Gehäuseboden verstärken, um die Vibrationen bei hohen Drehzahlen zu verringern. Leider vibrierte der Matchless-/AJS-Motor genauso stark wie der ihrer schlechtesten Rivalen, und einige Experten hielten das zusätzliche Lager eher für ein Hindernis als eine Hilfe.

Abgesehen davon war die G9/Model 20 ein angenehmes Motorrad mit reichlich Leistung bei mittleren Drehzahlen und einer respektablen Spitzengeschwindigkeit von 145 km/h. Diese Flexibilität blieb erhalten, als der Motor für die G11/Model 30 auf 592 ccm aufgebohrt wurde. Da hiermit das Limit erreicht war, entwickelte man die langhubige Kurbelwelle für die 646-ccm-G12/-Model 31. Die Unzuverlässigkeit des größeren Motors in der getunten CSR-Form schreckte AMC nicht ab, die 1965 eine Matchless G15/AJS Model 33 mit dem 750er-Motor aus der Norton Atlas vorstellten. Zu dieser Zeit befand sich die Firma aber bereits in finanziellen Schwierigkeiten, und die Produktion wurde 1967 eingestellt.

Oben: Das geflügelte M der Matchless war in den 1950ern wohlbekannt, als die Firma unter dem Namen AMC expandierte und Rivalen wie Norton und AJS übernahm.

Links: Der Motor der G12 unterschied sich von den anderen britischen Parallel-Twins hauptsächlich durch das zentrale Kurbelwellenlager, das die Vibrationen kaum dämpfte. Dieser 646-ccm-Motor wurde mittels einer langhubigen Kurbelwelle aus dem 592-ccm-Aggregat der G11 entwickelt.

Bezeichnung	**Matchless G12 de Luxe (1959)**
Motor	Parallel-2-Zylinder, luftgekühlt, OHV
Hubraum	646 ccm (72 x 79,3 mm)
Leistung	25,8 kW (35 PS) bei 6000 U/min
Kraftübertragung	Vierganggetriebe; Kette
Rahmen	Stahlrohrrahmen
Federung	vorne Teleskopgabel; hinten zwei Stoßdämpfer
Bremsen	vorne und hinten Trommelbremsen
Gewicht	180 kg
Spitzengeschwindigkeit	160 km/h

Die 1960er
Großbritanniens letztes Gefecht

In vielerlei Hinsicht waren die 60er-Jahre die Hochzeit der britischen Motorradindustrie. Die Motorräder waren schneller und besser als je zuvor. Schnelle Twins wie die Triumph Bonneville und die Norton Commando lieferten sich heiße Rennen mit so illustren Rivalen wie der Velocette Venom Thruxton und der Triumph Trident 750 mit einem bzw. drei Zylindern.

Aber die großartigen neuen britischen Maschinen konnten die aufkommenden Geldprobleme nicht abwenden. Und dann kamen auch noch mit Macht die Japaner. Modelle wie die Honda CB450 und Suzuki T500 verbanden hohe Ingenieurskunst mit zunehmend aggressiver Leistung und wiesen so in eine aufregende Zukunft.

Triumph T120 Bonneville

Spitze
177 km/h

Rechts: *Die Stärke der Bonneville war normalerweise weniger das Handling als vielmehr die Motorleistung, aber eine 1961er T120R war auch eine agile Kurvenrennerin.*

Unten: *Triumph-Fans können sich selten einigen, welche Bonneville die beste oder attraktivste war, aber dieses 1961er-Modell bekäme sicherlich viele Stimmen.*

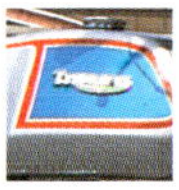

Die Bonneville ist aus guten Gründen die berühmteste Triumph aller Zeiten. 1959 als heißere Version der 650er-Parallel-V2-Meriden mit zwei Vergasern eingeführt, wurde die T120 Bonneville als Motorrad mit der „höchsten bei einem Serienmotorrad heute machbaren Leistung" angepriesen – und wurde diesem Anspruch gerecht.

Für die kommenden zehn Jahre war die „Bonnie" so schnell wie jede Serienmaschine auf der Straße und erwies sich als langjähriger Hit für Triumph. In aller Welt wurden Motorräder auf Basis der T120 in Rennen eingesetzt, von der Isle of Man bis zu den amerikanischen Sandbahnen. Die Bonnie wurde wiederholt modernisiert und überlebte, auf 750 ccm vergrößert, bis in die 80er hinein. Kein Wunder also, dass John Bloors neu belebter Triumph-Konzern den berühmten Namen für seine 2001 vorgestellte neue Generation von Parallelzweizylindern wählte.

Im Jahr 1959 gemahnte der Name Bonneville aus einem anderen Grund an Geschwindigkeit und Aufregung. Der legendäre Triumph-Boss Edward Turner wählte ihn zu Ehren der Rekordfahrt Johnny Allens, der 1956 auf dem Bonneville-Salzsee in Utah auf einer stromlinienförmig verkleideten Triumph-Zweizylinder 214 km/h fuhr. Die USA waren der größte Markt für Triumph, und der Name für das neue Motorrad war perfekt gewählt.

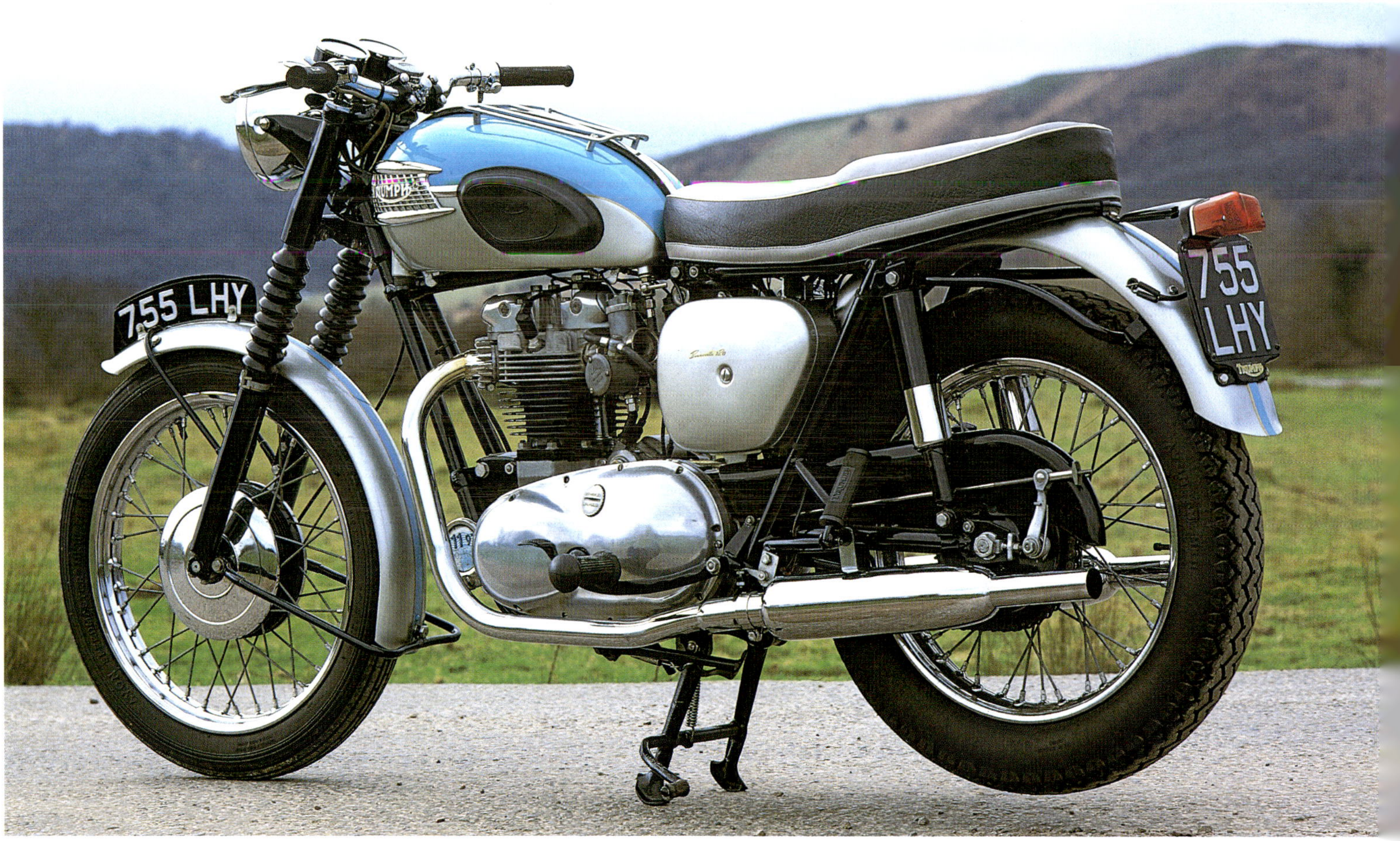

Die erste T120 war relativ einfach zu entwickeln. Ihr 649-ccm-Parallel-Twin mit Stößelstangen, Vierganggetriebe und 360-Grad-Kurbelwelle war der der Tiger 110. 1958 war die Tiger mit einem optionalen Zylinderkopf für die Aufnahme eines Doppelvergasers sowie einer Liste zusätzlicher Tuningteile wie Rennnockenwellen und Amal-Rennvergasern erhältlich geworden.

Auf Nachfrage der amerikanischen Importeure nach einem leistungsstarken Modell baute Triumph schärfere Nockenwellen und offene Amal-Monobloc-Doppelvergaser in die neue T120 ein und steigerten so die Leistung um 4 PS auf 46 PS.

Ursprünglich besaß die Bonneville, die so schnell auf den Markt gebracht wurde, dass sich nicht einmal ein Eintrag im 1959er-Katalog fand, noch die stromlinienförmige Lampe und den Tourenlenker der Tiger.

1960 bekam sie einen eigenen Lampentopf und sportlichere Schutzbleche sowie einen neuen Stahlrohrrahmen mit steilerer Lenkergeometrie und kürzerem Radstand.

1961 wurde der Rahmen verstärkt. Bis dahin hatte sich die Bonneville bereits fest als schicker und schneller Straßenrenner etabliert. Das britische Magazin *Motor Cycling* schrieb im Juni 1961 von der „herausragenden Beschleunigung und Spitzengeschwindigkeit – ohne Temperaturprobleme" eines Motorrades, das auf einem Steilkurs eine beeindruckende Durchschnittsgeschwindigkeit von 174 km/h fuhr.

Drei Monate später maß das Magazin das gleiche Motorrad, das nun dank verbesserter Amal-Monobloc-Vergaser höher drehte, mit 188 km/h.

Leichtes Handling und gutes Aussehen

Die Bonneville wurde über die nächsten zehn Jahre regelmäßig modernisiert, 1963 etwa mit einem gemeinsamen Gehäuse für Motor und Getriebe. Die Stabilität hielt nicht immer mit der Motorleistung mit, aber die „Bonnie" blieb wegen ihres geringen Gewichts, dem leichten Handling und dem guten Aussehen weiterhin beliebt. 1971 wurde der Öltank im Rahmen untergebracht, der aber nach heftiger Kritik im Folgejahr abgesenkt werden musste. 1973 wurde der Hubraum für die T140 Bonneville, die flexibler, wenn auch nicht schneller und weniger laufruhig war, auf 744 ccm vergrößert.

Die Bonneville nahm auch erfolgreich an Rennen teil. So etwa auf der Isle of Man, wo John Hartle die Serien-TT 1967 gewann und Malcolm Uphill 1969 erstmals mit einer Serienmaschine mit einer Rundengeschwindigkeit von 160 km/h zum Sieg fuhr. In den 60ern gewann die T120 unter Fahrern wie Percy Tait viermal bei den jährlichen 500-Meilen-Serienrennen bei Thruxton und Brands Hatch. Noch 1978 war die „Bonnie" wettbewerbsfähig, als Steve Traslers T140 bei der britischen Serienmeisterschaft die japanischen Vierzylinder schlug.

Links oben: *Die Silver Jubilee Bonneville von 1977 war eine Sonderedition der 750er-T140 zum 25jährigen Thronjubiläum von Queen Elizabeth II. Die „Bonnie" war im Vergleich zu den Japanern altmodisch, besaß aber Leistung und Charme.*

Rechts oben: *Die Bonneville kehrte 2001 zurück, als die unter John Bloor neu belebte Firma Triumph einen Straßen-Twin im Styling einer 1968er T120 mit modernem 790-ccm-DOHC-Achtventiler vorstellte. Ironischerweise war die neue 61-PS-„Bonnie" nicht schneller als so manches alte Modell.*

Bezeichnung	**Triumph** T120 Bonneville (1961)
Motor	Parallel-2-Zylinder, luftgekühlt, OHV
Hubraum	649 ccm (71 x 82 mm)
Leistung	34 kW (46 PS) bei 6500 U/min
Kraftübertragung	Vierganggetriebe; Kette
Rahmen	Stahlrohrrahmen
Federung	vorne Teleskopgabel; hinten zwei Stoßdämpfer
Bremsen	vorne und hinten Trommelbremsen
Gewicht	183 kg (betankt)
Spitzengeschwindigkeit	177 km/h

Norton 650SS

Spitze 185 km/h

Unten: *Die 650SS war eine schöne Allround-Sportlerin mit reichlich Geschwindigkeit und einem exzellenten Handling dank der Kombination aus Featherbed-Rahmen und Roadholder-Gabel. Daneben war sie in ihrer Lackierung in traditionellem Norton-Silber sehr schick. Dieses Modell von 1966 hat den optionalen Drehzahlmesser und die verchromten Schutzbleche.*

Die Norton 650SS wurde in viel kleineren Stückzahlen gefertigt als die Triumph Bonneville, die populärste Variante der britischen Parallel-Twins in den 60ern. Aber dieser Unterschied lässt keine Rückschlüsse auf die Qualität der 650SS, deren Geschwindigkeit, Handling und Entwicklungsstand sie zu einer der besten Straßenmaschinen dieses Jahrzehnts machten.

Als die 650SS 1962 vorgestellt wurde, war sie die letzte Vertreterin der von Bert Hopwood entworfenen Dominator-Serie, die 1949 mit der Model 7 ihren Anfang genommen hatte. 1956 war der Motor für die Dominator 99 auf 597 ccm vergrößert worden, und 1961 hatte Norton eine langhubige 646-ccm-Maschine für das Export-Modell Manxman 650 entwickelt. Zu dieser Zeit gab es auch schon SS (Sports Special)-Versionen der 500er- und 600er-Motorräder mit Doppelvergasern und höherer Kompression.

Beeindruckendes Triebwerk

Die Kombination aus Sports-Special-Ausstattung und größerem Hubraum ergab ein beeindruckendes neues Triebwerk, das zudem Modifikationen wie größere Pleuellager und ein schwereres Schwungrad enthielt. Die 650SS besaß außerdem einen neuen Zylinderkopf mit steileren Ansaugkanälen. Die Spitzenleistung betrug 49 PS bei 6800 Umdrehungen.

Der neue Motor saß in einem bekannten Chassis aus Nortons Featherbed-Rahmen und Roadholder-Telegabel. Mit 181 kg Trockengewicht wog die 650SS kaum mehr als die kleineren Modelle und besaß ein sportliches Aussehen mit passender Lackierung in traditionellem Silber. Zu den Zubehör-Optionen zählten unter anderem verchromte Schutzbleche und ein Drehzahlmesser neben dem Smiths-Tacho. Der Tacho war notwendig, denn die 650SS lief fast 193 km/h. Darüber hinaus war sie auch sehr flexibel, sparsam und nach Parallel-Twin-Maßstäben laufruhig.

Es überrascht kaum, dass die 650SS mit ihrem Norton-typischen Handling auch auf kurvenreichen Strecken brillierte. Sie war ein echtes Sportmotorrad mit straffer Abstimmung und schmaler Sitzbank. Lenkgenauigkeit und Stabilität waren ebenso herausragend wie die Effizienz ihrer Trommelbremsen. Wie die anderen SS-Modelle war die 650er mit einem Avon-Grand-Prix-Hinterreifen ausgestattet, der dazu beitrug, die Werbeaussage, sie besitze „die beste Straßenlage der Welt", zu rechtfertigen.

Erwartungsgemäß erhielt die Maschine enthusiastische Testberichte. *Motor Cycling* pries sie als „Spitzensportlerin ohne die sonst üblichen schlechten Manieren bei niedrigen Geschwindigkeiten". Das Konkurrenzmagazin *The Motor* stoppte die 650SS mit 190 km/h und lobte ein Motorrad, dessen „geringe Geräuschentwicklung, Laufruhe und entspannte Bedienung über die Geschwindigkeit hinwegtäuschen; eine Maschine mit derart überlegenem Handling und Bremsverhalten, dass sie eine Fahrt mit nahezu 2 Meilen pro Minute wie einen Spaziergang im Garten scheinen lässt."

Die Norton beeindruckte auch bei Ausdauerrennen und trug wenige Monate nach ihrer Einführung Phil Read und Brian Setchell beim 500-Meilen-Rennen von Thruxton und beim 1000-Meilen-Wettbewerb von Silverstone zum Sieg. Darüber hinaus gewann eine 650SS das Thruxton-Rennen in den folgenden zwei Jahren und wurde in *Motor Cycle News* 1962 und 1963 zur Maschine des Jahres gewählt. Trotzdem zog die 650SS bei der Beliebtheit niemals mit der Bonneville gleich, da sie zum einen 10 Prozent teurer war und Norton zum anderen zu dieser Zeit relativ kleine Stückzahlen fertigte.

Die letzten 650SS, die das Norton-Werk in der Bracebridge Street in Birmingham verließen, waren Modelle mit Polizeiausstattung für die Behörden im australischen Queensland. Das Modell überlebte die Übernahme Nortons durch Associated Motor Cycles 1963 und den Umzug nach Woolwich in Südlondon und wurde mit wenigen Veränderungen bis 1968 produziert.

Links oben: *Die Initialen SS standen für Sports Special, und die Norton wurde dem Namen gerecht. Die silberne Maschine war sowohl auf der Straße als auch auf Langstrecken konkurrenzfähig.*

Oben: *Norton machte bei der 650SS in Bezug auf den Komfort nur wenige Kompromisse. Sie hatte eine straffe Federung, eine recht dünne Sitzbank und einen Avon-Grand-Prix-Hinterreifen.*

Links: *Der 646-ccm-Parallel-Twin wurde unter anderem mit einem Zylinderkopf mit steileren Einlasskanälen getunt und lieferte neben gesunden 49 PS auch viel Drehmoment.*

Bezeichnung	**Norton** 650SS (1962)
Motor	Parallel-2-Zylinder, luftgekühlt, OHV
Hubraum	646 ccm (68 x 89 mm)
Leistung	36 kW (49 PS) bei 6800 U/min
Kraftübertragung	Vierganggetriebe; Kette
Rahmen	Featherbed-Rahmen
Federung	vorne Roadholder-Gabel; hinten zwei Stoßdämpfer
Bremsen	vorne und hinten Trommelbremsen
Gewicht	181 kg
Spitzengeschwindigkeit	185 km/h

BSA Rocket Gold Star

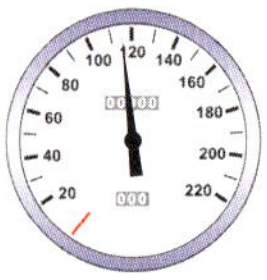

Spitze 185 km/h

__Rechts:__ Die offenen Vergaser deuten auf den getunten 646-ccm-Zweizylinder mit seinen hoch verdichtenden Kolben, scharfen Nockenwellen und Rennzünder hin.

__Unten:__ Die Ähnlichkeit der Rocket Goldie mit der Gold Star fiel auf den ersten Blick ins Auge.

Die letzte und aufregendste einer langen Reihe von BSA-Parallelzweizylindern mit 646 ccm und separatem Getriebe, die 1949 mit der Golden Flash ihren Anfang genommen hatte, war 1962 die mächtige Rocket Gold Star. Im selben Jahr, in dem die Firma aus Birmingham ihre neuen „unit-construction"-Motoren mit im Motorgehäuse integriertem Getriebe vorstellte, bewies die Rocket Gold Star, dass noch viel Leben im alten Format steckte.

Die Rocket Goldie war durch ein Einzelstück inspiriert, dass Gold-Star-Spezialist Eddie Dow aus Banbury in Oxfordshire mehrere Jahre zuvor für einen Kunden gebaut hatte. Dieses Motorrad war eine einfache Einzylinder-Gold-Star mit einem Zweizylindermotor. Das Serienmodell A10 RGS enthielt eine Reihe von Modifikationen dieses Grundkonzepts, war aber im Grunde aus dem Motor der BSA Super Rocket und einem Chassis auf Basis der Gold Star.

Bezeichnung	**BSA** Rocket Gold Star (1962)
Motor	Parallel-2-Zylinder, luftgekühlt, OHV
[illegible]	[illegible]
Leistung	46 PS bei 6250 U/min
Kraftübertragung	Vierganggetriebe; Kette
Rahmen	Stahlrohrrahmen
Federung	vorne Teleskopgabel; hinten zwei Stoßdämpfer
Bremsen	vorne und hinten Trommelbremsen
Gewicht	190 kg
Spitzengeschwindigkeit	185 km/h

Links oben. Der typische Blick von der Sitzbank auf die schwarzen Smiths-Anzeigeinstrumente, den Einstellknopf für die Lenkungsdämpfung und die flachen Stummellenker, die zu einer sportlich vorgebeugten Sitzhaltung einladen.

Der Stahlrohrrahmen

Der Rahmen war eine Stahlrohrkonstruktion ähnlich der der Einzylindermaschine, aber ohne den charakteristischen Knick im rechten Unterzug für die Ölpumpe der Goldie. Die RGS sah der berühmten Einzylinder mit verchromten Schutzblechen und einem silbernen Tank mit verchromten Flanken sowie dem bekannten Gold-Star-Tankemblem sehr ähnlich.

Zyniker behaupteten, die Rocket Gold Star solle vor allem noch vorhandene Teile des alten Motors aufbrauchen, der für die neue Maschine modernisiert worden war. Die Spezifikation listet einen neuen Zylinderkopf mit höherer Kompression von 9:1, schärfere Nocken und einen Rennmagnetzünder mit manuell verstellbarem Zündzeitpunkt auf. Dies führte zu einer Spitzenleistung von 46 PS bei 6250 Umdrehungen oder 50 PS bei Verwendung des Rennauspuffs.

Das Chassis war genauso kompromisslos ausgelegt wie der Motor. Die RGS war mit verschiedenen Optionen erhältlich und wurde normalerweise nicht nur mit einem flachen Ace-Lenker, sondern gleich auch mit Gummimanschetten für die Gabelrohre, großem Aluminiumtank, eng gestuftem Getriebe, Zwei-in-eins-Auspuffanlage, Höckersitzbank, Leichtmetallrädern, großer vorderer Trommelbremse, passendem Tacho und Drehzahlmesser ausgestattet.

Dies führte zu einem ausgesprochen attraktiven Motorrad, das so schnell aussah, wie es war, und vor allem als Café Racer beliebt wurde. Die Spitzengeschwindigkeit lag bei echten 185 km/h und einer vernünftigen Reisegeschwindigkeit von 145 km/h bei der erzwungen gebeugten Sitzhaltung. Das Handling war gut, wenn auch nicht perfekt. Ein Tester berichtete, dass das Vorderrad bei sehr hohen Geschwindigkeiten zum Flattern neigte.

1963 testete das Magazin *Motorcycle Mechanics* eine serienmäßige Renn-Rocket Gold Star, die mit hoch verdichtenden Kolben und speziellen Ventilfedern getunt war, mit soliden 198 km/h. Aber gegen Ende des Jahres gab BSA die Produktion des Modells auf, um sich auf die neue Motorengeneration mit integriertem Getriebe zu konzentrieren.

Die Rocket Gold Star bleibt eine der gefragtesten BSA-Zweizylinder mit separatem Getriebe und gilt als würdiger Abschluss dieser Produktlinie.

Die Spitfire – Schnell aber fragil

Die Nachfolgerin der Rocket Gold Star war 1966 die A65 Spitfire MkII, die von einer getunten 55-PS-Version des 654-ccm-Motors angetrieben wurde. „Hier ist ein Modell, das nach 120 mph (193 km/h) aussieht und diese auch fährt", tönte die Werbung für die sportliche Spitfire mit ihrem roten GFK-Tank. Aber die Spitfire vibrierte heftig, lief bei niedrigen Drehzahlen unsauber und wurde fragil, wenn die Leistung abgerufen wurde. Im folgenden Jahr wurde deshalb das Tuning für die Spitfire MkIII zurückgebaut.

Dresda Triton

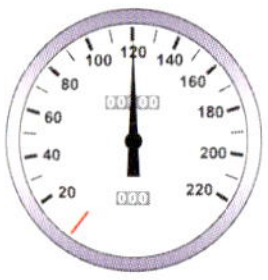

Rechts: *Nur wenige Motorräder konnten mit der Leistung eines guten 650er-Triumph-Motors auf gerader Strecke in einer Triton mithalten, und das gleiche gilt für das Kurvenhandling des Featherbed-Rahmens von Norton.*

Unten: *Zu den klassischen Merkmalen einer Triton zählten flacher Lenker, lang gestreckter Leichtmetalltank, Höckersitzbank, große Trommelbremse vorne, Leichtmetallräder und natürlich die entscheidende Mischung aus Triumph-Motor und Norton-Featherbed-Rahmen.*

Von allen Motorrädern im beliebten Parallelzweizylinder-Format der 60er vereint die Triton das Beste aus zwei Welten: Die geradlinige Leistung des kräftigen Triumph-Motors und das Handling des legendären Featherbed-Chassis von Norton. Triton wurden von diversen Firmen und Personen aus den verschiedenen Motoren und Rahmen der beiden Hersteller gebaut. Die Kombination war so erfolgreich, dass die Triton zu einer eigenen Marke wurde.

Ihre genauen Ursprünge sind unbekannt, zum Teil, weil mehrere unternehmungslustige Personen Mitte der 50er ähnlich Hybriden zusammenschraubten. Schon 1954 setzte der Londoner Rennfahrer und Ingenieur Doug Clark den Motor einer 650er-Triumph in den Rahmen einer Norton Manx und fuhr mit der neuen Zweizylinder Siege auf Straße und Rennbahn ein. Nachdem aber ein Triumph-Mitarbeiter das Motorrad auf der Rennstrecke von Silverstone gesehen hatte, erhielt Clark ein Schreiben des Herstellers, in dem ihm rechtliche Sanktionen angedroht wurden, wenn er das Projekt weiterführen würde. Er behauptete auch, dass Triumph seinen Londoner Händlern verboten hätte, ihm Einzelteile zu verkaufen.

Attraktives Konzept

Der Reiz des Triton-Konzepts in den frühen 60ern ist nachvollziehbar. Der Triumph-Zweizylinder war immer schneller gewesen, seit Nortons neue Model 7 1949 von der Speed Twin geschlagen worden war. Zehn Jahre später war die 650er-Tiger-110 von Triumph immer noch gut 16 km/h schneller als die 600er-Norton Dominator 99. Als die kräftigere Norton 650SS 1962 vorgestellt wurde, stand Triumphs Ruf der Schnelligkeit in Stein gemeißelt. Anders war es beim Handling. Der Featherbed-Rahmen und die

Links: *Diese beiden Triton wurden von Dresda Engineering in London unter der Leitung des Rennfahrers Dave Degens gebaut. Das Modell links hat einen breiten Wideline-Featherbed-Rahmen, das rechte Motorrad hat den Rahmen einer echten Manx Norton. Es macht einen nicht geringen Teil des Reizes aus, dass keine zwei Triton identisch sind.*

Roadholder-Gabel von Norton waren deutlich stärker als die entsprechenden Triumph-Teile und kamen zudem aus dem Rennsport.

Die Mischung dieser beiden unterschiedlichen Reputationen machte die Triton zu einer Traummaschine. Die Motorräder unterschieden sich in Details wie Tank, Instrumenten, Sitz, Federung und Auspuffanlage, und die Triton-Konstrukteure verwendeten sowohl den beliebten 650er-Motor mit Doppelvergaser der Triumph Bonneville als auch 500er- (und später 750er-) Maschinen. Der Featherbed-Rahmen konnte in der ursprünglichen breiten Wideline- oder auch der späteren schmaleren Slimline-Ausführung verwendet werden.

Spezialfirmen wie Dresda Autos begannen mit dem Bau kompletter Triton und boten auch Umbausätze an, von denen einige auf der hauseigenen Replica des Featherbed-Rahmens basierten. Die Triton erhielt 1965 einen neuen Popularitätsschub, als Dresda-Chef und Rennfahrer Dave Degens beim 24-Stunden-Rennen von Barcelona mit seinem Partner Rex Butcher auf einer Triton den Sieg einfuhr. Die siegreiche Maschine wurde anschließend von einem Tester des Magazins *The Motor Cycle* mit hoher Geschwindigkeit von London nach Edinburgh und zurück gefahren, was das Interesse noch steigerte.

Degens gewann auch Serienrennen auf Triton, was zu Protesten der anderen Fahrer führte, aber im Endeffekt die Popularität der Hybriden noch erhöhte. Mitte der 60er bauten mehrere Firmen komplette Triton zusammen und viele andere boten Umrüstsätze an. Degens schätzt, dass alleine Dresda in den Folgejahren mehr als 500 Triton und viele Replicarahmen gebaut hat.

Eine Triton war auch 1969 eine hochklassige Kombination, als das Magazin *Motorcycle Mechanics* eine getunte Dresda Special mit 203 km/h stoppte, aber der Boom war vorüber. Neben den vielen hochwertigen Hybriden waren auch einige Triton mit wenig Können und aus zweitklassigen Teilen zusammengeschraubt worden. Die Legende lebte weiter, vor allem bei Dresda, wo Degens bis ins 21. Jahrhundert hinein Triton baut, verkauft und fährt.

Bezeichnung	**Dresda** Triton (1965)
Motor	Parallel 2 Zylinder, luftgekühlt, OHV (von Triumph)
Hubraum	649 ccm (71 x 82 mm)
Leistung	37 kW (50 PS) bei 6500 U/min
Kraftübertragung	Vierganggetriebe; Kette
Rahmen	Doppelschleifenstahlrahmen (Norton-Featherbed)
Federung	vorne Teleskopgabel; hinten zwei Stoßdämpfer
Bremsen	vorne und hinten Trommelbremsen
Gewicht	159 kg
Spitzengeschwindigkeit	193 km/h

Links: *Das Allerbeste aus Großbritannien: Ein getunter 650er-Triumph-Bonneville-Motor in einem Manx-Featherbed-Rahmen. Der modifizierte Motor mit mindestens 50 PS hat offene Amal-Vergaser und eine Zwei-in-eins-Auspuffanlage. Der Rahmen ist am sanften Schwung des hinteren Zugs zu erkennen, hier rechts im Bild.*

Honda CB450

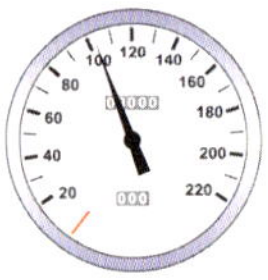

Spitze
164 km/h

Rechts: *Die ungewöhnliche Instrumentenkonsole enthielt einen Tacho und einen Drehzahlmesser. Der Parallel-Twin von Honda lieferte seine Maximalleistung bei 8500 Umdrehungen ab und war erstaunlich zuverlässig.*

Unten: *Das recht schwere Aussehen der CB450 entsprach ihrer Leistung, aber sie markiert ohne jeden Zweifel den Beginn einer neuen Ära für Honda.*

Honda schaffte in den frühen 60ern einen überzeugenden Einstand bei Straßenrennen, indem man eine Reihe von Weltmeisterschaften mit kräftigen, hoch drehenden Mehrzylindermaschinen gewann. Aber die Serienmotorräder der Japaner waren mit 305 ccm und weniger allesamt recht klein, und jeder dachte, sie würden sich auf lange Sicht damit zufrieden geben. Dann kam mit der CB450 Hondas erstes großes Motorrad – und plötzlich stand die Motorradwelt Kopf.

Das amerikanische Magazin *Cycle World* erfasste schnell die Bedeutung des bisher größten und stärksten Motorrads aus Japan. „Zweifellos war es die größte Neuigkeit der vergangenen zwölf Monate, als Honda schließlich ankündigte (oder besser: zugab), dass es tatsächlich einen hubraumstarken Zuwachs in ihrer Produktpalette gibt“, schrieb das Magazin 1965 anlässlich eines Tests der CB450.

Aussehen und Auslegung der 445-ccm-Parallel-Twin waren in vielerlei Hinsicht denen der kleineren Zweizylinder gleich, mit denen Honda sich den Ruf der Leistung und Zuverlässigkeit erworben hatte. Der Motor hatte die langhubigen Dimensionen von 70 x 57,8 mm, ein Vierganggetriebe und eine 180-Grad-Kurbelwelle. Daneben wies er Neuerungen wie zwei von einer gemeinsamen zentralen Kette angetriebenen oben liegenden Nockenwellen auf. Die Ventile besaßen ungewöhnliche Torsionsfedern statt der gebräuchlichen Schraubenfedern.

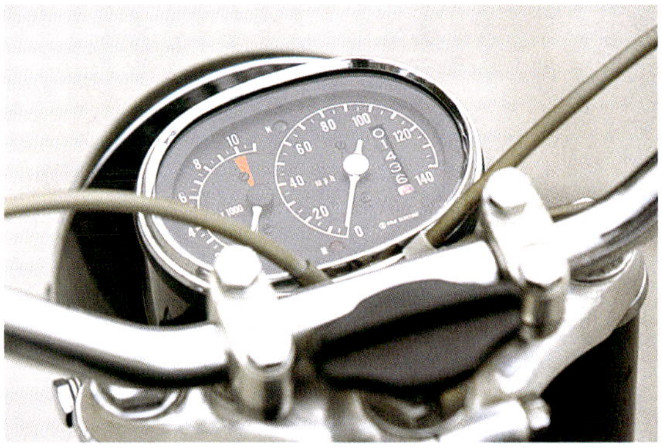

Dicker schwarzer Bomber

Der Rahmen war ein konventioneller Stahlrohrrahmen anstelle des Pressstahlrahmens. Der Buckeltank mit verchromten Flanken betonte die Familienzugehörigkeit, während die schwarze Lackierung der Maschine bald den Namen „Schwarzer Bomber" eintrug. Die britische Honda-Werbung nutzte diesen Umstand und textete: „Lernen Sie den Großen Schwarzen Bomber kennen – den größten, dicksten Touren-Twin aus Japan!"

Ironischerweise stellte sich die CB450 eher als Tourer denn als Sportmaschine heraus. Sie war weder außergewöhnlich stark, noch besonders schnell. Ihre Maximalleistung von 43 PS bei 8500 U/min lag 4 PS unter der der Triumph Bonneville 650. Und auch wenn Honda eine Spitzengeschwindigkeit von 180 km/h angab, konnte die *Cycle World* nur 164 km/h messen, was zum Teil an der zu langen Übersetzung lag.

Die Honda war drehfreudig, laufruhig, komfortabel und verlässlich und besaß ein gutes Handling. Das verhalf ihr zu einem gewissen Erfolg in den Staaten, aber sie war zu schwer und zu schwach für den britischen Markt, wo sich Forderungen, sie wegen der beiden Nockenwellen von Serienrennen auszuschließen, als unnötig erwiesen. Die britischen Twins waren schneller und Honda hat die von einigen Beobachtern prognostizierte sportlichere Nachfolgerin nie gebaut.

Aber auch so war die CB450 ein Meilenstein, indem sie bewies, dass Honda sich nicht mehr länger mit kleinen Maschinen zufrieden geben, sondern die britische Industrie offen herausfordern wollte. Binnen kurzem bauten weitere japanische Hersteller große Motorräder mit verschiedenen Motorkonfigurationen, die die lang anhaltende Dominanz der britischen Twins beenden sollten.

Kleines Motorrad, großer Spaß – die CB92

Hondas Angriff auf die Weltmärkte begann mit kleinen Zweizylindern, wie etwa mit der sportlichen 125er-CB92 und ihrer großen Schwester, der 250er-CB72. Die CB92 Benly Super Sport, wie die OHC-Zweizylinder mit vollem Namen hieß, tauchte erstmals 1961 auf den Exportmärkten auf. Sie leistete 15 PS bei rasanten 10 500 Umdrehungen und lief beeindruckende 113 km/h. Der Pressstahlrahmen ermöglichte zwar nur ein mittelmäßiges Handling, aber die CB92 war schick, gut verarbeitet und bremste gut. Ihre Grand-Prix-Erfolge und die Einführung der größeren CB72 ein Jahr später etablierten Honda als Hersteller leistungsstarker Motorräder.

***Links oben:** Hondas 445-ccm-Motor kombinierte die Konfiguration eines britischen luftgekühlten Parallel-Twins mit oben liegenden Nockenwellen.*

***Links:** Das Handling war recht gut, aber die CB450 war nicht annähernd so schnell oder aufregend, wie ihre Werte vermuten ließen.*

Bezeichnung	**Honda** CB450 (1965)
Motor	Parallel-2-Zylinder, luftgekühlt, DOHC
Hubraum	445 ccm (70 x 57,8 mm)
Leistung	31,0 kW (43 PS) bei 8500 U/min
Kraftübertagung	Vierganggetriebe; Kette
Rahmen	Stahlrohrrahmen
Federung	vorne Teleskopgabel; hinten zwei Stoßdämpfer
Bremsen	vorne und hinten Trommelbremsen
Gewicht	186 kg
Spitzengeschwindigkeit	164 km/h

Velocette Venom Thruxton

Spitze
169 km/h

Die Spezialität der Marke Velocette waren ihre den Rennmaschinen eng verwandten Einzylinder-Roadster, und die schnellste und berühmteste von ihnen war die Venom Thruxton. Schlank, kompromisslos und mit nur minimalen Modifikationen rennbereit, war die 500-ccm-Thruxton in vielerlei Hinsicht der ultimative Straßenrenner der 60er.

Die Serien-Thruxton war im Prinzip eine getunte und mit Rennteilen aufgerüstete Version der Venom. Ihr sportliches Erscheinungsbild und ihr stabiles Fahrverhalten bereiteten dem Fahrer viel Vergnügen. Der Name rührt von der Rennstrecke in Hampshire, auf der die Marke regelmäßig Langstreckenerfolge mit Serienmotorrädern feierte. Tatsächlich verdankte das Modell seine Existenz unmittelbar der Rennerfahrung des Unternehmens aus Birmingham, vor allem bei dem gnadenlosen 500-Meilen-Rennen von Thruxton.

Rechts: *Der 499-ccm-Motor der Thruxton leistete mit ihrem großen Amal-Vergaser und dem neuen Zylinderkopf 40 PS.*

Unten: *Zur Ausstattung zählten ein flacher Lenker, hoch stehende Instrumente, eine große Vorderradbremse und eine Höckersitzbank für ein sportliches Aussehen.*

Sportliche Clubman-Ausstattung

Seit 1956 war das wichtigste Sportmodell der Firma die Venom mit einem 499-ccm-Stößelstangenmotor mit Bohrung und Hub von 86 x 86 mm. Seit 1960 war sie mit der sportlicheren Clubman-Austattung mit flachem Lenker, hoch komprimierendem Kolben und anderen Modifikationen erhältlich. 1964 bot das Werk einen Hochleistungs-Umbausatz an. Dieser bestand aus einem neuen Zylinderkopf mit engerem Ventilwinkel, größerem Einlassventil und überarbeiteten Kanälen sowie einem großen Amal-Grand-Prix-Vergaser, der Aussparungen in den Benzin- und Öltanks erforderte.

Im folgenden Jahr baute Velocette diesen Satz in die neue Venom Thruxton ein, die einen entsprechend geformten silbernen Tank, Stummellenker, Höckersitzbank, nach hinten versetzte Fußrasten, Leichtmetallräder und eine Duplex-Trommelbremse mit großem Kühllufteinlass erhielt. Mit knapp unter 370 Pfund war die Venom Thruxton teuer (aber die handgefertigten Velocettes waren niemals billig), versprach aber ein professionelles Leistungsniveau.

Die Venom Thruxton enttäuschte nicht. Ihr modernisierter Motor lieferte die versprochenen 40 PS bei 6200 Umdrehungen. Das lag nur knapp über der Clubman, reichte aber für 169 km/h. Trotz des umfassenden Tunings blieb die Maschine aber gut beherrschbar, zog im höchsten Gang ab 2000 U/min und lief zufrieden

Links: *Der große Benzintank war ursprünglich silbern lackiert und besaß eine Aussparung an der Unterseite für den Vergaser. Der „Fishtail"-Schalldämpfer ist ein langjähriges Markenzeichen von Velocette*

Unten: *Die einzigartige Thruxton ist nicht nur eines der unkompliziertesten Motorräder, sondern liefert im Idealfall auch eine aufregende Mischung aus Tourerqualitäten und stabilem Hochgeschwindigkeitshandling.*

mit reichlich Durchzugskraft bei 3000 Touren. Es gab zwar einige unvermeidliche Vibrationen, die aber ab etwa 4500 U/min verschwanden, so dass auf offener Strecke eine vernünftige Reisegeschwindigkeit von 145 km/h möglich war.

Für eine solche Rennmaschine war das Handling nicht fehlerfrei, da die Heckfederung bei Renntempo eine gewisse Instabilität zeigte. Mit 177 kg war die Venom Thruxton auch nicht gerade leicht. Wie für solche sportlichen Einzylinder typisch, war sie nicht einfach zu starten und neigte dank der Vibrationen zum Verlust diverser Schrauben.

Sie war aber genau die Art von leistungsstarkem, rennnahem und kompromisslosem Motorrad, die die Velocette-Fans bevorzugten. Die Thruxton war ein Erfolg, und so wurden in den nächsten Jahren über 1100 Stück gebaut, einige von ihnen auf Kundenwunsch im traditionellen Schwarz-Gold der Firma. Das Modell belegte bei der Serien-TT die ersten zwei Plätze, bei der beide Maschinen einen Kundendurchschnitt von 145 km/h fuhren.

Leider war die Thruxton für eine Velocette inzwischen untypisch, da sich die Firma mit katastrophalen Folgen über Jahre hinweg von ihrer angestammten Kundenbasis entfernt hatte. In den 50ern verschob sich der Produktionsschwerpunkt zugunsten der leichten, vollverkleideten Zweitakt-LE, die sich nicht verkaufte. Die Viceroy, ein 250er-Roller, war ein noch schlimmerer Flop. Selbst die Venom Thruxton konnte Velocette nicht mehr retten, und so endete die Produktion 1971 ein für allemal.

Bezeichnung	**Velocette** Venom Thruxton (1965)
Motor	Einzylinder, luftgekühlt, OHV
Hubraum	499 ccm (86 x 86 mm)
Leistung	29,5 kW (40 PS) bei 6200 U/min
Kraftübertragung	Vierganggetriebe; Kette
Rahmen	Stahlrohrrahmen
Federung	vorne Teleskopgabel; hinten zwei Stoßdämpfer
Bremsen	vorne und hinten Trommelbremsen
Gewicht	177 kg
Spitzengeschwindigkeit	169 km/h

Suzuki T500

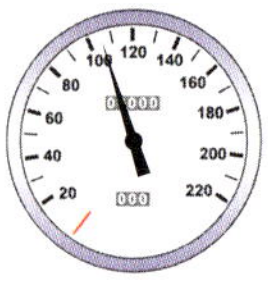

Spitze 169 km/h

Die Suzuki T500 war keineswegs die schickste oder technisch perfekteste Zweizylindermaschine der späten 60er und frühen 70er, aber in Bezug auf Leistung und niedrigen Preis war sie herausragend. Die britischen Twins waren in der Mehrheit teurer und unzuverlässiger, und die größeren Japaner kosteten wesentlich mehr. Für Fahrspaß auf zwei Rädern zum günstigen Kurs boten sich definitiv nur die in den Staaten als Titan und in Großbritannien als Cobra angebotene T500 und die 350er-Zweitakter von Yamaha an.

Bei ihrer Vorstellung 1967 war die T500 im Prinzip eine größere Version der T20-Super-Six-Zweitakt-Twin, die zwei Jahre zuvor den 250er-Markt erschüttert hatte. Der stark gerippte, luftgekühlte 492-ccm-Motor war das Herz einer einfach gestylten, einigermaßen gut aussehenden Straßenmaschine. Die ersten Modelle hatten 34-mm-Doppelvergaser, aber ab 1969 verwendete Suzuki 32-mm-Mikunis, die eine Leistung von 44 PS bei 6000 Umdrehungen ermöglichten. Das Tuning-Potential stellten die TR500-Rennmaschinen unter Beweis, mit denen Fahrer wie Ron Grant und Art Baumann viele Ren-

***Rechts:** Suzukis 492-ccm-Zweitakt-Parallel-Twin war zwar nicht topmodern, lieferte aber 44 PS, war zuverlässig und ließ sich gut tunen.*

***Unten:** Das Styling der T500 war genauso mittelmäßig wie ihre Leistung, trotzdem wurde sie fast ein Jahrzehnt lang kaum verändert.*

Suzuki [illegible]

Suzuki hatte in den 70ern noch ein zweites Zweitakt-Mittelgewicht in Form der GT550 am Start. Die 1972 vorgestellte GT sah aus wie die GT380. Ihr luftgekühlter 543-ccm-Motor lieferte 53 PS, beschleunigte lebhaft und erreichte eine Spitzengeschwindigkeit von 177 km/h. Die GT bot ein relativ gutes Handling und war ein kompetenter Allrounder, auch wenn sie schwerer und teurer als die T500 war. Wie die anderen beiden Zweitakter fiel sie Ende der 70er verschärften Emissionsbestimmungen zum Opfer.

nen gewannen und Geschwindigkeiten von 240 km/h erreichten.

Für einen Zweitakter war die T500 einigermaßen drehfreudig, wobei sich der Motor bei niedrigen Drehzahlen etwas flau anfühlte, aber ab 3000 Umdrehungen flott anzog. Über 4000 Touren legte er richtig los, und das Geräusch aus den beiden Auspuffrohren steigerte sich zu einem hohen Knurren, während sich die Nadel des Drehzahlmessers dem roten Bereich ab 7000 Umdrehungen näherte. Die echte Spitzengeschwindigkeit lag zwischen 160 und 177 km/h. Die früheren Modelle waren dank offenerer Schalldämpfer generell etwas schneller.

Bezeichnung	**Suzuki** T500 (1967)
Motor	Parallel-2-Zylinder, luftgekühlt, 2-Takt
Hubraum	492 ccm (70 x 64 mm)
Leistung	32,4 kW (44 PS) bei 6000 U/min
Kraftübertragung	Fünfganggetriebe; Kette
Rahmen	Stahlrohrrahmen
Federung	vorne Teleskopgabel; hinten zwei Stoßdämpfer
Bremsen	vorne und hinten Trommelbremsen
Gewicht	186 kg
Spitzengeschwindigkeit	169 km/h

Kein hochklassiges Chassis

Das Chassis der T500 war weniger beeindruckend. Stahlrohrrahmen und Schwinge bestanden aus ziemlich dünnen Stahlrohren. Die 35-mm-Telegabel hatte durch Gummibälge geschützte Standrohre. Wie die Heckstoßdämpfer war sie zu stark gespannt und zu schwach gedämpft, wie Tests aus dieser Zeit zeigten.

Nichtsdestotrotz ließ sich die Suzuki dank ihrer Kombination aus 19-Zoll-Vorderrad, konservativer Lenkergeometrie und einem Lenkungsdämpfer größtenteils gut fahren. Bei aggressiverer Fahrweise konnte die Twin allerdings schnell aus dem Tritt geraten. Viele Besitzer ersetzten die Stoßdämpfer durch bessere Modelle von Fremdherstellern, aber auch das half nicht viel. Die Trommelbremsen lieferten vorne und hinten keine überzeugende Bremskraft, das ließ sich aber mit Austauschbremsbacken beheben.

Trotz dieser Nachteile veränderte Suzuki die T500 in ihrer langen Lebenszeit vor allem in Amerika nur wenig. Man verbesserte schließlich die Vorderradbremse. 1976 erhielt die Maschine eine Scheibenbremse vorne, einen größeren Tank, eine elektronische Zündung und eine Hand voll weiterer kleiner Veränderungen. Sie wurde auch in GT500A umbenannt, um sie in die GT-Reihe von Dreizylindern einzureihen, die Suzuki mit 380, 550 und 750 ccm baute.

__Unten:__ Das Handling war nicht die Stärke der T500, aber sie ging recht schnell um die Kurve, vor allem nach Austausch der Heckstoßdämpfer.

Bridgestone 350 GTR

Spitze 153 km/h

Die schnelle und hoch entwickelte Bridgestone-350-GTR-Zweitakt-Zweizylinder wurde in den späten 60ern nur wenige Jahre lang in kleinen Stückzahlen gefertigt, hinterließ aber bei allen, die sie erlebten, einen tiefen Eindruck. Neben brutaler Beschleunigung und agilem Handling bracht die GTR auch einige technische Neuerungen mit, die von anderen Herstellern später übernommen wurden.

Der bemerkenswerteste Aspekt des 345-ccm-Parallelzweizylinders war seine Drehschiebersteuerung, die eine bessere Kontrolle des Gasstroms erlaubte als bei einem schlitzgesteuerten Motor. Ironischerweise hatten die japanischen Rivalen Suzuki viel Erfahrung mit drehschiebergesteuerten Renn-Zweitaktern, aber deren 250er-Super-Six-Roadster war als Zweitakt-Zweizylinder schlitzgesteuert. Suzukis Wissen stammte von 1961, als der bekannte ostdeutsche MZ-Werksfahrer und Ingenieur Ernst Degner die Firmengeheimnisse bei seiner Flucht in den Westen mitgebracht hatte.

Der Bridgestone-Twin nutzte einen Drehschieber (einen pro Zylinder) an jedem Kurbelwellenende und Mikuni-Vergaser. Ein weiteres nettes Feature war die über dem Motor statt am Ende der Kurbelwelle sitzende Lichtmaschine, durch die der GTR-Motor trotz der seitlich sitzenden Vergaser recht schmal gebaut werden konnte. Die Spitzenleistung wurde in der Regel mit 37 PS bei 7500 U/min angegeben, wobei man auch hin und wieder die Zahl von 40 PS findet.

Die fortschrittliche Technik endete nicht im Ansaugtrakt. Die Schmierung erfolgte mit einer Pumpe im Yamaha-Stil, der Bridgestone ein Inspektionsfenster für Motor- und Getriebeöl hinzufügte. Daneben beeindruckte die GTR mit ihrem Sechs-

Unten: *Das Styling der 350 GTR mit hohem Lenker zielte auf Käufer in den USA ab, wo das Motorrad ab 1966 auf dem Markt war. Die aufrechte Sitzposition wurde bei hohen Geschwindigkeiten bald unbequem, aber die Hauptattraktion der kräftigen und leichten Bridgestone lag sowieso in der Beschleunigung, die durch das Sechsganggetriebe noch unterstützt wurde.*

ganggetriebe und der Möglichkeit, Schalt- und Bremspedal die Funktion wechseln zu lassen, wodurch der Fahrer mit dem rechten oder dem linken Fuß schalten konnte. Zu dieser Zeit fand man nämlich verwirrender Weise beides.

Aber die Bridgestone konnte auch irritieren, weil ihr Leerlauf über den sechs Gängen lag, statt wie üblich zwischen dem ersten und zweiten Gang. Gewöhnungsbedürftig war, dass der Kickstarter unkonventionell auf der linken Seite des Motorrads saß.

In der Bewegung waren solche Kleinigkeiten schnell vergessen, denn die aufregende Leistung der Bridgestone machten sie zu einer ernst zu nehmenden Konkurrentin für nahezu jeden Serien-Zweitakter. Diese Kraft sorgte zusammen mit einem Gewicht von nur 150 kg für eine hohe Beschleunigung. In Verbindung mit der zupackenden Kupplung führte dies schnell zu dem einen oder anderen unfreiwilligen Wheelie.

Aber die GTR fühlte sich bei hohen Geschwindigkeiten beeindruckend gesammelt und geschmeidig an. Ihr etwas zu lang ausgelegter sechster Gang hielt die Spitzengeschwindigkeit bei rund 153 km/h. Aber das weit reichende Drehmoment erlaubte zusammen mit der Laufruhe des gummigelagerten Motors ein entspanntes Cruisen, bei dem die Geschwindigkeit nur durch den Winddruck in aufrechter Sitzposition begrenzt wurde.

Bezeichnung	**Bridgestone** 350 GTR (1966)
Motor	Parallel-2-Zylinder, luftgekühlt, 2-Takt
Hubraum	345 ccm
Leistung	27,3 kW (37 PS) bei 7500 U/min
Getriebe	Sechsgang; Kette
Rahmen	Stahlrohrrahmen
Federung	vorne Teleskopgabel; hinten zwei Stoßdämpfer
Bremsen	vorne und hinten Trommelbremsen
Gewicht	150 kg
Spitzengeschwindigkeit	153 km/h

Hohe Fertigungsqualität

Auch das Handling war nach damaligen Standards sehr gut, was dem steifen Stahlrohrrahmen und der Federung zu danken ist, die der Gesamtqualität des Motorrads entsprach. Selbst die Trommelbremsen der GTR funktionierten gut, vor allem die Vorderrad-Duplexbremse.

Unglücklicherweise für Bridgestone war die Qualität der GTR nicht zu einem niedrigen Preis zu haben, dann das Motorrad kostete erheblich mehr als die japanischen Zweitakter und konkurrierte direkt mit den großen britischen Viertaktern. Außerdem musste sie den Widerstand von Fahrern überwinden, die an der Zuverlässigkeit eines leistungsstarken Zweitakters zweifelten. Nach der Einführung in Amerika 1966 wurden dort nur kleine Stückzahlen abgesetzt. Zwei Jahre später wurde sie auch in Großbritannien verkauft, aber Bridgestone, die eher Reifen produzierten als Motorräder, stellten die Produktion komplett ein.

Oben: *Das Chassis-Design war konventionell, aber von hoher Qualität, und verhalf zu gutem Handling und Bremsverhalten. Trotz dieses Umstands und der Schnelligkeit der GTR waren nur wenige Fahrer bereit, den hohen Preis für einen relativ unbekannten Zweizylinder zu bezahlen.*

Links: *Hinter dem Gehäusedeckel verbirgt sich die Drehschiebersteuerung des 345-ccm-Zweitakters. Jeder Zylinder hatte seinen Vergaser und seine Drehscheibe, wodurch sich die Steuerzeiten feiner justieren ließen als bei einer Schlitzsteuerung.*

Norton Commando

Spitze 185 km/h

Für viele Fahrer war die Norton Commando das ultimative Motorrad der späten 60er und frühen 70er. Sie kombinierte einen kraftvollen, drehfreudigen Motor mit einem hervorragenden Chassis, das das traditionelle britische Problem der Vibrationen bei Parallelzweizylindern im Griff hatte.

Die 1968 eingeführte erste Commando wurde von einem 745-ccm-Parallel-Twin mit Stößelstangen angetrieben, der auf dem der älteren Atlas basierte, aber nach vorne geneigt im Chassis saß. Zu den Veränderungen zählten eine höhere Kompression und eine Einscheibenkupplung. Die Spitzenleistung betrug 58 PS bei 6800 Umdrehungen.

Es war das Chassis, das die Commando zu etwas Besonderem machte. Genauer gesagt, die Isolastic-Gummidämpfung, die die Vibrationen eliminieren sollte, die die Atlas und andere große britische Parallel-Twins plagten. Das von einem Team unter Leitung des ehemaligen Rolls-Royce-Ingenieurs Dr. Stefan Bauer entwickelte System bestand aus Gummidämpfern zwischen Motor und Rahmen. Der Rahmen selbst bestand aus einem Zentralrohr mit zwei Schleifenzügen. Die hinteren Motorteile waren ebenfalls gummigelagert und isolierten den Motor, während das Zentralrohr den Torsionskräften entgegenwirken konnte.

Die Commando, die diesen innovativen Rahmen mit hinreißenden Styling-Details wie dem „Fastback"-Höcker verband, war von Anfang an ein Erfolg. Das Motorrad war mit einer Spitzengeschwindigkeit von

__Rechts:__ Die schicke Commando S mit hochgezogenen Auspuffrohren wurde 1969 vor allem für den amerikanischen Markt eingeführt, wo Geländemaschinen beliebt waren.

__Unten:__ Die klassische Commando kombiniert den nach vorne geneigten Parallelzweizylinder mit dem so genannten Fastback-Höcker, der mehr dem Aussehen diente als dem Sozius-Komfort.

185 km/h schnell und besaß ein gutes Durchzugsvermögen. Und der Isolastic-Rahmen funktionierte wirklich. Zum Ersten isolierte er den Fahrer wirksam vor den Vibrationen, zumindest, solange die Isolastic-Buchsen gut gepflegt waren. Zum Zweiten ermöglichte er zusammen mit der Roadholder-Gabel und den Girling-Stoßdämpfern ein Handling, das dem hohen Niveau der traditionsreichen Firma gerecht wurde.

Gewaltige Kraft

Die Magazine waren voll des Lobes. *Motor Cycle* schrieb mehrere Monate nach der Markteinführung: „Die gewaltige Kraft des modifizierten 745-ccm-Atlas-Twins in den Gummilagern des genialen Rahmens war eine völlig neue Erfahrung ohne die hochfrequenten Vibrationen. Die Skeptiker haben sich zurückgezogen, um ihre Zweifel herunter zu schlucken. Über Nacht ist die Commando zur gefragtesten großen Straßenmaschine auf dem Markt geworden."

Nach einem weiteren 2000-Meilen-Trip notierte der Tester, dass die Norton „den seit 20 Jahren bekannten Parallel-Twins eine ganz neue Dimension des Fahrens verliehen hat". Die Commando wurde von der *Motor Cycle News* fünf Jahre in Folge zur Maschine des Jahres gekürt. Auch die amerikanischen Fahrer nahmen die Commando gut an, die für diesen Markt mit einem hohen, breiten Lenker ausgestattet wurde.

Die Amerikaner profitierten von einigen der Spezialversionen, die Norton über die nächsten Jahre entwickelte, vor allem von der 1971er Commando SS einem Scrambler mit kleinem Tank und hoch gezogenen Auspuffrohren. Die Commando Hi-Rider fügte dem eine Chopper-Sitzbank und einen hohen Lenker hinzu. Bei der Combat Commando ging Norton den umgekehrten Weg mit einem flacheren Lenker, der zum getunten, hoch verdichtenden Motor mit 65 PS passte. Aber die Combat war eine Enttäuschung. Ihre Hauptlager konnten die zusätzliche Leistung nicht verkraften, und die eiligen Korrekturversuche mit neuen Zylinderkopfdichtungen versagten, als diese undicht wurden.

Wesentlich mehr Erfolg hatte das Werk 1973, als der Motor für die Commando 850 aufgebohrt wurde, die als Straßenmaschiene und als „Interstate" mit großem Tank erhältlich war. Das zusätzliche Drehmoment des größeren Motors brachte auch eine willkommene Leistungssteigerung für den Parallel-Twin, der sich nun den japanischen Mehrzylindern stellen musste. Aber die Grenzen der Britin traten bei dem Versuch der Einführung eines verlässlichen Elektrostarters deutlich zu Tage. Mittlerweile befand sich die Mutterfirma Norton Villiers Triumph in finanziellen Schwierigkeiten, und die Produktion wurde 1977 eingestellt.

Bezeichnung	**Norton** Commando (1968)
Motor	Parallel-2-Zylinder, luftgekühlt, OHV
Hubraum	745 ccm (73 x 89 mm)
Leistung	42,7 kW (58 PS) bei 6800 U/min
Kraftübertragung	Viergang-getriebe; Kette
Rahmen	Doppelschleifenrahmen
Federung	vorne Teleskopgabel; hinten zwei Stoßdämpfer
Bremsen	vorne Scheibenbremse; hinten Trommelbremse
Gewicht	191 kg
Spitzengeschwindigkeit	185 km/h

Links oben: *Die Commando hauchte Norton neues Leben ein, aber selbst die Vergrößerung von 745 auf 828 ccm konnte den Stößelstangen-Twin in den 70ern nicht konkurrenzfähig halten.*

Unten: *Dieses 1972er-Modell wurde 1995 aus neuen Teilen des britischen Teilespezialisten Fair Spares zusammengebaut, eine von mehreren Firmen, die neu gefertigte Commandos anbieten.*

Triumph Trident

Spitze
200 km/h

Als Triumph 1969 die T150 Trident vorstellte, machte die Mischung des 740-ccm-Dreizylinders aus geschmeidiger Kraft und stabilem Handling die Maschine zu einer der schnellsten auf der Straße. Auch bei Straßenrennen holten sich Motorräder auf Trident-Basis zahlreiche Siege, nicht zuletzt in Daytona. Aber dem Dreizylinder blieb der Erfolg versagt, den sich Triumph erhofft hatte, was zum Teil am kantigen Styling, zum Teil an der Lackierung in Aquamarin und den ungewöhnlichen „Raygun"-Schalldämpfern lag und die Maschine besonders in den Staaten unbeliebt machte.

Ihr Design stammte noch aus den 60ern, anders als das der wenige Monate später eingeführten schicken Honda CB750. Die Ventile des Dreizylinders wurden von Stößelstangen getrieben und der Motor leistete 58 PS bei 7250 U/min. Das Chassis basierte auf dem der Triumph-Zweizylinder, einschließlich der verstärkten Version des Stahlrohrrahmens. Die von den Twins entlehnte Gabel hatte stärkere Federn, um das höhere Gewicht des Dreizylinders aufzunehmen. Auch die vordere Trommelbremse stammte aus der 650er-Twin.

Hohe Reisegeschwindigkeit

Die Trident war definitiv schnell. Ihre Spitzengeschwindigkeit von 200 km/h und die Viertelmeile unter 14 Sekunden waren 1969 recht beeindruckend. Das galt auch für die geschmeidige Kraftentfaltung, die längere Fahrten bei hohem Tempo ermöglichte und die Trident zu einer besseren Langstreckenmaschine machte als die zeitgenössischen Zweizylinder. Die Trident schaffte die 160 km/h im dritten Gang und konnte

__Rechts:__ Die 1975er T160 Trident wurde mit ihrem nach vorne geneigten Motor und der schicken Zweifarblackierung generell als viel attraktiver erachtet als die T150.

__Unten:__ Kantige Linien, eine ungewöhnliche Lackierung und die „Raygun"-Schalldämpfer verliehen der T150 Trident ein altmodisches Aussehen, das vielen Triumph-Fans missfiel.

nahezu jedem Fahrzeug auf der Straße ihre schicken Auspuffrohre zeigen. Für ein so großes Motorrad war auch das Handling gut.

Triumph versuchte, das Motorrad über die Jahre zu modernisieren, aber finanzielle Schwierigkeiten sorgten dafür, dass die meisten Modifikationen kosmetischer Natur blieben. Die schwache Vorderradbremse wurde 1971 durch eine konische Duplex-Halbnaben-Trommelbremse und dann durch eine Scheibenbremse ersetzt. Zu den Veränderungen im Styling zählte ein kleinerer Tank, der die Reichweite einschränkte. (Viele amerikanische Händler warfen den Tank und die Auspuffrohre weg und montierten Teile von der Zweizylinder, um die Trident ansprechender zu machen.)

1973 litt die Leistung unter einer Überarbeitung von Vergasern und Schalldämpfern, die durch neue Emissionsbestimmungen nötig wurde und die Spitzengeschwindigkeit um 16 km/h senkte. Darüber hinaus konnte die Trident sich niemals von ihrem anfänglichen Ruf der Unzuverlässigkeit befreien – der größtenteils eher auf schlampiger Montage als auf schlechtem Design beruhte. Diese Probleme und der hohe Preis ließen der Trident kaum eine Erfolgschance.

1975 ersetzte Triumph die T150 durch die neu gestaltete T160 Trident. Dies war eine attraktive Maschine mit neuer Ausstattung wie elektrischem Anlasser und Linksschaltung. Der Rahmen des neuen Motorrads neigte den Motor wie bei der BSA Rocket Three nach vorne. Die Konfiguration war durch die Werks-Rennmaschinen wie die legendäre Slippery Sam beeinflusst, die zwischen 1971 und 1975 fünfmal in Folge die Serien-TT auf der Isle of Man gewann.

Endlich war die Trident das Motorrad, das sie schon immer sein sollte, mit gutem Aussehen, exzellenter Leistung, hervorragendem Handling und großer Laufruhe. Sie hatte zwar Verlässlichkeitsprobleme und einen hohen Preis, aber die T160 war das bis dato schnellste und höchst entwickelte britische Motorrad. Leider hielt sie sich nicht lange. Gegen Ende 1975 wurde die Produktion nach dem Zusammenbruch der Mutterfirma Norton Villiers Triumph eingestellt.

Bezeichnung	**Triumph** T150 Trident (1969)
Motor	Dreizylinder, luftgekühlt, OHV
Hubraum	740 ccm (67 x 70 mm)
Leistung	42,7 kW (58 PS) bei 7250 U/min
Kraftübertragung	Vierganggetriebe; Kette
Rahmen	Stahlrohrrahmen
Federung	vorne Teleskopgabel; hinten zwei Stoßdämpfer
Bremsen	vorne und hinten Trommelbremsen
Gewicht	212 kg
Spitzengeschwindigkeit	200 km/h

Links unten: *Der Dreizylindermotor war kräftig und relativ geschmeidig, stammte aber ganz klar aus den 60ern. Die fehlenden Feinheiten wurden vor allem im Vergleich mit dem Aggregat der Honda CB750 mit ihrer oben liegenden Nockenwelle, dem zusätzlichen Zylinder, dem E-Starter und der überlegenen Verlässlichkeit deutlich.*

American Beauty – Die hinreißende X-75

Die attraktivste aller Triumph-Dreizylinder war die 1973er X-75 Hurricane des jungen, unabhängigen amerikanischen Designers Craig Vetter. Im Auftrag des amerikanischen Triumph-Importeurs und anfangs ohne Wissen des Werks, war die Maschine alles, was die T150 nicht war: schlank, elegant und auffällig. Ganz auf Beschleunigung ausgelegt und mit einem winzigen Tank ausgestattet, war sie unpraktisch – aber unschlagbar. Es wurden kaum 1200 Stück gebaut, aber noch Jahrzehnte später gilt die Hurricane als Stilikone auf zwei Rädern.

Yamaha XS-1

Spitze
169 km/h

Aussehen, Aufbau und Leistung der 1969 in Amerika vorgestellten Yamaha XS-1 waren allen, die mit den britischen Parallelzweizylindern aufgewachsen waren, durchweg vertraut. Aber es gab einen großen Unterschied, wie Name und Tankemblem klar machen: Die XS-1 wurde von Yamaha in Japan gebaut. Der letzte Bereich britischer Zweirad-Vorherrschaft sollte nun verloren gehen.

1969 war Yamaha mit seinen kleineren Zweitaktern auf Straße und Piste dabei, sich einen Ruf für hohe Leistung aufzubauen. Werksfahrer Phil Read hatte in der vergangenen Saison sowohl die 250er- als auch die 125er-Weltmeisterschaften gewonnen. Aber vor der XS-1 hatte Yamaha noch nie eine Viertakt-Straßenmaschine gebaut – geschweige denn eine 650cr-Parallel-Twin, die unmissverständlich auf die britische Konkurrenz abzielte.

Und dabei auch direkt traf. Viele Fahrer bezweifelten zwar, ob es klug sei, Maschinen wie die Triumph Bonneville und die BSA Lightning mit einem ähnlichen Motorrad anzugreifen, aber diese Zweifel wurden schnell zerstreut. Die XS-1 und besonders ihre Nachfolgerinnen XS-2 und XS650 – denn das Original wurde schnell weiterentwickelt – wurden schnell zu Verkaufsschlagern auf dem amerikanischen Markt und etablierten Yamaha als Hersteller großer Motorräder.

Der 654-ccm-Motor der XS-1 folgte dem britischen Vorbild mit einer 360-Grad-Kurbelwelle und selbst Bohrung und Hub von 75 x 74 mm waren mit den Maßen der Lightning identisch. Aber die Japanerin zeigte auch viele technische Unterschiede, wie z. B. einen horizontal geteilten Motorblock. Anstelle von Stößelstangen wurden die Ventile von einer einzelnen oben liegenden Nockenwelle mit zentralem Kettenantrieb getrieben. Die Spitzenleistung lag bei konkurrenzfähigen 53 PS bei 7000 U/min.

Der Motor ruhte in einem typischen Stahlrohrrahmen. Gebremst wurde vorne und hinten mit Trommelbremsen, wobei vorne ein kräftiges Duplex-Exemplar arbeitete. Die hauptsächlich für den amerikanischen Markt entworfene XS-1 sah trotz ihres

__Unten:__ Styling und Motoraufbau der XS-1 waren eindeutig den britischen Parallel-Twins entlehnt. Der hohe Lenker, der kleine Tank und der drehfreudige 654-ccm-Motor machten sie vor allem in Amerika zum Hit. Danach folgten schnell die XS-2 und die XS650. Sie alle waren sich sehr ähnlich, und der Yamaha-Twin sollte sich mehr als zehn Jahre lang kaum verändern.

hohen und breiten Lenker schlank und sportlich aus und verbarg so den Umstand, dass sie schon mit halbvollem Tank schwerer war (195 kg) als eine Bonneville.

Zugkraft

Dieses Gewicht und der recht sanft getunte Motor verhinderten nicht eine lebhafte Beschleunigung. Die Twin zog im höchsten Gang locker aus dem Drehzahlkeller heraus, hatte reichlich Durchzugskraft und erreichte eine Spitzengeschwindigkeit von 169 km/h. Auch wenn die Maschine in typischer Parallel-Twin-Manier bei etwa 4000 Touren vibrierte, beruhigte sie sich wieder auf dem Weg in den roten Bereich bei 7500 Umdrehungen. Und der Zweizylinder war stabil genug, um hart herangenommen zu werden.

Das Chassis der Yamaha war weniger beeindruckend. Rahmen und Schwinge fehlte es an Steifigkeit, und zusammen mit der unterdämpften Federung führte dies bei hohen Geschwindigkeiten zum Schlingern und auf buckligen Pisten zum Stoßen. Bei gemäßigter Fahrweise war die Japanerin tadellos und musste schon sehr getrieben werden, um sich daneben zu benehmen. Aber im Handling konnte sie es mit den besser gebauten Britinnen nicht mithalten.

Cycle World berichtete trotzdem beeindruckt, dass die XS-1 „alle nötigen Zutaten mitbringt, um einen Fan der großen Twins zu begeistern. Sie sieht gut aus, fährt sich gut, bleibt sauber und zeigt nur wenige der Fehler, die man bei einem neuen Modell erwarten würde." Diese positiven Eigenschaften, ihre Zuverlässigkeit und der konkurrenzfähige Preis machten die Yamaha in den Staaten zu einem Hit. Sie hatte zwar auch ihre Fehler, aber die Yamaha XS-1 war ein guter erster Versuch, der den Weg für die Nachfolgerinnen XS-2 und XS650 als Bestseller der 70er ebnete.

Links: *Der 654-ccm-Twin beruhte weitgehend auf britischem Design, besaß aber eine kettengetriebene oben liegende Nockenwelle und einen horizontal geteilten Motorblock.*

Unten: *Die XS650 wurde nicht nur zu einem der amerikanischen Bestseller der 70er, sondern pflanzte sich auch im kommenden Jahrzehnt in Modellen wie der Heritage Classic fort.*

Links unten: *Zu den Attraktionen der XS-1 zählten die präzisen Anzeigeinstrumente und die Elektrik. Der große Einstellknopf für die Lenkungsdämpfung deutet auf die Tendenz zum Pendeln bei hohen Geschwindigkeiten hin.*

Bezeichnung	**Yamaha** XS-1 (1970)
Motor	Parallel-Zweizylinder, luftgekühlt, OHC
Hubraum	654 ccm (75 x 74 mm)
Leistung	39 kW (53 PS) bei 7000 U/min
Kraftübertragung	Fünfganggetriebe; Kette
Rahmen	Stahlrohrrahmen
Federung	vorne Teleskopgabel; hinten zwei Stoßdämpfer
Bremsen	vorne und hinten Trommelbremsen
Gewicht	195 kg
Spitzengeschwindigkeit	169 km/h

LAVERDA
LAVERDA

Die 1970er
Auftritt der Superbikes

Für die Motorradwelt begannen die 70er bereits 1969, als Honda die CB750 vorstellte. Dieses erste „Superbike“ verblüffte nicht nur mit dem Aufbau seines Vierzylinders, der bald von anderen japanischen Marken übernommen wurde, sondern auch mit einem Entwicklungsstand, der weit über dem der britischen Hersteller lag und eine neue Ära einläutete.

Gegen Ende des Jahrzehnts hatten die Japaner eine aufregende Phalanx von Superbikes mit zwei, drei und sogar sechs Zylindern aufgestellt, manche mit über 100 PS. Bunt wurde die Mischung durch die Europäer, vor allem die Italiener, die den Markt mit einer Reihe exotischer Maschinen bereicherten.

Honda CB750

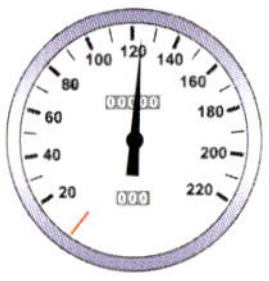

Spitze
198 km/h

Mit einer Spitzengeschwindigkeit von fast 200 km/h und der stehenden Meile in unter 13 Sekunden, war Hondas erste CB750-Vierzylinder eines der schnellsten und beschleunigungsstärksten Motorräder der frühen 70er. Aber es war nicht nur die pure Geschwindigkeit, die die Honda zu einem solchen Erfolg werden ließ und nach allgemeiner Auffassung zur wichtigsten Maschine machte, die die Motorradindustrie bis dahin gebaut hatte.

Mehr als die schiere Leistung war es der unerreichte Entwicklungsstand, der die CB750 zu etwas Besonderem machte. 1969 war sie die erste massengefertigte Vierzylinder und zeigte Besonderheiten wie einen elektrischen Anlasser, eine Scheibenbremse vorne und ein Fünfganggetriebe. Sie war nicht nur preisgünstig, sondern auch extrem gut gefertigt. Zu dieser Zeit war bereits eine ganze Generation von Motorradfahrern mit kleineren Hondas aufgewachsen glaubte daran, dass die japanischen Motorräder mechanisch zuverlässig waren, eine gute Elektrik besaßen und kein Öl verloren. Sie sollten von dieser prächtigen Vierzylinder nicht enttäuscht werden.

Von Rennmaschinen beeinflusst

Von allen Attributen der Honda war der vor Kraft strotzende, laufruhige Motor das wichtigste. Die Konstruktion des 736-ccm-Aggregats war durch Hondas Mehrzylinder-Rennmaschinen der 60er beeinflusst, auch wenn die Straßenmaschine im Gegensatz zu den zwei Nockenwellen und vier Ventilen pro Topf der Rennmaschinen auf eine oben liegende Nockenwelle und zwei Ventile vertraute. Der Hubraum des Motors hatte die Maße 61 x 63 mm, was die Breite reduzierte.

Oben: Die erste CB750 war mit ihrem hohen Lenker relativ konventionell gestylt, aber die vordere Scheibenbremse und der Vierzylindermotor führten ein neues Niveau der technischen Entwicklung und Leistung ein. Mehr als drei Dekaden später ist ihr Einfluss im Design moderner Superbikes immer noch sichtbar.

Rechts: Die meisten der ersten Vierzylinder wurden ab Mitte 1969 in Amerika verkauft. Dieses im Oktober dieses Jahres gebaute Motorrad war das erste in Großbritannien verkaufte und wurde im Januar 1970 zugelassen.

Auf Geschwindigkeit ausgelegt – Die CB750F2

Honda [illegible] CB750 in den 70ern trotz neuer Rivalinnen wie der 900er Kawasaki Z1 nur langsam. Die [illegible], um den gesetzlichen Emissionsbestimmungen zu entsprechen. Selbst die 1976er CB750F1, die mit flachem Lenker und leuchtend gelber Lackierung sehr sportlich wirkte, schaffte nur 183 km/h. Ein Jahr später aber kam die CB750F2. Ihr schwarz lackierter Motor hatte größere Ventile, eine schärfere Nockenwelle und eine neu gestaltete Brennkammer und leistete mit 73 PS 6 PS mehr als zuvor. Zu den Chassis-Verbesserungen zählten ein verstärkter Rahmen, eine neue Federung und drei Scheibenbremsen. Mit ihrer Spitzengeschwindigkeit von über 193 km/h und ihrem exzellenten Handling war die F2 die letzte und beste 750er mit einer Nockenwelle.

Der Motor saß leicht nach vorne geneigt in einem Stahlrohrrahmen mit Telegabel und zwei Stoßdämpfern hinten. Honda legte die erste CB750 als Allrounder an und zielte damit auf den amerikanischen Markt. Sie war eine große Maschine mit breiter Sitzbank. Sie besaß auch einen relativ hohen Lenker, aber trotz der windanfälligen Sitzposition war sie gut für hohe Reisegeschwindigkeiten geeignet.

Die Leistung des Chassis reichte nicht ganz an die des Motors heran, da der zu Verwindungen neigende Rahmen bei sehr harter Fahrweise eine gewisse Instabilität verursachte. Aber nach dem Standard der frühen 70er war das Handling der Honda gut. Ihre straffe Federung fing ihr hohes Gewicht gut auf. Mit ihrer Scheibenbremse vorne war sie ihren Rivalinnen vom Image her und in der Leistung überlegen.

Die Nachfrage nach der CB750 war vor allem in Amerika riesig. Honda konnte seine Popularität mit einem eigentlich gar nicht mehr nötigen Rennerfolg steigern, als der Veteran Dick Mann 1970 die Daytona 200 auf einer modifizierten CB750 gewann. *Cycle World* stellte die Honda als „ultimative Waffe" vor, „den anderen immer eine Nasenlänge voraus zu sein ein großartiger, muskelstrotzender Renner für die Straße", und entschied in ihrem Straßentest, dass die CB750 „das beste Straßenmotorrad der Welt ist".

Das wird kaum jemand bestreiten, der sie in dieser Zeit gefahren hat. Da sich die japanischen Vierzylinder-Superbikes aufmachten, die Motorradwelt der 70er und 80er zu beherrschen, zeigte sich die enorme Bedeutung der Honda. Nach der CB750 sollte die Szene der leistungsstarken Motorräder nie mehr die gleiche sein.

Links: *Der 736-ccm-Reihenvierzylinder besaß eine von einer Kette angetriebene oben liegende Nockenwelle und acht Ventile. Strengere Emissionsgesetze führten zu einem Austausch von Vergasern und Auspuffrohren und einer Reduzierung der Leistung auf 67 PS. Die Honda hatte zwar einen elektrischen Anlasser, besaß aber zur Sicherheit ebenfalls einen Kickstarter.*

Bezeichnung	**Honda** CB750 (1969)
Motor	4 Zylinder in Reihe, luftgekühlt, OHC
Hubraum	736 ccm (61 x 63 mm)
Leistung	49,3 kW (67 PS) bei 8000 U/min
Kraftübertragung	Fünfganggetriebe; Kette
Rahmen	Stahlrohrrahmen
Federung	vorne Teleskopgabel; hinten zwei Stoßdämpfer
Bremsen	vorne Scheibenbremse; hinten Trommelbremse
Gewicht	230 kg (betankt)
Spitzengeschwindigkeit	198 km/h

Yamaha YR5

Spitze 153 km/h

Unten: *Das Styling der YR5 war im Gegensatz zu den früheren Mehrzweck-Twins schlicht und offensichtlich für die Straße ausgelegt. Der hohe Lenker konnte das aggressive, drehfreudige Image des Motorrades kaum stören, das so eng mit den Rennmaschinen verwandt war.*

Yamahas zweitaktige Mittelgewichts-Twins zählen alleine deshalb zu den herausragenden Motorrädern der 70er, weil sie eine Kombination aus Leistung und Wertigkeit boten, die sie ungemein populär machte. Am bekanntesten waren die RD350 und die RD400, aber die Legende der furchtlosen 350-ccm-Zweitakter von Yamaha begann mit der YR5.

Die Initialen RD standen für „Race Developed“ (für Rennen entwickelt), und das gleiche galt auch uneingeschränkt für die YR5. Yamaha hatte bereits damit begonnen, die 250er-Grand-Prix zu dominieren, als die YR5 1970 eingeführt wurde. In diesem Jahr trug die TD2 mit luftgekühltem Zweizylinder nicht nur den britischen Rennfahrer Ron Gould zur Weltmeisterschaft, sondern eroberte auch gleich die ersten sieben Plätze. Die Straßenmaschinen mit 125, 200 und 250 ccm Hubraum nutzten weitgehend die gleiche Technologie.

Wie ihre kleineren Schwestern und alle Vorgängerinnen bis hin zur 1967er YR1 waren die Maschinen um einen schlitzgesteuerten Zweitakt-Zweizylinder mit 180-Grad-Kurbelwelle herum aufgebaut. Er atmete durch zwei 28-mm-Mikuni-Vergaser ein und durch zwei horizontale verchromte Auspuffrohre wieder aus. Beim modernen Fünfganggetriebe lag der Leerlauf zwischen dem ersten und zweiten Gang statt ganz unten, wie bei einigen Rivalen. Die Spitzenleistung betrug 36 PS bei 7000 Umdrehungen.

Im Gegensatz zum Offroad-Styling ihrer Vorgängerinnen mit hohem Geländelenker und hochgezogenen Auspuffrohren, war die YR5 viel eher eine

Bezeichnung	**Yamaha** YR5 (1970)
Motor	Paralleler Zweizylinder, luftgekühlt, 2-Takt
Hubraum	347 ccm (64 x 54 mm)
Leistung	26,5 kW (36 PS) bei 7000 U/min
Kraftübertragung	Fünfganggetriebe; Kette
Rahmen	Stahlrohrrahmen
Federung	vorne Teleskopgabel; hinten zwei Stoßdämpfer
Bremsen	vorne und hinten Trommelbremsen
Gewicht	150 kg
Spitzengeschwindigkeit	153 km/h

Links außen: *Die 1973er RD350 hatte Membransteuerung, ein Sechsganggetriebe und statt der Trommelbremse der YR5 eine Scheibenbremse vorne.*

Links: *Der 347-ccm-Zweitakt-Zweizylinder drehte bis 8000 Touren, leistete 36 PS und verlieh den Mittelgewichten eine neue Leistungsdimension.*

Straßenmaschine. Ihr Lenker war zwar immer noch hoch, aber das Motorrad hatte ein schlankes und schlichtes Styling und war kürzer, niedriger und mit 150 kg auch leichter. Der Rahmen war eine Doppelrohrkonstruktion, die der Rennerfahrung entsprang, mit verstärktem Lenkkopf und Schwingengelenk.

Lärm, Qualm und Beschleunigung

Das Rennerbe wurde auf der Straße deutlich, wo YR5-Fahrer sich ohne großen Fantasieaufwand im Sattel eines hoch drehenden Grand-Prix-Renners wähnen durften. Der Yamaha-Zweitakter blubberte, knatterte und rauchte (im kalten Zustand) wie ein echter Zweitakter, aber wie ein hoch entwickelter und gut erzogener. Viel wichtiger war die Beschleunigung, mit der er durch die Gänge bis auf 8000 U/min drehte, um dann mit 130 km/h ruhig zu cruisen oder bis zur Spitzengeschwindigkeit von 153 km/h zu beschleunigen.

Dank des starren Rahmens, des geringen Gewichts und der einfachen, aber gut eingestellten Federung war auch das Handling gut. *Cycle World* beschrieb die YR5 als quicklebendige Maschine, bei der „kaum etwas den Fahrer daran hindert, sie aggressiv durch seine Lieblingskurven zu beschleunigen. Die Dämpfung scheint dem gewachsen zu sein und die Reifen liefern gute Spurtreue und Traktion." Die Trommelbremsen arbeiteten progressiv, blockierten nicht und verloren bei wiederholter Bedienung nur wenig an Kraft.

Die Mischung der YR5 aus gutem Aussehen, Verlässlichkeit, lebhafter Leistungsentfaltung und günstigem Preis machten sie schnell auf beiden Seiten des Atlantiks beliebt. Für die nächsten zwei Jahre waren die Zweitakt-Zweizylinder von Yamaha beim Händler genauso erfolgreich wie auf der Rennstrecke. Die alte Weisheit, dass „Rennen die Zucht verbessern", wurde nie brillanter bestätigt als hier.

Noch schneller: die RD-Serie

Während die Zweitakt-Mittelgewichte über die 70er hinweg weiterentwickelt wurden, baute Yamaha eine Reihe herausragender Sportmaschinen. Ein deutlicher Sprung war 1973 die erste RD350, mit Membransteuerung, Sechsganggetriebe, kräftiger Scheibenbremse vorne und an guten Tagen einer Spitzengeschwindigkeit von über 160 km/h. Die RD400C (unten) von 1976 hatte ein kantiges Styling, ein verbessertes Handling und zusätzliche Leistung im mittleren Drehzahlbereich aus ihrem 40 PS starken 398-ccm-Motor. Ähnliche 250er-Versionen beider Modelle boten fast genauso viel Geschwindigkeit für noch weniger Geld.

Rickman Interceptor

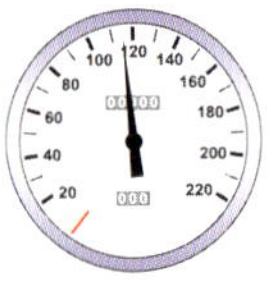

Rechts: *Der breite Lenker war eine ebenso überraschende Zutat der sportlichen Rickman wie die an den Auspuffen angeflanschten Fußrasten.*

Unten: *Das schicke Café-Racer-Styling ließ die Rickman wesentlich aggressiver wirken als die ursprüngliche Royal Enfield Interceptor, die den Motor lieferte.*

Eines der attraktivsten und am saubersten gebauten Motorräder der frühen 70er war die Rickman Interceptor, eine unmögliche Mischung aus dem 736-ccm-Parallel-Twin der Royal Enfield und dem handgefertigten Chassis der Spezialfirma Rickman. Sie war auf gerader Strecke zwar nicht sonderlich schnell, aber ihr geringes Gewicht und agiles Handling bewiesen, dass das alte britische Parallel-Twin-Format noch reichlich Potential in sich barg.

Die Rickman Interceptor verdankte ihre Existenz dem Verschwinden von Royal Enfield, der berühmten alten Marke, die 1969 aus dem Geschäft geschieden war. Eines der letzten Geschäfte des Unternehmens war der Verkauf einiger Zweizylindermotoren (die eigentlich für die Royal Enfield Interceptor gedacht waren) nach Amerika, wo sie als Indian Enfields vermarktete Motorräder antreiben sollten. Durch den Zusammenbruch der britischen Firma strandeten gut 200 Motoren an den Docks.

Hier kommt Rickman ins Spiel, die Firma der Brüder Don und Derek Rickman, ehemaliger Moto-cross-Fahrer, die in den späten 50ern ein Geschäft in Hampshire eröffnet hatten. Nachdem sie anfangs Geländemaschinen mit BSA-Rahmen gebaut hatten, begannen die Rickmans mit der Konstruktion ihrer eigenen hochwertigen Rahmen und bauten schließlich auch straßentaugliche Chassis. 1970 erhielt Rickman den Auftrag der amerikanischen Exportagentur von Royal Enfield, die auf den Motoren sitzen geblieben war, ein dazu passendes Motorrad zu konstruieren.

In typischer Rickman-Manier war die Interceptor ein schlankes, leichtes und schön gefertigtes Motorrad, das um einen Stahlrohrrahmen aus Chrom-Molybdänstahlrohren herum aufgebaut war. Der Rahmen, eine breitere Version des bewährten Métisse-Designs von Rickman, war sehr starr und glänzend vernickelt.

Zu den Motorradteilen zählten Rickmans eigene Telegabel aus dem Cross-Sport, deren 41 mm Durchmesser erheblich dicker als zu dieser Zeit üblich waren, Borrani-Felgen und Scheibenbremsen vorne und hinten. Die Rickman war ein attraktives Motorrad mit Renntank und -höcker aus hochwertigem Fiberglas. Im Gegensatz dazu war der Lenker hoch und breit, und die ziemlich weit vorne sitzenden Fußrasten waren ungewöhnlicherweise an die Auspuffrohre geflanscht.

Motorentwicklung

Der 736 ccm Motor stammte aus der Royal Enfield Series II Interceptor, der letzten einer langen Reihe von Stößelstangen-Parallel-Twins, die bis auf die 692er Meteor und Constellation der 50er zurückging. Die Series II wurde 1969 eingeführt und hatte eine Nass- statt einer Trockensumpfschmierung und eine effizientere Ölpumpe. Eine oben liegende Nockenwelle und eine neue Zündung lieferten eine Spitzenleistung von entweder 52 oder 56 PS (beide Zahlen wurden angegeben) bei 6750 U/min.

Das reichte sowohl der Standard-Interceptor (die vorwiegend für den Export nach Amerika gebaut war) als auch der Rickman für eine Spitzengeschwindigkeit von 185 km/h. Aber es war die Beschleunigung des großen Twins aus niedrigen Touren heraus, die besonders bei der mit nur 160 kg gut 45 kg leichteren Rickman beeindruckte. Aus 2000 Umdrehungen im höchsten Gang heraus schoss die Zweizylinder mit einer Kraft voran, die beinahe ausreichte, um den breiten Lenker zu verbiegen.

Die Rickman war für einen Parallel-Twin auch laufruhig. Außerdem war sie dank einiger Motorverbesserungen bis auf das schwache Viergang-getriebe relativ zuverlässig. Handling, Straßenlage und Bremsverhalten waren allerdings exzellent und verschafften der leichten Rickman auf Kurvenstrecken einen deutlichen Vorteil gegenüber den meisten Konkurrentinnen.

Diese Leistung reichte nicht aus, um das Modell am Leben zu erhalten, nachdem die 200 Motoren aufgebraucht waren. Aber Rickman gedieh in den 70ern weiter und fertigte ein Reihe schneller und wendiger Café Racer auf Basis japanischer Vierzylinder wie der Honda CB750 und der Kawasaki Z900.

Der Enfield 736 ccm Parallel-Twin ***(oben)*** *wurde von dem vernickelten Rickman-Rahmen gut getragen. Tank und Sitz* ***(links)*** *bestanden aus Fiberglas. Geringes Gewicht und straffes Chassis sorgten für exzellentes Handling* ***(links unten)****.*

Bezeichnung	Rickman Interceptor (1970)
Motor	Parallel-2-Zylinder, luftgekühlt, OHV
Hubraum	736 ccm (71 x 93 mm)
Leistung	41,2 kW (56 PS) bei 6750 U/min
Kraftübertragung	Vierganggetriebe; Kette
Rahmen	Chrom-Molybdänrahmen
Federung	vorne Teleskopgabel; hinten zwei Stoßdämpfer
Bremsen	vorne und hinten Scheibenbremsen
Gewicht	160 kg
Spitzengeschwindigkeit	185 km/h

Kawasaki H2 750

Spitze 193 km/h

Rechts: *Der Kawasaki 748-ccm-Zweitakter lieferte 74 PS und hatte mehr Drehmoment im mittleren Drehzahlbereich als der 500er-Vorgänger in der H1. Eine hydraulische Lenkungsdämpfung war eine sinnvolle Investition.*

Unten: *Das schlanke, schlichte Styling ließ kaum Rückschlüsse auf die brachiale Leistung der H2 zu. Der hohe Lenker war bei hohem Tempo hinderlich, tat aber dem Ruf der Kawasaki als unschlagbare Sprinterin aus dem Stand keinen Abbruch.*

Wenn es um puren Fahrspaß ging, konnte nichts auf zwei Rädern der H2 750 das Wasser reichen, die Kawasaki 1972 von der Leine gelassen hatte. Die auch Mach IV genannte Zweitakt-Dreizylinder war schnell, laut, qualmend, durstig und instabil, lieferte dem Fahrer aber auch einen wilden Ritt, der ihr bald den Ruf unerreichter Geschwindigkeit und Aggressivität eintrug. „Sie ist so schnell, dass sie das rasiermesserscharfe Reaktionsvermögen eines erfahrenen Fahrers benötigt", prahlte die Kawasaki-Werbung, und kaum jemand, der die Dreizylinder gefahren war, widersprach ihr.

Die Basis der H2 bildete die erste Zweitakt-Dreizylinder von Kawasaki, die 1969 eingeführte 500er-H1 (oder auch Mach III). Sie war ebenfalls eine schnelle und feurige Maschine, die vor allem bei amerikanischen Fahrern beliebt war, denen Beschleunigung aus dem Stand über alles ging. Diese von einem Magazin als „stoplight-to-stoplight freaks" (Ampel-zu-Ampel-Verrückte) titulierte Gruppe wurde vom größeren Modell mit seinem 74 PS starken, luftgekühlten 748-ccm-Motor noch besser bedient.

Sie war nicht nur 14 PS stärker als die kleinere Dreier, sondern verwies auch Rivalinnen wie die flüssigkeitsgekühlte Dreizylinder Suzuki GT750 und die Honda CB750 auf die Plätze. Äußerlich erinnerte das neue Modell mit seinem hohen und breiten Lenker und einem trotz des Durstes der Maschine sehr schmalen Tank stark an die Mach III. Das Chassis bestand aus einem Doppelrohrrahmen, zwei Heckstoßdämpfern und einer schlanken Gabel mit einem 19-Zoll-Rad und einer Scheibenbremse.

Brachiale Beschleunigung

Neben dem größeren Hubraum hatte die H2 auch entschärfte Kanäle und Zündeinstellung, was eine breitere Kraftverteilung ermöglichte. Damit konnte die Dreizylinder zwar bei minimalem Schaltaufwand gemütlich gefahren werden, aber dafür war sie nicht gebaut worden. Ihre Stärke lag in schierer Schnelligkeit, womit nicht einmal die Spitze von 193 km/h gemeint ist, sondern vielmehr die brachiale Beschleunigung, die sie in einer Qualmwolke auf dem Hinterrad startend in unter 13 Sekunden auf über 160 km/h brachte.

Das Chassis war weniger beeindruckend, da die Mischung aus Kraft, geringem Gewicht und inadäquatem Rahmen und Federung zu „tödlichem Schlingern" führen konnte, wie es ein Magazin ausdrückte. Die Fahrer der Dreizylinder waren gut beraten, die Serienlenkungsdämpfung gegen einen optionalen hydraulischen Dämpfer auszutauschen, für den eine Rahmenaufnahme vorgesehen war. Zumindest die vordere Scheibenbremse war relativ kraftvoll, auch wenn viele Fahrer ihr eine zweite Scheibe zur Seite stellten.

Die originale Dreizylinder: Die H1 500

Kawasakis erste gemeine Zweitakt-Straßenkämpferin war die auch als Mach III bekannte 500er H1, die 1969 vorgestellt wurde und viel zum Leistungsruf der Firma beitrug. Die Dreizylinder lieferte 60 PS bei 7500 U/min, lief über 185 km/h und konnte dank ihres spektakulären Leistungsgewichts aus dem Stand mit allem auf zwei Rädern mithalten. Sie kombinierte das zweifelhafte Handling der H2 und den hohen Verbrauch mit einem schmalen Leistungsband, was die Fahrt noch mehr zur Herausforderung machte. Der Neuseeländer Ginger Molloy fuhr mit der Rennversion H1R bei der 500er-Weltmeisterschaft 1970 auf den zweiten Platz.

Links: *Konventionelles Styling und Doppelsitzbank mit Haltegriff konnten nicht verschleiern, dass dies nach Maßstäben der frühen 70er ein Furcht einflößendes Motorrad war. Die einzelne Scheibenbremse vorne biss gut zu, aber eine zweite Scheibe war eine ebenso beliebte Modifikation wie der Austausch der serienmäßigen Auspuffanlage durch eine offene für mehr Leistung, Lärm und vermutlich durchlöcherte Kolben.*

Viele Fahrer konnten gut mit Handling und Durst der Dreizylinder leben, weil sie preiswert und vor allem so schnell war. „Die Mach IV ist im Hinblick auf rohe Kraft und schiere Schnelligkeit der ultimative Straßenrenner", schloss das amerikanische Magazin *Cycle World*. „Wenn Sie gerne der Schnellste im Block sind, ist die Mach IV genau das richtige für Sie!" Strengere Emissionsgesetze führten zwar zunächst zu einer Entschärfung und schließlich zur Einstellung der Produktion, aber die H2 wird nie vergessen werden.

Bezeichnung	**Kawasaki** H2 (Mach IV) (1972)
Motor	Dreizylinder, luftgekühlt, 2-Takt
Hubraum	748 ccm (71 x 63 mm)
Leistung	54,5 kW (74 PS) bei 6800 U/min
Kraftübertragung	Fünfganggetriebe; Kette
Rahmen	Stahlrohrrahmen
Federung	vorne Teleskopgabel; hinten zwei Stoßdämpfer
Bremsen	vorne Scheibenbremse; hinten Trommelbremse
Gewicht	206 kg
Spitzengeschwindigkeit	193 km/h

Suzuki GT750

Spitze
177 km/h

Rechts: *Diese Frontansicht zeigt den großen Kühler und den breiten Motor eines Motorrads, dessen Styling sein Gewicht nicht verbarg.*

Unten: *Rosa Lackierung, rundliche Formen und konisch zulaufende Schalldämpfer machen die GT750 eindeutig zu einem Motorrad der frühen 70er. Die vordere Trommelbremse wurde bald durch eine Doppelscheibenbremse ersetzt.*

Mit ihrem ausladenden Styling, der auffälligen Lackierung und dem unverwechselbaren flüssigkeitsgekühlten Zweitakt-Dreizylinder war die Suzuki GT750 eines der auffälligsten der frühen Superbikes – und eines der erfolgreichsten. Sie war zwar eher auf Komfort, Laufruhe und Durchzugsvermögen ausgelegt, aber dennoch eines der schnellsten und glamourösesten Motorräder seiner Zeit.

Die große Stärke der in Großbritannien „Kettle" („Kessel") und in Amerika „Water Buffalo" („Wasserbüffel") genannten Dreizylinder war eine hohe Reisegeschwindigkeit über lange Strecken. Die GT war nicht nur dem Namen nach ein Grand Tourer, sondern auch von ihrer Natur, mit reichlich Drehmoment bei mittleren Drehzahlen, einer bequemen, aufrechten Sitzposition und der Fähigkeit, ohne viel Aufhebens oder Stress für den Fahrer 130 km/h oder mehr zu laufen.

Der schlitzgesteuerte Zweitakter mit 738 ccm Hubraum bestand im Prinzip aus anderthalb Einheiten des

Bezeichnung	Suzuki GT750J (1972)
Motor	Dreizylinder, flüssigkeitsgekühlt, 2-Takt
Hubraum	738 ccm (70 x 64 mm)
Leistung	49,5 kW (67 PS) bei 6500 U/min
Kraftübertragung	Fünfganggetriebe; Kette
Rahmen	Stahlrohrrahmen
Federung	vorne Teleskopgabel; hinten zwei Stoßdämpfer
Bremsen	vorne und hinten Trommelbremsen
Gewicht	238 kg
Spitzengeschwindigkeit	177 km/h

luftgekühlten T500-Zweizylinders. Die beibehaltenen Dimensionen von 70 x 64 mm, ein zusätzlicher Zylinder und Wasserkühlung verhalfen zu mehr Durchzugsvermögen und 67 PS bei 6500 U/min.

Unverwechselbares Styling

Ihr selbstbewusstes Styling und der einzigartige Motoraufbau stellten sicher, dass die Suzuki mit keinem anderen Motorrad auf der Straße verwechselt werden konnte. Neben den laufruhigen, wasserumflossenen Zylindern hatte sie einen großen Kühler und konisch zulaufende Schalldämpfer mit schwarzen Enden. Das Chassis war allerdings ein konventioneller Stahlrohrrahmen mit Telegabel und zwei Heckstoßdämpfern. Am Vorderrad war eine Duplex-Trommelbremse.

Das Handling war nie die große Stärke der GT750. Mit 238 kg war die Dreizylinder schwer. Bei gemäßigten Kurvengeschwindigkeiten war sie stabil, wenn auch etwas schwerfällig, aber bei aggressiverer Fahrweise brachten der überforderte Rahmen und die Federung die Maschine etwas zum Flattern. Das hielt die *Cycle World* nicht davon ab, vom „mühelosen Fahren bei hohen Geschwindigkeiten, exakten Kurvenverhalten und der fantastischen Bremskraft" zu schwärmen. „Sie ist ein Superbike im wahrsten Sinne des Wortes."

Die GT750 bildete auch die Basis für die Rennmaschine TR750, die für die 1972er Daytona 200 gebaut wurde und wegen ihres schlechten Hochgeschwindigkeitsverhaltens den Spitznamen „flexy flyer" („biegsamer Flieger") erhielt. Die TR leistete 100 PS und war mit Spitzengeschwindigkeiten von über 282 km/h unerhört schnell. Sie hatte einigen Erfolg, auch wenn ihre Kraft regelmäßig Probleme mit Kupplung und Reifen bereitete.

Suzuki unternahm nie den Versuch, eine sportliche Straßen-Dreizylinder zu bauen, erhöhte aber die Leistung der GT leicht. Die GT750L von 1974 lieferte dank höherer Kompression, neuer Vergaser, überarbeiteter Kanäle und einer neuen Auspuffanlage 70 PS. Dadurch erhielt der Motor einen kleinen Leistungsschub bei etwa 4000 Umdrehungen. Bei niedrigeren Touren fehlte ihm etwas die Laufruhe des alten Dreizylinders, aber das Durchzugsvermögen wurde besser, und die Spitze stieg leicht auf etwa 185 km/h.

Suzuki verbesserte das Chassis und tauschte 1973 die vordere Trommelbremse gegen eine Doppelscheibenbremse. Spätere Modelle erhielten Zugaben wie digitale Ganganzeigen und abschließbare Tankdeckel. Solche Details konnten den Zweitakter aber angesichts steigender Ölpreise und schärferer Emissionsbestimmungen nicht am Leben erhalten, und so wurde die GT 1977 durch die GS750-Viertakt-Vierzylinder ersetzt.

Links: *Die Spitzengeschwindigkeit der GT war mit 177 km/h schon 1972 unspektakulär, aber ihre Fähigkeit, laufruhig und relativ komfortabel zügig über lange Strecken zu reisen, machte die große Dreizylinder sehr beliebt. Ihr Geradeauslauf war hervorragend.*

Unten: *Spätere Versionen der GT750 lieferten etwas mehr Leistung und hatten ein verbessertes Chassis mit Doppelscheibenbremse vorne, verloren aber das unverwechselbare Styling der frühen Modelle. Diese 1977 gebaute GT750B war eine der letzten der Modellreihe.*

Laverda 750 SFC

Spitze
200 km/h

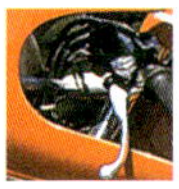

Ein Blick auf die Laverda 750 SFC genügt, um zu verstehen, warum die italienische Zweizylinder einen im Vergleich zu ihren geringen Stückzahlen überproportionalen Eindruck hinterlassen hat. Die SFC war ungemein schick und sportlich gestylt, mit Rennstummeln, nach hinten versetzten Fußrasten, Halbverkleidung und Einzelsitzbank. Sie war orange lackiert, damit man sie nachts bei den 24-Stunden-Ausdauerrennen besser sehen konnte, für die sie gebaut war.

Straßentauglicher Renner

Anders als die meisten so genannten Renn-Replicas war die 750 SFC tatsächlich zuerst eine Renn- und erst in zweiter Linie eine Straßenmaschine. Sie wurde 1971 als eine für Ausdauerrennen gebaute Version der SF-Serie von 750er-Parallel-Twins vorgestellt. Dennoch wurde ein Großteil der insgesamt 549 gefertigten SFC mit wichtigen Details wie Tacho und Nummernschild nachgerüstet und auf der Straße gefahren. Die kleine Firma aus Breganze in Nordostitalien hatte 1967 zunächst eine 654-ccm-Parallel-Twin gebaut und deren Motor ein Jahr später auf 744 ccm vergrößert. 1969 erschien das sportlichere Modell 750S, auf das wiederum die 750 SF folgte (das F steht für *freni,* Bremsen, und weist auf die verbesserten Trommelbremsen hin). Diese Modelle wurden mit einigem Erfolg auf den europäischen Ausdauerrennen gefahren. Aber Firmenchef Massimo Laverda beschloss, dass man eine reinrassige Rennmaschine brauche, und so wurde die SFC geboren, deren C für *Competizione* (Wettbewerb) steht.

Sie besaß zwar die gleiche Konfiguration wie die SF mit Bohrung und Hub von 80 x 74 mm, 360-Grad-Kurbelwelle und kettengetriebener oben liegender Nockenwelle, unterschied sich sonst aber stark. Zu den Spezialteilen zählten hoch komprimierende Kolben, 36-mm-Amal-Vergaser und ein eng gestuftes Fünf-

Oben: *Die leuchtend orange SFC mit ihrer Halbverkleidung und dem Rennhöcker war eines der schönsten und kompromisslosesten Superbikes der frühen 70er. Dieses Modell von 1975 hat bereits die ein Jahr zuvor eingeführten Scheibenbremsen.*

Rechts: *Die Laverda hatte auf gerader Strecke reichlich Geschwindigkeit, und das Handling war dem angemessen. Dieses Motorrad hat eine relativ leise Auspuffanlage für die Straße und konnte auch mit einem lauteren Zwei-in-eins-System für die Rennstrecke geordert werden.*

ganggetriebe. Die Motorteile wurden von Laverdas Rennwerkstatt ausgesucht und dann hitzebehandelt, um sie zu verstärken. Die Leistung wurde mit 70 PS bei 7500 U/min angegeben und reichte für 200 km/h.

Auch der Rahmen der SFC bestand wie bei der Twin aus einem Rückgrat aus vier über dem Motor verlaufenden Stahlrohren, war aber für die Aufnahme der Verkleidung und der nach hinten versetzten Fußrasten modifiziert. Die ersten Modelle hatten eine Ceriani-Federung vorne und hinten und firmeneigene Trommelbremsen. Diese Kombination erwies sich als erfolgreich, als die SFC 1971 ihr erstes Rennen beim 24-Stunden-Rennen in Barcelona gewann.

Für die nächsten Jahre war die SFC eines der schnellsten Motorräder auf der Straße und glänzte mit hervorragendem Handling. Dank der Ausstattung war sie aber teuer, und so wurden in den ersten drei Jahren je weniger als 100 Stück gebaut. 1974 veränderte Laverda die Karosserie leicht und baute verbesserte Teile wie eine stärkere Gabel und Scheibenbremsen vorne und hinten ein. Die Produktionszahlen stiegen leicht, und einige Maschinen wurden straßentauglich mit Instrumenten und sogar mit Blinkern ausgestattet.

Spätere SFC hatten eine elektronische Zündung und teilweise Gussräder. Die letzten Modelle waren die schnellsten, besonders wenn sie mit der optionalen Nockenwelle ausgerüstet waren, die zusätzliche Leistung spendete und eine Geschwindigkeit von 217 km/h ermöglichte. Passenderweise blieben sportliches Aussehen, Lackierung und Persönlichkeit der SFC bis zum Produktionsende weitgehend unverändert.

Bezeichnung	**Laverda** 750 SFC (1972)
Motor	Parallel-2-Zylinder, luftgekühlt, OHC
Hubraum	744 ccm (80 x 74 mm)
Leistung	51,5 kW (70 PS) bei 7500 U/min
Kraftübertragung	Fünfganggetriebe; Kette
Rahmen	Zentralrohrrahmen
Federung	vorne Teleskopgabel; hinten zwei Stoßdämpfer
Bremsen	vorne und hinten Trommelbremsen
Gewicht	206 kg
Spitzengeschwindigkeit	200 km/h

Wunder für ein Rennen: Die V6

Laverdas schnellstes Motorrad war ein weiterer Ausdauerrenner: die 996-ccm-V6, die 1978 beim Bol d'Or in Frankreich mitfuhr. Der 90-Grad-V6-Motor hatte 24 Ventile, Flüssigkeitskühlung und einen Kardanantrieb und leistete 139 PS bei 10 500 U/min. Die 236 kg schwere V6 fuhr erstaunliche 283 km/h, bevor ihre Kardanwelle nach acht Stunden aufgab. Finanzielle Probleme bei Laverda verhinderten, dass sie je wieder an einem Rennen teilnahm, und eine Straßenversion wurde nie gebaut.

Unten: Der luftgekühlte OHC-Parallel-Twin der Laverda sah den übrigen Laverda-Motoren sehr ähnlich, besaß aber spezielle Tuningteile. Daneben hatte er größere Vergaser, ein eng gestuftes Getriebe, verstärkte Lager und eine leistungsstarke Ölpumpe.

Moto Guzzi V7 Sport

Unten: *Diese makellos erhaltene 1973er SV7 Sport war eine der letzten der knapp 4000, die vor Produktionsende in jenem Jahr gebaut wurden. Sie alle hatten die charakteristische limettengrüne Lackierung und die große Vorderrad-Duplexbremse. Zu den netten Details zählt eine Inspektionsleuchte unter der Sitzbank, die anging, sobald die Bank aufgeklappt wurde.*

Die schöne, charismatische und beeindruckend schnelle V7 Sport war das Motorrad, mit dem sich Moto Guzzi einen Ruf für Leistungsstärke schuf, der über die 70er hinaus bestehen sollte. Die limettengrüne Sport hatte 748 ccm Hubraum und trug ihren Namen zu Recht, denn sie war das erste echte Sportmodell mit dem charakteristischen quer eingebauten 90-Grad-V-Zweizylinder.

Guzzis luftgekühlter, stößelstangengesteuerter V2 war in den späten 50ern eigentlich für ein traktorartiges italienisches Militärfahrzeug namens „3x3" entwickelt worden. Motor und Kardanwelle wurden dann für die erste Moto Guzzi V2, den 1967 eingeführten 704-ccm-Tourer V7 angepasst. Zwei Jahre später wurde er auf 757 ccm vergrößert und in die V7 Special eingebaut, die in Amerika als Ambassador bekannt wurde.

Auch dieses Modell war ein sanft eingestellter Tourer, aber die Firmenleitung erkannte sein Potential. 1969 fuhren getunte und abgespeckte V7 auf der Rennstrecke von Monza eine Reihe von Geschwindigkeitsweltrekorden ein, darunter Stunden- und 100-km-Rekorde mit über 217 km/h. Dadurch ermutigt, begann die Firma aus Mandello del Lario mit der Entwicklung dedizierter Sportmaschinen.

Kraftvoller Motor

Der 757-ccm-Motor der V7 wurde auf 748 ccm verkleinert, um in der 750er-Klasse fahren zu können, und mit einer schärferen Nockenwelle, höheren Verdichtung, leichteren Ventilen und Pleuelstangen, einer neuen Zündung und offenen 30-mm-Dell'Orto-Vergasern ausgerüstet. Mit einer Spitzenleistung an der Kurbelwelle von 70 PS bei 7000 U/min (52 PS am Hinterrad) zählte der Motor der Sport nicht nur zu den kräftigsten in der Motorradwelt, sondern war auch beträchtlich leichter als das alte Aggregat.

Eine weitere wichtige Veränderung war die neue Lichtmaschine am vorderen Ende der Kurbelwelle. Sie ermöglichte es dem Guzzi-Ingenieur Lino Tonti, einen niedrigeren Rahmen mit zwischen den Zylindern ver-

Bezeichnung	**Moto Guzzi V7 Sport (1970)**
Motor	V2 90°, luftgekühlt, OHV
Hubraum	748 ccm (82,5 x 70 mm)
Leistung	51,5 kW (70 PS) bei 7000 U/min
Kraftübertragung	Fünfganggetriebe, Kardanwelle
Rahmen	Zentralrohrrahmen
Federung	vorne Teleskopgabel; hinten zwei Stoßdämpfer
Bremsen	vorne und hinten Trommelbremsen
Gewicht	227 kg
Spitzengeschwindigkeit	200 km/h

Modernisierte Twin: Die 750S3

Guzzi baute die V7 Sport bis 1975. Zu dieser Zeit existierten bereits alternative 750er-Modelle. Die 750S von 1974 war im Grunde eine Sport mit Doppelscheibenbremse vorne und schwarzer Lackierung mit diagonalen roten, grünen oder orangen Streifen. Ein Jahr später kam die 750S3, die ein ähnliches Styling mit Guzzis Verbundbremssystem kombinierte. Sie sah zwar hervorragend aus und lieferte auch die angegebenen 72 PS, war aber dank einiger Modifikationen wie entschärfter Nockenwellen und kleinerer Vergaser etwas langsamer als die Sport.

laufendem Stahlrückgrat zu konstruieren. Bei der ersten Reihe von etwa 150 Modellen war der Rahmen rot lackiert. Die Einzelteile waren hochwertig, die Gabel mit Dämpferdichtungen, Koni-Stoßdämpfern und großer Duplex-Trommelbremse vorne eingeschlossen.

Das Resultat war ein bestechendes Motorrad, das aggressives Aussehen mit straffem Handling und aufregender Kraftentfaltung kombinierte – damit war die V7 Sport in den zwei Jahren nach ihrer Einführung das schnellste Serienmotorrad der Welt. 1972 stoppte die italienische *Motociclismo* die Sport mit 201 km/h, womit sie ihre Rivalinnen wie die Honda CB750, Kawasaki 750 H2, Laverda 750 SF und Ducati GT750 schlug. Der Tester des Magazins legte auf der Strecke von Monza auch die schnellste Rundenzeit hin.

Auf der Straße lief die Sport ruhig und mühelos bei 145 km/h und beschleunigte kräftig ab 4300 Touren, auch wenn es dem Motor darunter etwas an Durchzugskraft fehlte. Die Stabilität bei hoher Geschwindigkeit war exzellent und das Kurvenverhalten sehr gut mit nur wenig Lastwechselreaktionen des Kardans. Die Sport fuhr auch erfolgreich bei Rennen mit und belegte bei ihrem Debüt 1971 beim 500-km-Rennen in Monza ebenso den dritten Platz sowie beim Bol d'Or von Le Mans des gleichen Jahres. Moto Guzzi war in der Liga der Superbike-Hersteller angekommen.

Links oben: *Der quer eingebaute V2 verlieh der Moto Guzzi ein unverwechselbares Gesicht. Die „Schwanenhals"-Lenkergriffe ließen sich in der Höhe für eine aufrechtere Sitzhaltung verstellen.*

Links: *Der Motor der Sport hatte einen auf 748 ccm verkleinerten Hubraum, ein neues Fünfganggetriebe sowie eine Bosch-Lichtmaschine am vorderen Ende der Kurbelwelle.*

MV Agusta 750 Sport

Spitze 185 km/h

Rechts: *Der potente Vierzylinder mit seinen zahnradgetriebenen, oben liegenden Nockenwellen war in weiten Teilen ein Erbe der unschlagbaren Grand-Prix-Renner.*

Unten: *Diese Sport entstand 1973, als Phil Read seine 16. 500er-Weltmeisterschaft in Folge gewann, und hat die in jenem Jahr eingeführte vordere Scheibenbremse.*

Die 750 Sport, mit der MV Agusta sich als Hersteller straßentauglicher Superbikes meldete, hatte eine lange Entwicklungszeit, lohnte aber das Warten. Mit schönen Linien, einem starken 743-ccm-DOHC-Motor und beeindruckenden Fahrwerksspezifikationen war die Sport ein Hit: Eine leistungsstarke Straßenmaschine auf Basis der höchst erfolgreichen 500er-Werksrenner.

Als die Sport in den frühen 70ern in Produktion ging, näherte sich die kleine Firma aus Gallarate nahe Mailand dem Ende einer bemerkenswerten Ära der Rennsportgeschichte. Die ununterbrochene Reihe von 500er-Weltmeistertiteln der Firma reichte mit Fahrern wie John Surtees, Mike Hailwood und Giacomo Agostini bis 1958 zurück. Die ganze Zeit über hatte sich der autokratische Firmenchef Graf Domenico Agusta geweigert, eine Straßenversion der Vierzylinder zu bauen.

Statt dessen hatte man sich auf die Produktion der kleinen Einzylinder konzentriert, mit den Graf Agusta 1945 in den Motorradmarkt eingestiegen war, als sich der damalige Flugzeughersteller Agusta nach Ende des Zweiten Weltkrieges nach neuen Märkten umsah. Schon 1950 war zwar eine schicke 500-ccm-Vierzylinder namens R19 Turismo beim Mailänder Salon auf großes Interesse gestoßen, letztendlich aber nicht produziert worden. Als MV dann eine straßentaugliche

Vierzylindermaschine baute, war sie ein hässlicher 600er-Tourer mit Kardanantrieb, der keine 160 km/h schaffte und sich nur in winziger Auflage verkaufte.

Auf Geschwindigkeit ausgelegt

Die 750 Sport war da völlig anders. Sie war eine kompromisslose Sportmaschine. Sie hatte einen flachen Lenker und nach hinten versetzte Fußrasten, war leuchtend rot, weiß und blau lackiert, hatte eine Rennsitzbank, vier offene Dell'Orto-Vergaser und vier glänzende Megaphon-Auspuffrohre. Der Motor basierte auf dem des Tourers, aufgebohrt auf 743 ccm und mit höherer Kompression und größeren Auslassventilen getunt.

Die Sport lieferte mit 65 PS bei 7900 Umdrehungen 13 PS mehr Leistung als die 600er. Wie der Tourer und die Rennmaschinen waren die beiden oben liegenden Nockenwellen von Zahnradern getrieben. Die Kurbelwellen bestanden aus Aluminiumguss statt aus Magnesium wie bei den Rennmotorrädern. Der Rennmotor hatte keine Lichtmaschine, deshalb wurde eine Dynastarteranlage unter dem Motor eingebaut und über zwei Keilriemen mit dem Motor verbunden.

Das Rahmendesign orientierte sich eher an der 600er als an den Rennmaschinen. Die Sport überraschte viele mit dem aus der 600er stammenden Kardanantrieb. Angeblich hatte Graf Agusta darauf bestanden, weil er die Maschine nicht in Rennen sehen wollte, aus Angst, Privatfahrer konnten dem Ruf des Werksteams schaden. Aber die Sport wurde mit hochwertigen Teilen wie einer Ceriani-Gabel, zwei Stoßdämpfern und Borrani-Alufelgen ausgestattet. Die frühen Modelle hatten eine große Grimeca-Doppel-Duplex-Trommelbremse, die später durch eine Doppelscheibenbremse ersetzt wurde.

Für die wenigen Fahrer, die sich eine Sport leisten konnten, war sie ein großartiges Motorrad. Die Spitzengeschwindigkeit lag bei etwa 185 km/h statt der angegebenen 225 km/h, aber auch das war schnell genug. Die geschmeidige Beschleunigung, musikalisch untermalt vom Rasseln des Motors und dem Heulen der Auspuffrohre, machte jede Ausfahrt zum Erlebnis. Handling und Bremsen waren ebenfalls gut, obwohl die schwere, kardangetriebene Sport die Agilität oder Stabilität der Rennmaschinen auch nicht annähernd erreichte. Einige Fahrer bauten später Kettenumrüstsätze des ehemaligen MV-Rennleiters Arturo Magni ein, der sein eigenes Geschäft nahe Gallarate eröffnet hatte.

Der Beherrschung der Rennstrecken durch die MV Agusta wurde schließlich 1975 durch die japanischen Zweitakter Einhalt geboten. Die Firma zog sich aus dem Renngeschäft zurück, und auch die Straßenmaschinen überlebten nicht viel länger. Trotz der hohen Preise waren weder die Sport noch die späteren Vierzylinder America und Monza wirtschaftlich erfolgreich. Ihre ausgeklügelten, handgefertigten Motoren waren sehr teuer und die Stückzahlen niedrig. Gegen Ende der 70er gab MV Agusta den Motorradbau auf und konzentrierte sich auf die Produktion von Hubschraubern.

Links: *Die rennmäßige Vollverkleidung war ebenso als Sonderzubehör erhältlich wie eine Halbverkleidung und ein Perspex-Windschild. Die rot-weiß-blaue Lackierung entsprach nicht der der Rennmaschinen, trug aber stark zur sportlichen Erscheinung des Motorrads bei.*

Unten: *Trotz des schweren Kardanantriebs und eines Rahmens, der im Gegensatz zu den Rennmaschinen nicht so steif war, hatte die Sport ein gutes Handling. Das galt umso mehr im Zusammenspiel mit Marzocchi-Stoßdämpfern mit Ausgleichsbehältern, wie sie hier zu sehen sind.*

Bezeichnung	MV Agusta 750 Sport (1970)
Motor	4 Zylinder in Reihe, luftgekühlt, DOHC
Hubraum	743 ccm (65 x 56 mm)
Leistung	47,8 kW (65 PS) bei 7900 U/min
Kraftübertragung	Fünfganggetriebe; Kardanwelle
Rahmen	Stahlrohrrahmen
Federung	vorne Teleskopgabel; hinten zwei Stoßdämpfer
Bremsen	vorne Doppelscheibenbremse; hinten Trommelbremse
Gewicht	230 kg
Spitzengeschwindigkeit	185 km/h

Kawasaki Z1

Spitze
212 km/h

Unten: *Die Z1 war nicht nur das stärkste Serienmotorrad der Welt, sie war auch eine schöne Maschine, deren Linien trotz hohem Lenker und dicker Doppelsitzbank Kraft und Geschwindigkeit deutlich zeigten. Diese 1974er Z1-A unterscheidet sich vom ersten Modell des Vorjahres durch ihre Lackierung und das Leichtmetall-Finish des Motors, der vorher schwarz lackiert war.*

Sie wurde King genannt, und es besteht kein Zweifel, dass die Kawasaki Z1 in den 70ern die Straßen regierte. Als die 903-ccm-Vierzylinder 1973 vorgestellt wurde, war sie mit einer Spitzengeschwindigkeit von 210 km/h rund 10 km/h schneller als ihre heißeste Rivalin, die Honda CB750. Die Kawasaki war auch auf der stehenden Viertelmeile um eine Sekunde schneller und war darüber hinaus attraktiv und sehr verlässlich. Es überrascht nicht, dass sie unmittelbar zum Hit wurde.

Die frühe Geschichte der Z1 ist eine des Triumphs über die drohende Katastrophe. Ursprünglich wollte Kawasaki eine Vierzylinder mit 750 ccm bauen und stand auch kurz davor, das Projekt mit dem Namen „New York Steak" abzuschließen, als Honda die CB750 auf den Markt brachte. Nach der anfänglichen Enttäuschung wurde den Ingenieuren klar, dass sie jetzt zumindest wussten, was es zu übertreffen galt. Also vergrößerten sie ihren Motor und brachten ihn vier Jahre später mit großem Erfolg auf den Markt.

Leistungsvorsprung

Es bestand nie ein Zweifel, dass der Motor der Z1 mit zwei oben liegenden Nockenwellen und acht Ventilen, welche über Einstellplättchen („shims") justiert wurden, einen deutlichen Vorsprung gegenüber dem kleineren OHC-Motor der CB750 haben würde. Mit einer Spitzenleistung von 82 PS bei 8500 U/min war der Kawasaki-Motor 15 PS stärker und lieferte erheblich mehr Drehmoment aus niedrigen Touren heraus. Er saß aufrecht in einem Stahlrohrrahmen, dessen Gabel ein 19-Zoll-Vorderrad mit einer Scheibenbremse führte.

Wenn das Chassis der Z1 nichts Besonderes war, so erregte das Styling doch einiges Aufsehen. Die fahrbereit 246 kg wiegende Kawasaki war zwar unbestreitbar groß und schwer, aber gut proportioniert. Der geschwungene Tank, die kleinen Seitendeckel und der Entenbürzel hinter der Sitzbank passten hervorragend zu ihrer Leistung.

Nicht, dass andere Fahrer viel mehr von ihr zu sehen bekamen als das sich schnell entfernende Heck.

Ihre Beschleunigung war nach damaligem Standard brutal, wenn der große Motor geschmeidig sein großes Drehmoment über das gesamte Drehzahlband entfaltete. Und es gab reichlich Reserven, wie Tuner und Rennfahrer bald zeigen sollten.

Das Handling stand auf einem anderen Blatt. Bei normaler Fahrweise machte die Z1 keine Schwierigkeiten und fuhr sich trotz des hohen Lenkers komfortabel. Nahm man den mächtigen Motor aber etwas härter heran, konnte er das Fahrwerk schon einmal überfordern und Instabilitäten bei hohen Geschwindigkeiten verursachen. Viele Fahrer bauten daher Lenkungsdämpfer und Austausch-Stoßdämpfer ein, was half. Eine bessere Lösung war ein Rahmensatz von einem Spezialisten wie Harris, Martin, Egli oder Bakker.

Die meisten Fahrer waren aber mit der Z1 so zufrieden, wie sie war. Ihr Leistungsvorsprung war so groß, dass die meisten Veränderungen in den nächsten zwei Jahren vorwiegend kosmetischer Natur waren. 1976 machte man die vorher als Option erhältliche zweite Scheibenbremse zur Serienausstattung, während kleinere Vergaser und leisere Schalldämpfer (eine Konzession an die amerikanischen Emissionsbestimmungen) die Spitzenleistung leicht senkten. Das Motorrad wurde in Z900 umbenannt. Aber eines änderte sich nicht: der Status als zweirädrige Königin der Straße.

Ein schnellerer Vierzylinder – Die Z1-R

Kawasakis Antwort auf die zunehmende japanische Vierzylinder-Konkurrenz war 1978 die Z1-R, eine verbesserte Version der Z1000. Die offensichtlichste Veränderung war die Lenkerverkleidung, deren kantige Linien sich im Tank und der Karosserie widerspiegelten. Der 1015-ccm-Motor blieb grundsätzlich unverändert, aber größere Vergaser und eine Vier-in-eins-Anlage erhöhten die Leistung um 6 PS auf 90 PS. Das Chassis wurde mit verstärktem Rahmen, strafferer Federung, Gussrädern und verstärkten Bremsen versehen. Die Spitzengeschwindigkeit stieg auf 209 km/h, und die Lenkerverkleidung erhöhte den Fahrkomfort, nicht aber die Stabilität. Auch das Handling bei niedrigen Geschwindigkeiten war marginal besser. Insgesamt war dies die bisher beste Kawasaki.

Links oben: *Der DOHC-Vierzylinder von Kawasaki deklassierte mit seiner Leistung von 82 PS nicht nur die gesamte Konkurrenz, sondern war auch bemerkenswert verlässlich.*

Links: *Der hohe Lenker machte das Fahren mit hoher Geschwindigkeit unbequem und trug nicht gerade zur Stabilität bei.*

Bezeichnung	**Kawasaki** Z1 (1973)
Motor	4-Zylinder in Reihe, luftgekühlt, DOHC
Hubraum	903 ccm (66 x 66 cm)
Leistung	60,3 kW (82 PS) bei 8500 U/min
Kraftübertragung	Fünfganggetriebe; Kette
Rahmen	Stahlrohrrahmen
Federung	vorne Teleskopgabel; hinten zwei Stoßdämpfer
Bremsen	vorne Scheibenbremse; hinten Trommelbremse
Gewicht	246 kg (betankt)
Spitzengeschwindigkeit	212 km/h

BMW R90S

Spitze 200 km/h

Von der reinen Leistung her war die BMW R90S Mitte der 70er sicher nicht das schnellste Superbike. Wenn man aber eine Langstrecke mit Geraden und Kurven vor sich hatte, gab es nichts schnelleres oder bequemeres auf zwei Rädern als die einzigartig ausgestattete Boxermaschine. Die unverwechselbare Lackierung der BMW passte perfekt zu ihrem Image als sehr raffinierter und teurer Sport-Tourer. In vielerlei Hinsicht war die R90S das beste Allround-Superbike ihrer Zeit. Mit Sicherheit konnte kein anderes Serienmotorrad mit ihrer Kombination aus einer Spitzengeschwindigkeit von 200 km/h, Langstreckentauglichkeit, exzellentem Handling, Verlässlichkeit und makellosem Finish mithalten.

BMW hatte reichlich Erfahrung im Bau von Zweizylinder-Boxern, und das zeigte sich hier. Die R90S entstammte einer langen Linie von Boxern, die bis auf die erste R32 von Max Friz von 1923 zurückreicht. Das Unternehmen baute schon seit vielen Jahren kompetente, komfortable und konservative Tourenmaschinen. Aber dieses vom Designer Hans Muth gestylte Motorrad besaß eine deutlich aggressivere Persönlichkeit.

Die Grundlagen waren typisch BMW. Wie die ebenfalls 1973 vorgestellte unverkleidete R90/6 basierte die R90S stark auf der R75 aus dem Vorjahr. Durch eine Vergrößerung der Bohrung der 745-ccm-R75 von 82 auf 90 mm bei gleich bleibendem Hub von 70,6 mm vergrößerte sich der Hubraum auf 898 ccm. Außerdem führte BMW einige Verbesserungen durch, wie eine überarbeitete Schaltung, eine stärkere Lichtmaschine mit 280 W und verstärkte Hauptlager.

An der S war mehr dran als nur ihre Verkleidung. Der Motor erhielt eine höhere Kompression von 9,5:1 im Gegensatz zu 9:1 bei der R90/6 und atmete durch 38-mm-Dell'Orto-Vergaser mit Beschleunigerpumpen. Die Spitzenleistung lag mit 67 PS bei 7000 U/min um 7 PS über der des Standardmodells. Die R90S hatte auch eine Einstellung für den Lenkungsdämpfer im Cockpit, einen größeren Tank und eine zweite Scheibenbremse vorne.

Die zusätzliche Kraft verlieh der S einen deutlichen Schub bei hohen Drehzahlen, ohne dabei die Drehfreudigkeit im mittleren Bereich oder die Laufruhe bei den meisten Drehzahlen zu stören. Darüber hinaus bedeutete die Verkleidung, dass der Fahrer die Motorleistung ungestört vom Fahrtwind voll aus-

Rechts: *Dell'Orto-Vergaser und hoch verdichtende Kolben steigerten die Leistung des 898-ccm-Boxers auf 67 PS.*

Unten: *Die Verkleidung der R90S war für die Leistungssteigerung genauso wichtig wie der Motor.*

schöpfen konnte. Andere Hersteller folgten bald dem Beispiel BMW, aber für den Augenblick versetzte die Verkleidung die R90S in eine Klasse für sich.

Komfortable Fahrt

Das Handling war gut, obwohl die Federung weich genug für komfortable Fahrten war. Selbst mit der Lenkungsdämpfung fühlte sich die R90S bei hohem Tempo vorne recht leicht an, aber das galt für die meisten unverkleideten Rivalinnen. Die Doppelscheibenbremse vorne war verlässlich, aber bis zu ihrem Austausch 1975 etwas gefühllos. Zu den weiteren Annehmlichkeiten zählten eine Cockpituhr, eine großzügige Reichweite von 320 km und eine Sitzbank, auf der man diese Strecke auch bequem zurücklegen konnte.

BMWs waren noch nie billig gewesen, und die R90S mit ihrer umfassenden Ausstattung machte da keine Ausnahme. Auf vielen Märkten kostete sie mehr als das Doppelte der Honda CB750. Das sorgte dafür, dass die R90S nur einer auserwählten Schar vorbehalten blieb. Das Motorrad war zwar ein Erfolg, verkaufte sich aber nicht so häufig wie das Standardmodell 90/6.

Die glücklichen Fahrer, die längere Strecken auf der R90S zurücklegen durften, wussten, dass sie ein besonderes Motorrad war. Wenn man Geschwindigkeit, Handlichkeit und Komfort suchte, wurde man von der R90S stilvoll bedient. Und manchmal war sie sogar das schnellste Superbike auf einer Rennstrecke. Ein Beleg dafür ist der Sieg des BMW-Fahrers Reg Pridmore beim US Superbike Championship 1976.

Bezeichnung	**BMW** R90S (1974)
Motor	2-Zylinder-Boxer, luftgekühlt, OHV
Hubraum	898 ccm (90 x 70,6 mm)
Leistung	49,3 kW (67 PS) bei 7000 U/min
Kraftübertragung	Fünfganggetriebe; Kardanwelle
Rahmen	Doppelschleifenrahmen
Federung	vorne Teleskopgabel; hinten zwei Stoßdämpfer
Bremsen	vorne Zweischeibenbremse; hinten Trommelbremse
Gewicht	215 kg (betankt)
Spitzengeschwindigkeit	200 km/h

__Oben:__ Das Herz der R90S war ein traditioneller BMW-Boxer, aber die Verkleidung und die auffällige Lackierung verliehen ihr ein modernes und attraktives Aussehen. Die Leistung wurde durch die üblichen praktischen Ausstattungen wie die Faltenbälge an den Gabelfedern, die große Doppelsitzbank und den Kardanantrieb unterstützt.

__Links:__ Obwohl das Chassis ebenso auf Komfort wie auf Geschwindigkeit ausgelegt war, ermöglichten der steife Rahmen und die gut abgestimmte Federung ein zuverlässiges Handling. Besonders auf langen Reisen erreichten nur wenige Superbikes die mühelose Leistungsentfaltung des BMW-Flaggschiffs. Leider wurden die beeindruckenden Werte um einen ebenso beeindruckenden Preis ergänzt.

Benelli 750 Sei

Spitze
185 km/h

__Rechts:__ Geschwindigkeit auf gerader Strecke war nicht die Spezialität der breiten und sanft abgestimmten Benelli, sondern geschmeidiges und müheloses Fahren bei 145 km/h und mehr.

__Unten:__ Das Styling der Benelli war konventionell, aber die Breite des Motors und die Anzahl der Auspuffrohre waren es sicher nicht. Der Gepäckträger war eine Zusatzoption.

Das exotische Sechszylinder-Superbike von Benelli verdient einen Platz in jeder Geschichte schneller Motorräder, auch wenn es nach den Maßstäben der Mitte der 70er nicht herausragend schnell war. Die italienische Maschine war unbestreitbar schick, ausgereift und teuer, aber ihr fehlte die schiere Geschwindigkeit der japanischen Superbikes oder auch ihrer italienischen Rivalinnen.

Dessen ungeachtet war die Sei ein schönes Allroundmotorrad mit müheloser Beschleunigung, bemerkenswerter Laufruhe und exzellentem Handling. Dies alles war in einem Paket verschnürt, dessen Krönung die Batterie von sechs chromblitzenden Auspuffrohren war. Die Sei war bei ihrer Einführung 1974 nicht nur das einzige Sechszylindermotorrad, sondern konnte auch einen guten Stammbaum vorweisen. Benelli hatte erst 1969 die 250er-Weltmeisterschaft gewonnen und dabei die Zweitakter mit einer Vierzylinder-Viertaktmaschine unter dem Australier Kel Carruthers aus dem Feld geschlagen.

Von Honda inspiriert

Abgesehen von der Zylinderzahl war der 748-ccm-Motor der Sei wenig innovativ und trotz angegebener 71 PS bei 8500 Umdrehungen auch nicht besonders kraftvoll. Zyniker behaupteten, dass der OHC-Motor wenig mehr als anderthalb Honda-CB500-Motoren sei. Wie der Honda-Vierzylinder hatte er die Brennraumdimensionen 56 x 50,6 mm und eine zentrale Antriebskette für die Nockenwelle. Weitere gleiche Details wie das gerippte Ölfiltergehäuse verrieten die Hauptinspiration der italienischen Ingenieure.

Aber der Benelli-Motor beherbergte auch Unterschiede wie die Lichtmaschine, die nicht am Ende der Kurbelwelle, sondern rechts hinter den Zylindern saß und von Zahnrädern getrieben wurde. Das ermöglichte eine schmalere Bauweise ebenso wie die Verwendung von nur drei 24-mm-Dell'Orto-Vergasern, deren äußere zwei angewinkelte Saugrohre versorgten. So passten die Vergaser dicht nebeneinander unter den Tank.

Der Motor war auf Leistung im mittleren Drehzahlbereich abgestimmt und lieferte jenseits von 2000 Touren ein durchgehend gutes Drehmoment. Die Leistungsentfaltung erfolgte sehr gleichmäßig über den gesamten Drehzahlbereich. Dadurch überzeugte das Motorrad durch sein müheloses Hochgeschwindigkeitsverhalten, auch wenn die Spitzengeschwindigkeit von 185 km/h nicht sonderlich beeindruckte.

Eine schnelle Gangart wurde auch durch das konventionelle Chassis unterstützt, das sehr viel besser funktionierte als viele zeitgenössische Konstruktionen. Der Stahlrohrrahmen trug eine Marzocchi-Gabel und Stoßdämpfer der gleichen Firma oder von Sebac. Beide Enden wurden also von italienischem Rennsport-Know-how getragen. Zusammen mit dem relativ steifen Rahmen ergab sich so eine gute Stabilität auf gerader Strecke.

Für ein so großes Motorrad war die Benelli bemerkenswert agil und ließ sich schneller durch Kurven treiben als manch kleinere Maschine. Sie besaß eine einigermaßen großzügige Bodenfreiheit, wenn man die Motorkonstruktion bedenkt. Eine kraftvolle Brembo-Zweischeibenbremse vorne und eine Trommelbremse hinten trugen zu beeindruckenden Fahrwerkseigenschaften der Sechszylinder bei. Leider verkaufte sich die Sei nicht besonders gut. Trotz ihrer Batterie von Zylindern mangelte es der Benelli an dem Charakter und der Leistung, die die besten italienischen Superbikes so beliebt gemacht hatten. Potentielle Käufer wurden durch Bedenken hinsichtlich der Verlässlichkeit, die hohen Unterhaltskosten und den beträchtlichen Kaufpreis abgeschreckt.

Nichtsdestotrotz wurde die Sei mit nur wenigen Veränderungen bis zum Ende des Jahrzehnts produziert. Dann wurde der Motor für die 900 Sei vergrößert, die nur wenig mehr Leistung, eine hübsche Cockpitverkleidung, aber kaum mehr Charisma besaß. Sie verkaufte sich in ähnlich kleinen Stückzahlen und markierte zumindest für die nächsten 25 Jahre das Ende des Versuchs Benellis, ein großer Hersteller von Superbikes zu werden.

Links: Benelli unterstrich den Mann mit drei glänzenden Schalldämpfern auf jeder Seite, die viel Polierarbeit vom Fahrer verlangten. Das Motorrad klang gut, auch wenn die Schalldämpfer zu wirksam waren, um den vollen Sechszylinder-Sound zu Gehör zu bringen.

***Unten:** Die breite Front ließ die Sei sehr schwer wirken. Die Benelli war keine traditionelle italienische Sportmaschine, aber relativ leicht und gut handhabbar. Die großen Brembo-Scheibenbremsen vorne lieferten reichlich Bremskraft.*

Bezeichnung	**Benelli** 750 Sei (1975)
Motor	6 Zylinder in Reihe, luftgekühlt, OHC
Hubraum	748 ccm (56 x 50,6 mm)
Leistung	52,3 kW (71 PS) bei 8500 U/min
Kraftübertragung	Fünfganggetriebe; Kette
Rahmen	Stahlrohrrahmen
Federung	vorne Teleskopgabel; hinten zwei Stoßdämpfer
Bremsen	vorne Zweischeibenbremse; hinten Trommelbremse
Gewicht	220 kg
Spitzengeschwindigkeit	185 km/h

Ducati 900SS

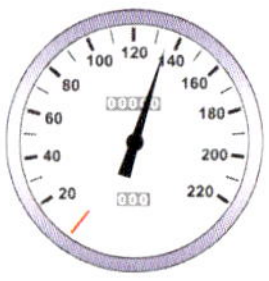

Spitze
217 km/h

Die Ducati 900 Super Sport war eines der reinrassigsten Sport-Superbikes, die je auf eine unschuldige öffentliche Straße losgelassen wurden. Sie war praktisch eine straßentaugliche Werks-Rennmaschine: schnell, roh und kompromisslos. Sie ließ sich hervorragend handhaben und stoppen, klang und sah großartig aus und konnte es mit allem auf Straße und Rennbahn aufnehmen.

Die 900SS verdankt ihre Existenz dem Sieg Ducatis bei den Imola 200 im Jahr 1972, wo die Werksfahrer Paul Smart und Bruno Spaggiari als Erster und Zweiter abschlossen. Das Werk feierte den Doppelsieg mit einer kleinen Auflage straßentauglicher Replicas der Rennmaschine. Sie waren beliebt, also wurden mehr gebaut, diesmal unter dem Namen 750 Super Sport anstatt Imola Replica, wie die ersten Modelle hießen.

Die halbverkleidete 750SS ahmte mit ihrer silbernen Lackierung Smarts vollverkleideten Renner nach. Ihr 748-ccm-V2 stammte aus der 750 Sport und war mit desmodromischer Ventilsteuerung, hoch verdichtenden geschmiedeten Kolben, polierten Innenflächen, großen Dell'Orto-Vergasern und offenen Conti-Auspuffrohren ausgerüstet.

Fabio Taglionis längs eingebauter 90-Grad-V-Zweizylinder mit Königswellenantrieb der einzelnen oben liegenden Nockenwellen war bereits zu einem Markenzeichen Ducatis geworden, aber dies war die erste straßentaugliche Zweizylinder mit Desmodromik.

Rechts: *Verkleidung und schmale Silhouette verliehen der Ducati eine gute Aerodynamik, die sie in Verbindung mit dem geringen Gewicht auch stärkeren Rivalinnen gegenüber überlegen machte.*

Unten: *Nur wenige Motorräder erreichen annähernd das aggressive Aussehen der 900SS mit Lenkstummeln, Rennsitzbank, weit hinten liegenden Fußrasten, offenen Dell'Orto-Vergasern und offenen Conti-Auspuffrohren.*

Rennerfolg

Ducati baute nur etwa 200 Motorräder, aber alle wurden gekauft, und einige von ihnen fuhren 1974 erfolgreiche Rennen mit. Dadurch ermutigt, schuf das Werk in Bologna im folgenden Jahr die in größeren Stückzahlen verfügbare 900SS, indem sie den kleineren Motor durch einen V2 auf Basis des Motors der 860GT ersetzten. Dieser kombinierte eine größere Bohrung von 86 mm mit dem ursprünglichen Hub von 74,4 mm zu einem Hubraum von 864 ccm. Wie das kleinere Modell verfügte sie über eine Desmodromik, polierte Pleuelstangen, filterlose 40-mm-Dell'Orto-Vergaser und kaum gedämpfte Conti-Rohre.

Diese Modifikationen steigerten die Spitzenleistung auf 79 PS bei 7000 U/min an der Kurbelwelle beziehungsweise 68 PS am Hinterrad. Das Chassis der 900SS war dem gewachsen. Wie gehabt, war es streng funktional gehalten, mit Halbverkleidung, Rennstummeln, nach hinten verlegten Fußrasten, zwei gelochten Brembo-Bremsscheiben vorne und Rennsitzbank. Es gab weder einen elektrischen Anlasser, noch irgendetwas, das nicht dem einzigen Zweck dieses Motorrads diente, Höchstleistung zu liefern.

Die 900SS erreichte in der Spitze 217 km/h und hatte ein annehmbares Reisetempo von 160 km/h. Das war 1975 sehr schnell, und das Handling der Ducati war sogar noch besser. Sie war nicht das agilste Motorrad, aber keine Rivalin konnte mit dem Kurvenverhalten und der Stabilität mithalten, die die Mischung aus steifem Rahmen, langem Radstand und straffer Marzocchi-Federung bot. Straßenlage, Bremsverhalten und Bodenfreiheit waren ebenfalls beispielhaft.

Die kompromisslose 900SS verlangte Hingabe von ihrem Fahrer, und für manchen war sie zu extrem. Aber sie war ein superbes Serien-Rennmotorrad. Für Straßenfahrer, die ihrer Schönheit, Geschwindigkeit und dem reinrassigen Charakter erlagen, kam kein anderes Motorrad an sie heran. Um einen Testbericht aus der Zeit zu zitieren: die 900SS war das Destillat aus Spaß und Spannung des Motorradsports.

Mikes Maschine – Die Hailwood Replica

Paul Smarts Sieg bei den Imola 200 1972 war ein großer Augenblick in der Ducati-Geschichte und ein weiterer kam sechs Jahre später, als Mike Hailwood aus dem Ruhestand zurückkehrte und die Isle of Man Formula One TT auf einer von Sports Motorcycles getunten Ducati-V2 gewann.

Im Folgejahr legte Ducati zu Ehren des Sieges eine spezielle 900SS Hailwood Replica auf. Sie hatte vergoldete Bremssättel, neue Gussräder und längere Heckstoßdämpfer. Die Replica wurde sofort zum Bestseller und blieb mit verschiedenen Modifikationen bis 1985 im Ducati-Programm.

Links: *Ducatis 864-ccm-90-Grad-V2, Königswellenantrieb, Desmodromik, breite Kraftentfaltung und unerschütterliche Hochgeschwindigkeitsstabilität waren die Markenzeichen der 900SS.*

Bezeichnung	**Ducati** 900SS (1975)
Motor	V2 90°, luftgekühlt, OHC
Hubraum	864 ccm (86 x 74,4 mm)
Leistung	58,1 kW (79 PS) bei 7000 U/min
Kraftübertragung	Fünfganggetriebe; Kette
Rahmen	Gitterrohrrahmen
Federung	vorne Teleskopgabel; hinten zwei Stoßdämpfer
Bremsen	vorne Zweischeibenbremse; hinten Scheibenbremse
Gewicht	188 kg (betankt)
Spitzengeschwindigkeit	217 km/h

Laverda Jota

Spitze
225 km/h

Die Laverda Jota war unverkennbar reizvoll. Die italienische Dreizylinder untermauerte ihr breitschultriges, unverkleidetes Äußeres mit einer massiven, manchmal sogar Furcht einflößenden Leistung. Die Jota war groß, brutal, laut und von überlegener Kraft. In den richtigen Händen war sie in den späten 70ern einfach das schnellste Ding auf zwei Rädern, wie eine Reihe von Rennsiegen belegt.

Die berühmteste der 981-ccm-Dreizylinder resultierte aus der Zusammenarbeit der Firma aus dem norditalienischen Breganze mit dem britischen Importeur Slater Brothers. Die Basis der Jota bildete die ihrerseits starke und schöne 3C, die Laverda 1973 geschaffen hatte, indem man einem 650-ccm-Parallel-Twin einen weiteren Zylinder spendierte.

1975 wollten die Brüder Roger und Richard Slater die Dreizylinder in Serienrennen fahren und schufen eine Maschine, die sie 3CE nannten – das „E" stand für England – indem sie Modifikationen wie offene Auspuffrohre, nach hinten verlegte Fußrasten und einen Einzelsitz montierten. Währenddessen entwickelte Laverda mit der 3CL eine eigene Version mit Gussrädern, drei Scheibenbremsen und einer Heckverkleidung, die als 1976er-Modell eingeführt wurde.

Aus einer Kombination beider Maschinen entstand ein Motorrad, das die Slaters nach einem spanischen Tanz im Dreivierteltakt Jota nannten. Diesmal gingen sie beim Tuning noch weiter und statteten den DOHC-Dreizylinder mit Rennnockenwellen und hoch verdichtenden Kolben aus. Das Ergebnis waren eine deutlich gesteigerte Leistung von 90 PS bei 8000 U/min und entsprechender Geräusch- und Leistungsentwicklung.

Dieses italienische Motorrad konnte es in PS und Geschwindigkeit mit den besten Japanerinnen aufnehmen. Unter 4000 Touren fühlte sich die Jota dank der schweren Nockenwellen rau an, erwachte jenseits davon aber mit berauschender Beschleunigung, einem seelenvollen Dreizylinderbellen und einer Spitzengeschwindigkeit von 225 km/h.

Mit ihrer ungeschützten Sitzposition, den Motorvibrationen und einer schwergängigen Kupplung, die harte Arbeit vom Fahrer verlangte, war die Jota nicht

Unten: *Die Stärke der Jota lag eher in der Leistung als im Handling, aber die große Laverda hatte trotzdem auch in Kurven stets die Nase vorne. Eine straffe Federung verhalf in den meisten Lagen zu Stabilität, trotz der Kombination aus Größe, Gewicht und schier brutaler Kraft.*

Mirage – Die schnelle Touren-Dreizylinder

1978 baute Laverda ein weiteres schönes Superbike, indem man den Motor auf 1116 ccm vergrößerte und mit höherem Lenker und einer Doppelsitzbank ein Tourenmodell namens 1200 schuf. Wieder statteten die Slater Brothers die Maschine mit scharfen Nockenwellen und offenen Rohren aus (die Kompression blieb unverändert) und nannten das Ergebnis Mirage. Sie war eine schnelle, sehr drehfreudige und vielseitige Maschine. Das Laverda-Werk übernahm den Namen, beließ aber für die meisten Märkte Nockenwellen und Auspuffanlage unverändert.

Links unten: *Laverdas 981-ccm-Dreizylinder war schon in der Serienversion äußerst potent, wurde aber richtig beeindruckend in der Jota-Version mit Rennnockenwellen und Kolben, die die Verdichtung von 9:1 auf 10:1 erhöhten. Das Resultat war eine Spitzenleistung von 90 PS.*

leicht zu fahren. Andererseits war sie mit einer makellosen Lackierung und einer Elektrik ausgestattet, die nach italienischen Maßstäben herausragend waren. Das Handling war durch den starken Rahmen und die straffe Ceriani-Federung generell gut. Aber die Dreizylinder war eine hohe, schwere Maschine, die ihrem Fahrer viel Kraft abverlangte und bei hohem Tempo zum Pendeln neigte. Das Trio aus großen gusseisernen Brembo-Scheiben lieferte nass und trocken reichlich Bremskraft.

Laverda modifizierte die Dreizylinder in den folgenden Jahren unter anderem mit verschiedenen Halbverkleidungen und produzierte 1982 mit der Jota 120 eine weiterentwickelte Version. Sie hatte eine 120-Grad-Kurbelwelle anstelle der 180-Grad-Version. Die Jota 120 war laufruhiger, bewahrte sich aber den traditionellen Dreizylindercharakter. Obwohl kurzlebig, war sie ein würdiger Abschluss der berühmten Linie.

Unten: *Das muskulöse Styling der Jota machte immer einen großen Teil ihres Reizes aus. Diese Maschine zeigt die klassische frühe Kombination aus flachem, verstellbarem Lenker, Höckersitzbank und Lackierung in traditionellem Laverda-Orange. In den 80ern wurde eine optionale Halbverkleidung angeboten, die das Hochgeschwindigkeitsfahren erleichterte.*

Offensichtlicher Reiz

Obwohl die Jota (bis auf Schalldämpfer und Krümmer) in Breganze gefertigt wurde, galt sie offiziell als ausschließlich britisches Modell. Allerdings wurden kleine Stückzahlen auch auf anderen Märkten abgesetzt. Der Preis war hoch, aber der Reiz war offensichtlich: Dies war 1976 eindeutig die schnellste Straßenmaschine. Slater-Rennfahrer Peter Davies untermauerte diesen Anspruch, indem er die britische Serienmeisterschaft beherrschte.

Bezeichnung	**Laverda** Jota (1976)
Motor	Dreizylinder, luftgekühlt, DOHC
Hubraum	981 ccm (75 x 74 mm)
Leistung	66,2 kW (90 PS) bei 8000 U/min
Kraftübertragung	Fünfganggetriebe; Kette
Rahmen	Stahlrohrrahmen
Federung	vorne Teleskopgabel; hinten zwei Stoßdämpfer
Bremsen	vorne Zweischeibenbremse; hinten Scheibenbremse
Gewicht	236 kg (betankt)
Spitzengeschwindigkeit	225 km/h

Moto Guzzi Le Mans

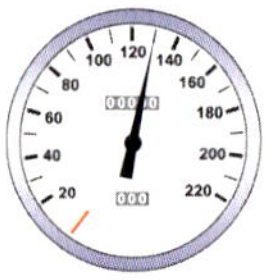

Spitze 210 km/h

Mit ihrer winzigen Cockpitverkleidung und dem muskulösen quer eingebauten V2-Motor war die lang gestreckte, schlanke und unverwechselbare Le Mans sicher eines der schicksten Superbikes der Mitte der 70er. Darüber hinaus war sie schnell und hatte eine superbes Handling und exzellente Bremsen. Das Moto-Guzzi-Flaggschiff war ein Straßenrenner, der mühelos Reisegeschwindigkeiten von über 160 km/h ermöglichte, in schneller Gangart durch Kurven schnitt und es mit den besten Rivalen aus Italien und Japan aufnehmen konnte.

Moto Guzzi blickte auf eine lange Geschichte der Rennerfolge und innovativen Motorräder zurück, wie z. B. die exotische 500-ccm-V8 aus den 50ern. Für ihre standfesten Einzylinder berühmt, hatte Moto Guzzi zunehmend Erfolg mit ihren quer eingebauten V-Twins. Aber es war die Le Mans, mit der sich die Firma vom Comer See 1976 ins Rampenlicht zurückmeldete. Die Le Mans basierte auf der 750 S3, ihrerseits eine hinreißende, unverkleidete Straßenmaschine, die aus dem ersten leistungsstarken V2 des Unternehmens, der V7, entwickelt worden war. Die auffälligste Innovation des neuen Motorrads war das Styling, das eine Cockpitverkleidung mit einem geschwungenen Tank und einer kantigen Sitzbank kombinierte.

Im Streben nach mehr Leistung vergrößerte Guzzi den 748-ccm-Motor der S3 auf 844 ccm und steigerte die Kompression von 9,8:1 auf 10,2:1. Außerdem baute man filterlose 36-mm-Dell'Orto-Vergaser und eine neue offene Auspuffanlage ein. Der Kardanmotor war immer noch eine altmodische Angelegenheit mit Stößelstangen und einem schwerfälligen Fünfganggetriebe. Aber er lieferte 80 PS bei 7300 U/min und besaß reichlich Durchzugsvermögen, das dem kleineren S3-Motor gefehlt hatte.

Diese zusätzliche Leistung reichte für eine Spitzengeschwindigkeit von 210 km/h, was für die Zeit beeindruckend war. Der große Motor wirkte bei niedrigen Touren schwerfällig, lebte aber bei steigenden Umdrehungen auf und zog im mittleren Drehzahlbereich kräftig durch. Die wirkliche Stärke der Le Mans lag in ihrer Langstreckenfähigkeit. In Zusammenarbeit mit der vorgebeugten Sitzposition und dem Schutz der kleinen Verkleidung ermöglichte sie ermüdungsfreie Langstreckenfahrten bei hohen Geschwindigkeiten.

Rechts oben: Die Spitzengeschwindigkeit von rund 210 km/h machte die Le Mans Mitte der 70er zu einem der schnellsten Motorräder. Zudem gab sie diese Leistung sehr entspannt ab und ermutigte zum schnellen Fahren. Dazu trug auch das dank straffer und gut gedämpfter Federung exzellente Handling bei.

Unten: Im Prinzip sah die Le Mans aus wie ihre sportlichen Vorgängerinnen. Aber mit ihrer Cockpitverkleidung, der neuen, über den Tank hochgezogenen Sitzbank und dem charakteristischen Motor war sie unverwechselbar und eines der schicksten Superbikes.

Gutes Handling

Der steife Stahlrahmen bot trotz der gelegentlichen Lastwechselreaktionen des Kardans ein gutes Handling. Die Le Mans war nicht besonders leicht oder wendig, aber ihre Stabilität bei hohen Geschwindigkeiten war unter anderem dank der straffen Federung bemerkenswert. Wenn die japanische Konkurrenz schon pendelte, schob sich die Le Mans ungerührt schnurgerade vorwärts, während sich der Fahrer an den Stummellenkern hinter die kleine Scheibe duckte.

Das Bremssystem aus drei miteinander verbundenen, gusseisernen Brembo-Scheiben war vor allem bei Nässe der Konkurrenz weit überlegen. Die Handbremse wirkte auf eine der beiden vorderen Scheiben, das Fußpedal auf die andere und auf die Hinterradbremse. Nach italienischen Maßstäben war die Guzzi gut verarbeitet und zuverlässig, auch wenn sie unter einer typisch störanfälligen Elektrik litt.

Der hohe Preis sorgte dafür, dass die Le Mans nie in großen Stückzahlen verkauft wurde, aber sie erlangte Kultstatus, machte viele Fahrer auf die seltsamen V-Twins von Moto Guzzi aufmerksam und wurde mit mehreren Modernisierungen 19 Jahre lang produziert. Leider stieg die Leistung nicht mit den Jahren.

***Links:** Abgesehen von den hervorstehenden Zylindern war die Le Mans ein schlankes und kompaktes Motorrad. Rahmen und Gabel stammten von der älteren S3. Das Fußpedal des Bremssystems wirkte auf eine Vorderradscheibe und die hintere Scheibenbremse, während die zweite vordere Bremse vom Handhebel bedient wurde.*

Im Gegenteil war die Mk2 Verion von 1979 sogar etwas langsamer, schützte aber den Fahrer mit einer kantigen Vollverkleidung. Das 1982er-Modell Mk3 gewann wieder etwas an Leistung, aber Guzzi verschlechterte sich 1985 erneut mit der 949-ccm-Le-Mans-Mk4, deren 16-Zoll-Vorderrad für ein schlechtes Handling sorgte. Zu dieser Zeit waren Stabilität und konkurrenzfähige Geschwindigkeit des 1976er-Modells nur eine stolze Erinnerung. Im Fall der Moto Guzzi Le Mans war das Original definitiv das beste Modell.

Bezeichnung	**Moto Guzzi** Le Mans 850 (1976)
Motor	V2 90°, luftgekühlt, OHV
Hubraum	844 ccm (83 x 78 mm)
Leistung	58,9 kW (80 PS) bei 7300 U/min
Kraftübertragung	Fünfganggetriebe; Kardan
Rahmen	Zentralrohrrahmen
Federung	vorne Teleskopgabel; hinten zwei Stoßdämpfer
Bremsen	vorne Zweischeibenbremse; hinten Scheibenbremse
Gewicht	216 kg (betankt)
Spitzengeschwindigkeit	210 km/h

Suzuki GS750

Spitze 200 km/h

__Unten:__ Das Styling der Suzuki war schick, ohne herausragend zu sein. Auch der DOHC-Vierzylinder und das Fahrwerk mit Stahlrohrrahmen und zwei Stoßdämpfern boten keine echten Innovationen. Aber Geschwindigkeit und Leistungsniveau der GS auf geraden und kurvigen Strecken machten die Suzuki zu einem aufregenden Motorrad.

Suzuki brauchte einige Zeit, bis man schließlich 1977 mit einem Viertakt-Vierzylinder-Superbike auf den Markt ging, aber das Warten hatte sich gelohnt. Die GS750 war ein verblüffend kräftiges und gut gebautes Motorrad, das seinen Rivalen nicht nur mit Geschwindigkeit und Verlässlichkeit die Stirn bot, sondern sie mit seinem Handling auch noch übertraf. Von einer Firma, deren bekannteste Maschine die Zweitakt-Dreizylinder GT750 war, war die GS bemerkenswert.

Bei all ihren Vorzügen war die GS750 bei weitem nicht das innovativste Motorrad der Welt. In bester japanischer Tradition basierte sie auf der besten existierenden Vorgängerin, in diesem Fall der Kawasaki Z900. Der luftgekühlte DOHC-Motor besaß den gleichen 65-mm-Kolbendurchmesser wie die Kawasaki und sogar die gleiche Ventilgröße, erreichte aber ihren Hubraum von 748 ccm mit einem kürzeren Hub von 56,4 mm. Mit einer Spitzenleistung von 68 PS bei 8500 Umdrehungen war die Suzuki die stärkste 750er auf dem Markt.

Im Gegensatz zur großen und recht auffälligen GT750, die sie ersetzen sollte, war die GS konservativ gestylt und verbarg ihr beträchtliches fahrbereites Gewicht von 229 kg gut. Die ganze Maschine wirkte bemerkenswert unauffällig, mit schlichter schwarzer Lackierung, einem schmalen vorderen Kotflügel und einer bequemen Sitzbank. Das einzig halbwegs auffällige Merkmal war eine digitale Ganganzeige im Instrumententräger.

Überlegenes Fahrwerksdesign

Das Chassis war konventionell ausgelegt und basierte auf einem Stahlrohrrahmen, der zum Teil dank der massiven Verstrebungen am Lenkkopf und den Nadellagern des Schwingengelenks andere, scheinbar gleiche Konstruktionen deklassierte. Auch die auf den ersten Blick unauffälligen Gabel- und Heckstoßdämpfer erwiesen sich als überdurchschnittlich. Daneben besaß die GS ein 19-Zoll-Vorder- und ein 18-Zoll-Hinterrad mit jeweils einer Scheibenbremse.

Eine kleinere Vierzylinder: Die GS550

Suzuki ließ 1977 auf die GS750 nur wenige Monate später eine leichtere Vierzylinder, die GS550, folgen. Die ähnlich aussehende und natürlich langsamere Maschine hatte zwar nicht die gleiche Wirkung wie das größere Modell, war aber mit einer Spitzengeschwindigkeit von 177 km/h, solidem Handling und einer überragend vielseitigen Leistungsentfaltung ebenfalls eine beeindruckende Maschine. Wie die GS750 war sie absolut zuverlässig und dazu preiswert, was sie sehr beliebt machte.

Bezeichnung	**Suzuki** GS750 (1977)
Motor	4 Zylinder in Reihe, luftgekühlt, DOHC
Hubraum	749 ccm (64 x 56,4 mm)
Leistung	50 kW (68 PS) bei 8500 U/min
Kraftübertragung	Fünfganggetriebe; Kette
Rahmen	Stahlrohrrahmen
Federung	vorne Teleskopgabel; hinten zwei Stoßdämpfer
Bremsen	vorne und hinten Scheibenbremsen
Gewicht	229 kg
Spitzengeschwindigkeit	200 km/h

Die Bremsen gaben der GS750 eine vernünftige Bremskraft, die auch nötig war, denn sie war ausgesprochen schnell. Bei niedrigen Umdrehungen benahm sie sich sehr gesittet und zog in der größten Übersetzung ihres sauber schaltenden Fünfganggetriebes ab 2000 Umdrehungen elastisch an. Sobald sich die Nadel des Drehzahlmessers aber der 6000er-Marke näherte, [illegible] die Suzuki geschmeidig durch die Gänge bis zum roten Bereich ab 9500 Touren und einer Spitzengeschwindigkeit von 200 km/h.

Trotz der aufrechten Sitzposition war die GS750 komfortabel und kraftvoll genug, um Reisegeschwindigkeiten von 130 km/h oder mehr zu erlauben. Auch das Handling war hervorragend: Die Kombination aus Stabilität, Agilität und Lenkgenauigkeit entsprach der der meisten japanischen Konkurrentinnen und übertraf einige von ihnen bei weitem.

Erwartungsgemäß war die GS ein Riesenerfolg und etablierte Suzuki aus dem Stand heraus als wichtigen Superbike-Hersteller. Sie erwies sich als derart verlässlich, dass sich die Veränderungen bei einer Modellrevision 1979 in neuen Lackierungen, Gussrädern und einer zweiten vorderen Scheibenbremse erschöpften. Wäre sie von einem der etablierten Superbike-Hersteller gekommen, wäre die GS750 schon ein Triumph gewesen. Als erste große Vierzylinder von Suzuki aber war sie einfach genial.

Links oben: *Das Chassis der GS750 war ebenso beeindruckend wie ihr geschmeidiger und kraftvoller Vierzylinder und hielt das Motorrad auch in schnellen Kurven stabil.*

Links Mitte: *Der hohe Lenker dieser US-Suzuki trug nicht zum Komfort bei hohen Geschwindigkeiten bei. Aber ungeachtet des Lenkers war die GS eines der schnellsten Superbikes der Welt.*

Harley-Davidson Cafe Racer

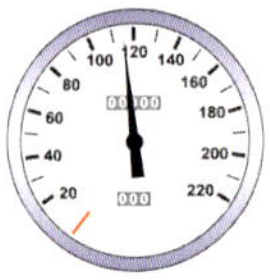

Spitze 185 km/h

Rechts: *Der schwarz lackierte Motor war im Prinzip der gleiche 998-ccm-45-Grad-V2, der auch die Sportster antrieb, und leistete ebenfalls 61 PS.*

Unten: *Mit Cockpitverkleidung, V-Zweizylinder und schwarzer Lackierung war die XLCR eine der schicksten, wenn auch nicht der schnellsten, Maschinen auf der Straße.*

Eine der unwahrscheinlichsten Teilnehmerinnen der Superbike-Schlacht von 1977 war eine sportlich aufgemachte 1000-ccm-V-Twin von Harley-Davidson mit Cockpitverkleidung, durchgehend schwarzer Lackierung und ernst gemeinter Attitüde. Die XLCR Cafe Racer war ein mutiger Schritt der Firma aus Milwaukee, deren Reputation für Geschwindigkeit und Leistung schon lange der Vergangenheit angehörte und deren Programm ansonsten aus Cruisern und Tourenmaschinen bestand.

Harley wollte die Cafe Racer als Hochleistungsmaschine verkaufen. Die Werbung schwärmte von 193 km/h Spitzengeschwindigkeit und vom leistungsstärksten Serienmotorrad, das Harley je gebaut hatte. Tatsächlich teilte sich die XLCR viele Teile mit anderen Modellen aus dem Harley-Programm und lag in Leistung und Anmutung näher bei der entspannten Sportster als bei den schnellen V2 von Ducati oder Moto Guzzi.

Willie G.'s Projekt

Die Cafe Racer war trotzdem eine optisch auffällige Maschine. Das Modell war von Chefdesigner Willie G. Davidson entworfen worden, dessen Super Glide die Firma sechs Jahre zuvor wieder auf die Beine gebracht hatte. Neben der kleinen Verkleidung hatte die XLCR einen (für eine Sportster) großen Tank, einen Einzelsitz, der elegant in den Heckbürzel überging, ein winziges vorderes Schutzblech und eine Zwei-in-Zwei-Auspuffanlage mit zwei Schalldämpfern. Alle Teile waren schwarz lackiert.

Das galt auch für den Motor, der bis auf die Kosmetik mit dem 998-ccm-45-Grad-V-Twin der XL Sportster identisch war. Die Schaltung war auf stärkere Beschleunigung ausgelegt, aber der Vergaser war weiterhin ein 38-mm-Keihin. Die neue Auspuffanlage hatte keine Auswirkung auf die Leistung, und so blieb es bei den 61 PS bei 6200 U/min der Serien-Sportster.

Das Chassis erhielt einen neuen Rahmen, dessen Hecksektion auf der der Rennmaschine XR750 basierte. Er war steifer und lieferte eine passende, weiter hinten liegende Verankerung für die Stoßdämpfer. Diese waren unten mit einer Kastenschwinge verschraubt, die stärker als die Rohrkonstruktion der XL war. Morris-Leichtmetallräder und drei Bremsscheiben ersetzten die ursprüngliche Version mit Speichenrädern, Scheibenbremse vorne und Trommelbremse hinten.

Auch die Sitzposition der Cafe Racer war dank eines flacheren Lenkers und leicht nach hinten versetzter Fußrasten sportlicher. In Verbindung mit dem Windschutz der Cockpitverkleidung eignete sich die XLCR gut zum schnellen Fahren. Ab 110 km/h wurden Vibrationen zu einem Problem, und es fehlte der Harley an wirklich konkurrenzfähiger Leistung. Die Spitzengeschwindigkeit wurde relativ zutreffend mit 193 km/h angegeben, aber die Beschleunigung war eher bescheiden und das Vierganggetriebe zu ungenau.

Links: Das Handling war für eine Harley gut, und die Cafe Racer ließ sich stabil und recht kontrolliert durch Kurven steuern, vor allem, wenn die Gabel wie hier mit einer Austauschbrücke nachgerüstet war. Aber die Kombination aus lenkerfester Verkleidung und relativ dünnen Rahmenrohren führte bei hohen Geschwindigkeiten zum Pendeln.

Das Handling war bis auf ein Pendeln bei hoher Geschwindigkeit und eine gewisse Schwerfälligkeit bei langsamen Kurven akzeptabel. Das Chassis der Cafe Racer war für Harley eine Verbesserung, und so übernahm man später die Heckfederung für die Sportster. Zwar wurden auch die Bremsen gelobt, aber Gesamtleistung und Image der XLCR konnten die meisten leistungsorientierten Motorradfahrer nicht überzeugen.

Hinzu kam, dass die Cafe Racer die amerikanischen Fahrer nicht ansprach, die die Hauptklientel der Firma bildeten. Das Motorrad mag zwar die bislang schnellste Serien-Harley gewesen sein, aber die Fans zogen die entspannte Low Rider vor, die im selben Jahr vorgestellt wurde und ein großer Erfolg war. 1977 und 1978 wurden nur etwa 3200 Cafe Racer gebaut, bevor die Serie eingestellt wurde. Die XLCR war zumindest für Harley ein Beleg dafür, dass schneller nicht unbedingt auch besser bedeutet.

Links unten: Einige Motorräder sehen aus jeder Richtung gut aus, und die XLCR gehört dazu. Scheibe und flacher Lenker schützen vor zu großem Winddruck. Die zwei vorderen Bremsscheiben und die Scheibenbremse am Hinterrad verhalfen der Harley zu einem besseren Bremsverhalten.

Bezeichnung	**Harley-Davidson** XLCR Cafe Racer (1977)
Motor	V2 45°, luftgekühlt, OHV
Hubraum	998 ccm (81 x 96,8 mm)
Leistung	44,9 kW (61 PS) bei 6200 U/min
Kraftübertragung	Vierganggetriebe; Kette
Rahmen	Stahlrohrrahmen
Federung	vorne Teleskopgabel; hinten zwei Stoßdämpfer
Bremsen	vorne Zweischeibenbremse; hinten Scheibenbremse
Gewicht	234 kg
Spitzengeschwindigkeit	185 km/h

Yamaha XS750

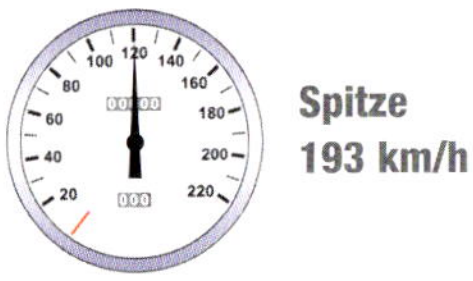

Rechts: *Trotz ihres Gewichts und des Kardanantriebs ließ sich die Yamaha gut handhaben.*

Unten: *Das abgerundete Styling, die silberne Lackierung und der schwarze Dreizylinder verliehen der ersten XS750 ein unverwechselbares Gesicht.*

Nur wenige Motorräder wurden so begeistert begrüßt wie Yamahas erstes großes Viertakt-Superbike. Leistung, Styling und Vielseitigkeit trugen der Dreizylinder XS750 1977 hohes Lob von Presse und Öffentlichkeit ein. Ebenfalls nur wenige Motorräder sind nach ihrem erfolgreichen Auftritt so schnell wieder von der Szene verschwunden, nachdem es ihnen nicht gelang, Eindruck auf einem Markt zu machen, der plötzlich vor hochwertigen Alternativen wimmelte.

Auf dem Papier sah die Yamaha bis ins kleinste, sorgfältig durchdachte Detail wie eine Gewinnerin aus. Alle Grundlagen waren vorhanden. Der Motor war ein luftgekühlter 747-ccm-Dreizylinder mit zwei oben liegenden Nockenwellen, einer 120-Grad-Kurbelwelle (für ruhigen Lauf) und einem Kardanantrieb.

Mit einer maximalen Leistung von 64 PS bei 7200 Umdrehungen und viel Drehmoment im mittleren Bereich kam der Dreizylinder von der reinen Leistung her nahe an seine kettengetriebenen vierzylindrigen Rivalen heran.

Dieser einzigartige Motor passte hervorragend zum abgerundeten Styling und dem relativ konventionell, aber clever ausgelegten Chassis. Der Stahlrohrrahmen war ähnlich der BMW R75 im Bereich des Lenkkopfs gut verstärkt. Gabel und Stoßdämpfer waren typisch japanisch. Die Yamaha war recht hoch und mit einem Trockengewicht von 233 kg auch schwer. Aber sie war auch gut ausgestattet und bot eine geräumige Sitzposition, gut ablesbare Instrumente und selbstrückstellende Blinker.

Die Leistung auf gerader Strecke war zweifellos beeindruckend. Der Motor der Yamaha war laufruhig, geschmeidig und stark. Er beschleunigte das Motorrad auf eine Spitzengeschwindigkeit von 193 km/h und erlaubte eine hohe Reisegeschwindigkeit. Seine dreizylindrige Auslegung verlieh ihm einen angenehmen Charakter und einen unverwechselbaren Auspuffsound. Darüber hinaus besaß die XS ein effizientes Fünfganggetriebe und einen Kardanantrieb, der in den Tagen schnell verschleißender Antriebsketten schon für sich genommen ein Segen war.

Dieser Kardan wirkte sich fast gar nicht negativ auf das Handling aus, das viel Lob bekam, auch wenn das Motorrad eher auf Komfort denn auf Agilität ausgelegt war. „Wir haben unser Bestes versucht, aber wir konnten sie weder zum Schlingern noch zum

Pendeln oder Schwimmen bringen", freute sich der erfahrene Tester des Magazins *Bike*, der die XS750 zum besten Allround-Tourer kürte, den er je gefahren sei – einschließlich diverser wesentlich teurerer BMW.

Komfortables Fahren

Der Langstreckenkomfort war, teilweise dank der gut gepolsterten Sitzbank, für ein unverkleidetes Motorrad gut. Ein Kritikpunkt war der für Reisen zu kleine Tank, aber dies und der schwache Scheinwerfer war neben eher mittelmäßigem Regenverhalten von Bremsen und Reifen für die Zeit normal. Angesichts des günstigen Preises stand einem Erfolg der Yamaha eigentlich nichts im Wege.

Aber das Motorrad fahrende Publikum entschied sich gegen sie. Das lag zum Teil an der Konkurrenz der Vierzylinder wie der bewährten Honda CB750, der neuen Suzuki GS750 und der billigeren Kawasaki Z650, zum Teil aber auch an dem Ruf der Unzuverlässigkeit der Yamaha. Zu den vielen Schwierigkeiten zählten Kolbenringbrüche, Klemmer des mittleren Kolbens, schneller Verschleiß von Primärtrieb und Zündkontakten sowie gelegentliches Springen des Getriebes vom vierten in den ersten Gang.

Diese schlechten Nachrichten verbreiteten sich schnell, und die XS750 erholte sich nie mehr davon. Yamaha unternahm eine Reihe von Versuchen, die Probleme zu beheben, und besserte 1978 mit der XS750E nach, die 4 PS mehr, eine überholte Schmierung und bessere Gabelfedern hatte. Aber der Schaden war angerichtet, und weder dieses Modell noch die überarbeitete XS850 konnten Yamaha den einst so sicher geglaubten Erfolg bringen.

Bezeichnung	**Yamaha** XS750 (1977)
Motor	Dreizylinder, luftgekühlt, DOHC
Hubraum	747 ccm (68 x 68,6 mm)
Leistung	47,1 kW (64 PS) bei 7200 U/min
Kraftübertragung	Fünfganggetriebe; Kardanwelle
Rahmen	Stahlrohrrahmen
Federung	vorne Teleskopgabel; hinten zwei Stoßdämpfer
Bremsen	vorne und hinten Scheibenbremsen
Gewicht	233 kg
Spitzengeschwindigkeit	193 km/h

Oben: *Das Chassis mit Stahlrohrrahmen, nicht einstellbarer Telegabel und zwei Heckstoßdämpfern war Mitte der 70er typisch. Eine sanfte Federung und die breite Sitzbank machten die Yamaha trotz des kleinen Tanks zu einer guten Langstreckenmaschine.*

Links: *Der 747-ccm-Dreizylinder beeindruckte anfangs jeden Fahrer mit seinen 64 PS, Laufruhe, reichlich Drehmoment und einem unaufdringlichen Kardanantrieb. Aber das unzureichende Testprogramm der japanischen Entwickler zeigte sich bald in einer Reihe mechanischer Probleme der XS750.*

Bimota SB2

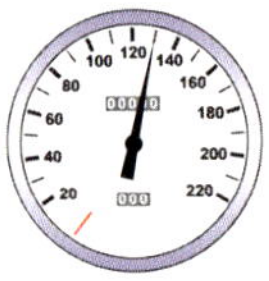

Spitze 210 km/h

Unten: *Das hinreißende Styling und die fortschrittliche Fahrwerkstechnologie der SB2 ergaben ein Motorrad, das beinahe auch 20 Jahre nach ihrem Debüt 1977 gebaut worden sein könnte. Die lang gestreckte Einheit aus Tank und Sitz war eine selbsttragende Konstruktion aus Glasfaserkunststoff und Aluminium. Weitere innovative Merkmale sind Gussräder, gelochte Bremsscheiben und ein progressives Zentralfederbein.*

Als die kleine Firma Bimota aus dem norditalienischen Rimini 1977 ihr erstes Straßenmotorrad herausbrachte, machte das Motorraddesign einen plötzlichen Sprung nach vorne. Die SB2 wurde von dem 748-ccm-Vierzylindermotor der kürzlich eingeführten Suzuki GS750 angetrieben und war auffällig und brillant gefertigt. Ihr auffälliges Styling mit Vollverkleidung wurde durch ein Chassis ergänzt, das einen innovativen Rahmen mit modernsten Motorradteilen kombinierte.

Bimota, deren Mitbegründer und genialer Designer Massimo Tamburini später Motorräder wie die Ducati 916 und die MV Agusta F4 kreieren sollte, hatte sich bereits einen makellosen Ruf mit Grand-Prix-Fahrwerken geschaffen. Solche Chassis hatten Johnny Cecotto und Walter Villa 1975 und 1976 bei ihren Siegen in den 250er- und 350er-Weltmeisterschaften gefahren. Mit der SB2 brachte Tamburini Teile dieser Renntechnologie auf die Straße, die erste Zentralfederung bei einer Serienmaschine inbegriffen.

Der Rahmen der SB2 bestand aus Stahlrohren, war aber viel komplexer und fortschrittlicher konstruiert als die üblichen Stahlrohrrahmen der Superbikes vom Fließband. Der aus Chrom-Molybdänstahlrohren verschiedener Stärke gefertigte Rahmen war im Lenkkopfbereich vielfach verstrebt, nutzte den Motor als tragendes Teil und besaß konische Kupplungen, mit denen er sich auseinandernehmen ließ, um den Motor demontieren zu können. Die Lenkgeometrie ließ sich mit exzentrischen Lagern justieren.

Die Bimota führte auch ihre Gabelbeine in unterschiedlichem Winkel zum Lenkkopf, um die Veränderungen des Nachlaufs beim Bremsen zu reduzieren. Das vertikal montierte De-Carbon-Federbein war mit einer progressiven Schwinge verbunden. Die kastenförmige Hinterradschwinge war nach außen gezogen, um konzentrisch mit der Antriebsachse zu drehen, womit eine konstante Kettenspannung erreicht wurde. Klemmen, Fußrasten und Schalthebel waren aus Flugzeug-Aluminium hergestellt.

Keine Kosten gespart

Tamburini sparte auch bei den übrigen Teilen keine Ausgaben, wie der von Bimota modifizierten 35-mm-Ceriani-Gabel, den 18-Zoll-Fünfspeichen-Leichtmetallrädern und den gelochten Brembo-Scheiben, die von Bremssätteln mit zwei Kolben gestoppt wurden. Selbst die auffällige Tank-/Sitzbankkonstruktion war zukunftweisend. Sie bestand aus mit Aluminium gefüttertem Glasfaserkunststoff, war somit selbsttragend und benötigte keinen Hilfsrahmen. Die SB2 wog trocken 200 kg – 27 kg weniger als die Serien-GS750.

Der luftgekühlte DOHC-Motor mit 16 Ventilen von Suzuki saß 25 mm höher, um eine größere Bodenfreiheit zu erlangen. Das Grundmodell der SB2 verwendete den Serienmotor, aber viele Fahrer entschieden sich für ein Tuningpaket. Dieses enthielt Mikuni-Vergaser, ein Umrüstsatz auf 850 ccm, Yoshimura-Nockenwellen und hoch verdichtende Kolben sowie eine offene Vier-in-eins-Auspuffanlage. Die Spitzenleistung lag mit in der Regel 85 PS deutlich über den 68 Standard-PS.

In Verbindung mit der schlanken Silhouette und dem geringen Gewicht der Bimota war so eine stürmische Beschleunigung auf 210 km/h möglich, aber es war letztendlich das Handling, das begeisterte. Die SB2 war kompakt, straff gefedert und ungemein wendig. Sie war bemerkenswert stabil und ließ sich sowohl in engen Kehren als auch in lang gestreckten Kurven dank rennerprobter Geometrie, steifem Chassis und Federungskontrolle hervorragend beherrschen. Außerdem glänzte sie mit kraftvollen Bremsen, reichlich Bodenfreiheit und exzellenter Straßenlage.

Mit ihrer Leistung und Manövrierfähigkeit war die SB2 der massengefertigten Konkurrenz 1977 um Jahre voraus. Leider war sie sehr teuer und kostete in vielen Ländern dreimal so viel wie eine serienmäßige GS750. So wurden nur 70 Motorräder gebaut und Bimota musste bei allen nachfolgenden Maschinen Kompromisse eingehen. All dies trügt zum Ruf der SB2 bei, das beste und modernste Superbike seiner Zeit gewesen zu sein.

Links oben: *Die Geometrie des starren Leiterrahmens ließ sich justieren.*

Oben. *Das Kurvenverhalten der SB2 war konkurrenzlos.*

Bezeichnung	Bimota SB2 (1977)
Motor	4 Zylinder in Reihe, luftgekühlt, DOHC (Suzuki GS750)
Hubraum	749 ccm (65 x 56,4 mm)
Leistung	50 kW (68 PS) bei 8500 U/min
Kraftübertragung	Fünfganggetriebe; Kette
Rahmen	Gitterrohrrahmen
Federung	vorne Teleskopgabel; hinten Zentralfederbein
Bremsen	vorne Zweischeibenbremse; hinten Scheibenbremse
Gewicht	200 kg
Spitzengeschwindigkeit	210 km/h

MV Agusta Monza

Spitze 233 km/h

Rechts: *Der schöne sandgegossene DOHC-Vierzylinder wurde für die Monza auf 837 ccm vergrößert. Hohe Kompression, scharfe Nockenwellen, große Dell'Orto-Vergaser und laute Auspuffrohre steigerten die angegebene Leistung auf 85 PS.*

Unten: *Rot-silberne Lackierung, flacher Lenker und die mit Wildleder bezogene Sitzbank machten den sportlichen Look aus. Dem Besitzer blieb die schwierige Entscheidung, den Motor mit einer optionalen Verkleidung zu verdecken.*

1977 näherte sich die Marke MV Agusta dem Ende ihrer großen Ära auf Straße und Rennpiste. Drei Jahre zuvor hatte Phil Read den 17. 500er-Weltmeistertitel in Folge für die Firma geholt, bevor schließlich die japanischen Zweitakter den italienischen Viertaktern davonfuhren. Daneben waren die straßentauglichen Vierzylinder nicht profitabel für die finanziell angeschlagene Firma.

Aber MV hatte ein letztes Ass in Form der Monza im Ärmel, dem schnellsten und exotischsten Superbike, das die Firma je bauen sollte. Die Monza war im Grunde eine getunte Version der zwei Jahre zuvor in den USA eingeführten America und verband ein Atem beraubendes Rennstyling mit dem bis dato größten 837-ccm-Vierzylindermotor.

Die Monza ähnelte in Stil und Geist stark der America, ihrerseits eine direkte Nachfahrin der 750 Sport, mit der MV Anfang der Dekade verspätet die Superbike-Szene betreten hatte. Wie die Sport wurde auch die America von einem bellenden Vierzylinder getrieben, deren DOHC-Konstruktion von den Grand-Prix-Maschinen des Unternehmens inspiriert war. Die America hieß so, weil sie auf Anfrage des amerikanischen Agenten der Firma entwickelt worden und ausschließlich für den US-Markt vorgesehen war.

Neben einem kantigeren Styling und einer rot-silbernen Lackierung besaß die America einen größeren 790-ccm-Motor, kleinere 26-mm-Vergaser, eine Schaltung auf der linken Seite, eine höhere Leistung von 75 PS und eine Spitzengeschwindigkeit von über

210 km/h. Die America war schwer, ihr Hochgeschwindigkeitsverhalten nicht perfekt und sie war teuer (ihr Preis von 6000 Dollar erklärt, warum weniger verkauft wurden, als der Importeur vorhergesagt hatte). Aber sie war ein ungemein erstrebenswertes Motorrad.

Die Monza war noch besser. Ihr Motor hatte eine um 2 mm erweiterte Bohrung und einen Hubraum von 837 ccm. Sie hatte eine höhere Kompression, einen neuen Marelli-Verteiler und neue Nockenwellen. Durch die Rückkehr zu den größeren 27-mm-Dell'Orto-Vergasern der Sport konnte die Leistung auf angegebene 85 PS bei 8750 U/min erhöht werden.

Akribische Vorbereitung

Die Leistung der Monza wurde noch gesteigert, indem man die Motorräder von einem Team früherer MV-Rennmechaniker unter Leitung von Arturo Magni vorbereiten ließ (der zu dieser Zeit bereits seine eigene Firma für Gussräder und Tuningteile hatte). Dank dieser akribischen Vorbereitung fuhr die neue Monza über 225 km/h, vor allem, wenn sie mit einer Magni-Auspuffanlage mit ihren vier elegant geschwungenen schwarzen Schalldämpfern ausgestattet war.

Die Fahrwerksmodifikationen waren minimal, da die Monza den vertrauten MV-Rahmen mit Gussrädern und drei Brembo-Scheibenbremsen kombinierte, die bei den späteren America als Option angeboten wurden. Eines allerdings wurde geändert: der Name des Motorrads, zumindest in Großbritannien, wo sie zunächst Boxer hieß, bis Ferrari (wo ein Auto gleichen Namens gebaut wurde) protestierte. Es wurden nur wenige Maschinen gebaut, bevor MV 1978 die Produktion einstellte. Die Monza war ein angemessen glänzender Schlusspunkt der Linie.

Bezeichnung	**MV Agusta** Monza (1977)
Motor	4 Zylinder in Reihe, luftgekühlt, DOHC
Hubraum	837 ccm (69 x 56 mm)
Leistung	62,6 kW (85 PS) bei 8750 U/min
Kraftübertragung	Fünfganggetriebe; Kardanwelle
Rahmen	Stahlrohrrahmen
Federung	vorne Teleskopgabel; hinten zwei Stoßdämpfer
Bremsen	vorne Zweischeibenbremse; hinten Scheibenbremse
Gewicht	240 kg
Spitzengeschwindigkeit	233 km/h

Links: *Die großen Straßenmaschinen von MV Agusta unterschieden sich von den Rennmaschinen durch einen schweren, Kraft verzehrenden Kardanantrieb.*

Links unten: *Diese seitliche Rückansicht zeigt den eleganten Schwung der offenen, schwarz lackierten Magni-Rohre – unverzichtbar für maximale Leistung und Sound.*

MV Magni – Die ultimative Agusta

Nach Ansicht vieler Enthusiasten waren die besten luftgekühlten MV jene, die mit Teilen aus dem Betrieb des ehemaligen Rennteammanagers Arturo Magni und seines Sohnes Giovanni ausgestattet waren. Magnis Rahmen war wie bei den Rennmaschinen sehr viel steifer und hatte mit dem Umrüstsatz auf Kettenantrieb ein wesentlich besseres Handling. Neben der charakteristischen Auspuffanlage bot Magni auch einen 862-ccm-Satz mit Kolben und Zylindern sowie zahlreiche Chassis- und Karosserieteile an.

Honda CBX1000

Spitze 217 km/h

__Unten:__ Die CBX1000 hatte nur zwei Schalldämpfer, aber auch so war die Kombination aus Sechszylindermotor und gelungenem Styling aus jedem Blickwinkel ein Hingucker. Im Vergleich zum großen und muskulösen Motor scheinen die dünne Gabel und die kleinen Bremsscheiben unzureichend, waren aber 1978 hochwertige Komponenten.

Die mächtige Sechszylinder CBX1000 schien das ultimative Superbike zu sein. Ihr 24-Ventiler lieferte sagenhafte 105 PS und machte die CBX 1978 zum stärksten Serienmotorrad ihrer Zeit. Ihre phänomenale Geschwindigkeit wurde durch eine bemerkenswerte Laufruhe und einen Entwicklungsstand unterstützt, der selbst für die hohen Maßstäbe Hondas erstaunlich war.

Die Sechszylinder war eine schöne Maschine mit reinrassigem Sportimage und Sinn für Geschichte, inspiriert von den berühmten Mehrzylinder-Rennmaschinen Mitte der 60er. Auch ihr Chassis war dank der Verwendung Gewicht sparender Materialien herausragend.

Jahre nach ihrer Einführung genießt sie immer noch große Loyalität unter Enthusiasten und den Respekt aller, die sie jemals gefahren haben. Sie bleibt ein Meilenstein, weil sie Stil, Technologie und Leistung auf eine Art miteinander verband, wie man sie bis dahin aus Japan nicht kannte. Ironischerweise war die CBX1000 bei ihrer Einführung ein kurzlebiger finanzieller Fehlschlag.

Mehrzylinder-Erbe

Die CBX1000 wurde von Projektleiter Shoichiro Irimajiri geformt, der als junger Ingenieur in den 60ern an Hondas mehrzylindrigen Grand-Prix-Maschinen für Fahrer wie Mike Hailwood, Luigi Taveri und andere gearbeitet hatte. Diese Rennmaschinen lieferten die Inspiration für den Zylinderkopf der CBX mit seinen 24 winzigen Ventilen. Die Auslassnockenwelle war ausgehöhlt, um Gewicht zu sparen. Auch mit der Verwendung von leichtem Magnesium für diverse Gehäusedeckel beschritt die CBX Neuland.

Irimajiri umging das Problem der Überbreite eines Sechszylinders mithilfe einer Hilfswelle über dem Getriebe, die Lichtmaschine und Zündung bediente. Dadurch konnte der 1047-ccm-Motor an der Basis bemerkenswert schmal bauen. Mehr Beinfreiheit für den Fahrer entstand durch die Neigung des Motors um 33 Grad nach vorne und Anwinkelung der Vergaser in zwei Dreiergruppen nach innen.

Honda schuf die CBX als kompromissloses Sportmotorrad. Ihr Styling war auffällig und wurde

durch die Halterung des luftgekühlten breiten Motors im Stahlrohrrahmen noch betont

Die Leistung auf gerader Strecke war grandios und verband Laufruhe mit der stärksten Beschleunigung, die man je bei einer Serienmaschine gesehen hatte. Unter 6000 Touren reagierte die CBX knackig, aber ohne große Kraft. Darüber aber erwachte sie zum Leben und schoss mit einem Heulen aus den Auspuffen bis auf die Spitzengeschwindigkeit von 217 km/h. Die meisten Fahrer verfielen sofort ihrer einzigartigen Mischung aus Geschwindigkeit und Charisma.

Auch das Chassis funktionierte. Die CBX besaß eine gute Federung und eine wirkungsvolle Zweischeiben-Vorderradbremse. Das Gewicht wurde durch Aluminiumlenker, Kunststoffkotflügel und Magnesiumdeckel gering gehalten. Auch wenn die Honda immer noch beachtliche 259 kg wog und mit der Gelassenheit der neuen Suzuki GS1000 nicht mithalten konnte, ließ sie sich doch für ein so großes Motorrad gut handhaben.

Trotz alledem verkaufte sich die CBX1000 vor allem auf dem wichtigen amerikanischen Markt nicht gut. Ein Grund war, dass die Sechszylinder wesentlich teurer war als ihre weniger exotischen Rivalinnen. In einigen Ländern kostete sie 50 Prozent mehr als vergleichbare Vierzylinder, bot aber keinen echten Leistungsvorsprung.

Nach einem Versuch der Umgestaltung 1981, der zur vollverkleideten CBX1000B führte und die Langstreckenfahrer ansprechen sollte, wurde die Sechszylinder aus dem Programm genommen. Honda hatte gesetzt und verloren. Aber die CBX war immens gut für das Firmenimage. Ein Tester schwärmte 1978: „Die Sechszylinder ist eine dieser seltenen Maschinen, die man niemals je vergessen wird." Solange schnelle Motorräder gefahren und bewundert werden, besteht da wohl keine Gefahr.

Links: *Am Rahmen der CBX störten keine vorderen Rohre den Eindruck des mächtigen Triebwerks – hier mit montierten Schutzbügeln. Die 105 PS des 24-Ventil-Motors ermöglichten eine wilde Beschleunigung bei gleichzeitig großer Laufruhe und Zuverlässigkeit.*

Bezeichnung	**Honda** CBX1000 (1978)
Motor	6 Zylinder in Reihe, luftgekühlt, DOHC, 24 Ventile
Hubraum	1047 ccm (64,5 x 53,4 mm)
Leistung	77,3 kW (105 PS) bei 9000 U/min
Kraftübertragung	Fünfganggetriebe; Kette
Rahmen	Stahlrohrrahmen
Federung	vorne Teleskopgabel; hinten zwei Stoßdämpfer
Bremsen	vorne Zweischeibenbremse; hinten Scheibenbremse
Gewicht	259 kg
Spitzengeschwindigkeit	217 km/h

Links: *Trotz des innovativen Einsatzes leichtgewichtiger Materialien wie Aluminium, Kunststoff und Magnesium war die CBX ein schweres Motorrad. Sie ließ sich aber gut handhaben, weil Honda sie als Sportmaschine mit vernünftig straffer Federung angelegt hatte. Der Motor war an der Basis relativ schmal und gewährte eine gute Schräglagenfreiheit.*

Suzuki GS1000

Spitze 217 km/h

Unten: *Die große Suzuki-Vierzylinder war eine gut aussehende Maschine, die sich stilistisch stark an den ein Jahr zuvor eingeführten Modellen GS750 und GS550 orientierte.*

Auf den ersten Blick wirkte die Suzuki GS1000 nicht sonderlich beeindruckend. Schon gar nicht wie eine Maschine, die auch Jahrzehnte nach ihrem Erscheinen 1978 als eine der Besten aller Zeiten gilt. Sie war zwar nett gestylt, aber eher unauffällig. Ihr DOHC-Vierzylinder-Design war ebenso konventionell wie ihr Stahlrohrchassis mit zwei Stoßdämpfern.

Aber die GS1000 war aus zwei Gründen etwas Besonderes. Zum einen war sie in nahezu jeder messbaren Disziplin etwas besser als ihre direkte Rivalin Kawasaki Z1000 und damit die beste große Vierzylinder auf der Straße. Zum anderen konnte die GS extrem hart rangenommen werden, ohne das geringste Flattern oder Pendeln zu zeigen, was sie unstrittig zum ersten japanischen Superbike machte, das europäische Fahrwerksleistungen erreichte.

Stabilität und Kurventauglichkeit

Die Suzuki kam gegen Ende einer Dekade, in der die japanischen Maschinen nach und nach dank kräftiger und verlässlicher Motoren die Vorherrschaft errungen hatten, ohne jedoch den Ruf zweitklassiger Chassis abschütteln zu können. Hier war nun endlich ein Motorrad, das nicht nur auf gerader Strecke schneller als jede andere Vierzylinder war – seine Stabilität und Kurventauglichkeit ermutigten den Fahrer auch regelrecht, das meiste aus dieser Leistung herauszuholen.

Die Leistung der Suzuki-Ingenieure ist umso höher zu bewerten, als die erste Viertakt-Mehrzylin-

Bezeichnung	**Suzuki** GS1000 (1978)
Motor	4 Zylinder in Reihe, luftgekühlt, DOHC
Hubraum	997 ccm (70 x 64,8 mm)
Leistung	64 kW (87 PS) bei 8000 U/min
Kraftübertragung	Fünfganggetriebe; Kette
Rahmen	Stahlrohrrahmen
Federung	vorne Teleskopgabel; hinten zwei Stoßdämpfer
Bremsen	vorne Zweischeibenbremse; hinten Scheibenbremse
Gewicht	242 kg (betankt)
Spitzengeschwindigkeit	217 km/h

dermaschine der Firma, die exzellente GS750, gerade einmal ein Jahr zuvor vorgestellt worden war. Der größere Motor mit einem Hubraum von 997 ccm und Bohrung und Hub von 70 x 64,8 mm folgte dem DOHC-Aufbau des 750ers mit acht Ventilen und war sogar dank leichterem Schwungrad, dünneren Kurbelgehäusen und fehlendem Kickstarter leichter als dieser. Er war aber auch wesentlich stärker und leistete maximal 87 PS bei 8000 Umdrehungen, 19 PS mehr als die GS750 und 4 PS mehr als die Z1000.

Die GS1000 glich in Aussehen und Rahmenkonstruktion der GS750, aber der Rahmen war stellenweise dicker und die Rohrschwinge stärker. Die GS1000 hatte breitere Reifen und eine zusätzliche vordere Bremsscheibe. Ihre neue Gabel war luftgefedert, und die Stoßdämpfer konnten vierfach in der Dämpfung justiert werden. Damit besaß die GS die bis dato modernste Federung einer massengefertigten Straßenmaschine.

Dies alles führte zu einem begeisternden neuen Superbike, das scheinbar keine wirklichen Schwächen hatte und die bis dahin bei den Vierzylindern dominierende Z1000 auf den zweiten Platz verwies. Die GS stürmte mit phänomenaler Beschleunigung bis auf ihre Spitzengeschwindigkeit von 217 km/h. Die Reisegeschwindigkeit wurde nur durch die Straßenverhältnisse und die Fähigkeit des Fahrers begrenzt, dem Wind zu widerstehen. Selbst bei hohen Drehzahlen fühlte sich der Motor stabil und relativ laufruhig an und erwies sich als beeindruckend zuverlässig.

Das Chassis war mühelos in der Lage, die Leistung zu kontrollieren. Ein Tester berichtete, dass sich die GS1000 bei 177 km/h sicherer anfühlte als die meisten Motorräder bei der halben Geschwindigkeit. Sie war kein besonders leichtes Motorrad, aber der Rahmen war steif und die Federung war das Beste, was man bisher aus Japan gesehen hatte. Trotz der Hochgeschwindigkeitsstabilität ging die Maschine ebenso leichtfüßig um Kurven wie viel kleinere Motorräder.

Angesichts der Tatsache, dass dies Suzukis erster Versuch eines Superbikes der offenen Klasse war, war die Gesamtleistung der GS1000 schlicht sensationell. Abgesehen von kleineren Kritikpunkten wie dem Fehlen eines Haltegriffs für den Sozius, war das einzige Manko ein gewisser Mangel an Charakter. Aber angesichts von Geschwindigkeit, Verlässlichkeit und vor allem Handling beschwerten sich nur sehr wenige Fahrer darüber.

Links: *Runde, verchromte Gehäusedeckel unterschieden den luftgekühlten Achtventiler der GS1000 vom Triebwerk der Kawasaki Z1000, dem er ansonsten sehr ähnelte. Der Suzuki-Motor war zudem leichter und mit 87 PS auch etwas stärker.*

Unten: *Das Handling war unter den japanischen Superbikes der offenen Klasse das beste, was vor allem an der Kombination aus einem steifen Stahlrahmen und einer überragenden Federung lag. Durch die luftgefederte Gabel und die in der Dämpfung einstellbaren Heckstoßdämpfer konnte die Motorleistung voll ausgeschöpft werden.*

Yamaha XS1100

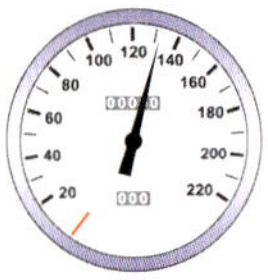

Spitze 212 km/h

Rechts: *Der 1101-ccm-DOHC-Vierzylinder der Yamaha entwickelte sein maximales Drehmoment bei 6500 U/min und besaß reichlich Durchzugskraft. Wie der Dreizylinder der XS750 hatte die Maschine einen Kardanantrieb.*

Unten: *Hoher Lenker und kurze Auspuffrohre weisen auf den amerikanischen Markt hin, wo die XS am erfolgreichsten war und häufig mit einer Tourenverkleidung ausgestattet wurde.*

Die XS1100 war alles andere als subtil. Yamahas erstes Vierzylinder-Superbike war riesig, schwer und recht schlicht. Das Styling des großen Motorrads reflektierte seine Persönlichkeit: Ein ausladender Tank und Seitendeckel und ein großer rechteckiger Scheinwerfer betonten nur das enorme Gewicht des Kraftpakets von fahrbereiten 272 kg.

Aber alle Kritik war vergessen, sobald der Fahrer gemütlich im höchsten Gang dahin gleitend eine gerade Strecke fand und den Gasgriff ganz aufdrehte. Selbst aus einer geringen Geschwindigkeit von 80 km/h beschleunigte das ungemein drehfreudige 1101-ccm-Treibwerk mit Atem beraubendem Schub aus dem Drehzahlkeller heraus – kein anderes Superbike konnte dem das Wasser reichen.

Soviel ungestüme Kraft machte Spaß, aber darum ging es bei der XS1100 gar nicht. Trotz der zwei oben liegenden Nockenwellen, der 96 PS Kraft und der Spitzengeschwindigkeit von über 210 km/h war sie weniger für brutale Beschleunigung als vielmehr für mühelose Langstreckenfahrten gedacht. Bei all seiner Ehrfurcht gebietenden Größe war das Motorrad (Spitzname: „Excess Eleven“) eher ein Softie.

Sanftes Kraftpaket

Der luftgekühlte, quer eingebaute Vierzylinder mit acht Ventilen basierte zwar auf dem der zur gleichen Zeit eingeführten Suzuki GS1000, war aber weniger stark getunt. Die beeindruckende Spitzenleistung der Yamaha wurde bei 8000 Umdrehungen abgerufen, aber der größte Teil ihres Drehmoments lag schon zwischen 2000 und 6500 Touren an. Darüber hinaus war sie wie die XS750-Dreizylinder mit einem Kardanantrieb ausgestattet.

Sie besaß ein stabiles Chassis mit einem vielfach verstrebten Stahlrohrrahmen und Befestigungen für eine Verkleidung. Die Schwinge bestand aus einem Stahlkasten auf der rechten und einem Wellentunnel auf der linken Seite. Stoßdämpfer und Gabelfedern waren in der Vorspannung, aber nicht in der Dämpfung einstellbar. Das Datenblatt führte Gussräder und drei Bremsscheiben auf.

Die Effizienz der Yamaha hing stark davon ab, wie schnell der Fahrer fuhr und wie gerade die Straße war. Auf einem leeren amerikanischen Freeway lief sie willig und ruhig bei jeder gewünschten Geschwindigkeit und blieb immer stabil und bis zum Anschlag des Gaszugs beschleunigungsbereit. Selbst auf etwas kurvigeren Strecken ließ sie sich bequem und schaltfaul durch die Kurven treiben. Aber bei etwas sportlicherer Gangart geriet die Yamaha schnell aus dem Tritt. Dann überforderten Kraft und Gewicht das Fahrwerk, das unschön zu flattern begann. Die auf hohe Geschwindigkeiten ausgelegte Lenkgeometrie fühlte sich in langsameren Kehren unbeholfen an, und im Stadtverkehr war die schiere Masse des Motorrads ein fast unüberwindliches Hindernis. So fand die XS zwar Bewunderer in den Weiten Amerikas, kam aber in Europa nicht so gut an.

Yamaha unternahm zumindest Versuche, die XS zu verbessern, indem man eine Martini-Tourenversion für den gehobenen Markt mit einer innovativen Vollverkleidung schuf, deren oberer Teil mit dem Lenker mitschwenkte. Die 1981 vorgestellte XS1100 Sport war schwarz lackiert und hatte eine Cockpitverkleidung. Sie strich die muskulöse Natur der Maschine heraus und sicherte sich einen Kultstatus, aber zu dieser Zeit war die große Vierzylinder mit ihrem Kardanantrieb noch weniger ein Sportmotorrad als je zuvor.

Links oben: *Das rundliche Styling der XS1100 tat nichts, um Größe und Gewicht des Motorrads zu kaschieren.*

Oben: *Die Leistung auf gerader Strecke war exzellent, da der große Motor nicht nur laufruhig und flexibel, sondern auch sehr kräftig war.*

Bezeichnung	**Yamaha** XS1100 (1978)
Motor	4 Zylinder in Reihe, luftgekühlt, DOHC
Hubraum	1101 ccm (71,5 x 68,6 mm)
Leistung	70 kW (95 PS) bei 8000 U/min
Kraftübertragung	Fünfganggetriebe; Kardanwelle
Rahmen	Stahlrohrrahmen
Federung	vorne Teleskopgabel; hinten zwei Stoßdämpfer
Bremsen	vorne Zweischeibenbremse; hinten Scheibenbremse
Gewicht	272 kg (betankt)
Spitzengeschwindigkeit	212 km/h

Honda CB900F

Spitze
217 km/h

Rechts: *Trotz der Anlage als Sportmaschine ermöglichte der recht hohe Lenker der CB900F eine relativ aufrechte Sitzposition, die bei sehr hohen Geschwindigkeiten schnell ermüdend wurde.*

Unten: *Die „Eurostyle"-Form der 900F war attraktiv und recht sportlich, erinnerte allerdings auch an andere Hondas wie die gleichzeitig eingeführte CB750FZ und die kleinen Super-Dream-Twins.*

Die Ankunft der CB900F 1979 markiert einen wichtigen Aufschwung im Superbike-Geschäft Hondas. Zu dieser Zeit benötigte das größte Motorradwerk der Welt dringend einen leistungsstarken Motor, um mit der äußerst beliebten Kawasaki Z1000 und der Suzuki GS1000 konkurrieren zu können. Hondas CB750 war schon lange von größeren DOHC-Vierzylindern auf die Plätze verwiesen worden, und der Vorjahresmaschine CBX1000 war kein Erfolg beschieden.

Die konventionellere 900F brachte Honda mit einer großen Werbekampagne und ihrer rennerprobten Technologie umgehend zurück in den heiß umkämpften Superbike-Markt. „Sie ist ein Kraftwerk, das direkt aus unserer unschlagbaren Endurance RCB-Maschine entwickelt wurde", tönte die Werbung. „Ein donnerndes Super Sport-Bike mit vernichtender Leistung und unerschöpflicher Ausdauer, das auf viele Jahre hinaus Maßstäbe setzen wird."

Diese Aussagen waren zum größten Teil sogar zutreffend. Die mächtigen 1000-ccm-RCB-Vierzylinder beherrschten die europäischen Ausdauerrennen, vor allem in den Händen des französischen Duos Christian Leon und Jean-Claude Chemarin (1987 belegten RCBs die ersten drei Plätze des Bol-d'Or-24-Stunden-Rennens und gewannen zum dritten Mal in Folge den Coupe d'Endurance). Die CB900F war keine Rennreplica, aber ihre Entwicklung war eindeutig von der RCB beeinflusst.

Links: Hondas erster straßentauglicher DOHC-Vierzylinder war ein Langhuber von 901 ccm. Der luftgekühlte Sechzehnventiler leistete 95 PS mit reichlich Drehmoment im mittleren Bereich. Er war konventionell aufgebaut, abgesehen von den beiden Nockenwellenketten: die eine verlief von der Kurbelwelle zur Auslasswelle, die andere von der Auslass- zur Einlasswelle.

Styling für Europa

Im Gegensatz zu den früheren japanischen Superbikes, die für den amerikanischen Markt gedacht waren, war die 900F für Europa bestimmt und wurde anfangs nicht einmal in den Staaten verkauft. Ihr typisch europäisches kantiges Styling mit dem in die Seitendeckel übergehenden Tank zeigte ein angenehmes Understatement. Tatsächlich sah die 900F mit ihren beiden Auspuffrohren der schlichten CB400 Super Dream sehr ähnlich, was nicht unbedingt von Vorteil war.

Die Hauptattraktion der Maschine war ihr 901-ccm Motor. Zusammen mit der zur gleichen Zeit eingeführten CB750FX hatte Honda endlich ein großes Triebwerk mit zwei Nockenwellen, sechs Jahre nach der Kawasaki Z1. Der 16-Ventiler hatte recht langhubige Dimensionen von 64,5 x 69 mm und lieferte maximal 95 PS bei 9000 U/min.

Trotz ihres Rennerbes und des sportlichen Images war die 900F eher auf Durchzugskraft als auf maximale Leistung abgestimmt. Im höchsten Gang lieferte sie zwischen 1000 und 9500 Umdrehungen eine gewaltige Beschleunigung ab. Bei 145 km/h ließen die leichten hochfrequenten Vibrationen den Motor sehr gefordert wirken. Aber die vorgeneigte Sitzposition und die breite Sitzbank machten die Fahrt bei den meisten Geschwindigkeiten unterhalb der Spitzengeschwindigkeit von 210 km/h komfortabel.

Das Chassis der 900F war unbestreitbar das beste, das Honda je für die Straße gebaut hatte. Es gab keine besonderen Auffälligkeiten an dem Rahmen mit seinem Rückgrat aus drei Stahlrohren, aber er war sehr stark und mit einer hochwertigen Federung ausgestattet. Die Gabel war luftgefedert, und Kompression, Dämpfung und Vorspannung der beiden Heckstoßdämpfer konnten eingestellt werden.

Ungeachtet ihres Gewichts von 233 kg ließ sich die Honda gut handhaben und verfügte über ausreichend Schräglagenfreiheit, um in schnellen Kurven Spaß zu machen. Die Bremsleistung war weniger beeindruckend und wurde 1982 mit Zweikolbenbremsen und Hondas neuem TRAC Anti-dive verbessert. Daneben gab es auf Wunsch eine Vollverkleidung, mit der das Motorrad CB900 F2B (was bösen Zungen zufolge für „Far 2 Big“ stand – viel zu groß) hieß.

Die unverkleidete CB900F wurde mehrere Jahre produziert und bildete die Basis für den exotischen Serienrenner CB1100R. 1979 nannte ein Tester das erste Modell der Vierzylinder als „so nah, wie man dem perfekten Motorrad als Hersteller nur kommen kann“. Das war vielleicht übertrieben, aber die CB900F hat Hondas Superbike-Linie definitiv wieder auf den richtigen Weg gebracht.

Unten: Das Chassis mit Stahlrohrrahmen ermöglichte ein gutes Handling, vor allem wenn man die Stoßdämpfer austauschte, wie bei diesem Modell, dessen ursprüngliche FVQ-Dämpfer gegen Konis ausgewechselt wurden.

Bezeichnung	Honda CB900F (1979)
Motor	4 Zylinder in Reihe, luftgekühlt, DOHC, 16 Ventile
Hubraum	901 ccm (64,5 x 69 mm)
Leistung	70 kW (95 PS) bei 9000 U/min
Kraftübertragung	Fünfganggetriebe; Kette
Rahmen	Stahlrohrrahmen
Federung	vorne Teleskopgabel; hinten zwei Stoßdämpfer
Bremsen	vorne Zweischeibenbremse; hinten Scheibenbremse
Gewicht	233 kg
Spitzengeschwindigkeit	217 km/h

Kawasaki Z1300

Spitze 217 km/h

Unten: *Kawasaki versuchte nicht einmal, die Größe der Z1300 zu verbergen, deren überdimensionaler Tank und Karosserie selbst den Motor klein wirken lassen. Auch unternahm man keinen Versuch, den Sechszylinder herauszustellen. Die Auspuffkrümmer wurden teilweise vom Kühler verdeckt, und es gab nur zwei Schalldämpfer.*

Die gigantische Sechszylinder Z1300 markierte 1979 das Ende einer Dekade, die große Veränderungen in Leistung, Größe und technischen Werten der Superbikes erlebt hatte. Dieses 120-PS-Ungetüm war nicht nur das stärkste Serienmotorrad der Welt, sondern auch ganze 15 PS stärker als sein nächster Herausforderer, die Honda CBX1000, und lieferte mehr Leistung als viele Autos.

Ironischerweise war die Kawasaki gar nicht die brutale Kraftmaschine, die ihre Werte und die massive Karosserie versprachen. Die Z1300 war für ihre Leistung ebenso berühmt wie für ihre technische Perfektion und Laufruhe. Mit einer aufrechten Sitzposition, Flüssigkeitskühlung und Kardanantrieb war die große Sechszylinder weniger ein aggressives Sportmotorrad, als vielmehr ein Grand Tourer, allerdings ohne die Annehmlichkeit einer Verkleidung.

Schnell und drehfreudig

Dessen ungeachtet war die Z1300 unglaublich schnell und erreichte eine Spitzengeschwindigkeit von 225 km/h, obwohl sie die Aerodynamik eines Einfamilienhauses besaß. Sie wog betankt 305 kg, konnte aber aus dem Stand selbst die besten Vierzylinder-Rivalinnen schlagen. Und die Kawasaki hatte eine überragende Durchzugskraft mit einer unmittelbaren Kraftentfaltung, die das Fahren zum reinen Vergnügen machte.

Diese Leistung kam aus einem konventionellen DOHC-Motor mit 1286 ccm Hubraum und zwei Ventilen pro Zylinder. Dank der Flüssigkeitskühlung konnten die Zylinder enger zusammenrücken als bei einer Fahrtwindkühlung. Auch die langhubigen Dimensionen von 62 x 71 mm verhalfen dem Motor zu einer schmalen Bauweise, obwohl die Lichtmaschine am Ende der Kurbelwelle platziert war.

Wie der Motor, so beruhte auch das Chassis stark auf den früheren Vierzylindern. Die stählernen Rahmenrohre waren dicker als üblich und führten eine 41-mm-Gabel mit Führungsachse. Das Heck wurde von einfachen Stoßdämpfern abgefedert. Räder und Reifen waren breit gehalten, um Kraft und Gewicht kontrollieren zu können.

Für ihre Größe ließ sich die Kawasaki überraschend gut handhaben. Die Kombination aus starkem Rahmen und kompetenter Federung machte die Z1300 wesentlich besser kontrollierbar, als man meinen könnte, und vermittelte auch bei hohen Geschwindigkeiten ein beruhigend stabiles Fahrgefühl. Selbst in engen Kehren fühlte sich das große Motorrad bemerkenswert agil an, und auch die drei Bremsscheiben arbeiteten ordentlich.

Trotzdem verkaufte sich die Z1300 nicht besonders gut. Dies lag zum Teil daran, dass sie erheblich teurer war als ihre vierzylindrigen Rivalinnen, ohne aber praktischer oder aufregender zu sein. Das Motorrad konnte Reisegeschwindigkeiten von 160 km/h ermüdungsfrei durchhalten, nicht aber der Fahrer, dank des hohen Lenkers und weit vorne liegender Fußrasten. Die Gasannahme wirkte leicht hakelig, und der Motor fühlte sich bei aller Laufruhe etwas aufgeregt an, was entspanntem Cruisen nicht zuträglich war.

Die Z1300 verdeutlichte das Streben der japanischen Hersteller nach immer mehr Leistung, Gewicht und Komplexität, aber Kawasakis Timing war schlecht. Die deutsche Regierung hatte inmitten der Ölkrise gerade eine Begrenzung auf 100 PS beschlossen. Das Denken wandelte sich in Richtung Wirtschaftlichkeit und Effizienz. Testberichte verwendeten zunehmend Worte wie „Overkill", einige unkten, die Z1300 würde zu einem Verbot von Motorrädern führen.

Bezeichnung	**Kawasaki** Z1300 (1979)
Motor	6 Zylinder in Reihe, flüssigkeitsgekühlt, DOHC
Hubraum	1286 ccm (62 x 71 mm)
Leistung	88,3 kW (120 PS) bei 8000 U/min
Kraftübertragung	Fünfganggetriebe; Kardanwelle
Rahmen	Stahlrohrrahmen
Federung	vorne Teleskopgabel; hinten zwei Stoßdämpfer
Bremsen	vorne Zweischeibenbremse; hinten Scheibenbremse
Gewicht	305 kg (betankt)
Spitzengeschwindigkeit	217 km/h

Links: *Das Handling war angesichts der Größe der Kawasaki gut. Die Federung war relativ straff, der Rahmen steif, und das Motorrad besaß eine vernünftige Schräglagenfreiheit. Bei geringem Tempo verhalf der lange Radstand trotz hoher Sitzposition und Gewicht der Maschine zum leichten Manövrieren.*

Dies passierte nicht, aber die Z1300 markierte einen Wendepunkt, denn von nun an versuchten die Hersteller, die Leistung durch größere Effizienz von Motor, Fahrwerk und Aerodynamik zu erreichen, statt durch immer mehr PS und Hubraum. Dennoch erlangte die mächtige Z1300 einen gewissen Kultstatus und wurde mit sehr wenigen Veränderungen bis 1989 gebaut – als rollende Erinnerung an den Superbike-Exzess der 70er.

Links außen: *Die eckige Form des Scheinwerfers fand sich in anderen Details wie den Blinkern und dem Cockpit wieder. Bei so viel Leistung war Aerodynamik eher zweitrangig.*

Links: *Mit knapp 136 kg ohne Kardanwelle wog der flüssigkeitsgekühlte Motor der Z1300 alleine so viel wie andere Motorräder in Gänze. Der 1286-ccm-Motor war mit 120 PS der stärkste der Motorradwelt.*

Arai
bimota
exup
bimota

Die 1980er
Entwicklung des Superbikes

Im Gegensatz zum vergangenen Jahrzehnt mit seinem Trend zu mehr Leistung und Größe erlebten die 80er eine wesentlich vielfältigere Entwicklung. Die ersten Stars dieser Dekade waren eine Variation eines bekannten Themas: große, schwere Monster, meist mit luftgekühlten, mehrzylindrigen Motoren, Stahlrohrrahmen und zwei Heckstoßdämpfern.

Es folgten Leistungssteigerung und Verbesserung durch technische Innovation. Die neue Generation der Superbikes hatte flüssigkeitsgekühlte Motoren, Aluminiumrahmen, Zentralfederbeine und aerodynamische Verkleidungen. Insbesondere die Suzuki GSX-R750 bestach durch geringes Gewicht. Am Ende der Dekade stand das kleine, leichte und ausgereifte Superbike.

Suzuki GSX1100

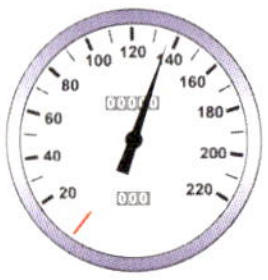

Spitze
220 km/h

Rechts: *Das Styling der GSX umfasste einen rechteckigen Scheinwerfer und eine einzigartige Instrumentenkonsole. Die Ansichten über das Aussehen gingen auseinander, aber niemand bezweifelte ihre umfassenden Qualitäten.*

Unten: *Suzukis erster 16-Ventil-Vierzylinder saß in einem Rahmen überragender Qualität. Die hochwertige Gabel und die einstellbaren Heckstoßdämpfer waren dem Gewicht der Maschine ohne weiteres gewachsen.*

Die Suzuki GSX1100 war bei ihrer Einführung 1980 sicherlich nicht das schönste Motorrad, aber sie war unbestreitbar das schnellste und beste. Nur wenige Menschen realisierten dieses, aber die GSX mit ihrem etwas seltsamen, unverkleideten Styling, ihren beiden Heckstoßdämpfern und dem luftgekühlten Vierzylindermotor markierte das Ende einer Ära. Die verkleideten, flüssigkeitsgekühlten Maschinen mit Zentralfederung standen bereits in den Startlöchern.

Für Suzuki war die GSX der Beginn einer neuen Generation, denn ihr Motor war der erste 16-Ventiler, die Basis der kommenden Vierzylindermotoren. Der auf der GS1000 mit zwei Nockenwellen beruhende neue Motor erhielt einen Zylinderkopf mit 16 Ventilen, der auf das Akronym TSCC hörte. Dies stand für Twin Swirl Combustion Chamber und beschrieb die Form der Brennkammer mit mittig angeordneter Zündkerze und einem scharfen Grat zwischen Einlass- und Auslassventilen, der die Flammausbreitung und damit die Effizienz verbessern sollte.

Der Hubraum von 1075 ccm entstand durch Aufbohren des GS1000-Motors auf 72 x 66 mm. Das Fünfganggetriebe der GSX entsprach dem der GS, bestand aber aus einer stabileren Legierung, um mit der zusätzlichen Leistung fertig zu werden. Die maximale Leistung wurde mit 99,6 PS bei 8700 U/min angegeben, und der große Motor lieferte reichlich Drehmoment über den gesamten Drehzahlbereich.

Bezeichnung	Suzuki GSX1100 (1981)
Motor	4 Zylinder in Reihe, luftgekühlt, DOHC, 16 Ventile
Hubraum	1075 ccm (72 x 66 mm)
Leistung	73,6 kW (100 PS) bei 8700 U/min
Kraftübertragung	Fünfganggetriebe; Kette
Rahmen	Stahlrohrrahmen
Federung	vorne Teleskopgabel; hinten zwei Stoßdämpfer
Bremsen	vorne Doppelscheibenbremse; hinten Scheibenbremse
Gewicht	252 kg (betankt)
Spitzengeschwindigkeit	220 km/h

Hochwertiges Chassis

Die GSX war auf den ersten Blick unverwechselbar, was vor allem an dem eckigen Scheinwerfergehäuse lag, das auch Tacho und Drehzahlmesser sowie eine innovative Warnanzeige enthielt. Ihr Stahlrohrrahmen und die meisten anderen Teile waren in Anbetracht der exzellenten GS-Reihe erwartungsgemäß hochwertig. Gabel und Stoßdämpfer ließen sich in Vorspannung und Dämpfung einstellen. Der großen Suzuki fehlte zwar die Agilität der leichteren italienischen Superbikes, aber sie war stabil, neutral, bremsstark und für ein fahrbereites Gewicht von 250 kg sehr manövrierfähig.

Die Hauptattraktion der GSX war ihr großer, starker und wunderbar gefügiger Motor. Er sprang sofort an, lief rund und nahm fantastisch Gas an. Eine kurze Drehung des Handgelenks ließ die Suzuki von unter 3000 Umdrehungen nahtlos auf 6000 Touren und darüber hinaus bis zum roten Bereich stürmen.

Die Reisegeschwindigkeit von 145 km/h wurde nur durch die Fähigkeit des Fahrers eingeschränkt, sich festzuhalten. Das Instrumentengehäuse mit seiner zentralen Tankuhr gewährte wenig Windschutz, und die Fußrasten saßen zu weit vorne für eine sportliche Sitzhaltung. Für mit Kraft gesegnete Fahrer war die Suzuki in der Lage, über 217 km/h zu erreichen, und sie war auch auf der Viertelmeile das beschleunigungsstärkste Superbike der Welt.

Der Tester des Magazins Bike fasste die Reaktionen der Suzuki-Fahrer zusammen und schloss, dass „die GSX1100 im Vergleich mit den Standardmaschinen, mit denen sich die meisten von uns zufrieden geben müssen, einen Quantensprung im Motorraddesign darstellt. Sie hat einen sauberen, ruhigen und wirtschaftlichen Motor von geradezu herkulischem Potential, ein starkes und steifes Chassis mit einer modern einstellbaren Federung und eine wartungsarme Technik. Sie geht ab wie ein Zäpfchen, bremst wie an einem Anker und sieht einfach nur schick aus."

Suzuki und andere Hersteller arbeiteten bereits an den Verkleidungen, Einspritzsystemen, Wasserkühlungen und Zentralfederungen einer neuen Generation von Maschinen. Aber im Moment war die GSX die Königin: das neueste und beste der nackten, luftgekühlten, stoßdämpfergefederten Superbikes.

***Links oben:** Trotz fehlender Verkleidung und breitem Lenker war die GSX dank großem Tank und breiter Sitzbank komfortabel.*

***Unten:** Die Leistung auf gerader Strecke war beeindruckend, und die Suzuki fühlte sich sogar auf kurvenreichen Strecken zuhause.*

Kawasaki GPz1100

Spitze 225 km/h

__Rechts:__ Die eckige Instrumentenkonsole enthielt auch eine Tankuhr, aber die meisten Fahrer interessierte nur der Tacho.

__Unten:__ Eine leuchtend rote Karosserie und ein schwarzer Motor und Auspuffrohre machten die GPz angemessen auffällig.

Mit ihrer leuchtend roten Lackierung, der seltsamen Schreibweise der Modellbezeichnung und der neuartigen Benzineinspritzung war die erste GPz1100 die größte und schnellste einer Dreierriege von leistungsstarken Vierzylindern, die Kawasaki in die 80er katapultierte. Schon der erste Blick entlarvte die GPz als Superbike der Alten Schule mit luftgekühltem Zweiventiler, konventionellen Stoßdämpfern und einem großzügigen Angebot an Leistung und Gewicht.

Ihr kantiges Styling ließ keinen Zweifel daran aufkommen, dass dies ein ernst zu nehmendes Motorrad war. Die Sitzposition war hoch, der Radstand lang und das fahrbereite Gewicht lag bei 255 kg. Der Hubraum war mit 1089 ccm kleiner als der der Yamaha XS1100 und der Z1300. Aber mit einer Leistung von 108 PS bei 8500 U/min war die GPz 1981 die stärkste Vierzylinder der Welt.

Anders als ihre Rivalin, die 16-ventilige Suzuki GSX1100, vertraute die Kawasaki auf das alt hergebrachte Format mit zwei Ventilen pro Zylinder. Der neue Motor war eine verbesserte Form des Triebwerks der Z1000H EFI, der 12 Monate zuvor

ten aus dem überforderten Fahrwerk. Die GPz war leichter als ihre Vorgängerin Z1000H.

Kawasaki modernisierte die GPz relativ bald und brachte 1982 eine Lenkerverkleidung und ein Jahr später eine größere, rahmenfeste Verkleidung sowie eine Zentralfederbein. 1984 folgte die flüssigkeitsgekühlte GPZ900R mit 16 Ventilen. Mit dieser Maschine langte Kawasaki in der modernen Zeit an, aber sie schuldete ihrer Vorgängerin von 1981 sehr viel. Es war schließlich die erste große, rote GPz1100, die Kawasakis verdienten Ruf der hohen Leistung seit der Z1 und der Z900 Mitte der 70er restaurierte.

Links: *Diese 1981er GPz war eines der letzten unverkleideten Kawasaki-Flaggschiffe. Nur ein Jahr später erhielt die Maschine eine Lenkerverkleidung, die die Leistung des gewaltigen Vierzylinders auch nutzbar machte. 1983 erhielt die letzte luftgekühlte GPz eine größere Verkleidung.*

Unten: *Das Handling bei flotter Gangart war gut, aber bei harter Fahrweise gehörte die GPz1100 zu den vielen japanischen Vierzylindern, deren Chassis Probleme mit Leistung und Gewicht hatten und instabil wurden.*

vorgestellten ersten Straßenmaschine mit Benzineinspritzung.

Die Zylinder waren auf 72,5 x 66 mm aufgebohrt, und die größeren Kolben besaßen höher gewölbte Böden, um die Kompression zu erhöhen. Der Motor hatte größere Ventile und ein verbessertes Timing der beiden Nockenwellen, eine leichtere Kurbelwelle, ein stabileres Fünfganggetriebe und einen Ölkühler zwischen den vorderen beiden Rahmenrohren.

Verbessertes Chassis

Das Chassis der GPz basierte auf der 1000H. Die Hauptrohre besaßen einen größeren Durchmesser, aber dünnere Wände. Die Gabelrohre maßen 38 mm und waren luftgefedert. Die Heckstoßdämpfer konnten in Vorspannung und Dämpfung justiert werden. All dies war topmoderne Ausstattung für ein japanisches Superbike. Das galt auch für die große Instrumentenkonsole mit Voltmeter und Tankuhr zwischen Tacho und Drehzahlmesser.

Diese Anzeigen bekamen reichlich Arbeit. Mit ihren großen Ventilen und scharfen Nockenwellen ließ sich die GPz gerne hochdrehen und zerrte dann an den Armen des Fahrers, während sie durch die Gänge bis zum roten Bereich ab 8500 Touren und der Spitzengeschwindigkeit von 225 km/h beschleunigte. Die Beschleunigung aus dem Stand war gewaltig und machte die GPz 1981 auf gerader Strecke konkurrenzlos. Sie zeigte eine hervorragende Durchzugskraft. Die Einspritzpumpe reagierte knackig und ließ das Motorrad im obersten Gang ab 3000 U/min vorwärts stürmen.

Die Stabilität war gut, solange die GPz geradeaus lief und der Gasgriff offen blieb. Dank der Federung machte die Maschine sogar in Kurven Spaß. Aber gleichzeitiges Bremsen und Lenken führte zu Protes-

Bezeichnung	**Kawasaki** GPz1100 (1981)
Motor	4 Zylinder in Reihe, luftgekühlt, DOHC
Hubraum	1089 ccm (72,5 x 66 mm)
Leistung	79,5 kW (108 PS) bei 8500 U/min
Kraftübertragung	Fünfganggetriebe; Kette
Rahmen	Stahlrohrrahmen
Federung	vorne Teleskopgabel; hinten zwei Stoßdämpfer
Bremsen	vorne Doppelscheibenbremse; hinten Scheibenbremse
Gewicht	255 kg (betankt)
Spitzengeschwindigkeit	225 km/h

Yamaha RD350LC

Spitze 177 km/h

Unten: *Der hohe Lenker und das rundliche Styling gaben kaum Hinweise auf den hochtourigen Spaß und die überzeugenden Eigenschaften eines Motorrads, das in vielen Ländern zum Kultmotorrad werden sollte. Die wie so vieles andere bei Yamaha aus dem Rennsport stammende Cantilever-Federung trug sowohl zum Aussehen als auch zum exzellenten Handling bei.*

Sie leistete weniger als 50 PS und hatte eine Spitzengeschwindigkeit von knapp 160 km/h, aber für viele Fahrer war die brillant ungehobelte, rennnahe Yamaha RD350LC das Hochleistungsmotorrad der 80er – und darüber hinaus. Sicherlich brachten nur wenige Maschinen für so wenig Geld so schnellen und wilden Spaß wie die 1981 vorgestellte flüssigkeitsgekühlte Zweitakt-Zweizylinder.

Der Stammbaum der LC war erstklassig, stammte sie doch von einer Linie herausragender luftgekühlter Zweitakter ab, mit denen Yamaha sich bei den leistungsstarken Mittelgewichten etabliert hatte. Modelle wie die YR5, RD350 und RD400 brachten das Unternehmen in den 70ern an die Spitze, während Yamahas unschlagbare luftgekühlte Zweizylinder auf den Rennstrecken von den erfolgreichen flüssigkeitsgekühlten TZ250 und 350 abgelöst wurden.

Der 347-ccm-Motor der LC hatte mehr mit dem der Straßenmaschine RD400 gemein als mit der Rennmaschine TZ350. Der Wassermantel garantierte eine gleichbleibende Temperatur und erlaubte eine höhere Leistung, ohne dabei an Zuverlässigkeit einzubüßen. Die Flüssigkeitskühlung machte den 47-PS-Motor sauberer und ruhiger als seinen luftgekühlten Vorgänger, was aus Umweltgründen wichtig war, aber den amerikanischen Emissionsbestimmungen immer noch nicht genügte.

Rennerprobte Zentralfederung

Ein weiteres aus dem Rennsport stammendes Merkmal der LC war eine Cantilever-Schwinge mit einem diagonal unter dem Sitz montierten Stoßdämpfer. Das Chassis war eher konventionell aufgebaut und bestand aus Stahlrohrrahmen, nicht justierbarer Telegabel, leicht erhöhtem Lenker, rundlichem Styling und einer Doppelscheibenbremse vorne.

Eine Fahrt genügte, um geschwindigkeitshungrige Fahrer süchtig nach der Yamaha zu machen. Unter 6000 Touren war sie unauffällig, startete sofort,

Legalisiertes Chaos – Die Pro-Am-Serie

Geschwindigkeit und Feuer der LC wurden der britischen Öffentlichkeit bei der spektakulären RD350-Pro-Am-Serie vorgeführt. Die Attraktionen dieser Rennserie waren interessante Preisgelder, Fahrer unter 25 (Profis und Amateure, daher der Name) und identische Motorräder. Sie wurden von Yamaha vorbereitet und den Fahrern per Losverfahren zugeteilt. Das Resultat war ein enges, aggressives Rennen, dessen Titel im ersten Jahr an den Fahrer mit dem passenden Namen Wild ging und aus dem spätere Grand-Prix-Stars wie Niall Mackenzie und Kenny Irons hervorgingen. Das Format setzte sich durch und führte zu einer internationalen 350LC-Serie.

lief im Leerlauf rund und machte einen zahmen Eindruck. Dann aber erwachte der Motor mit einem Kreischen aus den beiden Auspuffrohren, und der Leistungsausbruch war ebenso aufregend, wie er plötzlich kam. Bei auf dem Tank liegender Sitzposition schaffte die LC 177 km/h.

Die Yamaha ließ sich gut handhaben. Die Gabel war weich abgestimmt, vor allem, wenn die Bremse hart zubiss, und der Vorderbau fühlte sich beim Beschleunigen aus der Kurve nervös an. Aber der Rahmen war stark, die Heckfederung funktionierte gut, und die LC konnte mit der Leichtigkeit und Präzision einer betankt nur 150 kg schweren Rennmaschine herumgeworfen werden.

Alles in allem war die RD350LC eine magische Maschine: Schnell, verlässlich, agil, einigermaßen praktisch, tuning- und rennfähig und vor allem Spaß bringend. Sie wurde mehrfach modernisiert, vor allem 1983 in Form der RD350 YPVS mit mehr Durchzugskraft und drei Jahre später als RD350F2 mit einer Vollverkleidung. Sie alle teilten die selben Vorzüge: unwiderstehliche Leistung und ein unschlagbares Preis-/Leistungsverhältnis.

Bezeichnung	**Yamaha** RD350LC (1981)
Motor	Parallel-2-Zylinder, flüssigkeitsgekühlt, 2-Takt
Hubraum	347 ccm (64 x 54 mm)
Leistung	34,6 kW (47 PS) bei 8500 U/min
Kraftübertragung	Sechsganggetriebe; Kette
Rahmen	Stahlrohrrahmen
Federung	vorne Teleskopgabel; hinten Zentralfederung
Bremsen	vorne Doppelscheibenbremse; hinten Trommelbremse
Gewicht	141 kg
Spitzengeschwindigkeit	177 km/h

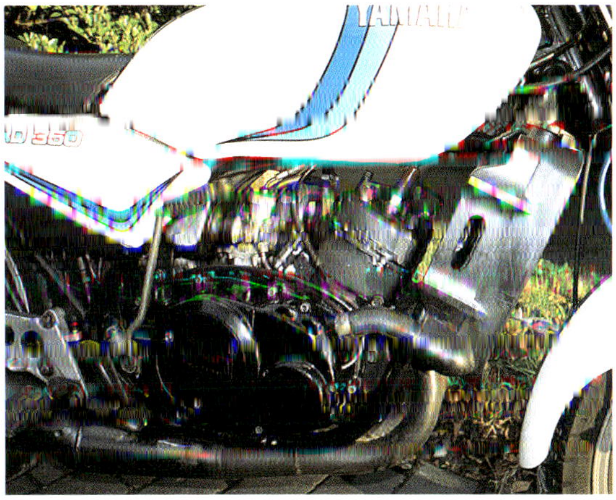

Links oben: *Die RD350LC unterschied sich durch die Doppelscheibenbremse vorne von der sehr ähnlichen 250er.*

Links: *Durch die Flüssigkeitskühlung wurde der Zweitakt-Parallel-Twin der Yamaha zu einem kräftigen und zuverlässigen Aggregat.*

Honda CB1100R

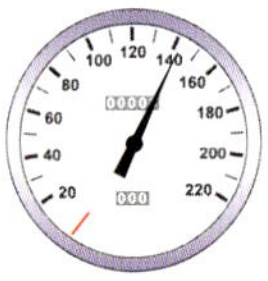

Spitze
229 km/h

Die unvergleichliche CB1100R bewies: Wenn Honda sich in den Kopf setzte, das schnellste Serienmotorrad der Welt zu bauen, hatte die Konkurrenz keine Chance. Insbesondere, wenn das fragliche Motorrad eine reinrassige Rennmaschine war, die ohne Rücksicht auf die Kosten entwickelt, in sehr kleinen Stückzahlen gefertigt und gegen halb so teure massengefertigte Maschinen aufgestellt wurde.

Hondas Ziel bei der Schaffung der CB1100R war der Sieg bei den prestigeträchtigen Langstreckenrennen in Australien und Südafrika. Die Regularien für diese Rennen waren strikt und erlaubten nur wenige Modifikationen. Also schuf Honda ihre erste homologierte Maschine, indem sie ihr derzeitiges Topmodell, die unverkleidete CB900FZ, einer spektakulären Überarbeitung unterzog – ein Superbike, dass seiner Konkurrenz 1981 um Längen voraus und dessen Vorherrschaft auf den Rennstrecken vorhersehbar und manchmal sogar langweilig war. Aber die wenigen Glücklichen, die eine 1100R fahren durften, konnten nichts auch nur entfernt langweiliges an einem Motorrad entdecken, dass raketengleich auf 225 km/h beschleunigte, sich besser handhaben und bremsen ließ als jede andere Vierzylinder und auch kultivierter und komfortabler war.

Der luftgekühlte 16-Ventil-Vierzylinder der CB900 wurde von 901 auf 1062 ccm aufgebohrt und die Kompression von 8,8:1 auf 10:1 erhöht. Dies steigerte die Leistung um mehr als 20 Prozent auf 115 PS bei 9000 U/min. Außerdem wurde der Motor mit neuen Pleuelstangen, einer breiteren Primärantriebskette und überarbeiteten Kurbelgehäusen verstärkt.

Das Chassis blieb konventionell, aber die 1100R profitierte von einem steiferen Stahlrohrrahmen und den bis dato besten Motorradteilen, die je in einer Serienmaschine verbaut wurden. Die Gabel hatte 37 mm starke Holme und einstellbaren Gasdruck, während die Stoßdämpfer in Kompression und Dämpfung justiert werden konnten und über fortschrittliche Ausgleichsbehälter verfügten, damit sie nicht überhitzten. Die Vorderradbremse erhielt mit Zweikolbensätteln eine weitere Innovation.

Allerdings war die CB1100R mit einem Trockengewicht von 235 kg trotz allen Kunststoffs und Aluminiums etwas schwerer als die 900FZ. Sie sah mit ihrer Halbverkleidung, dem großen Tank (für maximale Reichweite) und der Höckersitzbank wie eine

***Unten:** Die 1981er CB1100R hatte eine Halbverkleidung und war mit einem großen Tank und einer Rennsitzbank für Langstreckenrennen ausgestattet. Wichtige Merkmale waren die Zweikolbenbremssättel vorne, die Stoßdämpfer mit Ausgleichsbehälter und der getunte und verstärkte 1062-ccm-Vierzylindermotor mit konkurrenzlosen 115 PS.*

Rennmaschine aus. Es sollten nur 1000 Maschinen gebaut werden, die fast doppelt so viel kosteten wie eine CB900FZ.

Nichts vergleichbares war je zuvor von einem japanischen Hersteller gebaut worden, und die 1100R verwies pflichtschuldig alle Rennrivalinnen auf die Plätze. Dies galt besonders für die kürzeren Rennen der britischen Streetbike-Serie, wo die Hondas an der Spitze des Feldes ihr eigenes Rennen austrugen. Die Langstreckenrennen in der südlichen Hemisphäre waren eine andere Herausforderung, aber die CB1100R fuhr auch dort reichlich Siege ein.

Sensationelle Straßenmaschine

Das Beeindruckendste war vielleicht, dass die CB1100R eine sensationelle Straßenmaschine abgab. Die schützende Verkleidung ermöglichte eine umfangreichere Nutzung dieser Kraft. Die CB1100R neigte bei hoher Geschwindigkeit zwar leicht zum Pendeln, aber das Chassis erlaubte eine hervorragende Straßenlage, zupackende Bremskraft und großzügige Schräglagenfreiheit.

Honda verbesserte das Motorrad über die nächsten zwei Jahre. 1982 kam die CB1100R-C mit einer Vollverkleidung (die die Instabilität beseitigte), Doppelsitzbank, verbesserter Gabel und breiteren Reifen. Ein Jahr später brachte die 1100R-D eine in der Dämpfung einstellbare Gabel und eine Aluschwinge. Die Spezifikation hatte sich verändert, aber eines blieb gleich: Die CB1100R war noch das schnellste Serienmotorrad der Welt.

Bezeichnung	**Honda** CB1100R (1981)
Motor	4 Zylinder in Reihe, luftgekühlt, DOHC, 16 Ventile
Hubraum	1062 ccm (70 x 69 mm)
Leistung	84,6 kW (115 PS) bei 9000 U/min
Kraftübertragung	Fünfganggetriebe; Kette
Rahmen	Stahlrohrrahmen
Federung	vorne Teleskopgabel; hinten zwei Stoßdämpfer
Bremsen	vorne Doppelscheibenbremse; hinten Scheibenbremse
Gewicht	235 kg
Spitzengeschwindigkeit	229 km/h

Oben: *Die CB1100R war nicht nur eine unschlagbare Serienrennmaschine, sondern auch ein fantastisches Straßenmotorrad. Ein vollverkleidetes Modell bei der TT-Woche auf der Isle of Man. Hätte es in den frühen 80ern eine Serien-TT gegeben, hätte Honda diese zweifellos gewonnen.*

Links: *Joey Dunlop fuhr 1981 erfolgreich auf einer CB1100R bei der britischen Streetbike Championship mit. Die Honda dominierte das Rennen, und Ron Haslam gewann fast alle Runden, nur in der letzten wurde er vom zukünftigen Grand-Prix-Star Wayne Gardner geschlagen – ebenfalls auf einer CB1100R.*

Suzuki Katana 1100

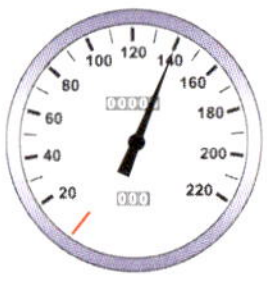

Spitze 225 km/h

Die Katana 1100, die von Suzuki 1982 auf die Motorradwelt losgelassen wurde, war etwas völlig Neues. Sie war auffällig, schick, fantasievoll und atemberaubend und unterschied sich fundamental von der Reihe schneller, aber optisch langweiliger Modelle vor ihr. Unter der futuristischen Karosserie war die Katana ein bemerkenswertes Superbike.

Katana ist das Wort für ein japanisches Samuraischwert, und der Name passte perfekt zur schnittigen Suzuki. Mit ihrer spitzen Nase, der kleinen Scheibe, den niedrigen Lenkstummeln und der geschwungenen Linie von Tank und Sitzbank war die Katana eine einzigartige Maschine mit einem weitaus aggressiveren Image als die Straßenmaschine GSX1100, mit der sie eng verwandt war.

Dieser Meilenstein in der Geschichte der japanischen Superbike-Entwicklung hatte zum Teil europäische Wurzeln. Die Form stammte von der Gruppe Target Design, die ein Jahrzehnt zuvor auch die BMW R90S entwickelte. Einige Fahrer hielten die Katana eher wegen ihres Stils für bemerkenswert als wegen der Praxistauglichkeit, aber sie war eine willkommene Abwechslung von dem „Universellen-Japan-Motorrad"-Format mit seinem Vierzylindermotor und der unverkleideten, aufrechten Sitzposition, die keinerlei Windschutz bot.

Suzuki fand die ideale Basis für die Katana im luftgekühlten 1075-ccm-Motor der GSX1100 mit 16 Ventilen, einer phänomenal breiten Kraftentfaltung und dem Ruf der Verlässlichkeit. Der Motor wurde mit einer modifizierten Airbox, überarbeiteten Vergasern, einer neuen Auslassnockenwelle und einer leichteren Lichtmaschine getunt. Mit 111 PS bei 8500 Umdrehungen lieferte er brauchbare 11 PS mehr als der Standardmotor.

Die Chassiskonfiguration blieb konventionell, und der Rahmen erhielt zahlreiche neue Teile. Die Federung wurde gestrafft, eine neue Gabelhalterung ergab einen flacheren Lenkerwinkel für größere Stabilität, und die Gabel erhielt ein Antidive-System, das dem der 500er-Grand-Prix-Suzuki gleichen sollte.

Atemberaubende Beschleunigung

Die Katana sah schon im Stand unglaublich schnell aus und war in Bewegung viel, viel schneller. Der große GSX-Motor war ein überragendes Triebwerk mit riesigen Drehmomentreserven. Die Katana hatte

***Unten:** Der schnittige Stil der Katana war eine willkommene Abwechslung von den konventionellen japanischen Mehrzylindern. Obwohl die Cockpitverkleidung und der winzige Windschild nur wenig Windschutz boten, erhöhten sie zusammen mit dem flachen Lenker den Komfort bei hohen Geschwindigkeiten. Die Vier-in-eins-Auspuffanlage und die Stoßdämpfer mit Ausgleichsbehälter kamen später hinzu.*

Links: *Eine straffe Federung und die Antidive-Gabel ermöglichten ein exzellentes Handling. Griffige Reifen und eine großzügige Schräglagenfreiheit ermunterten zumindest bei trockener Straße zu flotten Kurvenfahrten.*

Oben: *Der luftgekühlte 16-Ventiler mit 1075 ccm war erstmals 1980 in der GSX1100 vorgestellt worden, zwei Jahre vor der Katana. Die von Suzuki TSCC (Twin Swirl Combustion Chamber) genannte Auslegung mit vier Ventilen pro Zylinder ermöglichte ein hervorragendes Durchzugsvermögen.*

eine atemberaubende Beschleunigung, die zum Ende hin zunahm. Die Spitzengeschwindigkeit betrug echte 225 km/h. Dank der nach vorne gestreckten Sitzposition und dem kleinen Windschild konnte diese Leistung auch besser genutzt werden als bei den meisten Rivalinnen.

Das Handling war für so ein großes, schweres Motorrad gut. Verkleidung und Scheibe waren solide befestigt und trugen so zur beeindruckenden Hochgeschwindigkeitsstabilität der Suzuki bei. Die straffe Federung gewährte eine Kontrolle (und Unbequemlichkeit) fast italienischen Zuschnitts und wurde nur durch die gelegentliche Neigung des Antidive getrübt, bei einer Serie von Bodenunebenheiten die Gabel zu blockieren. Die Bremsanlage mit drei Scheiben arbeitete selbst bei Nässe gut, was für die Serienreifen nicht galt.

Natürlich passte die radikale Katana nicht zu jedem Fahrer und zu jeder [illegible]. Ihre Federung war im Stadtverkehr harsch und unbequem, und die Lenkung war bei niedrigen Geschwindigkeiten schwergängig. Die Einseitigkeit war Teil ihres Reizes. Endlich gab es ein japanisches Motorrad, das Leistung, Handling und Stil zu einem vernünftigen Preis bot.

Die Katana war ein Riesenerfolg und blieb viele Jahre lang populär. Suzuki erweiterte die Katana-Palette durch eine 1000-ccm-Version mit Schiebervergasern für Serienrennen, verwässerten Mittelgewichtsmodellen und sogar 250er- und 400er-Replicas für den japanischen Markt. Jahre später wurde eine „Special Edition“ der Katana 1100 aufgelegt, die mit dem Original fast identisch war. Ein verdienter Lohn für ein mutiges und brillantes Motorrad.

Bezeichnung	**Suzuki** GSX1100 Katana (1982)
Motor	4 Zylinder in Reihe, luftgekühlt, DOHC, 16 Ventile
Hubraum	1075 ccm (72 x 66 mm)
Leistung	81,7 kW (111 PS) bei 8500 U/min
Kraftübertragung	Fünfganggetriebe; Kette
Rahmen	Stahlrohrrahmen
Federung	vorne Teleskopgabel; hinten zwei Stoßdämpfer
Bremsen	vorne Doppelscheibenbremse; hinten Scheibenbremse
Gewicht	247 kg (betankt)
Spitzengeschwindigkeit	225 km/h

Bimota HB2

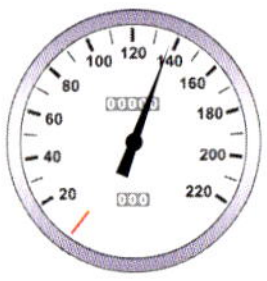

Spitze 222 km/h

Rechts: *Dank ihres steifen Rahmens, hervorragender Federung und geringen Gewichts spielte das Handling der HB2 in einer eigenen Liga.*

Unten: *Die Vollverkleidung und die Tank-Sitzeinheit waren typische Rennzutaten von einer Firma, die beeindruckende Grand-Prix-Erfolge vorweisen konnte.*

Die Bimota HB2 wirkte 1982 mit ihrer runden Halbverkleidung, der Tank-Sitzbankeinheit, den Alurahmenteilen und der progressiven Hinterradfederung wie ein Motorrad von einem anderen Planeten. Die japanischen Rivalinnen des schlanken italienischen Superbikes waren überwiegend unverkleidete Vierzylinder mit Stahlrahmen und zwei Stoßdämpfern. Selbst die mächtige Honda CB1100R wirkte im Vergleich fast altbacken.

Die Initialen HB2 standen für „Honda Bimota", und der Motor war das luftgekühlte DOHC-Triebwerk mit 901 ccm aus der CB900F. In guter Bimota-Tradition blieb der 16-Ventiler inklusive Keihin-Vergasern und Airbox unverändert, auch wenn einige Fahrer die größeren Flachschiebervergaser von Mikuni nachrüsteten. Die Bimota-Auspuffanlage mit zwei Schalldämpfern sparte Gewicht, erhöhte aber die Leistung der 900F von 94 PS kaum.

Der große Motor wurde teilweise von der Halbverkleidung verdeckt, die optisch in die einteilige Tank-Sitzbankeinheit überging (sie ließ sich nach Lösen von nur vier Schrauben und einem Stromstecker leicht abnehmen). Der Windschild gewährte guten Schutz. Der Blick des Fahrers auf dem dünn gepolsterten Sitz fiel auf den aus einem Stück Leichtmetall gefrästen Lenkkopf.

Steifer und leichter Rahmen

Bei entfernter Tank-Sitzeinheit wurden die Qualitäten der HB2 deutlich. Die sichtbaren Stahlrohre des Rahmens, die auf die Leichtmetallplatten am Schwingengelenk zuliefen, waren im Lenkkopfbereich mehrfach verstrebt. Die Aluminiumplatten am Schwingengelenk sorgten für Stabilität und geringes Gewicht. Ein vertikal eingebauter und von einem progressiven Gelenkarm abgestützter De-Carbon-Stoßdämpfer ersetzte die zwei Heckstoßdämpfer der 900F. Auch die Vorderradfederung war exotisch: Ceriani-Federbeine mit vergoldeten Tauchrohren und manueller Justierung.

In Verbindung mit dem geringen Gewicht der Bimota – mit 200 kg war sie 32 kg leichter als die 900F – ergab dies ein überlegenes Handling. Die Federung arbeitete perfekt und ermöglichte ein straffes, aber komfortables Fahrgefühl. Weitere hochwertige Teile waren unter anderem die 16-Zoll-Leichtmetallräder mit fünf Speichen. Die Vorderradbremse mit Brembo-Zweikolbensätteln und gelochten 280-mm-Scheiben waren ebenso Stand der Technik wie die fetten Michelin-Reifen.

Auf gerader Strecke war das italienische Motorrad überragend. Bei niedrigen Drehzahlen überzeugte der Honda-Motor mit Laufruhe und Drehmoment. Bei ihrer Beschleunigung leistete sich die Bimota keinerlei Aussetzer oder Unregelmäßigkeiten. Im Gegensatz zur Honda machten die Verkleidung und die gestreckte Sitzhaltung Reisegeschwindigkeiten von 160 km/h oder mehr zum reinen Vergnügen. Darüber hinaus blieb die Bimota bis zu ihrer Spitzengeschwindigkeit von 222 km/h tadellos stabil.

Von der exotischen HB2 wurden weniger als 200 Stück gebaut. Weitere 100 Stück wurden von dem ähnlich gestylten Nachfolger HB3 mit dem Motor der Honda CB1100R gefertigt. Die HB3 wurde bis 1985 gebaut, und bis dahin besaßen auch die japanischen Motorräder Verkleidungen, Alurahmen und Monoshockfederungen. Die HB2 hatte in typischer Bimota-Manier den Weg gewiesen.

Das Original: Die HB1

Auch die allererste Bimota wurde von einem Honda-Vierzylinder angetrieben. Die erste HB1 entstand aus dem Wrack einer CB750, die der Bimota-Designer Massimo Tamburini bei Misano zu Schrott gefahren hatte. Mit ihrem Rennstyling und dem steifen Stahlrohrrahmen war die HB1 1972 eine erstaunlich fortschrittliche Maschine. Es wurden nur zehn Exemplare gebaut.

Bezeichnung	**Bimota** HB2 (1982)
Motor	4 Zylinder, luftgekühlt, DOHC, 16 Ventile (Honda CB900F)
Hubraum	901 ccm (64,5 x 69 mm)
Leistung	70 kW (95 PS) bei 9000 U/min
Kraftübertragung	Fünfganggetriebe; Kette
Rahmen	Stahlrohrrahmen mit Aluteilen
Federung	vorne Teleskopgabel, hinten Zentralfederbein
Bremsen	vorne Doppelscheibenbremse; hinten Scheibenbremse
Gewicht	200 kg
Spitzengeschwindigkeit	222 km/h

Links: *Ein Geheimnis des hervorragenden Handlings war der Rahmen, der Stahlrohre mit einer Aluschwinge kombinierte. Der stark belastete Lenkkopfbereich war besonders gut verstrebt. Die Radaufhängung verfügte unter anderem über ein vertikal hinter dem Motor montiertes Zentralfederbein.*

Honda CX500 Turbo

Spitze 200 km/h

Rechts: *Die Turbo war ein großes, schweres Motorrad mit Kardanantrieb, ließ sich aber schnell um Ecken treiben, wenn der Fahrer dazu in der Stimmung war.*

Unten: *Neben dem aufgeladenen Motor hatte die CX auch ein Fahrwerk mit Zweikolbenbremsen, Antidive-Gabel und Zentralfederung.*

Die CX500 Turbo, mit der Honda die Motorradwelt 1982 verblüffte, sollte gar nicht gebaut werden. Die aufgeladene V2 war groß, schwer, komplex und teuer. Vom Tag ihrer Vorstellung an betrachteten viele Beobachter die Turbo mehr als ein Leistungsstatement denn als ein ernst zu nehmendes Superbike.

Hondas protzige V-Twin war die erste einer Reihe von turbogeladenen Motorrädern, mit denen alle japanischen Hersteller ihr Glück versuchen sollten. Mit der Wahl des Motors schoss Honda aber den Vogel ab. Turbolader, die den Abgasdruck nutzen, um den Einlassdruck zu komprimieren, eignen sich am besten für Motoren, die mit gleich bleibender Last arbeiten. Darüber hinaus glätten Mehrzylindermotoren den Auslassstrom.

Dessen ungeachtet baute Honda die CX500 mit einem quer eingebauten 80-Grad-V-Zweizylinder mit Stößelstangen. Die kleinen Zylinder der CX machten den kleinsten Turbolader der Welt nötig, der von IHI nach Spezifikationen von Honda gebaut wurde. Seine Rotoren waren knapp 51 mm groß und sollten mit 200 000 Umdrehungen rotieren.

Verstärkter Motor

Die Kurbelgehäuse der CX waren stabil genug, aber ansonsten wurde der flüssigkeitsgekühlte Motor umfassend verstärkt. Eine stärkere Kurbelwelle, Kupplung und Pleuel sowie Hondas erste serienmäßigen Schmiedekolben hielten den Motor zusammen, wenn der Turbolader die standardmäßigen 50 PS auf 82 PS bei 8000 Umdrehungen trieb.

Die CX war eine rollende Leistungsschau weiterer technischer Errungenschaften wie digitale Zündung und Einspritzung, Pro-Link-Hinterradfederung, TRAC Antidive, Zweikolbenbremsen und neu designte Comstar-Räder. Außerdem war die Verkleidung mit ihrem hoch gezogenen Windschild, dem riesigen Scheinwerfer und den integrierten Blinkern unbestreitbar schick. Sie enthielt eine Instrumentenkonsole mit Uhr und Tankanzeige sowie einer Ladedruckanzeige und erlaubte entspannte Hochgeschwindigkeitsfahrten. Für ihr fahrbereites Gewicht von rund 250 kg ließ sich die CX gut handhaben. Sie fuhr aber nur 200 km/h, da die Beschleunigung durch das Gewicht behindert wurde. Außerdem litt der Motor unter einem Turboloch, der Verzögerung zwischen dem Öffnen der Drosselklappe und der Motorreaktion, die eine präzise Gaskontrolle schwierig machte.

Ein Jahr später ließ Honda die CX650 Turbo folgen, die ein weniger dramatisches Turboloch aufwies und mit aufregender Beschleunigung und einer Spitzengeschwindigkeit von 217 km/h aufwartete. Das größere Modell war eine bessere Reisemaschine. Aber sie konnte sich im Verkauf immer noch nicht gegen die einfachere und günstigere Konkurrenz durchsetzen und wurde nur ein Jahr lang gebaut.

Bezeichnung	**Honda** CX500 Turbo (1982)
Motor	V2 80°, flüssigkeitsgekühlt, OHV, Turbolader
Hubraum	497 ccm (78 x 52 mm)
Leistung	60,4 kW (82 PS) bei 8000 U/min
Kraftübertragung	Fünfganggetriebe; Kardanwelle
Rahmen	Stahlrohrrahmen
Federung	vorne Teleskopgabel; hinten Zentralfederbein
Bremsen	vorne Doppelscheibenbremse; hinten Scheibenbremse
Gewicht	240 kg
Spitzengeschwindigkeit	200 km/h

Links: *Zur gehobenen Ausstattung der Honda zählte eine effiziente Verkleidung, die mit der breiten Sitzbank für Komfort auch bei hohen Geschwindigkeiten sorgte.*

Links unten: *Hondas 497-ccm-V2 wurde überraschend zum ersten aufgeladenen Motor des Unternehmens und erfuhr eine mehr als 50%ige Leistungssteigerung.*

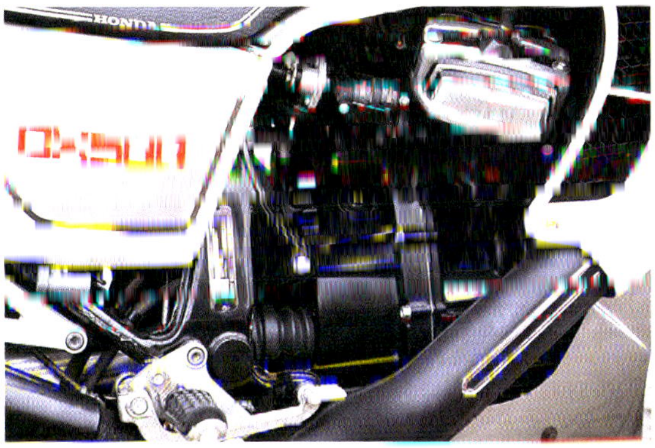

Aufgeladener Vierzylinder: Die ZX 750 Turbo

Das letzte, schnellste und beste der japanischen Turbomotorräder war die Kawasaki ZX750 von 1984. Wie die Yamaha XJ650 Turbo und die Suzuki XN85 (ebenfalls eine 650er) war die ZX eine Reihenvierzylinder. In Stil und Chassiskonstruktion erinnerte sie an die GPz1100. Die Spitzenleistung betrug 112 PS. Sie hatte ein sehr kleines Turboloch, weil die Turbine vor dem Motor saß und die Abgase nur einen kurzen Weg zurücklegen mussten. Das gute Handling und die Spitzengeschwindigkeit von knapp 225 km/h machten die ZX750 Turbo mit der GPz1100 vergleichbar. Sie verkaufte sich recht gut, bevor auch Kawasaki die Turbo-Produktion einstellte.

Kawasaki Z1100R

Spitze 233 km/h

Unten: Mit dem hohen Lenker und der leuchtend grünen Lackierung fing die Z1100R den Stil der siegreichen US-Rennmaschine Eddie Lawsons ein. Das verlieh ihr ein leistungsstarkes Image, auch wenn der luftgekühlte Motor und das Chassis durch die GPZ900R aus eigenem Hause altmodisch geworden waren.

Groß, grün und brutal war die Kawasaki Z1100R von dem Superbike beeinflusst, mit dem Eddie Lawson 1981 und 1982 die US-Meisterschaft gewonnen hatte. Die seriennahe Rennmaschine des brillanten Kaliforniers mit ihrem hohen Lenker hatte weltweit für Schlagzeilen gesorgt. Die Z1100R war eine attraktive, straßentaugliche Reproduktion, auch wenn das luftgekühlte Format mit zwei Ventilen pro Zylinder 1984 bereits veraltet war.

In Wirklichkeit war die 1100R eher eine Überarbeitung einer alternden Straßenmaschine als eine Annäherung an Lawsons Superbike. Diese Meisterschaftsmaschine war im Prinzip eine Z1000, die mit Teilen wie grün lackiertem Tank und Cockpitverkleidung der GPz1100, flachem Lenker, hoch getuntem 150-PS-Motor und rennmäßiger Federung, Rädern und Bremsen modifiziert war.

Für den amerikanischen Markt baute Kawasaki zunächst eine Renn-Replica, die nur an professionelle Rennfahrer verkauft wurde, und dann eine „Lawson-Replica"-Straßenmaschine mit grüner Lackierung, modifizierter Lenkgeometrie und einer Vier-in-eins-Auspuffanlage von Kerker. Aber die Z1000J, die 1983 außerhalb der Staaten verkauft wurde, hatte weder den neuen Rahmen noch den Kerker-Auspuff und war in einigen Ländern sogar weiß statt grün.

Dies wurde 1984 mit der korrekt lackierten Z1100R und einem größeren, stärkeren Motor korrigiert. Der luftgekühlte DOHC-Achtventiler mit 1089 ccm war im Grunde ein GPz1100-Motor mit Vergasern statt einer Einspritzung. Seine Spitzenleistung von 114 PS bei 8500 U/min entsprach der der GPz, aber er hatte ein neues Nockenwellen- und Zündtiming, das mehr von seiner Leistung in den mittleren Drehzahlbereich verlegte.

Sieht aus wie die von Lawson

Der Motor war drehfreudig und stark, und auch der Rest der Z1100R enttäuschte nicht. Sie hatte immer noch zwei Schalldämpfer statt einer Vier-in-eins-Anlage (die ließ sich aber leicht nachrüsten), aber ansonsten sah das Motorrad mit Stufensitzbank, goldenen Kayaba-Stoßdämpfern, Cockpitverkleidung und hohem Lenker aus wie Lawsons Maschine.

Ihre Leistung reichte nicht an die GPZ900R der neuen Generation heran, die Kawasaki zur gleichen Zeit einführte, übte aber einen großen Reiz auf Fahrer aus, die mit großen, drehfreudigen, luftgekühlten Vierzylindern aufgewachsen waren. Die 1100R war gefügig und generell laufruhig, erlaubte das Fahren bei 130 km/h, fühlte sich kawasakitypisch roh und aufregend an und beschleunigte hart auf eine Spitzengeschwindigkeit von über 225 km/h.

Die Bremsen der 1100R waren ausgezeichnet, aber das Handling war weniger beeindruckend. Wie ein Tester des Magazins *SuperBike* schrieb, reihte sich die Z1100R in die „lange Reihe von großen Kawasakis ein, bei denen die schiere Kraft ihrer Monstermotoren Chassis und Fahrer überfordert, lange bevor die Drehzahlen den roten Bereich erreichen."

Trotzdem genoss der Tester die große Kawasaki, und vielen ging es genauso. Der Z1100R fehlte es an Kultur, aber sie hatte einen erstklassigen Stammbaum, Kraft im Übermaß und reichlich altmodischen Charme. Aber die Tage des alten Formats waren gezählt. Die Mischung der Z1100R aus mächtigem Motor und mittelmäßigem Chassis beendete die lange und vornehme Linie luftgekühlter Hochleistungsvierzylinder.

Eddie Lawson: Der Grüne König

Ironischerweise gewann Eddie Lawson 1984, als die Z1100R eingeführt wurde, die 500er-Weltmeisterschaft für Yamaha, aber seine Leistungen auf dem Kawasaki Superbike blieben in lebendiger Erinnerung. Nachdem er bei der US Superbike Championship 1980 knapp Zweiter geworden war, siegte Lawson im Folgejahr und verteidigte den Titel 1982, obwohl er wegen einer Halswirbelverletztung in Laguna Seca zwei Rennen verpasste. Der Kalifornier nahm seinen geschmeidigen Stil nahtlos zu Grand-Prix-Rennen mit, wo er drei 500er-Weltmeisterschaften für Yamaha und eine vierte für Honda gewann.

Bezeichnung	**Kawasaki** Z1100R (1984)
Motor	4 Zylinder in Reihe, luftgekühlt, DOHC
Hubraum	1089 ccm (72,5 x 66 mm)
Leistung	83,9 kW (114 PS) bei 8500 U/min
Kraftübertragung	Fünfganggetriebe; Kette
Rahmen	Stahlrohrrahmen
Federung	vorne Teleskopgabel; hinten zwei Stoßdämpfer
Bremsen	vorne Doppelscheibenbremse, hinten Scheibenbremse
Gewicht	238 kg
Spitzengeschwindigkeit	233 km/h

Links außen: *Der schwarz lackierte 1089-ccm-Motor der Z1100R stand am Ende einer herausragenden Linie starker und robuster luftgekühlter DOHC-Vierzylinder.*

Links: *Die nachbearbeitete [illegible] verleiht der [illegible] Look. Die Stufensitzbank und die vergoldeten Stoßdämpfer mit Ausgleichsbehälter sorgen für ein Rennimage und eine komfortable Fahrt.*

Honda VF1000R

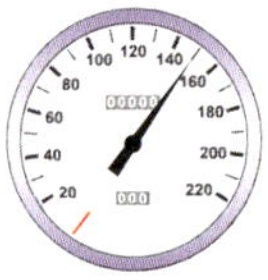

Spitze
240 km/h

Unten: Die luxuriös ausgestattete, vollverkleidete VF1000R besaß ein sehr fortschrittliches Chassis mit luftgefederter Gabel und Antidive, Vierkolbenbremsen und einer justierbaren Monoshockheckfederung. Sie ließ sich auf glatter Straße gut um die Ecken treiben und war eine exzellente Straßenrennerin, aber zu schwer, um bei Serienrennen Erfolg zu haben.

Hondas Enthusiasmus für den V4-Motor war in den frühen 80ern so groß, dass die VF-Palette 1984 aus sechs Modellen mit Hubräumen zwischen 400 und 1000 ccm bestand. Die schnellste und glamouröseste Maschine war die VF1000R: eine Supersportlerin in limitierter Auflage, die ohne Rücksicht auf die Kosten geschaffen wurde, um die Serienrennen auf die gleiche Weise zu beherrschen, wie dies die Reihenvierzylinder CB1100R drei Jahre zuvor getan hatte.

Mit ihrer Vollverkleidung und sportlichen rot-weiß-blauen Lackierung sah die VF1000R wie eine straßentaugliche Sportmaschine aus. Ihre Spezifikation war erlesen mit einem flüssigkeitsgekühlten 90-Grad-V-Vierzylinder, der zahnradgetriebene oben liegende Nockenwellen besaß und nicht weniger als 122 PS bei 10000 U/min leistete.

Diese Leistung lag um 6 PS über der der VF1000F, der 16-Ventil-V4 mit 998 ccm, von der das Modell R abstammte. Die ebenfalls 1984 eingeführte 1000F war ein beeindruckend schnelles und hoch entwickeltes Motorrad. Ihr Styling entsprach dem der ersten VF750F, die nach vielversprechenden Anfängen unter Verlässlichkeitsproblemen des Motors litt. Die VF1000F ließ sich gut handhaben, und ihr Motor war flexibel, stark und verlässlich.

Die exotische VF1000R kostete rund 50 Prozent mehr als die F und glänzte rundum mit Qualität. Ihre Verkleidung bestand aus kohlefaserverstärktem Kunststoff, die verstellbaren Lenkergriffe bestanden aus poliertem Leichtmetall, und der aerodynamische Rennhöcker saß perfekt auf der Karosserie. Die zahnradgetriebenen Nockenwellen erlaubten eine präzisere Ventilsteuerung bei hohen Drehzahlen und waren somit für einen Teil der zusätzlichen Leistung verantwortlich.

Wie die anderen VF hatte die R einen Rahmen aus Vierkantrohren, aber ihr Chassis war definitiv von gehobener Qualität. Die dicken 41-mm-Gabelrohre besaßen Luftfederung, eine einstellbare Dämpfung und das TRAC Antidive. Das Vorderrad ließ sich per Schnellspannvorrichtung leicht austauschen. Der Pro-Link-Heckstoßdämpfer war leicht einstellbar. Die

Links: Trotz der geteilten Reaktion und des Misserfolgs auf den Rennstrecken in ihrem ersten Jahr, wurde die VF1000R 1985 nur in Details wie der Lackierung verändert. Die V4 war zwar nicht renntauglich, aber ihre schicke CFK-Verkleidung mit dem Doppelscheinwerfer gewährte bei hohen Geschwindigkeiten exzellenten Windschutz.

Unten: Nur wenige Motorräder sahen je so täuschend nach Rennmaschine aus wie die stromlinienförmige VF1000R, die viel eher auf der geraden Straße zuhause war als auf der Rennpiste. Ironischerweise gewann Honda 1985 die Serien-TT auf der Isle of Man, wobei Geoff Johnson aber die VF1000 Bol d'Or statt der VF1000R fuhr.

beeindruckenden Vorderradbremsen bestanden aus Vierkolbensätteln und großen, schwimmend gelagerten Scheiben.

Stabilität und Kraft

Für die Straße war die VF1000R eine verführerisch schnelle und komfortable Begleiterin. Ihre Verkleidung und die sportliche Sitzposition boten hervorragenden Windschutz. Die Hochgeschwindigkeitsstabilität war perfekt, und der Motor war überragend stark und drehfreudig. Die 1000R erlaubte müheloses Reisen bei über 160 km/h und beschleunigte geschmeidig bis 240 km/h.

Der kultivierte Eindruck wurde etwas durch die hakelige Schaltung getrübt, die im Stadtverkehr enervierend wurde, wo der Motor die Vergaser aufheizte und so zu Fehlzündungen führte. Aber solche Probleme waren auf offener Strecke schnell vergessen, wenn der Fahrer den Gasgriff aufdrehte und die 1000R aus 5000 Touren oder weniger vorwärts stürmte.

Bei niedrigerem Tempo machte sich aber das Gewicht unangenehm bemerkbar. Mit trockenen 238 kg war die Honda über 20 kg schwerer als die Kawasaki GPz900R, und das Handling wurde trotz des 16-Zoll-Vorderrads schwerfällig. Dies war vor allem auf Rennstrecken ein Problem. Selbst Honda-Star Wayne Gardner konnte ein Motorrad, das er Marshmallow nannte, beim prestigeträchtigen Castrol-Sechs-Stunden-Rennen im heimischen Australien nicht zum Sieg fahren.

Anders als ihre unbesiegbare Vorgängerin CB1100R war die VF1000R nur selten auf Rennstrecken zu sehen, geschweige denn bei Ehrenrunden. Das drückte die Verkäufe, vor allem, weil ihr Preis sie auf eine Ebene mit reinrassigen Rennern wie Bimota und Harris stellte. Honda hatte insofern Glück, als man nur eine geringe Anzahl Maschinen gebaut hatte. Die VF1000R war schnell, hoch entwickelt und attraktiv, verbarg aber zu viel Gewicht unter der schlanken Karosserie, um ein Erfolg zu werden.

Bezeichnung	Honda VF1000R (1984)
Motor	V4 90°, flüssigkeitsgekühlt, DOHC, 16 Ventile
Hubraum	998 ccm (77 x 53,6 mm)
Leistung	[illegible] kW (122 PS) bei 10500 U/min
Kraftübertragung	Fünfganggetriebe; Kette
Rahmen	Stahlrohrrahmen
Federung	vorne Teleskopgabel; hinten Zentralfederung
Bremsen	vorne Doppelscheibenbremse; hinten Scheibenbremse
Gewicht	238 kg
Spitzengeschwindigkeit	240 km/h

Yamaha RD500LC

Spitze
222 km/h

Unten: Der Yamaha-Motor fühlte sich unter 6000 Umdrehungen flau an, aber sobald der Zweitakt-V4 im ersten Gang seinen Leistungsbereich erreichte, schoss die leichte LC auf dem Hinterrad davon. Der Hunger der Renn-Replica nach hohen Drehzahlen führte zu einer aufregenden Fahrt und machte es fast unmöglich, Geschwindigkeitsbegrenzungen zu beachten.

Nur wenige Superbikes wurden so sehnsüchtig erwartet wie die RD500LC. 1983 sorgten Yamahas lang anhaltender Erfolg bei den Zweitakt-Zweizylindern und der Erfolg beim 500er-Grand-Prix dafür, dass die 500-ccm-Vierzylinder-Renn-Replica als logischer nächster Schritt galt. Die Nachfrage war so groß, dass einige Magazine fiktive Testberichte von einer Maschine veröffentlichten, die noch gar nicht existierte.

Als Yamaha im Folgejahr mit der Produktion begann, wurden die Erwartungen nicht enttäuscht. Die RD500LC sah fantastisch aus. Sie hatte eine rot-weiß lackierte Vollverkleidung, die stark an die OW76 erinnerte, mit der Eddie Lawson in der Saison die Weltmeisterschaft gewann. Wie Lawsons Rennmaschine wurde die 500LC von einem flüssigkeitsgekühlten Zweitakt-V4 angetrieben. Die Straßenmaschine leistete 90 PS, wog trocken beeindruckende 178 kg und lief eine Spitzengeschwindigkeit von fast 225 km/h.

Zweitakt-Erbe

Der 499-ccm-50-Grad-V4 war nicht direkt aus dem Rennmotor entwickelt worden, sondern bestand im Prinzip aus zwei RD250LC-Motoren, die an den Hauptlagern verbunden waren und eine Ausgleichswelle zur Reduzierung von Vibrationen besaßen. Ansaugtrakt, Kanäle und Auslass unterschieden sich stark von der OW76, aber Bohrung und Hub von 56,4 x 50 mm waren beinahe identisch, und die Straßenmaschine besaß auch die gleichen Auslassventile.

Abgesehen von der Beleuchtung und anderen Notwendigkeiten einer Straßenzulassung bestand der wichtigste Unterschied beim Chassis darin, dass der Rahmen der RD500LC aus Vierkantstahlrohren statt aus Aluminium bestand. Trotzdem besaß die Straßenmaschine eine eindeutige Ausrichtung mit hochwertigen Fahrwerksteilen wie einer Telegabel mit Antidive und einem horizontal unter dem Motor liegenden Zentralfederbein.

Yamahas V4-Revolution

Vor der Konstruktion der RD500LC führte Yamaha schon den Trend zu Zweitakt-V4 bei den 500er-Grand-Prix an. Der dreifache Champion Kenny Roberts debütierte 1982 auf der OW61 V4 und ist hier vor dem zweiten Werksfahrer Graeme Crosby zu sehen, der eine OW60 mit quadratischem V4 fährt. Der OW61 fehlte es an Durchzugskraft und Handling, aber die 1984er OW76 mit Membraneinlässen und einem Deltabox-Alurahmen war um Klassen besser. Eddie Lawsons Weltmeisterschaftssieg in dieser Saison war der erste von sechs in neun Jahren für Yamahas 500er-V4.

Aussehen und Spezifikation der Yamaha waren appetitanregend und ihre Leistung wurden den Erwartungen vollends gerecht. In typischer Zweitaktmanier fühlte sich der Motor bei niedrigen Drehzahlen flau an und erwachte erst bei 6000 Touren zu krachendem Leben, beschleunigte die leichtgewichtige Maschine aber dann atemberaubend. Das bedeutete, dass der Motor seine Leistung im größten Gang erst ab etwa 160 km/h zeigte. Glücklicherweise hatte Yamaha dem Motorrad ein Paar Spiegel spendiert.

Auch das Handling der LC war dem Motor gewachsen. Mit einer dank des 16-Zoll-Vorderrads leichtgängigen und schnellen Lenkung war sie gleichermaßen in langsamen wie in schnellen Kurven stabil. Manchmal wurde der Bug bei Bodenwellen etwas unruhig. Aber das war kein echtes Problem, und das Bremssystem mit drei Scheiben gehörte zu den besten der Welt.

Yamaha hatte ein Motorrad geschaffen, das sich auf der Straße wie eine Rennmaschine anfühlte, und die RD500LC bewies ihre Fähigkeiten auf der Rennstrecke, indem sie sich beim Castrol-Sechs-Stunden-Rennen in Australien gegen viele große Viertakter durchsetzte.

Nachteile waren ein hoher Benzinverbrauch, Vibrationen, eine mittelmäßige Lackierung und der hohe Preis. Das Hauptproblem aber war, dass die RD500LC vielleicht zu sehr ein echtes Rennmotorrad war, als gut für sie war.

Links oben: *In Kurven konnten nur wenige Motorräder der RD500LC das Wasser reichen, die geringes Gewicht mit steifem Rahmen, straffer Federung und reichlich Grip und Schräglagenfreiheit verband.*

Links: *Mit ihrer Vollverkleidung, dem Rennhöcker und der Zweitakt-Auspuffanlage kam die RD500LC einem GP-Motorrad näher als jede andere Straßenmaschine.*

Bezeichnung	**Yamaha** RD500LC (1984)
Motor	V4 50°, flüssigkeitsgekühlt, 2-Takt
Hubraum	499 ccm (56,4 x 50 mm)
Leistung	66,2 kW (90 PS) bei 9500 U/min
Kraftübertragung	Sechsganggetriebe; Kette
[illegible]	[illegible]
Federung	vorne Teleskopgabel; hinten Zentralfederbein
Bremsen	vorne Doppelscheibenbremse; hinten Scheibenbremse
Gewicht	178 kg
Spitzengeschwindigkeit	222 km/h

Kawasaki GPZ900R

Spitze 250 km/h

__Unten:__ Die aerodynamische Vollverkleidung und die kompakten Abmessungen der Ninja verhalfen dem 908-ccm-Motorrad zu einer Spitzengeschwindigkeit von 250 km/h.

Die GPZ900R war die Maschine, mit der sich Kawasaki ihren Ruf der unschlagbaren Vierzylinder zurückeroberte. Dieses Motorrad, das in vielen Ländern als Ninja bekannt wurde, hatte mehr zu bieten als eine Spitzengeschwindigkeit von 250 km/h. Dies war eine 908-ccm-Maschine, die sich so kompakt wie eine 750er anfühlte – und ihren 1100-ccm-Rivalinnen einfach davonfuhr. Straßenfahrer nahmen sie ebenso begeistert auf wie Serienrennfahrer. Fast jeder, der die Ninja fuhr, war von der Kombination aus Verlässlichkeit, Handling, Komfort und eigenständigem Stil angetan.

Kawasaki hatte sich im vergangenen Jahrzehnt eine Reputation für brillante luftgekühlte Achtventiler erarbeitet, aber der Motor der GPZ war etwas ganz anderes. Er besaß nicht nur eine Flüssigkeitskühlung, sondern auch einen Zylinderkopf mit 16 Ventilen, eine Ausgleichswelle, eine Steuerkette für die Ventile am Ende der Kurbelwelle und eine Lichtmaschine über dem Sechsganggetriebe. Er war klein, leicht und stark, auch wenn seine Spitzenleistung von 113 PS bei 9500 Umdrehungen leicht unter der der alten GPz1100 lag.

Der Rest der GPz führte das Thema von hoher Leistung bei minimaler Größe und Gewicht durch. Kawasaki nannte die Rahmenform „Diamant", aber eigentlich handelte es sich um eine Zentralrohrkonstruktion mit dem Motor als tragendem Teil und konventionellen Stahlrohren. Aluminium kam nur beim hinteren Hilfsrahmen, der Kastenschwinge und den großen Fußrastenhalterungen zum Einsatz.

Links außen: *Das Handling war dank eines steifen Stahlrahmens, einer Antidive-Gabel und eines effizienten Zentralfederbeins für 1984 hervorragend.*

Links: *Kawasakis erste Motor mit vier Ventilen pro Zylinder war ein beeindruckender Nachfolger für die Zweiventil-Vierzylinder. Das ursprüngliche „GPz“-Logo wurde später in „GPZ“ geändert, um die flüssigkeitsgekühlte Palette abzugrenzen.*

Die Gabel hatte 38-mm-Rohre mit Antidive und progressiver Dämpfung. Die Hinterradfederung erfolgte über das hauseigene Uni-Trak-System mit einem luftgefederten Stoßdämpfer, der in der Dämpfung einstellbar war. Das Vorderrad war nach aktueller Mode 16 Zoll groß.

Rasende Geschwindigkeit

Die zackig gestylte Vollverkleidung bot vernünftigen Schutz, wenn sich der Fahrer über die Lenkstummel beugte. Die Ninja war flach, schlank – und vor allem schnell. Dank ihrer Aerodynamik war sie schneller als ihre Vorgängerin GPz1100 und besaß eine dramatische Beschleunigung ab 6000 Touren und eine rasende Geschwindigkeitsentfaltung zwischen 8000 Umdrehungen und dem roten Bereich bei 10 000 U/min.

Auch der Rest des Motorrads konnte da mithalten. Die Hochgeschwindigkeitsstabilität war hervorragend, was zum Teil an der straffen Federung lag, die sich dafür bei niedrigen Geschwindigkeiten etwas harsch anfühlte. Mit über 227 kg war die 900er kein Leichtgewicht, aber für ein Superbike gut beherrschbar, und ihre Doppelscheibenbremse vorne war ungemein bissig. Die Kawasaki war aber auch praktisch, indem sie eine große Reichweite mit einigem Komfort und nützlichen Details wie Gepäckhaken und einem kräftigen Haltebügel für den Sozius kombinierte.

Der Erfolg der Ninja war vorhersehbar, aber selbst Kawasaki dürfte von der langen Produktlaufzeit überrascht worden sein. Die 900er überlebte ihre Thronfolger GPZ1000RX und ZX-10 und wurde sogar 1990 nicht ersetzt, sondern modernisiert. Das Vorderrad wuchs auf 17 Zoll, und beide Räder wurden verbreitert. Die Gabelrohre maßen nun 41 mm, die vorderen Bremsscheiben wurden auf 300 mm vergrößert und erhielten Vierkolbensättel.

In den 1990ern wandelte sich das Image der einst mächtigen Ninja zu dem einer preiswerten Sporttourer. Aber das sollte ihrem Ruf nicht schaden. Man darf nicht vergessen, dass die GPZ900R 1984 die unangefochtene Königin der Straße war und eine Kawasaki-Dynastie von flüssigkeitsgekühlten 16-Ventil-Vierzylindern begründete, die sich bis heute fortsetzt.

Unten: *Die GPZ900R war 1984 das beste Superbike der Welt. Ihre Straßentauglichkeit wurde durch Siege bei zahlreichen Serienrennen wie der wiederbelebten Serien-TT belegt.*

Bezeichnung	**Kawasaki** GPZ900R (1984)
Motor	4 Zylinder in Reihe, flüssigkeitsgekühlt, DOHC, 16 Ventile
Hubraum	900 ccm (72,5 x 55 mm)
Leistung	83,2 kW (113 PS) bei 9500 U/min
Kraftübertragung	Sechsganggetriebe, Kette
Rahmen	Zentralrohrrahmen
Federung	vorne Teleskopgabel; hinten Zentralfederbein
Bremsen	vorne Doppelscheibenbremse; hinten Scheibenbremse
Gewicht	228 kg
Spitzengeschwindigkeit	250 km/h

Laverda SFC 1000

Spitze
225 km/h

Unten: Die hohe Erscheinung der SFC deutete auf die Ursprünge in den 70ern hin, aber die Halbverkleidung, die große Scheibe und der geräumige Sitzplatz ermöglichten auch ein komfortables Reisen. Da mit den Vorgängermodellen in den 80ern einiges vom Dreizylindercharakter verloren gegangen war, achtete man darauf, dass der schöne luftgekühlte Motor sichtbar blieb.

Laverdas kraftvolle luftgekühlte Dreizylinder hatten in den 70ern zu den schnellsten und glamourösesten Superbikes gezählt, aber im folgenden Jahrzehnt fehlte es der Firma an den finanziellen Mitteln, eine modernere Produktreihe zu entwickeln, deren letzte und beste die SFC 1000 war.

Mit ihrer hohen, elegant in den Tank übergehenden Halbverkleidung und einem vertrauten 981-ccm-Dreizylinder war die SFC eine direkte Weiterentwicklung der RGS 1000, mit der Laverda ihre Generation von Dreizylindern 1982 begründet hatte. Im Gegensatz zu den ungehobelten früheren Dreizylindern wie der Jota hatte die RGS einen sanfteren, flexibleren Motor mit einer restriktiveren Auspuffanlage, die strengeren Lärmschutzbestimmungen genügen sollte.

Modernisiertes Image

Die RGS hatte Laverda ein moderneres Image für die 80er geben können, aber es fehlte ihr an der unschlagbaren Schnelligkeit und am rustikalen Charakter, der früher die Fans der Marke angezogen hatte. 1984 hatte Laverda mit der RGS 1000 Corsa an Leistung zugelegt, deren mit hoch verdichtenden Kolben, neuen Ventilen, modifizierter Airbox und überarbeiteter Auspuffanlage getunter Motor 90 PS leistete.

1985 verwendete Laverda den Motor der Corsa als Grundlage für ein neues Modell, der SFC 1000. Ihr Name sollte an die donnernde 750-SFC-Serienrennmaschine aus den 70ern erinnern, auch wenn die neue Dreizylinder in Wirklichkeit eine modifizierte Corsa mit roter statt schwarzer Lackierung, subtil neu gestalteter Verkleidung und Tank und einigen neuen Teilen war. Ihr Stahlrohrrahmen blieb abgesehen von der goldenen Lackierung unverändert und erhielt eine Alukastenschwinge. Weitere neue Teile waren die nach hinten versetzten Fußrasten, Leichtgussräder sowie Marzocchi-Gabel und Heckstoßdämpfer mit Ausgleichsbehälter.

Mit ihrem getönten Windschild war die SFC für 1985 recht hoch, ihr luftgekühlter Motor definitiv veraltet und ihr Gewicht mit 244 kg sehr hoch. Unvermeidlich war, dass das aufregende Dreizylinder-Bellen durch schärfere Lärmschutzbestimmungen erstickt wurde. Aber trotz alledem war die Laverda eine gut aussehende und unverwechselbare Maschine, die genügend Kraft und Charakter besaß, um den Adrenalinausstoß des Fahrers zu beschleunigen.

Der Motor fühlte sich bei sehr niedrigen Umdrehungen manchmal rau an, aber sobald sie ins Laufen kam, war die SFC ebenso gefügig wie kraftvoll und zog aus 3000 Touren geschmeidig bis zur Spitzengeschwindigkeit von 225 km/h hoch. In Kurven konnte es die große Laverda in Agilität oder Grip ihrer unmodisch schmalen 18-Zoll-Räder nicht mit den besten Japanerinnen aufnehmen. Ihre Marzocchi-Federung war straff und gut gedämpft, und die Brembo-Gold-Line-Bremsen verliehen ihr hervorragende Bremskraft.

Die SFC war zwar alles andere als eine konkurrenzfähige Supersportlerin, aber sie kombinierte Leistung mit genügend Komfort, um eine gute Sporttourer abzugeben. Auch das Potential für mehr Geschwindigkeit war vorhanden, denn die Firma bot einen sportlichen Umrüstsatz mit einer Drei-in-eins-Anlage und größeren Hauptdüsen für die Dell'Orto-Vergaser an. Fahrer, die es wirklich ernst meinten, konnten einen Rennsatz mit schärferen Nockenwellen, Ventilfedern, größeren 36-mm-Vergasern und einem eng gestuften Getriebe ordern.

Bezeichnung	**Laverda** SFC 1000 (1985)
Motor	3 Zylinder in Reihe, luftgekühlt, DOHC
Hubraum	981 ccm (75 x 74 mm)
Leistung	66,2 kW (90 PS) bei 7000 U/min
Kraftübertragung	Fünfganggetriebe; Kette
Rahmen	Stahlrohrrahmen
Federung	vorne Teleskopgabel; hinten zwei Stoßdämpfer
Bremsen	vorne Doppelscheibenbremse; hinten Scheibenbremse
Gewicht	244 kg (betankt)
Spitzengeschwindigkeit	225 km/h

Links: *Diese Laverda war vielleicht teuer und konnte mit den japanischen Superbikes nicht mehr mithalten, aber sie war immer noch eine schöne Maschine, die die Blicke anzog, reichlich Charakter besaß und viel Spaß machte.*

Laverda wollte ursprünglich nur 200 Exemplare der SFC 1000 bauen und dann eine Serie modernerer Dreizylindermittelgewichte entwickeln. Aber die finanziellen Probleme führten dazu, dass die neuen Motorräder nie erschienen und die letzte Lieferung von 1000 SFCs das Werk in Breganze 1987 verließ. Laverda sollte in den 1990ern unter neuer Führung wiederbelebt werden – mit einer Reihe von Parallel-Twins. Die Geschichte der berühmten luftgekühlten Dreizylinder war zu Ende.

Oben: *Der luftgekühlte 981-ccm-DOHC-Dreizylinder war trotz Verbesserungen immer noch eng mit dem Motor der Jota der 70er verwandt.*

Links: *Zwei Heckstoßdämpfer und 18-Zoll-Räder waren altmodisch, als die SFC 1985 auf den Markt kam. Aber mit [illegible] und der hochwertigen Federung konnte die große Laverda sich in Kurven immer noch mit vielen Maschinen messen.*

Yamaha FZ750

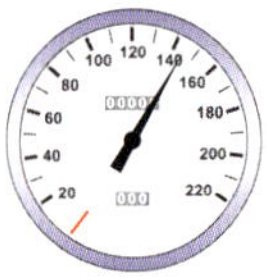

Spitze
233 km/h

Rechts: *Der flüssigkeitsgekühlte 749-ccm-Vierzylinder mag aus seinen 20 Ventilen keinen Vorteil gezogen haben, aber er war mit Sicherheit ein herausragendes Triebwerk.*

Unten: *Die erste halbverkleidete FZ750 erreichte nicht das sportliche Image der Rivalin Suzuki GSX-R750, aber sie ergänzte ihre Geschwindigkeit mit exzellentem Handling.*

Yamahas moderne Generation von Superbikes nahm 1985 mit der FZ750 ihren Anfang. Dabei war sie wesentlich mehr als nur eine superbe Maschine mit einer in der 750er-Klasse unerreichten Gesamtleistung. Die FZ führte einen Motor mit vier nach vorne geneigten, flüssigkeitsgekühlten Zylindern mit jeweils fünf Ventilen ein, auf dem die großen Yamaha auf viele Jahre hinaus basieren sollten.

Der 749-ccm-Motor war eine Offenbarung. Durch die Vorneigung um 45 Grad verlagerte sich der Schwerpunkt nach vorne und unten – so entstand Raum für eine neue Beatmung. Eine Reihe von Mikuni-Fallstromvergasern saß jetzt dort, wo normalerweise die Zylinderköpfe gelegen hätten. Die Airbox wurde nach vorne direkt hinter den Lenkkopf verschoben und der Tank erstreckte sich nach unten in den Raum, den normalerweise die Vergaser eingenommen hätten.

Einzigartiger Ansaugtrakt

Dadurch konnte ein großes Volumen kühler Luft geradewegs zum Motor gelangen – wo es auf den einzigartigen Anblick dreier winziger Einlassventile pro Zylinder stieß. Yamaha behauptete, die Auslegung mit fünf Ventilen sei der mit vier Ventilen weit überlegen. Obwohl der gesamte Ventilbereich etwas kleiner sei als mit zwei großen Einlassventilen (und weil alle Ventile beinahe immer nur teilweise geöffnet seien), sei der Gesamtumfang des Trios größer. Die Werte waren mit einer Spitzenleistung von 105 PS bei 10 500 U/min vielversprechend.

Das Chassis der FZ750 sollte die Motorkonfiguration unterstützen, war aber mit einem Rahmen aus Vierkantstahlrohren anstelle des Aluminiums der Rivalin Suzuki GSX-R750 konventionell ausgelegt. Die Gabel war luftgefedert und führte ein für sportliche Maschinen dieser Zeit typisches 16-Zoll-Rad. Die Heckfederung übernahm ein vertikales Zentralfederbein. Das Styling mit einer kantigen Halbverkleidung, die den schwarz lackierten Motor herausstellte, war schick, aber konservativ.

Als Yamaha ein Jahr zuvor die Auslegung mit 20 Ventilen ankündigte, kommentierten die Zyniker, dies sei ein komplizierter Gimmick, der gegenüber einem 16-Ventiler keine Vorteile bringe. Einige hatten sogar Bedenken, die FZ750 zu fahren, deren Kombination aus Motorkraft und Flexibilität schon für ein hubraumstarkes Motorrad beeindruckend gewesen wäre, von einer kompakten und wendigen 750er ganz zu schweigen.

Egal, was der Tachometer anzeigte, die FZ schoss geschmeidig vorwärts, sobald der Gashahn geöffnet wurde. Selbst unter 2000 Umdrehungen nahm sie sauber Gas an, wenn die meisten größeren Maschinen gezögert hätten. Bei 7000 Touren im höchsten der sechs Gänge erreichte sie 160 km/h und zog immer noch. Dann schnellte sie vor und presste ihren Fahrer in die Sitzbank, während sie ihrer Spitzengeschwindigkeit von 225 km/h entgegen eilte.

Die Fahrwerksleistung war weniger spektakulär, das Handling war stabil und präzise. Die relativ aufrechte Sitzposition ermöglichte im Zusammenspiel mit der exzellenten Federung ein bequemes Reisen, auch wenn der Windschild etwas niedrig war. Weitere Vorzüge waren eine großzügige Reichweite und der Umstand, dass die Ventilsteuerung sehr verlässlich war und nur alle 45 000 km nachgestellt werden musste.

Abgesehen von einer kraftlosen Doppelscheibenbremse vorne war die FZ eine herausragende Maschine: gut handhabbar und doch relativ komfortabel, schnell, aber bemerkenswert beherrschbar, aggressiv im Auftreten und Gefühl, aber gut ausgestattet und so alltagstauglich wie fast jede andere japanische Vierzylinder. Leider war ihr der verdiente Verkaufserfolg nicht beschieden, selbst nach der Aufrüstung mit einer Vollverkleidung ein Jahr später. Aber als das erste von vielen großartigen 20-Ventil-Vierzylindern war die FZ750 nicht nur eines der einflussreichsten Motorräder ihrer Generation, sondern auch eines der besten.

Bezeichnung	**Yamaha** FZ750 (1985)
Motor	4 Zylinder in Reihe, flüssigkeitsgekühlt, DOHC, 20 Ventile
Hubraum	749 ccm (68 x 51,6 mm)
Leistung	77,3 kW (105 PS) bei 10 500 U/min
Kraftübertragung	Sechsganggetriebe; Kette
Rahmen	Stahlrohrrahmen
Federung	vorne Teleskopfeder; hinten Zentralfederbein
Bremsen	vorne Doppelscheibenbremse; hinten Scheibenbremse
Gewicht	209 kg
Spitzengeschwindigkeit	233 km/h

Oben: *Yamaha rüstete die FZ nur ein Jahr nach der Einführung mit einer Vollverkleidung auf und verlieh der Vorderradbremse mehr Biss. Das Resultat war eine weniger individuelle, aber kompetentere Maschine.*

Links: *Mit ihrer breiten Leistungsentfaltung, relativem Komfort und exzellentem Handling beeindruckte die FZ sowohl als Sportmotorrad als auch als Allrounder. Das Handling war weniger agil als das mancher Konkurrentinnen, aber sie blieb selbst in schnellen Kurven stabil.*

Suzuki GSX-R750

Spitze 233 km/h

Unten: *Ein Blick genügte, um die GSX-R als Kopie der Ausdauermaschine von Suzuki zu erkennen. Kraft, geringes Gewicht und Handling machten sie bald zu einem Hit auf Straße und Rennpiste. Dieses 1986er-Modell besaß eine längere Hinterradschwinge, die die Hochgeschwindigkeitsstabilität verbessern sollte.*

Die erste GSX-R750 war das Motorrad, mit dem die modernen japanischen Supersportmotorräder erfunden wurden. Es hatte zwar schon vor der Einführung der ölgekühlten Vierzylinder 1985 reichlich schnelle und feurige Superbikes gegeben. Aber die GSX-R750 war die erste moderne Renn-Replica, eine einzigartig kompromisslos auf Leistung ausgelegte Maschine.

Ihre Konstruktion entsprach den Suzuki-Ausdauermaschinen vom Vorjahr, von der Verkleidungsform mit Doppelscheinwerfer bis zur Verwendung von 18-Zoll-Rädern – sie wurden von den Ausdauerrennfahrern bevorzugt, weil der größere Durchmesser einen schnelleren Wechsel der Bremsbeläge erleichterte. Ihr Rahmen bestand aus Aluminium anstelle von Stahl, wie bei der Konkurrenz. Der 16-Ventil-DOHC-Motor mit 749 ccm leistete maximal 100 PS bei 10 500 U/min.

Ölkühlung

Diese Leistung entsprang einem Motor, der eine neuartige Ölkühlung zur Senkung der Zylindertemperatur ohne Volumen und Gewicht eines Wassermantels verwendete. Das Suzuki Advanced Cooling System, kurz SACS, erlaubte es den Ingenieuren, den zuvor luftgekühlten Motor der GSX750 kleiner und drehstärker umzubauen. Nahezu jedes Bauteil verlor Gewicht, indem es entweder kleiner wurde oder, wie im Fall des Nockenwellengehäuses, aus Magnesium anstelle von Aluminium gefertigt wurde.

Leistung und Leichtigkeit des Motors waren bemerkenswert. Es war aber das Chassis, das dem Motorrad sein unschlagbares Leistungsgewicht verlieh. Mit 176 kg war die GSX-R wesentlich leichter als jede andere 750er. Suzuki zufolge wog der neue Alurahmen aus einer Kombination von gegossenen Teilen und kaltfließgepressten Rohren nur 8 kg, halb

so viel wie der weniger steife Stahlrahmen der GSX750. Die Gabel hatte stämmige 41-mm-Rohre, die mit einer Alubrücke versteift waren.

Ein sportliches Cockpit deutete den Hunger des Motors nach Drehzahlen an. Sie war trotz ihrer Reihe von Mikuni-Flachschiebervergasern auch niedertourig fahrbar, ohne je ernsthafte Vibrationen zu produzieren. Aber die Leistungsentfaltung war unter 7000 Touren flau. Erst dann erwachte das Motorrad plötzlich und schoss vorwärts, während die Drehzahlen bis in den roten Bereich bei 11 000 U/min kletterten.

Hochtourige Leistung

Die Leistung, ein geschmeidig schaltendes Sechsganggetriebe und eine Spitzengeschwindigkeit von 233 km/h machten die GSX-R auf gerader Strecke zu einer ernst zu nehmenden Herausforderung für alle 750er. In Kurven zeigte die Suzuki ihre ganze Überlegenheit. Trotz des 18-Zoll-Vorderrads ließ sich die Maschine leicht in die Schräglage werfen und lief dann stabil durch die Kehre. Das geringe Gewicht war in Kurven und beim Bremsen ein Vorteil, denn so konnte die Vorderradbremse – eine Kombination aus 300-mm-Scheiben und Vierkolbensätteln – eine nie erlebte Bremskraft und Dosierbarkeit entfalten.

Aber die GSX-R war auch eines der ersten Straßenmotorräder, die eine sorgfältige Einstellung und vorzugsweise einen Lenkungsdämpfer erforderten. Das gelegentliche Hochgeschwindigkeitsflattern des ersten Modells zwang Suzuki 1986 zur Einführung einer etwas längeren Schwinge. Praxistauglichkeit hatte bei den Überlegungen der Designer kaum eine Rolle gespielt, aber die GSX-R750 besaß eine schützende Verkleidung und einen kräftigen Haltebügel für den Sozius, daneben aber eine aggressive Sitzposition, eine geringe Reichweite und schmale Spiegel.

Bezeichnung	**Suzuki** GSX-R750 (1985)
Motor	4 Zylinder in Reihe, ölgekühlt, DOHC, 16 Ventile
Hubraum	749 ccm (70 x 48,7 mm)
Leistung	73,6 kW (100 PS) bei 10 500 U/min
Kraftübertragung	Sechsganggetriebe; Kette
Rahmen	Aluminiumprofilrahmen
Federung	vorne Teleskopgabel; hinten Zentralfederbein
Bremsen	vorne Doppelscheibenbremse; hinten Scheibenbremse
Gewicht	176 kg
Spitzengeschwindigkeit	233 km/h

Nicht, dass sich viele Fahrer, die eine GSX-R750 für den Straßenbetrieb kauften, Gedanken um solche Details gemacht hätten. Die GSX-R war für Geschwindigkeit gebaut worden und lieferte sie auch. Sie war ausgesprochen populär, wurde in den folgenden Jahren mehrfach (und nicht immer erfolgreich) modernisiert und etablierte ein Renn-Replica-Format, das sich bis ins 21. Jahrhundert fortsetzen sollte.

Unten: *Ob in Kurven oder auf Geraden, die GSX-R war eine schnelle und aufregende Maschine. Ihr leichter, aber steifer Alurahmen kündigte eine neue Ära im sportlichen Chassisbau an.*

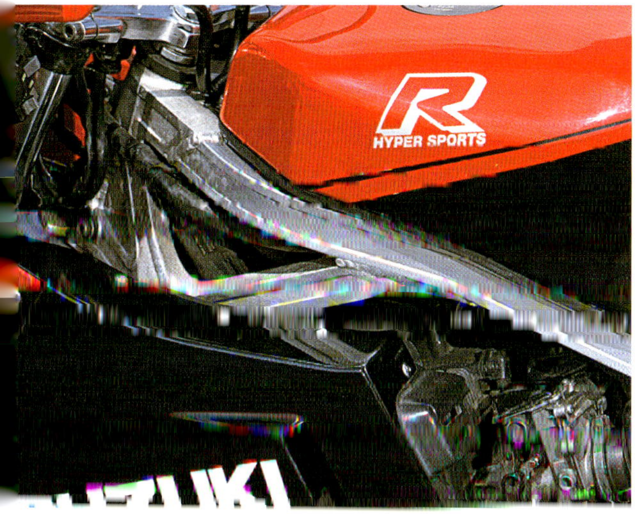

Yamaha V-Max

Spitze 225 km/h

Rechts: *Hohe Geschwindigkeiten machten auf der V-Max Spaß, zumindest auf gerader Strecke. Kurven waren da ein anderes Thema.*

Unten: *Bei einem Wettbewerb um das ultimative Musclebike gäbe es nur eine Teilnehmerin. Das aggressive, motorbetonte Styling sollte sich in zwei Produktjahrzehnten kaum ändern.*

Ein Serienmotorrad wie die V-Max hat es noch nie gegeben. Noch gab es je ein leistungsstarkes Motorrad, das so lange mit so wenigen Veränderungen erfolgreich blieb wie Yamahas brutal starke V4, die 1985 auf den Markt kam.

Schon bei ihrer Einführung positionierten das muskulöse Styling und die 143 PS des 1198-ccm-Motors die V-Max in einer ganz eigenen Liga. Sie war von Amerikanern entworfen und erinnerte mit den beiden Leichtmetallhutzen beiderseits der Tankattrappe an einen zweirädrigen Hot Rod. Die Hutzen und der Tank waren vielleicht Attrappen, aber die Leistung der V-Max war es definitiv nicht. Nichts zerrte so an den Armen wie die Max. Der Umstand, dass das Chassis dieser Kraft kaum gewachsen war, trug nur zur Wirkung bei.

Das Herzstück der V-Max war zweifellos ihr Motor, ein 72-Grad-V4 mit Kardanwelle aus der Tourer Venture. Die Ingenieure tunten den 95-PS-16-Ventiler mit konventionellen Teilen wie schärferen Nockenwellen, großen Ventilen, leichteren Pleueln und einer verstärkten Kurbelwelle. Außerdem fügten sie V-Boost hinzu, ein System, das die Vergaser miteinander verband, um zusätzliches Gemisch – und sofort verfügbare zusätzliche Leistung – bei hohen Drehzahlen zu liefern.

Stürmische Beschleunigung

Die Wirkung eines aufgerissenen Gasgriffs war atemberaubend. Wenn die Nadel des winzigen Drehzahlmessers die 6000er-Marke erreichte, setzte der V-Boost ein und katapultierte die Maschine mit kaum kontrollierbarer Wucht in Richtung Horizont. Andere Motorräder waren im Endeffekt schneller als die V-Max, deren Aerodynamik die Spitzengeschwindigkeit auf 225 km/h beschränkte, aber aus dem Stand konnte nichts mit der Yamaha mithalten. Sie stürmte davon und hinterließ dabei einen schwarzen Streifen von ihrer wild durchdrehenden Heckwalze auf dem Asphalt, die mit 150 x 15 Zoll der breiteste Reifen in der Motorradwelt war.

Kurvenfahrten waren ähnlich aufregend, wenn auch meist aus den falschen Gründen. Die Yamaha trug ihr Gewicht tief (das Benzin lagerte unter dem Sitz, was half), aber sie konnte nicht verleugnen, dass sie ein schweres, relativ primitiv gefedertes Motorrad war. Bei moderaten Kurvengeschwindigkeiten war sie stabil, aber bei aggressiverer Fahrweise mochte sie Richtungsänderungen nicht besonders.

Nicht, dass das die meisten Fahrer sonderlich gestört hätte, denn es gehörte mit zum Macho-Appeal der V-Max, dass sie viel zu viel Motor für ihr Chassis hatte. In einer Zeit zunehmend gutmütiger Superbikes fiel sie als gemeine, biestige Maschine auf, die auf gerader Strecke unschlagbar war, in der Kurve aber harte Arbeit verlangte. Und doch war sie bei Bedarf leicht zu handhaben. Der große V4 war bei niedrigen Drehzahlen friedfertig und außerdem beispielhaft verlässlich.

Der einzigartige Mix aus Stil und Leistung sicherte der V-Max 1985 eine ergebene Anhängerschaft – auch wenn sie ironischerweise in einigen Ländern entschärft wurde. 1993 erhielt sie stärkere Gabelholme und eine verbesserte Vorderradbremse.

Die mächtige Max ging aber in Look und Persönlichkeit praktisch unverändert in ihr drittes Jahrzehnt.

Eglis mächtigere Max

Die Leistung und das aggressive Image der V-Max machten sie zur idealen Grundlage für Tuner, die sie über die Jahre für viele herausragende Kreationen nutzten. Eine der aufregendsten war das turbogeladene Monster, das der Schweizer Tuning-Veteran Fritz Egli 1995 vorstellte. Egli baute einen Roots-Turbolader ein, der über einen Zahnriemen von der Kurbelwelle getrieben und von einem Weber-Doppelvergaser mit weit offenen Lufttrichtern in der Tankattrappe beatmet wurde. Das Resultat bestand in über 200 PS, Ohren betäubendem Lärm und einer Furcht erregenden Beschleunigung. Trotz vielfacher Nachfrage weigerte Egli sich, weitere Motorräder für den Verkauf zu bauen.

Links: *Die beiden Ansaughutzen und der Tank waren Attrappen – das Benzin lagerte unter dem Sitz. Aber die Leistung des großen V4, zumindest in der ungedrosselten Form, war real. Gabel und Bremsen wurden später modernisiert, aber es bestand kein Grund, den 143-PS-Motor zu tunen.*

Bezeichnung	**Yamaha** V-Max (1985)
Motor	V4 72°, flüssigkeitsgekühlt, DOHC, 16 Ventile
Hubraum	1198 ccm (76 x 66 mm)
Leistung	105 kW (143 PS) bei 8000 U/min
Kraftübertragung	Fünfganggetriebe, Kardanwelle
[illegible]	[illegible]
[illegible]	[illegible]
Bremsen	vorne Doppelscheibenbremse; hinten Scheibenbremse
Gewicht	254 kg
Spitzengeschwindigkeit	225 km/h

Honda VFR750F

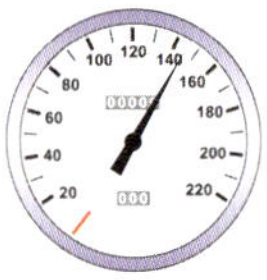

Spitze
233 km/h

Rechts: Diese 1989er VFR zeigt das im Vorjahr eingeführte 17-Zoll-Rad. Die Vollverkleidung gewährte hervorragenden Windschutz.

Unten: In Amerika stand statt VFR Interceptor auf der Verkleidung. Unabhängig vom Namen war die Honda ein wunderbar schnelles, kompetentes und ausgewogenes Superbike.

Während der späten 80er und dem darauf folgenden Jahrzehnt sollte die einzigartige und hoch entwickelte VFR750F eine Zusammenfassung der besten Eigenschaften Hondas sein. Die in den Staaten als Interceptor verkaufte VFR war schnell und gut beherrschbar. Darüber hinaus war sie komfortabel, attraktiv, gut ausgestattet und auf einem Fertigungsstand, an den kein anderes Serienmotorrad heranreichte.

Ironischerweise fiel der Start der VFR 1986 in eine sehr schwierige Zeit für Honda. Der Ruf der Firma war durch die Unzuverlässigkeit mehrerer Modelle wie der VF750F schwer angeschlagen. Der flüssigkeitsgekühlte V4-Motor der VF hatte sich drei Jahre zuvor als katastrophal instabil erwiesen. So wurde der VFR bei ihrer Vorstellung ein bisher unbekanntes Maß an kritischer Aufmerksamkeit zuteil. Sie musste einfach gut und vor allem verlässlich sein.

Die unter Aufwendung aller Erfahrung des Unternehmens mit V4-Motoren gefertigte VFR war alles das und noch viel mehr. Ihr 748-ccm-Motor behielt

nicht nur die 90-Grad-Auslegung der VF mit 16 Ventilen, sondern auch die Dimensionen von 70 x 48,6 mm und die gleiche Kompression. Wie bei der VF1000R steuerten auch hier Zahnräder die Nockenwellen und kurierten damit eine Schwäche der Hondas.

Leichtere Ventile, Kolben und Pleuel erhöhten die Kraft ebenso wie die Keihin-Gleichstromvergaser, die größer waren als bei der VF und durch eine andere Montage einen geraderen Ansaugweg ermöglichten. Statt einer 360-Grad- kam eine 180-Grad-Kurbelwelle zum Einsatz, und die Schmierung wurde verbessert, um der um 15 Prozent höheren Leistung von 105 PS bei 10500 U/min gerecht zu werden.

Leichter Rahmen

Das wichtigste Chassiselement war der neue Alurahmen, der in typisch japanischer Manier Gussteile am Lenkkopf mit kaltfließgepressten Hauptzügen kombinierte. Der Rahmen war steif und leicht und verhalf der VFR zu einem konkurrenzfähigen Gewicht von 198 kg. Auch die Federung und das Dreischeibenbremssystem waren von exzellenter Qualität. Die Gabel war luftgefedert, und das Zentralfederbein konnte über einen Drehgriff hinter einem Seitendeckel in der Vorspannung eingestellt werden.

Neben einer beeindruckenden Höchstgeschwindigkeit hatte der Motor reichlich Drehmoment im mittleren Bereich und einen zupackenden V4-Charakter. Ein Druck am Gasgriff genügte, um die Honda geschmeidig auf ihre Spitzengeschwindigkeit von über 225 km/h zu beschleunigen. Außerdem war der V4-Motor überragend zuverlässig, und die VFR war mustergültig verarbeitet. Das Handling mit einer leichtfüßigen, präzisen Lenkung, makelloser Stabilität und exzellenter Federungskontrolle war herausragend.

All dies ergab ein brillant ausbalanciertes Superbike, das nahezu im Alleingang den technischen Ruf Hondas wiederherstellte. Die VFR750F wurde von fast jedem, der sie fuhr, für ihre Leistung und Praxistauglichkeit gelobt. Sie war komfortabel genug für Alltagsfahrten und Langstrecken, aber auch schnell genug, um es mit ihren 750er-Rivalinnen auf der Straße aufzunehmen. Und selbst auf Rennstrecken war sie konkurrenzfähig, wie Honda-Fahrer Ron Haslam bei seiner heroischen Fahrt auf einer fast serienmäßigen VFR bei der Transatlantic Challenge 1986 bewies.

Unter Druck hatte Honda eines ihrer besten Superbikes gebaut. Die VFR wurde in den folgenden Jahren erfolgreich modernisiert, beginnend 1988 mit einer modifizierten Verkleidung und Windschild sowie einem 17-Zoll-Vorderrad. Sie wurde über die Jahre immer sportlicher, ohne ihre Qualitäten als Allrounder zu verlieren. Nur wenige Jahre nach Einführung der Maschine waren die Motorenprobleme bei Honda eine verblassende Erinnerung, und die Initialen VFR standen für unerreichte Vielseitigkeit und hohe Kultiviertheit.

Links: *Hondas Zuverlässigkeitsprobleme bei früheren Modellen bedeuteten, dass der flüssigkeitsgekühlte 748-ccm-V4 genauestens beobachtet wurde. Der neue Ventiltrieb verwendete zahnradgetriebene, oben liegende Nockenwellen zur Steuerung der 16 Ventile und half mit makelloser Verlässlichkeit bei der Bereitstellung von 105 PS.*

Unten: *Die VFR war nicht so agil wie aggressivere Renn-Replicas, aber sie war leicht und hatte einen steifen Rahmen, der ihr trotz der auf Komfort als auf Kurvengeschwindigkeit ausgelegten Federung ein gutes Handling ermöglichte.*

Bezeichnung	**Honda** VFR750F (1986)
Motor	V4 90°, flüssigkeitsgekühlt, DOHC, 16 Ventile
Hubraum	748 ccm (70 x 48,6 mm)
Leistung	77,3 kW (105 PS) bei 10.500 U/min
Kraftübertragung	Sechsganggetriebe, Kette
Rahmen	Aluminiumprofilrahmen
Federung	vorne Teleskopgabel; hinten Zentralfederbein
Bremsen	vorne Doppelscheibenbremse; hinten Scheibenbremse
Gewicht	198 kg
Spitzengeschwindigkeit	233 km/h

Suzuki GSX-R1100

Spitze 250 km/h

Rechts: *Ihre bemerkenswerte Schräglagenstabilität und ihre Geschwindigkeit auf gerader Strecke machten die leichte Suzuki konkurrenzlos.*

Unten: *Im Aussehen war die GSX-R1100 fast identisch mit der ein Jahr zuvor eingeführten 750er.*

In Aussehen und Auslegung war die Maschine, mit der Suzuki 1986 die Superbike-Szene erschütterte, fast identisch mit der GSX-R750, die im Vorjahr einen starken Eindruck hinterlassen hatte. Das Motorrad der offenen Klasse fügte der ersten GSX-R mit ihrem ölgekühlten 16-Ventil-Vierzylinder und dem Alurahmen nicht nur eine größere Spitzenleistung, sondern auch viel Durchzugsvermögen hinzu. Das Ergebnis war ein unschlagbares Superbike.

Auf den ersten Blick war die GSX-R1100 kaum von ihrer kleinen Schwester zu unterscheiden. Beide hatten das Styling eines Ausdauerrenners mit runden Doppelscheinwerfern in einer hohen Vollverkleidung und einen Vier-in-eins-Auspuff. Das Design des Alurahmens war sehr ähnlich: eine Konstruktion aus Kastenprofilen in zwei Zügen mit Gussteilen am Lenkkopf und dem Gelenk der Alukastenschwinge.

Aber der größere Hubraum des ansonsten in der Auslegung weitgehend unveränderten Motors entwickelte eine völlig andere Leistungscharakteristik. Wo die 750er nervös und fordernd war, zeigte sich die GSX-R1100 mit ihrer Kompression von 10:1 und den

RG500 Gamma: Grand-Prix-Replica

Suzuki erreichte 1985 mit der RG500 ein noch extremeres Leistungsniveau, die mit ihrem quadratischen Zweitakt-Vierzylinder eine straßenzugelassene Replica der Weltmeisterschaftsmaschinen von Barry Sheene, Marco Lucchinelli und Franco Uncini war.

Der Motor mit Drehschiebersteuerung lieferte 95 PS, lief aber unter 8000 Umdrehungen flau, bevor er kräftig lärmend auf 225 km/h beschleunigte. Mit Aluminiumrahmen und Vollverkleidung wog die RG500 nur 155 kg, besaß ein wunderbar agiles Handling und hervorragende Bremsen. Der Zweitakter war aber zu teuer und unpraktisch für den breiten Markt.

Unten: Der hinter der aerodynamischen Vollverkleidung versteckte ölgekühlte 1052-ccm-16-Ventiler glänzte mit 125 PS, stürmischem Durchzugsvermögen und beeindruckender Verlässlichkeit. Der Alurahmen kombinierte gezogene Aluprofile mit Gussteilen.

Gleichstromvergasern wesentlich flexibler. Ihre Leistungskurve begeisterte nicht nur mit einer Spitze von 125 PS bei 8500 Umdrehungen, sondern auch mit einer enorm breiten Leistungsentfaltung.

Muskulöser Mittenbereich

Der weiße Drehzahlmesser der großen Suzuki, die zu diesem Zeitpunkt bereits mit beachtlichem Enthusiasmus beschleunigte, sprach erst ab 3000 U/min an. Bei 5000 Umdrehungen zerrte sie schon so stark am Fahrwerk, dass sich das Vorderrad im ersten Gang in die Luft erhob. Das reichte im höchsten Gang dazu, an einer Autoschlange vorbeizuziehen. Bei 7000 Touren, wo die kleinere GSX-R zum Leben erwachte, atmete die 1100er noch tiefer ein und beschleunigte bis zum roten Bereich bei 10 500 U/min und einer Spitzengeschwindigkeit von 250 km/h.

Auch das geringe Gewicht unterstützte die Beschleunigung auf gerader Strecke. Mit trockenen 197 kg war sie dank gleicher, aber größerer und stärkerer Teile 20 kg schwerer als die 750er. Damit war die Suzuki immer noch die bei weitem leichteste Maschine in der offenen Klasse, und ihre 11 Sekunden über die Viertelmeile setzten die GSX-R weit von der Konkurrenz ab.

Ein hervorragendes Chassis trug zur überragenden Gesamtleistung der Suzuki bei. Der weiße Alurahmen wurde von einer aus der 750er geborgten Gabel mit Antidive, einem neuen Hinterraddämpfer, größeren Bremsscheiben vorne und breiteren 18-Zoll-Rädern unterstützt. Ihre Lenkung war präzise und ihre Stabilität tadellos, wozu auch ein Lenkungsdämpfer beitrug.

Nach Art der kleineren GSX-R war die 1100er eine kompromisslos aggressive Maschine mit weit nach vorne gestreckter Sitzposition und hohen Fußrasten, die Stadtfahrten unbequem machten. Aber die Verkleidung gewährte ausreichend Schutz für Hochgeschwindigkeitsfahrten. Abgesehen davon hätten viele Fahrer gerne weniger Praxistauglichkeit akzeptiert, denn im Hinblick auf pure Leistung reichte nichts auf zwei Rädern an die GSX-R1100 heran.

Links: Verkleidung mit Doppelscheinwerfer, Buckeltank, Alurahmen und 18-Zoll-Räder waren von den 1000er-Ausdauerrennern Suzukis inspiriert. Im Gegensatz zur nervösen GSX-R750 war die 1100 eine flexible, leicht zu fahrende und schnelle Straßenmaschine.

Bezeichnung	**Suzuki** GSX-R1100 (1986)
Motor	4-Zylinder in Reihe, ölgekühlt, DOHC, 16 Ventile
Hubraum	1052 ccm (76 x 58 mm)
Leistung	92 kW (125 PS) bei 8500 U/min
Kraftübertragung	Fünfganggetriebe; Kette
Rahmen	Aluminiumprofilrahmen
Federung	Vorne Teleskopgabel; hinten Zentralfederbein
Bremsen	vorne Doppelscheibenbremse; hinten Scheibenbremse
Gewicht	197 kg
Spitzengeschwindigkeit	250 km/h

Yamaha FJ1200

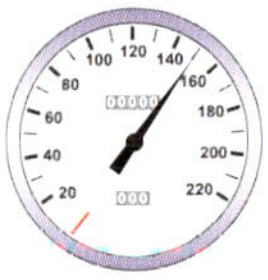

Spitze
240 km/h

__Rechts:__ Trotz ihrer Anfänge als Sportmotorrad brillierte die FJ als Sporttourer und wurde oft mit Beinschilden ausgestattet.

__Unten:__ Das unverwechselbare Äußere mit der für den großen Vierzylinder ausgeschnittenen Verkleidung veränderte sich über zehn Produktjahre hinweg nicht.

Yamaha brauchte lange, um einen großen Viertakter zu bauen, der es in der Popularität mit den kleineren Zweitaktern des Unternehmens aufnehmen konnte. Der Erfolg kam schließlich mit der Sporttourer FJ1200, die sich während ihrer Produktionsdauer von zehn Jahren kaum veränderte. Dabei hatte Yamaha ihre Nische eher durch einen Unfall gefunden, da das als reinrassige Sportlerin konzipierte Vorgängermodell FJ1100 1984 von der aggressiven Kawasaki GPZ900R einfach vom Markt gefegt worden war.

Die FJ1100 selbst war ein schnelles und gutes Motorrad, das das Können der Viertakt-Ingenieure von Yamaha belegte und etwas früher sicherlich den ersten Platz für pure Leistung besetzt hätte. Stattdessen hatte die Einführung der sportlicheren Kawasaki die FJ auf den Platz einer Langstreckenfresserin verwiesen – eine Rolle, für die sie mit einem drehfreudigen Motor, stabilem Handling und großem Komfort gut ausgestattet war.

Sportliche Ambitionen

Dass Yamaha einen kraftvollen und verlässlichen Vierzylindermotor bauen konnte, war keine Überraschung, reichte die Erfahrung des Unternehmens doch bis zur XS1100 von 1978 zurück. Das FJ-Format verwendete erstmals einen Zylinderkopf mit 16 Ventilen, auch wenn die sportlichen Ambitionen dafür sorgten, dass eine Kette den Endantrieb übernahm statt einer praktischeren Kardanwelle. Yamaha verbesserte die erste FJ sehr schnell und vergrößerte den luftgekühlten 1079-ccm-16-Ventiler für die FJ1200 auf 1188 ccm. Zur gleichen Zeit wurden einige Details verändert, aber die grundsätzliche Auslegung wurde beibehalten.

Der Motor der FJ basierte vielleicht stark auf früheren Versionen, aber das Chassis war ausgesprochen innovativ. Der Rahmen bestand aus einer Vierkantstahlrohrkonstruktion, die von Bimota beeinflusst schien. Hauptlängsträger verliefen vom Schwingengelenk um den Zylinderkopf und die Gabel und trafen im Bug zusammen. Yamaha nannte das Design je nach Land „Lateral" oder „Perimeter" Frame Concept.

Noch bei der Vorstellung der FJ1200 bezeichnete ein Tester den luftgekühlten Motor als Anachronismus, aber weder er noch irgendjemand anderes beschwerte sich über die Leistung des Motorrads. Der größere Motor leistete ebenfalls 125 PS, produzierte aber mehr von dem starken, nahtlosen Drehmoment aus dem Drehzahlkeller heraus, für das die erste FJ berühmt geworden war.

Ob mit einer oder zwei Personen, die Yamaha beschleunigte geschmeidig aus Schritttempo im dritten Gang. Einmal auf der Landstraße, brauchte der Fahrer kaum noch zu schalten, während die FJ im höchsten Gang ihres Fünfganggetriebes ihre mächtige Kraft entwickelte. Die Yamaha lief 240 km/h Spitze, aber beeindruckender waren Mühelosigkeit und Laufruhe, mit der sie hohe Geschwindigkeiten durchhielt.

Mit 261 kg war die FJ1200 nicht das leichteste Superbike, blieb aber gut handhabbar. Ihr Rahmen war stark, ihre Federung gut bedämpft, wenn auch etwas weich für härtere Gangarten, und für ihre Größe war sie sehr manövrierfähig. Außerdem war sie praxistauglich. Die Halbverkleidung mit hohem Windschild, der große Tank, die dicke Sitzbank und der geräumige Arbeitsplatz ermöglichten entspannte Langstreckenfahrten.

1988, zwei Jahre nach ihrer Einführung, wurde die FJ1200 mit einem 17-Zoll-Vorderrad und verbesserter Federung, stärkeren Bremsen und neuem Windschild modernisiert. Zu diesem Zeitpunkt hatte sich die FJ zum Maßstab für alle anderen Sporttourer entwickelt. Sie blieb bis ins nächste Jahrzehnt beliebt und erhielt ein optionales ABS, blieb aber in Optik und Charakter bis zum Ende unverändert.

Bezeichnung	**Yamaha** FJ1200 (1986)
Motor	4 Zylinder in Reihe, luftgekühlt, DOHC, 16 Ventile
Hubraum	1188 ccm (77 x 63,8 mm)
Leistung	92 kW (125 PS) bei 8500 U/min
Kraftübertragung	Fünfganggetriebe; Kette
Rahmen	Stahlrohrbrückenrahmen
Federung	vorne Teleskopgabel; hinten Zentralfederbein
Bremsen	vorne Doppelscheibenbremse; hinten Scheibenbremse
Gewicht	261 kg
Spitzengeschwindigkeit	240 km/h

Links unten: *Die Vergrößerung des FJ1100-Motors auf 1188 ccm änderte nichts an der Spitzenleistung von 125 PS, verlieh ihm aber das Drehmoment im unteren und mittleren Bereich, für das er berühmt wurde. Hätten die Ingenieure die spätere Rolle des Motorrads gekannt, hätten sie ihm wohl einen Kardan spendiert.*

Unten: *Obwohl die FJ zu weich gefedert und zu schwer für Rennen war, konnte sie auf der Straße mühelos mithalten. Die Bodenfreiheit verhinderte extreme Schräglagen, aber für die meisten Fahrer machte das der geräumige Arbeitsplatz am Lenker sowieso wett.*

Honda RC30

Spitze 249 km/h

Das Konzept der Renn-Replica war bereits fest etabliert, als Honda 1988 die RC30 einführte, aber so etwas wie das hatte es noch nie gegeben. Mit ihrer exotischen Spezifikation, dem rennsportmäßigen V4-Motor und ihrem hohen Preis war die offiziell VFR750R genannte Maschine eine direkte Nachfahrin der mächtigen Werksmaschinen RVF750, die Mitte der 80er die Formel-1-Weltmeisterschaften und die Ausdauerrennen dominiert hatten.

Wie die CB1100R und die VF1000R vor ihr war die RC30 in limitierter Auflage und ohne Rücksicht auf die Kosten als Basis für den Rennsport entwickelt worden. Aber die großartige V4 war kompromissloser als ihre Vorgängerinnen. Ihr Stil und Format folgten der RVF in bisher ungekanntem Ausmaß, von der kompakten Verkleidung mit Doppelscheinwerfer und dem Einzelsitz bis hin zu dem leichten Alurahmen, von dem es hieß, er sei in den selben Formen gegossen worden wie der der Rennmaschine. Wie die Ausdauerrenner hatte sie eine Einarmschwinge, um den Radwechsel zu erleichtern.

Der flüssigkeitsgekühlte DOHC-90-Grad-V4 der RC30 war eine getunte und leichtere Version des Motors aus der Straßenmaschine VFR750F. Er hatte eine 360-Grad-Kurbelwelle, die eine stärkere Beschleunigung aus der Kurve heraus ermöglichte. Die Pleuel war aus Titan geschmiedet. Die 16 Ventile wurden direkt von der darüber liegenden Nockenwelle angetrieben anstelle von Kipp- oder Schlepphebeln. Größere Vergaser, zwei gewölbte Kühler und eine komplexe Auspuffanlage mit einem Schalldämpfer waren ebenfalls Ausstattungsmerkmale im RVF-Stil. Die Leistung lag mit 112 PS bei 11000 U/min um 7 PS über der der 750F. Darüber hinaus war die RC30 ausgesprochen drehfreudig, was es zusammen mit dem eng gestuften Getriebe sehr einfach machte, sehr schnell zu fahren.

__Unten:__ Hinter der kompakten Verkleidung mit Doppelscheinwerfer der RC30 lagen zwei ausgeklügelt geschwungene Kühler für den kraftvollen V4-Motor. Die Vorderradbremse und die mehrfach justierbare Gabel waren die bis dato besten in einer Straßenmaschine verbauten Teile.

Dröhnender Auspuffsound

Die Spitzengeschwindigkeit der Honda von 249 km/h war beeindruckend. Das gleiche galt für die rapide, aber täuschend gelassen wirkende Art der Beschleunigung, begleitet von einem Dröhnen aus dem Auspuffrohr der V4. Natürlich fühlte sich der Motor im Stadtverkehr weniger wohl, wo sein extrem lang ausgelegter erster Gang, der bis 130 km/h reichte, die Kupplung belastete und genauso unpraktisch war wie die gestreckte Sitzhaltung (ganz abgesehen von dem kleinen Tank, dem unerreichbaren Benzinhahn und den kleinen Spiegeln).

Chassis-Auslegung und Ergonomie waren ausschließlich für die Rennstrecke bestimmt. Windschild und Lenkstummel waren flach und die Fußrasten hoch. Der wichtige Drehzahlmesser und die Temperaturanzeige waren schaumgelagert, während unwichtige Nebensächlichkeiten wie der Tacho zur leichten Demontage separat lagen. Der kurze Radstand und die Lenkgeometrie entsprachen denen der RVF, und mit 185 kg war die RC30 selbst mit allen straßentauglichen Anbauten noch leicht.

Die Teile wie die 43-mm-Gabelholme und die 310-mm-Bremsscheiben vorne waren von sehr hoher Qualität. Vorder- und Hinterradfederung waren in

Vorspannung und Dämpfung einstellbar. Obwohl die Einarmschwinge (entgegen den Behauptungen Hondas) etwas schwerer war als eine Zweiarmschwinge gleicher Stärke, sah sie sensationell gut aus und betonte das RVF-Erbe.

Die RC30 war gebaut worden, um Rennen zu gewinnen, und das tat sie auch. Der Amerikaner Fred Merkel (Superbike) und der Brite Carl Fogarty (Formula One) fuhren 1988 und 1989 gegen Werksteams zu Weltmeistertiteln. Die Kehrseite war, dass man bei Serienrennen auf nationaler Ebene schon eine Honda fahren musste, um eine Chance auf einen Sieg zu haben, und die kostete doppelt so viel wie ihre 750er-Rivalinnen.

Das machte die RC30 für so manchen Fahrer unerreichbar, aber diejenigen, die sie fahren durften, waren schnell überzeugt. Auf der richtigen Straße wie auf der Rennstrecke war die RC30 extrem schnell. Ihre Kraft und Gasannahme waren großartig. Ihre Agilität, Federungskontrolle und Bremskraft waren unerreicht. Die RC30 blieb auch lange nach ihren Renntriumphen eine hervorragende Straßenmaschine und ein großartiges Beispiel für die Ingenieursfertigkeiten bei Honda.

Oben: *Mit halb geschlossenen Augen könnte die RC30 glatt eine RVF sein, komplett mit Einarmschwinge für den schnellen Radwechsel.*

Links: *Perfekt eingestellt war das Handling der RC30 unschlagbar, aber wie alle Rennmaschinen erforderte die Honda sorgfältiges Justieren.*

Bezeichnung	**Honda** RC30 (1988)
Motor	V4 90°, flüssigkeitsgekühlt, DOHC, 16 Ventile
Hubraum	748 ccm (70 x 48,6 mm)
Leistung	82,4 kW (112 PS) bei 11000 U/min
Kraftübertragung	Sechsganggetriebe, Kette
Rahmen	Aluminiumprofilrahmen
Federung	vorne Teleskopgabel; hinten Zentralfederbein
Bremsen	vorne Doppelscheibenbremse; hinten Scheibenbremse
Gewicht	185 kg
Spitzengeschwindigkeit	249 km/h

Ducati 900SS

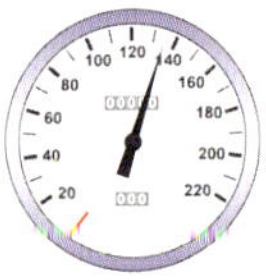

Spitze
217 km/h

Rechts: *Ein traditioneller Gitterrohrrahmen nutzte den Motor als tragendes Teil und gab dem Chassis hervorragende Steifigkeit.*

Unten: *Die erste 900SS ließ sich trotz ihrer Cantilever-Federung und der nicht einstellbaren Gabel gut handhaben. Die Gabel wurde 1991 modernisiert.*

Ducati überraschte die Öffentlichkeit 1989 mit einer völlig neuen V-Twin unter dem aus den 70ern bekannten Namen 900 Super Sport. Das Revival des Namens war kein Zufall, denn diese Ducati war eine relativ schlanke und einfach gehaltene Sportmaschine, die im Design eng der Linie der donnernden luftgekühlten 900SS aus dem vergangenen Jahrzehnt folgte. Sie war als einfaches und preiswertes Motorrad für Fahrer gedacht, die ihre Bologneser Spezialität rot und roh mochten.

Der neue 904-ccm-Motor mit zwei Ventilen pro Zylinder wurde, anders als das wassergekühlte Flaggschiff 851, von einer Kombination aus Öl und Luft gekühlt. Dieses Kühlsystem entstammte den Motorrädern für die Rallye Paris–Dakar und hatte den Vorteil, dass es den Lärm reduzierte, ohne allzu viel zusätzliches Gewicht oder Kosten zu verursachen. Die Ventilsteuerung übernahm die traditionelle Desmodromik. Dank sanften Tunings und einer niedrigen Kompression blieb die Spitzenleistung bei moderaten 83 PS bei 8400 U/min.

Der hinter der rot-weißen Vollverkleidung liegende Motor war kaum zu sehen. Auch der Gitterrohrrahmen der 900er war rot lackiert. Er verwendete den Motor als tragendes Teil und führte das diagonal montierte Zentralfederbein direkt zur Schwinge, statt es über ein progressives System anzulenken. Die flachen Lenkstummel ermöglichten zusammen mit dem hohen Sitz eine relativ sportliche Sitzhaltung.

Großer Fahrspaß

Die 900SS war nicht die stärkste Ducati aller Zeiten, aber sie machte sehr viel Spaß. Der Motor erzeugte reichlich mechanische Laufgeräusche, und das heisere Auspuffbellen ließ beim Fahrer keinen Zweifel über den Charakter der Maschine aufkommen. Die Gasannahme bei niedrigen Touren war rau, was vor allem am Weber-Doppelvergaser lag. Im mittleren Drehzahlbereich erwachte die 900SS zum Leben, wurde dann laufruhig und zog bei 5000 Umdrehungen hart an.

Ab 6000 Umdrehungen schoss die Super Sport über die 160 km/h hinaus. Kurz danach machten sich leichte Vibrationen in den Lenkergriffen und Fußrasten bemerkbar. Aber sie hatte immer noch mehr zu bieten, bevor sie ihre Spitzengeschwindigkeit von 217 km/h erreichte. Der 900er fehlte es im Vergleich zu vielen Rivalinnen etwas an Leistung auf gerader Strecke, aber sie fühlte sich schneller an, als sie in Wirklichkeit war.

Das Handling war dank des geringen Gewichts und des starren Rahmens prinzipiell gut. Die nicht einstellbare Gabel war recht schlicht gehalten, aber das Marzocchi-Federbein ermöglichte eine gute Kontrolle. Die Vorderradbremse bestand aus zwei großen Scheiben mit Vierkolbensätteln und war normalerweise recht bissig, auch wenn sich am Griff kein richtiger Druckpunkt finden ließ.

In mancher Hinsicht fühlte sich die 900 neben dem hoch entwickelten Ducati-Flaggschiff 851 und den meisten japanischen Superbikes etwas primitiv an. Aber sie war eine eindrucksvolle Maschine und eindeutig eine Ducati. Andere Motorräder waren vielleicht schneller oder kultivierter, aber wenn es um den Fahrspaß beim Beschleunigen, Kurvenräubern oder einfach nur beim Hochdrehen im Stand ging, gab es nur wenige Motorräder, die es mit der 900SS aufnehmen konnten.

Evolution der Super Sport

Das 1989er-Modell 900SS war dem berühmten alten Namen angemessen, und Ducati verlor keine Zeit, es zu verbessern. Zwei Jahre später wurde die SS umfassend überarbeitet und erhielt eine Showa-Gabel und einen Mikuni-Vergaser sowie ein neues Styling und eine durchgehend rote Lackierung. Zu diesem Zeitpunkt war die öl-/luftgekühlte V-Twin bereits sehr populär. Weitere Überarbeitungen, vor allem 1998, sorgten dafür, dass das im neuen Jahrtausend so blieb – ohne dabei die traditionell rohe V2-Leistung der Super Sport zu verlieren.

Links oben: *Trotz der Vollverkleidung war der öl-/luftgekühlte V2 der Super Sport zum Teil sichtbar und trug mit dem Grollen aus den Schalldämpfern zum Charakter der Maschine bei.*

Links: *Die schlanke Linie und die sportliche Sitzposition verliehen der Maschine eine gute Aerodynamik und ließen sie die 83 PS besser ausnutzen.*

Bezeichnung	**Ducati** 900SS (1989)
Motor	V2 90°, öl-/luftgekühlt, OHC
Hubraum	904 ccm (92 x 68 mm)
Leistung	61 kW (83 PS) bei 8400 U/min
Kraftübertragung	Sechsganggetriebe; Kette
Rahmen	Gitterrohrrahmen
Federung	vorne Teleskopgabel; hinten Zentralfederbein
Bremsen	vorne Doppelscheibenbremse; hinten Scheibenbremse
Gewicht	180 kg
Spitzengeschwindigkeit	217 km/h

Buell RS1200

Spitze
193 km/h

Unten: Die auch als Westwind bekannte Buell RS1200 besaß eine windschnittige Karosserie, öffnete den Blick auf den V-Twin von Harley-Davidson unter den fließenden Linien von Verkleidung, Tank und Sitzbank. Eigenständige Merkmale sind die hochklappbare Rückenlehne für den Sozius und das Zentralfederbein, das horizontal unter dem Motor lag und auf Zug statt auf Druck arbeitete.

In den vergangenen Jahren haben sich die Motorradfahrer weltweit an die wachsende Palette der Buell-Sportmotorräder mit den V2-Motoren der Mutterfirma Harley-Davidson gewöhnt. 1989 sah das anders aus, als Firmengründer Erik Buell und sein kleines Team in Mukwonago, Wisconsin, mit der Produktion der RS1200 begannen.

Wie die modernen Buell war die RS1200 eine sportliche amerikanische Maschine mit einem Harley-Davidson-Motor. Sie verband ein innovatives Chassis mit einem eigenständigen Styling, das den großen V-Twin herausstellte. Und sie wurde Buells Slogan „America's Faaast Motorcycle" („Amerikas Schnelles Motorrad") voll und ganz gerecht.

Die RS1200 war nicht Buells erstes Modell mit Harley-Motor. Der frühere Straßenrennfahrer und Harley-Ingenieur hatte 1987 mit der Arbeit an der RR1000 Battletwin begonnen, die einen XR1000-Motor von Harley in einem selbst gebauten Chassis trug. Die RR1000 und die mit einem Sportster-Motor bestückte RR1200, die folgte, als der Vorrat an XR-Motoren ausging, besaßen eine windschnittige Karosserie mit einem großen vorderen Kotflügel, einer integrierten Verkleidung und einem Einzelsitz.

Ihre Aerodynamik steigerte die Leistung der Battletwin, lenkte aber selbst dann von der Wirkung des Harley-Triebwerks ab, wenn sie im traditionellen Orange, Schwarz und Weiß von Milwaukee lackiert war. Also kehrte Erik Buell für sein nächstes Modell RS1200 an den Zeichentisch zurück, das zwar das mechanische Format der RR behielt, aber den Motor ins rechte Licht rückte.

Gummigelagerter Motor

In ihrer Standardform ließ die RS1200 den Sportster-Motor unberührt, wobei er aber eine SuperTrapp-Auspuffanlage erhielt, die die Leistung auf etwa 60 PS erhöhte. Das Besondere der RS1200 war ihr Chassis. Erik Buells Rahmen war eine Gitterrohrkonstruktion aus Stahlrohren, die den Motor in seinem Uniplanar-System hielt, das die Motorvibrationen mittels Stangen und Gelenken auf die vertikale Ebene

Bezeichnung	**Buell** RS1200 (1989)
Motor	V2 45°, luftgekühlt, OHV
Hubraum	1200 ccm (88,8 x 98,8 mm)
Leistung	44,2 kW (60 PS) bei 5000 U/min
Kraftübertragung	Vierganggetriebe; Kette
Rahmen	Gitterrohrrahmen
Federung	vorne Teleskopgabel; hinten Zentralfederbein
Bremsen	vorne Doppelscheibenbremse; hinten Scheibenbremse
Gewicht	204 kg
Spitzengeschwindigkeit	193 km/h

***Links außen:** Der sanft getunte 1200-ccm-V2 aus der Harley Sportster blieb unverändert, erhielt aber eine SuperTrapp-Auspuffanlage, die die Leistung auf 60 PS anhob.*

***Links:** Buells innovatives Chassis funktionierte gut und verlieh der RS1200 Fahrkomfort und ein konkurrenzfähiges Handling.*

beschränkte. So konnte der Motor auf Gummiblöcken gelagert werden und gleichzeitig als tragendes Teil des Chassis dienen. Das Zentralfederbein von Works Performance lag horizontal unter dem Motor und arbeitete auf Zug statt auf Druck.

Die Gabel stammte von Marzocchi und war mit Buells eigenem Antidive modifiziert. Selbst die 17-Zoll-Räder und die Vorderradbremse mit Vierkolbensätteln stammten aus eigener Fertigung wie die GFK-Karosserie. Die elegante Einheit aus Verkleidung, Tank und Heck hatte einen Sitzbankhöcker, der hochgeklappt als Rückenlehne für den Sozius diente.

Die RS1200 war ein leichtes und drehfreudiges Motorrad, das nicht sonderlich kräftig, auf der richtigen Straße aber sehr schnell war. Die Beschleunigung aus dem Drehzahlkeller war suchtgefährdend stark, und das Uniplanar-System isolierte die typischen Vibrationen des Harley-Motors sehr effektiv. Selbst bei scharfer Gangart blieb die Buell bis zu ihrer Spitzengeschwindigkeit von 193 km/h laufruhig.

Das kompakte, steife Chassis der RS1200 erlaubte ein gutes Handling. Die sportliche Lenkgeometrie und die straffe Gabel ermöglichten ein schnelles Lenken und gaben eine hervorragende Stabilität, die nur leicht durch eine etwas vage Einstellung der Heckfederung beeinträchtigt wurde. Die handgefertigte Buell war zwar mehr als doppelt so teuer wie die Sportster, aber ihr Stil, die innovative Technik und der Punch des V-Twin ergaben eine verlockende Kombination.

Noch schneller: Die S2 Thunderbolt

Erik Buell hatte seinen großen Durchbruch 1993, als sein früherer Arbeitgeber Harley-Davidson 49 Prozent seiner Firma kaufte, um in den Sportmotorradmarkt einzusteigen. Im folgenden Jahr stellte die umgetaufte Buell Motorcycle Company die S2 Thunderbolt vor, die auf der RS1200 basierte, aber ein frisches Styling, zahlreiche Verbesserungen und eine 20-prozentige Leistungssteigerung durch bessere Beatmung bot. Mit einer Spitzengeschwindigkeit von 209 km/h und einem dank Serienfertigung niedrigeren Preis war die Thunderbolt die bis dato schnellste und konkurrenzfähigste Buell.

BMW K1

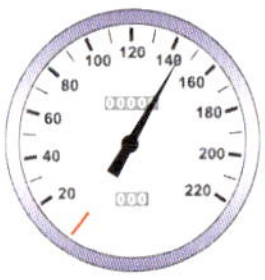

Spitze 233 km/h

Dass ein derartig auffälliges Motorrad wie die große, eigenwillige und farbenfrohe K1 von 1989 ausgerechnet von BMW kommen würde, damit hatte niemand gerechnet. In jüngerer Zeit hat die deutsche Firma viele innovative und auffällige Motorräder produziert, aber bis zur K1 hatte man BMW eher mit effizienten, aber tendenziell unaufregenden Tourenmaschinen in Verbindung gebracht.

Das große aerodynamische Kleid der K1 hatte zwei Gründe: zum einen ein radikales Statement auf zwei Rädern zu machen, zum anderen die freiwillige Leistungsbeschränkung auf 100 PS, so dass das Motorrad alle Hilfe brauchte, die es bekommen konnte. Der große vordere Kotflügel, die umfassende Verkleidung, die geschwungene Sitzbank und die integrierten Staufächer verhalfen der K1 zu einer Spitzengeschwindigkeit von 233 km/h. Das war mehr, als andere Motorräder aus 100 PS herausholen konnten.

Diese 100 PS wurden von einer 16-Ventil-Version des aus der K100RS bekannten flüssigkeitsgekühlten 987-ccm-Vierzylinders geliefert. Im Gegensatz zu den japanischen Vierzylindern hatten die Motoren der K-Serie vier in Reihe liegende Zylinder. Der Motor der K1 gewann zusätzliche 10 PS durch sein hoch entwickeltes Einspritzsystem, einen neuen Auspuff und andere Tuningtricks.

Unter der auffälligen Karosserie lag ein konservatives Chassis mit einem Stahlrohrrahmen und dem Motor als tragendem Element. Die Federung übernahmen eine Marzocchi-Gabel und die bewährte

Rechts: Für ein so langes und schweres Motorrad zog die K1 gut um Kurven und blieb auf gerader Strecke bis zur Spitzengeschwindigkeit von 233 km/h stabil.

Unten: Der radikale Look der K1 mit ihrer stromlinienförmigen Karosserie wäre bei jedem Hersteller eine Überraschung gewesen, ganz zu schweigen vom Traditionalisten BMW.

Paralever-Einarmschwinge aus eigenem Hause. Die Bremsen stammten von Brembo. Die Gussräder trugen breite Niederquerschnittsreifen.

Hohe Reisegeschwindigkeit

Die K1 war der bis dahin stärkste Tourer von BMW, war aber nur moderat getunt. Ihr Motor war bei niedrigen Geschwindigkeiten gutmütig und zog sauber und stufenlos aus dem Drehzahlkeller bis zum roten Bereich ab 8500 Touren durch. Das Motorrad lief mühelos mit hohen Geschwindigkeiten und hatte immer noch zusätzlichen Schub in der Hinterhand, wenn er gebraucht wurde. Die Beschleunigung war angesichts eines Gewichts von 259 kg eher gut als außergewöhnlich und der Motor vibrierte ab 5000 Umdrehungen merklich.

Das Handling zeigte eine ähnliche Charakteristik: Es war nicht renntauglich, sondern eher entspannt und erforderte ein wenig Arbeit am Lenker. Dafür blieb die K1 bis zu ihrer Spitzengeschwindigkeit beruhigend stabil und nahm schnelle Kurven, ohne auch nur zu zucken. Die Gabel war exzellent, und auch wenn die Heckfederung etwas harsch zu Werke ging, schluckte sie Bodenwellen gut.

Die große Stärke der K1 waren echte Langstrecken. Ihre umfassende Verkleidung steigerte nicht nur die Leistung, sondern hielt auch bei hohen Geschwindigkeiten den Wind von allem außer dem Helm des Fahrers ab. Auch Wirtschaftlichkeit und Reichweite waren hervorragend, und die breite Sitzbank sorgte für ein komfortables Reisen. Störend für eine solche Reisemaschine war, dass die windschnittigen Staufächer im Heck kaum groß genug für eine Zahnbürste und eine Kreditkarte waren und die Montage größerer Koffer verhinderten.

Die K1 war trotzdem ein großer Erfolg. Sie war eine großartige Sporttourer und, was noch wichtiger war, eine einzigartige Maschine, die den Wandel BMWs von einem der konservativsten Motorradhersteller zu einem der mutigsten und fantasievollsten einläutete.

Bezeichnung	**BMW** K1 (1989)
Motor	4 Zylinder in Reihe, flüssigkeitsgekühlt, DOHC, 16 Ventile
Hubraum	987 ccm (67 x 70 mm)
Leistung	73,6 kW (100 PS) bei 8000 U/min
Kraftübertragung	Fünfganggetriebe; Kardanwelle
Rahmen	Brückenrohrrahmen
Federung	vorne Teleskopgabel; hinten Paralever-Einarmschwinge
Bremsen	vorne Doppelscheibenbremse; hinten Scheibenbremse
Gewicht	259 kg
Spitzengeschwindigkeit	233 km/h

Aufgeblasene BMW: Die Luftmeister K1

Die schnellste BMW war eine aufgeladene K1 der kalifornischen Tuningschmiede Luftmeister. Der IHI-Turbolader unter der Verkleidung verdoppelte die Leistung auf etwa 160 PS am Hinterrad, wofür der Motor nur wenig verstärkt werden musste. Der Kardanantrieb machte eine Veränderung der Schaltung schwierig, aber mit einer angemessen langen Abstufung schaffte die Luftmeister K1 über 298 km/h.

Links: Der große Radkasten war ein wichtiger Bestandteil des Stils der K1 sowie ein wichtiges aerodynamisches Element, das die Spitzengeschwindigkeit erhöhte. Die BMW war [illegible] zu schwer für ein Sportmotorrad, aber die Marzocchi-Gabel verhalf ihr [illegible]. Brembo lieferte die Vorderradbremse.

Kawasaki ZXR750

Spitze 240 km/h

Rechts: *Das auffälligste Merkmal waren die beiden Lufteinlässe, die von der Verkleidung zur Airbox führten.*

Unten: *Kawasakis neue Renn-Replica sah auch in Rot gut aus, aber die limettengrüne Lackierung erinnerte stärker an die Werksmaschinen.*

Die Kawasaki ZXR750 sah äußerlich aus wie die perfekte Renn-Replica, mit schnittiger Karosserie, rennmäßiger Lackierung und zwei großen Lufteinlässen, die von der Nase zum verstärkten Vierzylindermotor führten. Die Realität sah nüchterner aus, aber es war trotzdem ein aufregendes Motorrad. Sie war praxistauglicher ausgelegt als Exoten wie die Honda RC30, aber die ZXR konnte mit Aussehen, Geschwindigkeit, Handling und gutem Preis punkten, so dass sie zu einem großen Erfolg wurde.

Bei der Entwicklung der ZXR widerstand Kawasaki der Versuchung, eine hochpreisige Spezialmaschine zu produzieren, die rein als Basis für ein Superbike-Rennmotorrad dienen würde. Statt dessen kombinierten die Ingenieure einen überarbeiteten Motor aus der GPX750 mit einem neuen Chassis,

das auf dem Alurahmen des Werksrenners ZXR-7 basierte. Das Leistungsgewicht war nicht spektakulär, reichte aber für eine schnelle und relativ praxistaugliche Maschine.

Der 748-ccm-Motor der GPX erfuhr überraschend wenige Veränderungen, bedenkt man, dass er ja ein neues Modell mit Rennimage antreiben sollte. Der flüssigkeitsgekühlte Vierzylinder mit 16 Ventilen und zwei kettengetriebenen Nockenwellen erhielt nur größere Ventile, eine höhere Kompression und eine leichtere Kurbelwelle. Die Leistung von 105 PS bei 10500 Umdrehungen lag leicht über der der GPX.

Der größte Entwicklungsaufwand floss in das neue Chassis, vor allem in den Alurahmen, der steif genug erschien, um 3,6 kg mehr zu wiegen als der Stahlrahmen der GPX. Weitere Neuerungen umfassten einen angeschraubten Hilfsrahmen im Heck, eine mehrfach einstellbare Federung und Räder, die breit genug für Rennreifen waren.

Sportliche Performance

Die vorgebeugte Sitzhaltung und das harsche Fahrgefühl bei geringen Geschwindigkeiten erinnerten an Rennmaschinen, und die Kawasaki konnte die entsprechende Leistung dazu liefern. Die Gasannahme war unter 2000 Touren schlecht. Erst darüber atmete die Kawasaki scharf durch ihre 36-mm-Keihin-Vergaser ein und stürmte bis zum roten Bereich bei 12000 U/min und ihrer Spitzengeschwindigkeit von 240 km/h voran.

Das Handling war solide, stabil und Vertrauen erweckend, ohne die schnelle Lenkung ihrer Rivalinnen zu erreichen. Das hintere Federbein war straff, aber wie die Gabel gut gedämpft, und die großen Bremsscheiben hatten ordentlich Biss. Im Prinzip war die ZXR eine Straßenmaschine, die sich am wohlsten auf schnellen, ebenen Straßen fühlte. Sie war vielleicht nicht das komfortabelste Motorrad,

Russells weltmeisterliche ZXR

Kawasakis Einsatz der ZXR750 bei Superbike-Rennen wurde 1993 belohnt, als der Amerikaner Scott Russell die Weltmeisterschaft nach einem engen Rennen gegen Ducati-Fahrer Carl Fogarty gewann. Russells 750 fehlte es häufig an der Geschwindigkeit der 926-ccm-V-Twin, und so gewann Russel nur fünf Rennen, während Fogarty elf für sich entschied. Aber sowohl die grüne Kawasaki als auch ihr Fahrer erwiesen sich in dieser Saison als äußerst zuverlässig, und Russell biss sich zu einem für eine Reihenvierzylinder eher seltenen Meisterschaftssieg durch.

Bezeichnung	**Kawasaki** ZXR750 (1989)
Motor	4 Zylinder in Reihe, flüssigkeitsgekühlt, DOHC, 16 Ventile
Hubraum	748 ccm (68 x 51,5 mm)
Leistung	77,3 kW (105 PS) bei 10500 U/min
Kraftübertragung	Sechsganggetriebe; Kette
Rahmen	Aluminiumprofilrahmen
Federung	vorne Teleskopgabel; hinten Zentralfederbein
Bremsen	vorne Doppelscheibenbremse; hinten Scheibenbremse
Gewicht	205 kg
Spitzengeschwindigkeit	240 km/h

Links: Die ersten ZXR hatten eine straffe Federung, die auf glatten Oberflächen gut funktionierte, aber auf unebenen Straßen sehr harsch wurde. Der Alurahmen war steif, und die Kawasaki blieb überraschend stabil, auch wenn es ihr an der Agilität anderer Supersportlerinnen mangelte. Das störte aber nur wenige Fahrer, und die ZXR wurde zu einem großen Erfolg.

aber sie besaß reichlich Charakter, und die meisten Fahrer waren vollauf zufrieden.

Kawasaki machte sich bald an das Feintuning der ZXR und konnte schon ein Jahr nach Einführung mehr Leistung und weniger Gewicht vermelden. 1991 folgte eine umfassendere Überarbeitung, und die ZXR erhielt einen kürzeren Hub, einen leichteren Rahmen, eine steilere Lenkgeometrie und eine Upside-Down-Gabel. Im gleichen Jahr kam die ZXR750R in limitierter Auflage mit 118-PS-Motor, weniger Gewicht und besserer Federung heraus. Die R war das straßenzugelassene Rennmotorrad, das die ZXR750 immer versprochen hatte

Bimota YB6 EXUP

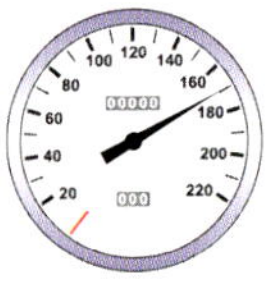

Spitze
274 km/h

Unten: *Das Format der YB6 EXUP mit Doppelscheinwerfer in der Verkleidung und Alurahmen war mit dem der Yamaha FZR1000, die den 1002-ccm-Motor lieferte, identisch. Aber die aus der Weltmeisterschaftsmaschine YB4 EI entwickelte Bimota war eine reinrassige Renn-Replica.*

Die Bimota der YB-Serie zählten zu den besten Sportmotorrädern der späten 80er. Sie kombinierten einen kraftvollen Yamaha-Vierzylinder mit einem Alurahmen, der in den folgenden Jahren von vielen Herstellern übernommen werden sollte. Dieser Grundlage fügte die kleine Firma aus Rimini ein zackiges Styling, hochwertige Teile, eine sorgfältige Entwicklung auf der Rennstrecke und die Exklusivität der Handfertigung in sehr kleinen Stückzahlen hinzu.

Die Geschichte der Yamaha-getriebenen Bimota begann 1987, als Werksfahrer Virginio Ferrari die Formel-1-Weltmeisterschaft gewann. Seine YB4 wurde von dem flüssigkeitsgekühlten 20-Ventiler der Yamaha FZ750 angetrieben. Die darauf folgende Straßenmaschine YB4 EI war eine Replica von Ferraris Motorrad und wurde schnell von einem ähnlichen YB6-Modell mit einem größeren Motor aus der FZR1000 gefolgt. Im Gegensatz zur YB4, deren Initialen EI auf ihre Benzineinspritzung hinweisen, verwendete die YB6-Vergaser.

Die YB6 war ein großer Erfolg, und ein Jahr später folgte die auch als YB8 bekannte YB6 EXUP im Kielwasser der Yamaha FZR1000 EXUP. Diese hatte einen überarbeiteten Motor und das EXUP-Auslasssystem, das die Kraftentfaltung im mittleren Drehzahlband erhöhte. Wie üblich, beließ Bimota das Yamaha-Triebwerk unverändert, baute aber einen weniger restriktiven Schalldämpfer an, der nach eigenen Aussage die Leistung um 4 PS auf 147 PS bei 10 000 U/min erhöhte.

Wie die Standard-YB6 besaß auch die EXUP einen Rahmen mit Aluminiumkastenprofilen. Gabel und Zentralfederbein stammten von Marzocchi. Die vorderen Vierkolbenbremsen von Brembo bissen in große, schwimmend gelagerte Scheiben. Die Sitz-

Bezeichnung	**Bimota** YB6 EXUP (1989)
Motor	4 Zylinder in Reihe, flüssigkeitsgekühlt, DOHC, 20 Ventile
Hubraum	1002 ccm (75,5 x 56 mm)
Leistung	108 kW (147 PS) bei 10 000 U/min
Kraftübertragung	Sechsganggetriebe; Kette
Rahmen	Aluminiumprofilrahmen
Federung	vorne Teleskopgabel; hinten Zentralfederbein
Bremsen	vorne Doppelscheibenbremse; hinten Scheibenbremse
Gewicht	185 kg (betankt)
Spitzengeschwindigkeit	274 km/h

haltung war sportlich mit flachen Lenkstummeln, hohen Fußrasten und einem dünn gepolsterten Einzelsitz.

Kompakt und aerodynamisch

Neben ihrer leicht erhöhten Leistung war die YB6 EXUP auch kompakter, aerodynamischer und 23 kg leichter als die FZR1000. Damit war sie wahrscheinlich das schnellste und beschleunigungsstärkste Serienmotorrad der Welt. Ihre geschmeidige, drehfreudige Kraft ließ die Bimota stürmisch auf ihre Spitzengeschwindigkeit von 247 km/h beschleunigen. Genauso beeindruckend war das laufruhige, drehmomentstarke Verhalten des großen Yamaha-20-Ventilers über das gesamte Drehzahlband hinweg.

Angesichts des Rennsporthintergrunds und der engen Verwandtschaft zur YB4 überraschte es nicht, dass die YB6 EXUP selbst bei Erreichen der Höchstgeschwindigkeit sehr stabil blieb. Daneben war sie bei allen Tempi gut handhabbar. Die Lenkung war leichtgängig und neutral, der Grip der dicken Michelin-Gürtelreifen war immens und die Bodenfreiheit perfekt. Auch die Bremsen waren mit ihrem Biss und der [illegible] Wahrnehmung [illegible].

Das zusätzliche Drehmoment und die Verfeinerung des Yamaha-Motors waren das Tüpfelchen auf dem i eines großartigen Sportmotorrads. Unvermeidlicherweise waren die YB6 auch ausgesprochen teuer. Dessen ungeachtet waren sie ein großer Erfolg für Bimota, die in den nächsten paar Jahren über 650 Exemplare fertigten – für die winzige Firma eine riesige Stückzahl.

Tuatara – Die schnellste Echse der Welt

Mit dem Modell Tuatara, von dem nur 60 Stück gebaut wurden, produzierte Bimota 1989 eine noch exotischere Version der YB6. Das Motorrad war nach einer Echse benannt, die als die langsamste der Welt gilt, und wurde von einem 989-ccm-Motor aus der Yamaha FZR1000 angetrieben und hatte eine Weber Marelli-Benzineinspritzung. Das Resultat war eine angegebene Leistung von 152 PS bei 9500 U/min. Weitere Veränderungen waren eine Upside-Down-Gabel von Marzocchi, ultraleichte Magnesiumräder und eine futuristische digitale Instrumentenkonsole. Bimota gab die Spitzengeschwindigkeit mit 290 km/h an, was sich als sehr optimistisch herausstellte. Aber es gab nur wenige Dinge auf zwei Rädern oder vier Beinen, die schneller waren.

Links oben: *Geringes Gewicht, ein [illegible] Rahmen und [illegible] Teile verliehen der YB6 ein überragendes Handling und Bremsverhalten.*

Links: *Teamkameraden Davide Tardozzi und der Weltmeister von 1987, Virginio Ferrari, mit ihren Werksrennern [illegible]*

Ducati 851

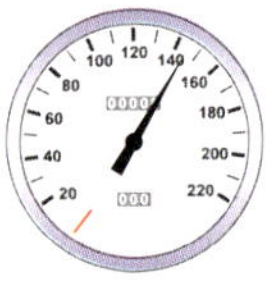

Spitze 233 km/h

Die 851 läutete mit ihrem kraftvollen flüssigkeitsgekühlten V-Zweizylinder mit vier Ventilen eine neue Ära für Ducati ein. Frühere Superbikes aus Bologna waren von luftgekühlten V2-Motoren angetrieben worden. Viele von ihnen hatten die einzigartige hauseigene Desmodromik verwendet, die die Ventile mit Nocken anstelle von konventionellen Federn schließt. Aber die 851 war mit ihren Vierventilköpfen und der Benzineinspritzung eine wesentlich modernere und kraftvollere Maschine.

Chefingenieur Massimo Bordi war fest entschlossen, einen Desmo-Twin mit acht Ventilen zu konstruieren, wogegen sich sein berühmter Vorgänger Fabio Taglioni immer gewehrt hatte. Bordis 851-ccm-Motor war weiterhin ein traditioneller 90-Grad-V-Twin. Flüssigkeitskühlung, Weber-Marinelli-Einspritzung und eine verbesserte Beatmung der neuen Zylinderköpfe ergaben reichlich Drehmoment im mittleren Bereich und eine Maximalleistung von 100 PS. So entstand die bislang stärkste Straßen-Ducati.

Geschmeidiger und kultivierter Motor

Der Achtventiler war sofort ein Erfolg. Geschmeidig und kultiviert, fiel er vor allem durch seine Beschleunigung im oberen Drehzahlbereich auf. Das Chassis war eine andere Geschichte. Lieferschwierigkeiten führten dazu, dass die in patriotischem Rot, Weiß und Grün lackierten ersten 851er 1988 mit 16-Zoll-Rädern ausgestattet wurden statt mit den vorgesehenen 17-Zöllern. Dies führte trotz des steifen Gitterrohrrahmens zu einem unvorhersehbaren Handling.

Oben: *Die erste dreifarbige 851 von 1988 war dank ihres flüssigkeitsgekühlten Desmo-V2 ein Meilenstein für Ducati. Allerdings litt sie unter nicht passenden Chassiskomponenten, die das Handling ruinierten.*

Rechts: *Ein Jahr nach ihrer Einführung wurde die 851 getunt, rot lackiert und mit einem modifizierten Rahmen und 17-Zoll-Rädern ausgestattet, um zu einem schönen, schnellen und hervorragend agilen Motorrad zu werden. Die neu belebte 851 war eine großartige Straßenmaschine und Basis für Superbike-Rennmaschinen.*

Ein Jahr später wurde die 851 mit einer durchgängig roten Lackierung und so vielen Veränderungen überarbeitet, dass sie beinahe ein neues Motorrad war. Der Rahmen war nur am Lenkkopf leicht modifiziert, aber jetzt trug das Fahrwerk 17-Zoll-Räder. Die Marzocchi-Federung war von höchster Qualität, vor allem das längere Heckfederbein, das über ein Rad unter dem Sitzhöcker fein in Vorspannung und Dämpfung einstellbar war.

Auch der Motor wurde verbessert. Eine höhere Kompression, neu geformte Nockenwellen, eine modifizierte Einspritzung und neue Schalldämpfer steigerten die Leistung auf 104 PS und die Spitzen von Leistung und Drehmoment lagen jetzt schon bei niedrigeren Drehzahlen an. Dadurch bekam die 851 zwischen 3000 und 10000 Touren großzügige Drehmomentreserven. Die Ducati streckte einfach ihre Beine, wenn der Gasgriff aufgedreht wurde und schnellte auf ihre Spitzengeschwindigkeit von rund 240 km/h.

Die erste 851 war eine Enttäuschung, das galt aber keinesfalls für ihre Nachfolgerin. Der Motor war stärker, die Details raffinierter, und vor allem das Handling war herausragend. Die überarbeitete 851 war nicht nur eine großartige Straßenmaschine, sondern lieferte auch die Basis für ein ausgesprochen erfolgreiches Rennmotorrad, das Raymond Roche und Doug Polen zu drei Weltmeistertiteln in Folge trug.

Der flüssigkeitsgekühlte Achtventiler wurde über die kommenden Jahre hinweg immer wieder vergrößert und verbessert und trieb eine Reihe überragender Straßen- und Rennmaschinen an, die Ducati zu einem der erfolgreichsten Unternehmen der Motorradgeschichte machten. Wahrscheinlich konnten nur wenige anfängliche Fehlversuche so schnell zu einem umfassenden Erfolg umgewandelt werden.

Straßentaugliche Rennmaschine: Die 888SPS

Die schnellsten Ducati-Straßenmaschinen der späten 80er und frühen 90er waren die vorwiegend für italienische Rennen gefertigten Sport-Production- oder SP-Modelle. 1992 kam das Modell SP4 heraus, und dieses Jahr sah die exotischste Version von allen: die 888SPS (Sport Production Special), von der nur 100 Stück gebaut wurden. Die SPS hatte einen vergrößerten 888-ccm-Motor mit größeren Ventilen, Rennnockenwellen, höherer Kompression, besserer Einspritzung und einer lauten Auspuffanlage. Die Spitzenleistung betrug 125 PS am Hinterrad, 25 PS mehr als bei der Serienmaschine. Tank und Karosserie aus Kevlar und Kohlefaser, Ohlins-Federung und weitere Chassismodifikationen führten zu einem straßentauglichen Rennmotorrad mit überragendem Handling, einer Spitzengeschwindigkeit von 257 km/h und einem abschreckenden Preis.

Links oben: Schlitze beiderseits des rechteckigen Scheinwerfers leiteten Luft zur Airbox der 851.

Links: Der flüssigkeitsgekühlte 851-ccm-V2 mit acht Ventilen bildete ein tragendes Element des für Ducati typischen Stahlrohrrahmens.

Bezeichnung	Ducati 851 (1989)
Motor	V2 90°, flüssigkeitsgekühlt, DOHC, 8 Ventile
Hubraum	851 ccm (92 x 64 mm)
Leistung	76,6 kW (104 PS) bei 9000 U/min
Kraftübertragung	Sechsganggetriebe; Kette
Rahmen	Gitterrohrrahmen
Federung	vorne Teleskopgabel; hinten Zentralfederbein
Bremsen	vorne Doppelscheibenbremse; hinten Scheibenbremse
Gewicht	180 kg
Spitzengeschwindigkeit	233 km/h

R7
OW-02
YAMAHA
DELTABOX II

Die 1990er
An die Grenzen

In den 90ern wurden die Superbikes immer schneller und besser. Spitzengeschwindigkeiten von über 240 km/h wurden normal. Das Handling unmodifizierter Serienmaschinen glich dem von Rennmotorrädern von vor wenigen Jahren. Fortschrittliche Technologien wie ovale Kolben von Honda und gabellose Vorderradführungen von Yamaha und Bimota standen bereit für die, die sie sich leisten wollten und konnten.

Die meisten Fahrer zogen konventionellere Maschinen vor. Viele der besten Superbikes waren verbesserte Versionen etablierter Formate: elegante Ducati-V-Twins wie die 916, leichte japanische Vierzylinder wie die Honda FireBlade und die Yamaha YZF-R1. Und wer schiere Geschwindigkeit suchte, fand sie in Suzukis Hayabusa.

Kawasaki ZZ-R1100

Spitze
282 km/h

Als sich die Ingenieure bei Kawasaki in den späten 80ern daranmachten, das schnellste Motorrad der Welt zu schaffen, konnten sie auf eine langjährige Erfahrung im Bau kraftvoller Vierzylinder zurückgreifen. Das Resultat war das neue Superbike ZZ-R1100, dessen flüssigkeitsgekühlter Vierzylinder mit Hilfe eines neuartigen „Ram-Air"-Systems 145 PS leistete und das Motorrad auf 282 km/h beschleunigte.

Dieses Leistungsniveau machte die Kawasaki 1990 und für die nächsten fünf Jahre tatsächlich zum schnellsten Motorrad der Welt. Aber es war viel mehr an der ZZ-R (die in den Staaten ZX-11 hieß), denn sie war ein kultivierter und effizienter Sporttourer. Aber ihr wirklicher Trumpf war ihre phänomenale Geschwindigkeit auf gerader Strecke.

Die Zwangsbeatmung, um die es sich beim Ram-Air-System handelte, hatte ihren Ursprung im automobilen Formel-1-Rennsport. Es war ein geschlossenes System, das Luft aus einem Einlass in der Bugverkleidung direkt in die ungewöhnlich große Airbox presste. Je schneller die Kawasaki fuhr, desto mehr kühle Luft wurde durch die Vergaser und in den Motor gezwungen. Abgesehen von der Beatmung hatte die ZZ-R sehr viel mit ihrer Vorgängerin, der ZX-10, gemein. Die kurvenreiche Karosserie trug integrierte Blinker; das Chassis basierte auf einem Alurahmen. Der neue Motor war ebenfalls flüssigkeitsgekühlt und hatte 16 Ventile, eine um zwei 2 mm größere Bohrung und damit einen Hubraum von 1052 ccm. Weitere Veränderungen umfassten größere Ventile, neue Nockenwellen, einen gebogenen Kühler und eine effizientere Auspuffanlage mit zwei Schalldämpfern.

__Rechts:__ Schiere Kraft und Geschwindigkeit machten die ZZ-R berühmt.

__Unten:__ 1993 erhielt die ZZ-R eine höhere Scheibe, einen größeren Tank und einen neuen Rahmen. Ihre Geschwindigkeit aber blieb – bei der Pressevorstellung in Arizona wurden drei Journalisten wegen Temposünden eingesperrt.

Sobald der Drehzahlmesser über 5000 Umdrehungen kletterte, schoss das Motorrad wie eine Rakete geschmeidig vorwärts. Bei etwa 7000 Touren setzte der Warp-Antrieb ein und forderte Muskeln und Reflexe des Fahrers bis zum roten Bereich ab 11 000 Touren. Dagegen war die Gasannahme unter 4000 Umdrehungen schwach, wenn auch besser als bei der ZX-10.

Die Hochgeschwindigkeitsstabilität war bemerkenswert. Selbst bei über 240 km/h vermittelten Verkleidung und Fahrwerk das sichere Gefühl, sehr viel langsamer zu fahren. Das amerikanische Magazin *Cycle* maß eine Spitzengeschwindigkeit von 282 km/h. In vielen europäischen Ländern wurden die Maschinen allerdings wegen gesetzlicher Leistungsbeschränkungen gedrosselt ausgeliefert. In den meisten Fällen ließen sich die Einlassbegrenzer allerdings leicht entfernen.

Der Rahmen erinnerte an den der ZX-10, war aber etwas dicker und steifer und hatte einen 10 mm kürzeren Radstand. Die Lenkgeometrie war steifer, und die Teile waren ebenfalls neu. Die Gabelholme waren 43 mm dick und wie das Zentralfederbein in Vorspannung und Dämpfung einstellbar.

Ausgewogenes Fahrgefühl

Die ZZ-R war ein langes, geräumiges Motorrad und viel zu schwer für eine Sportmaschine, ließ sich aber trotzdem gut handhaben. Ein Großteil ihrer Masse schien in der Bewegung von ihr abzufallen, und das steife Chassis und die straffe Federung vermittelten ein ausgewogenes Fahrgefühl. Sie war selbst bei hohen Geschwindigkeiten stabil, und die Bremsen bissen kraftvoll zu.

Das war gut so, denn wenn ein Motorrad gute Bremsen brauchte, dann war es die ZZ-R. Komfort und Praxistauglichkeit trugen zu ihrem Ruf als guter Allrounder bei. Dazu bot sie zahlreiche praktische Details wie eine komfortable Sitzbank, klare Spiegel, Gepäckhaken und einen dringend nötigen Haltegriff für den Sozius. Aber all dies war im Vergleich zum größten Trumpf der ZZ-R1100 bedeutungslos: dem großartigen, zwangsbeatmeten Motor, der ihre unschlagbare Geschwindigkeit erzeugte.

Oben: *Die charakteristische Form der ZZ-R blieb über mehrere Revisionen und zehn Jahre Weiterentwicklung hinweg praktisch unverändert. Schlüssel zur Leistung des 16-Ventil-Motors war das Ram-Air-System, das durch einen Schlitz in der Verkleidung atmete. Trotz ihres verdienten Rufs der Schnelligkeit war die ZZ-R eher ein Allroundmotorrad als eine reine Leistungsmaschine.*

Bezeichnung	**Kawasaki** ZZ-R1100 (ZX-11) (1990)
Motor	4 Zylinder in Reihe, flüssigkeitsgekühlt, DOHC, 16 Ventile
Hubraum	1052 ccm (76 x 58 mm)
Leistung	106,7 kW (145 PS) bei 9500 U/min
Kraftübertragung	Sechsganggetriebe, Kette
Rahmen	Aluminiumprofilrahmen
Federung	vorne Teleskopgabel; hinten Zentralfederbein
Bremsen	vorne Doppelscheibenbremse; hinten Scheibenbremse
Gewicht	228 kg
Spitzengeschwindigkeit	282 km/h

Yamaha FZR1000

Spitze 266 km/h

Unten: *Die FZR1000 wurde wiederholt modernisiert, behielt aber ihren nach vorne geneigten 20-Ventil-Motor und den Deltabox-Rahmen. Diese FZR von 1994 hat „Fuchsaugen"-Scheinwerfer und die Sechskolbenbremszangen aus der Renn-Replica YZF750 und eine Gabel des zum Yamaha-Konzern gehörenden schwedischen Spezialisten Öhlins.*

Anfang der 90er war die Yamaha FZR1000 EXUP in vielerlei Hinsicht das beste seriengefertigte Supersport-Motorrad der Welt. Sie hatte einen flüssigkeitsgekühlten 1992-ccm-Motor mit 20 Ventilen, der über 140 PS und Drehmoment im mittleren Bereich im Übermaß lieferte und in einem leichten, straffen und hervorragend neutralen Chassis saß. Die Yamaha war blitzschnell, überlegen handhabbar, gut aussehend und makellos zuverlässig.

Das einzige, das der 1991er FZR1000 vielleicht fehlte, war das raubeinige Image, das die Hauptrivalin Suzuki GSX-R1100 trotz unterlegener Leistung und Handling so beliebt machte. Denn trotz einer Spitzengeschwindigkeit von 257 km/h und der Viertelmeile aus dem Stand in unter 11 Sekunden war die FZR so flexibel, leicht zu fahren und generell gutmütig, dass es so manchem etwas an Charakter fehlte.

Das machte es der seit ihrem Debüt 1987 erfolgreich modernisierten FZR1000 schwer. Die erste FZR war aus der FZ750 entwickelt worden, mit der Yamaha zwei Jahre zuvor den 20-Ventil-Motor mit dem nach vorne geneigten Zylinderblock eingeführt hatte. Die erste FZR1000 hatte einen 989-ccm-Motor, der 125 PS leistete, und einen steifen „Deltabox"-Rahmen aus Aluminiumholmen, der aus der Werksrennmaschine Genesis stammte.

Stürmische Beschleunigung

Die FZR konnte von Anfang an mit den besten und schnellsten Sportmotorrädern mithalten und wurde 1989 noch besser. In diesem Jahr erhielt sie einen größeren 140-PS-Motor mit 1002-ccm Hubraum und

eine elektronische Auslassventilsteuerung, deren Akronym ihr den Zweitnamen EXUP eintrug. Diese Ventilsteuerung war zumindest teilweise für die beachtliche Durchzugskraft verantwortlich.

Die 1989er EXUP mit rundem Doppelscheinwerfer wurde von einem Tester als sehr nah an dem perfekten Motorrad beschrieben. Trotzdem verbesserte Yamaha die Maschine 1991 in Form der FZR1000RU mit integriertem Scheinwerfer und erstmals mit einer Upside-Down-Gabel. Nicht jeder war sofort von der Notwendigkeit eines neuen Aussehens oder einer neuen Federung überzeugt, die meisten aber änderten ihre Meinung schon nach der ersten Fahrt.

Keine Veränderungen gab es bei der atemberaubenden und vor allem breiten Kraftentfaltung des 140-PS-Motors. Das neue, nur 209 kg schwere Modell ließ sich mit noch größerer Präzision lenken und lief dank seines hochwertigen Chassis sogar schneller durch Kurven als die Vorgängerversion.

Die FZR war die schnellste und agilste Supersportlerin ihrer Zeit, zumindest kurzfristig, denn schon 1992 folgte die ultraleichte und kompakte Honda FireBlade. Aber die FZR1000 wurde weiterentwickelt. 1994 wurde sie erneut modernisiert und erschien nun mit „Fuchsaugen"-Scheinwerfern in einer neuen Verkleidung und Sechskolbenbremszangen. Im Ergebnis besaß sie noch mehr von dem Stil, der Geschwindigkeit und der rundum hohen Leistung, für die sie zurecht berühmt geworden war.

Noch schneller: Die Thunderace

Als Yamaha die FZR 1996 erneut überarbeitete, enthielt das neue Modell so viele Veränderungen, dass es in YZF1000R Thunderace umgetauft wurde. Der 1002-ccm-Motor leistete 145 PS und besaß noch mehr Durchzugskraft als je zuvor. Ein leichterer, steiferer Rahmen aus der YZF750, eine neue Federung und neue Bremsen verbesserten erneut auch Handling und Bremsverhalten. Die Karosserie war noch windschlüpfriger und erhöhte die Spitzengeschwindigkeit auf 274 km/h. Die Thunderace war ein wundervoll schnelles und kompetentes Motorrad, aber nicht so rennorientiert wie die Honda FireBlade – und das war Yamaha auch bewusst. Noch während die Thunderace vorgestellt wurde, begann die Entwicklung der radikaleren YZF-R1.

Bezeichnung	**Yamaha** FZR1000RU (1991)
Motor	4 Zylinder in Reihe, flüssigkeitsgekühlt, DOHC, 20 Ventile
Hubraum	1002 ccm (75,5 x 56 mm)
Leistung	103 kW (140 PS) bei 10 000 U/min
Kraftübertragung	Fünfganggetriebe; Kette
Rahmen	Aluminiumprofilrahmen
Federung	vorne Teleskopgabel; hinten Zentralfederbein
Bremsen	vorne Doppelscheibenbremse; hinten Scheibenbremse
Gewicht	209 kg
Spitzengeschwindigkeit	266 km/h

Links oben: *Die 1987 eingeführte erste FZR1000 trug zwei runde Scheinwerfer in der Verkleidung und hatte einen 125 PS starken 989-ccm-Vierzylinder.*

Links: *1991 bekam die Yamaha einen integrierten Scheinwerfer und einen 1002-ccm-Motor mit der EXUP-Auslasssteuerung.*

Triumph Trophy 1200

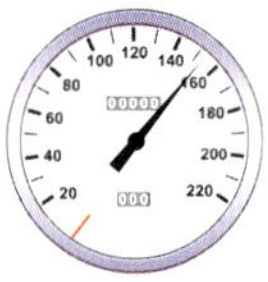

Spitze 246 km/h

__Rechts:__ Die früheren Triumph luden nicht gerade zu großen Schräglagen ein, aber die Trophy entstammte einer neuen Generation.

__Unten:__ Das Styling der Trophy ist eher elegant und effizient als spektakulär, und das gleiche gilt für die Technik.

Als die wiedergeborene britische Firma Triumph 1991 die Produktion aufnahm, rechnete kaum jemand damit, dass ihr erstes Modell ein kraftvolles Superbike mit einem flüssigkeitsgekühlten Motor und Zentralfederbein sein würde – ganz zu schweigen von einer vollverkleideten 125-PS-Vierzylinder mit 16 Ventilen und 1180 ccm Hubraum, die geschmeidig schnurrend bis auf 240 km/h beschleunigte. Für einen Hersteller, dessen Name eher mit altmodischen luftgekühlten Zweizylindern assoziiert wurde, war die Trophy 1200 eine Sensation.

Das vielleicht größte Kompliment, das man der neuen britischen Sporttourer machen konnte, war, dass sie auch von jedem der vier großen japanischen Hersteller hätte stammen können. Tatsächlich aber war die Trophy, ebenso wie die kurz darauf folgenden Trident und Daytona, von einem Team unter Führung des Multimillionärs John Bloor gebaut worden. Bloor hatte die

bankrotte Firma Triumph 1983 gekauft und die Zeit genutzt, um eine topmoderne Fabrik bei Hinckley in den englischen Midlands zu errichten.

Modellpalette

Die Trophy 1200 war das größte einer Palette von sechs Motorrädern, die nach einem einzigartigen modularen Konzept gefertigt wurden. Alle sechs hatten den gleichen Stahlzentralrohrrahmen. Die Drei- und Vierzylindermotoren mit entweder Kurz- oder Langhubkurbelwellen ergaben vier Hubraumgrößen vom 750er-Dreizylinder bis zum 1200er-Vierzylinder. Ansonsten war die Konstruktion des flüssigkeitsgekühlten DOHC-Vierzylinders mit 16 Ventilen konventionell.

Der Zentralrohrrahmen nutzte den Motor als tragendes Element. Der Rahmen hielt eine 43-mm-Gabel und ein vertikal eingebautes Zentralfederbein des japanischen Spezialisten Kayaba. Auch die Bremsen kamen aus Japan, von Nissin. Das stieß bei einigen britischen Motorradfans auf Kritik, aber die britische Zulieferindustrie war nur noch ein Schatten ihrer selbst, und Bloor hatte keine Zeit für Sentimentalitäten.

Das galt für die meisten Superbike-Enthusiasten, aber Triumph brauchte sich nicht auf Nostalgie zu verlassen, um die Trophy zu einem Erfolg zu machen. Ihr Motor war überzeugend stark und besaß ein breites Leistungsband, das knackige Beschleunigung im ganzen Bereich zwischen 2000 Touren und dem roten Bereich ab 9500 Umdrehungen garantierte. Die Trophy lief dank zwei Ausgleichswellen sehr ruhig, und ihr Sechsganggetriebe schaltete weich und präzise. Darüber hinaus war die Triumph im Gegensatz zu vielen ihrer Vorgängerinnen verlässlich und dicht.

Der Stahlzentralrohrrahmen war im Vergleich mit moderneren Aluminiumkonstruktionen etwas altmodisch, und die Trophy war ein hohes Motorrad mit entsprechend hohem Schwerpunkt. Außerdem war sie mit 240 kg recht schwer. Sie zeigte auf gerader Strecke makellose Stabilität, und ihre neutrale Lenkung und die gute Federung ermöglichten eine gute Kontrolle und viel Komfort.

Weitere Pluspunkte waren eine wirksame Vollverkleidung, ein großer Tank und eine komfortable Bank mit Haltegriff für den Sozius. Weniger überzeugen konnten der schwache Scheinwerfer und die kleinen Rückspiegel, aber die meisten Fahrer waren überrascht, dass die Trophy mit den besten japanischen Sporttourern mithalten konnte. Das wäre bei jedem neuen Motorrad beeindruckend gewesen, ganz zu schweigen vom Debütmodell eines neuen Herstellers. Die Trophy war nicht nur dem Namen nach ein Triumph.

Bezeichnung	**Triumph** Trophy 1200 (1991)
Motor	4 Zylinder in Reihe, flüssigkeitsgekühlt, DOHC, 16 Ventile
Hubraum	1180 ccm (76 x 65 mm)
Leistung	92 kW (125 PS) bei 9000 U/min
Kraftübertragung	Sechsganggetriebe; Kette
Rahmen	Zentralrohrrahmen
Federung	vorne Teleskopgabel; hinten Zentralfederbein
Bremsen	vorne Doppelscheibenbremse; hinten Scheibenbremse
Gewicht	240 kg
Spitzengeschwindigkeit	246 km/h

Modularer Sport: Die Daytona 1200

Triumphs Reputation für Leistung machte 1993 einen Sprung nach vorne, als das britische Unternehmen die Daytona 1200 herausbrachte, die von einer getunten 145-PS-Version der Vierzylinders aus der Trophy angetrieben wurde. Die Maschine war nach der Rennstrecke in Daytona benannt, wo Triumph in den 60ern spektakuläre Erfolge feierte, aber sie war keine Renn-Replica, sondern eine muskulöse Straßensportlerin mit einer Spitze von 257 km/h. Ihr modularer Rahmen trug hochwertige Teile, die trotz eines Gewichts von 227 kg ein gutes Handling ermöglichten. Sie war nicht das schärfste Renngerät der Welt, lieferte aber reichlich Geschwindigkeit und Fahrspaß.

Links: Das modulare Konzept Triumphs nutzte den gleichen Zentralrohrrahmen für alle sechs Modelle. Die meisten Motorteile waren ebenfalls gleich, aber die Verwendung von entweder drei oder vier Zylindern und alternativen Kurbelwellen ergab eine Palette von zwei Vierzylindern mit 1000 oder 1200 ccm und zwei Dreizylindern mit 750 oder 900 ccm.

Honda CBR900RR

Spitze 257 km/h

Rechts: *Die Löcher in der Verkleidung sollten laut Honda „die Luftströmung und damit die Kurvenleistung verbessern". Sie wurden bei späteren Modellen weggelassen.*

Unten: *Abgesehen vom 16-Zoll-Rad anstelle des üblichen 17-Zöllers war die Konstruktion der ersten FireBlade konventionell. Aber ihre Kombination aus Kraft und Leichtigkeit war es keineswegs.*

Im Rückblick erscheint alles einfach. Der Schlüssel zur verblüffenden Honda CBR900RR lag darin, dass sie einen starken Vierzylinder der offenen Klasse in einem Chassis trägt, das klein und leicht genug ist, um einem 600er Mittelgewicht zu passen. Das Resultat war pures Dynamit. Als die FireBlade genannte Maschine 1992 vorgestellt wurde, war sie die schnellste, agilste und bremsstärkste hubraumstarke Sportmaschine aller Zeiten.

Natürlich war die Aufgabe für Honda in der Realität alles andere als einfach. Einen so starken und gleichzeitig kompakten und verlässlichen Motor zu erschaffen, war schwierig. Ihn dann in ein ultraleichtes Chassis einzubauen, das agil und stabil ist, war noch schwieriger. Doch das Team unter Leitung von Tadao Baba hatte Erfolg, schuf die Legende FireBlade und läutete eine neue Ära der Hochleistungsmotorräder ein.

Die CBR verließ sich auf einen konventionellen flüssigkeitsgekühlten DOHC-Vierzylinder mit 16 Ventilen. Der 893-ccm-Motor war von außen kaum größer als das Triebwerk der CBR600F. Außerdem war er ohne kostspieliges Titan sehr leicht. Dabei hatte das Design nichts Radikales, es hatte nur noch niemand zuvor ein so raffiniertes und kompaktes Paket geschnürt, das 124 PS bei 10 500 U/min leistete.

Das Gleiche galt für das Chassisdesign, das den mittlerweile vertrauten Alurahmen so abänderte, dass die Maschine nur noch 185 kg wog. Die dicke konventionelle Gabel führte ein 16-Zoll-Rad, und die Vorder-

Erions Renn-RR

Der Hubraum der CBR900RR machte sie für die World-Superbike-Serie und andere Viertaktrennen ungeeignet, aber die Honda feierte in Amerika Erfolge. Die von Erion Racing getunten 170 PS starken und 290 km/h schnellen RR gewannen 1993 den AMA-Ausdauertitel und in der folgenden Saison die Unlimited Team Challenge. Ende 1994 stellte Kevin Erion eine straßentaugliche Replika mit Ram-Air-System, 918 ccm Hubraum, polierten Kanälen, neuen Nockenwellen, Keihin-Flachschiebervergasern, Rennauspuff und 144 PS am Hinterrad vor. Zahlreiche Chassisveränderungen reduzierten das Gewicht auf 172 kg und verbesserten das Handling. Mit 35 000 Dollar war die Erion 900RR Replica sehr teuer, aber nur wenige Motorräder brachten eine vergleichbare Leistung auf die Straße.

radbremse mit vier Kolben und gelochten Scheiben übernahm die Verzögerung. Die Lenkgeometrie war für die Zeit bemerkenswert und lag näher an Grand-Prix-Spezifikationen als an denen für Straßenmaschinen.

Auch von der Leistung her verhielt sich die RR wie ein reinrassiges Rennmotorrad. Der Motor glänzte mit spontaner Gasannahme, minimalen Vibrationen und angemessener Kraft im unteren Drehzahlbereich, bevor ab 6000 Umdrehungen die echte Beschleunigung einsetzte. Ab 9000 Touren legte die RR noch einmal gewaltig zu und beschleunigte mit zusätzlichem Schub bis in den roten Bereich ab 11 000 U/min. Die Spitzengeschwindigkeit lag mit 257 km/h leicht unter den Werten der größer motorisierten Rivalinnen von Suzuki und Yamaha. Außerdem fehlte es dem kleineren Motor im Vergleich an Durchzugskraft, was zu häufigem Schalten im Sechsganggetriebe animierte. Aber bei der Beschleunigung konnte die Honda mit allem mithalten.

Verblüffend leichte Lenkung

Den größten Unterschied machten das geringe Gewicht und die kompakten Maße der Honda in Kurven, denn keine andere japanische Sportmaschine der offenen Klasse besaß eine vergleichbare Agilität. Die Lenkung war verblüffend leichtgängig und schnell, so dass sie fast schon nervös wirkte, wenn sie jedem Befehl mit absoluter Genauigkeit folgte. Ihre Kurvenqualitäten verdankte die CBR zum Teil ihrer straffen und gut gedämpften Federung.

Eine Kombination aus wirksamer Verkleidung, breiter Sitzbank und großzügiger Beinfreiheit machten die FireBlade hinreichend komfortabel. Sie war keine Sporttourer, aber eine brillante und gut abgestimmte Sportmaschine – das schnellste und agilste Superbike, das je aus Japan gekommen war. Honda behauptete, man habe bei der Entwicklung das Ziel verfolgt, die Regeln des Motorraddesigns neu zu schreiben. Das klang wenigstens in diesem Fall plausibel.

Unten: *Kompakte Abmessungen, geringes Gewicht und ein straffes Fahrwerk ergaben eine Agilität, die manchmal schon an Instabilität grenzte.*

Bezeichnung	**Honda** CBR900RR (1992)
Motor	4 Zylinder in Reihe, flüssigkeitsgekühlt, DOHC, 16 Ventile
Hubraum	893 ccm (70 x 58 mm)
Leistung	91,2 kW (124 PS) bei 10500 U/min
Kraftübertragung	Sechsganggetriebe; Kette
Rahmen	Aluminiumprofilrahmen
Federung	vorne Teleskopgabel; hinten Zentralfederbein
Bremsen	vorne Doppelscheibenbremse; hinten Scheibenbremse
Gewicht	185 kg
Spitzengeschwindigkeit	257 km/h

Ducati 900 Superlight

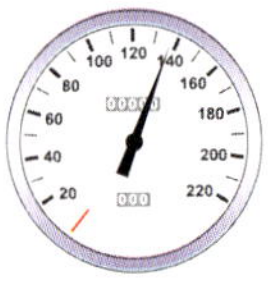

Spitze 222 km/h

Unten: *Optisch war die Superlight fast identisch mit der 900SS, aber ihr Kohlefaserkotflügel, der Einzelsitz und die höher gelegten Schalldämpfer verliehen ihr einen sportlicheren Look. Die rote Lackierung erinnerte an die Rennmaschinen von Ducati; exklusiv für den amerikanischen Markt war die Superlight auch in Gelb erhältlich.*

Mit der Vorstellung der 900 Superlight bewies Ducati 1992 die neu gefundene Fähigkeit, ihre Palette mit einem Motorrad zu erweitern, das eng mit einem existierenden Modell verwandt war. Die Superlight war eine sportlichere Version der 900SS, der öl-/luftgekühlten V2 mit zwei Ventilen pro Zylinder, die eine einfachere und preiswertere Alternative zu den stärkeren und exotischeren achtventiligen Superbikes aus Bologna bot. Ducati brauchte eigentlich kein neues Modell, denn die 900SS selbst war nur ein Jahr zuvor erfolgreich überarbeitet und modernisiert worden. Aber das Unternehmen sah die Gelegenheit, mit wenig Aufwand ein deutlich sportlicheres Motorrad produzieren zu können. So entstand die Superlight mit einem aggressiveren Image, weniger Gewicht und keinem Platz für einen Sozius.

Mit Ausnahme eines belüfteten Deckels für die Trockenkupplung blieb der Motor unverändert. Dies war ein mit Öl und Luft gekühlter SOHC-90-Grad-V-Zweizylinder mit desmodromischer Steuerung und 904 ccm Hubraum, der 73 PS bei 7000 Umdrehungen leistete (Ducati maß die Leistung mittlerweile etwas konservativer als in den vergangenen Jahren). Auch ein Großteil des Chassis stammte aus der 900SS, einschließlich des Gitterrohrrahmens, der Showa-Upside-Down-Gabel und des Showa-Zentralfederbeins.

Die Superlight bezog ihren Namen von Gewicht sparenden Modifikationen des Chassis. Dazu zählten 17-Zoll-Räder von Marvic mit Aluminiumfelgen und Magnesiumspeichen und -naben. Der vordere Kotflügel bestand aus Kohlefaser. Der Rest der Karosserie stammte von der 900SS, mit Ausnahme der fehlenden Soziusfußrasten, so dass die Schalldämpfer leicht nach oben gezogen werden konnten.

Ungezähmter Charakter

Für viele Fahrer bestand der größte Reiz der öl-/luftgekühlten Ducati darin, wie sie sich trotz immer restriktiverer Bestimmungen den ungehobelten Charakter der alten Königswellen-V2 bewahrt hatten. Wenn man im Stand am Gasgriff der Superlight drehte, ließen Klang und Gefühl keinen Zweifel daran, dass es sich hier um eine V2 handelte.

Auch der Blick vom Fahrersitz war angemessen schlicht: er fiel auf schaumstoffgelagerte Instrumente und eine mehrfach einstellbare Gabel mit einem Gabelkopf aus Leichtmetall. Die Polsterung des Einzelsitzes war dünner als bei der Standard-SS, aber der Lenker war hoch genug, um die Superlight einigermaßen komfortabel zu machen. Ihr Trockengewicht lag bei 176 kg, 7 kg unter dem der SS, was die Maschine trotz des frühen Lenkanschlags auch bei geringer Geschwindigkeit handhabbar machte.

Das geringe Gewicht war zum Teil der schlanken und schlichten Natur des Motors zu verdanken, dessen relativ moderate Leistung der Superlight zu einer Spitzengeschwindigkeit von knapp 225 km/h verhalf – mindestens 16 km/h weniger als die japanischen 750er zu bieten hatten. Aber ihre Kombination aus geringem Gewicht und Leistungsentfaltung ließ die 900 sehr gut mit der Konkurrenz mithalten. Der Motor verhielt sich unter 4000 Touren etwas rau, produzierte jenseits davon aber eine stürmische Durchzugskraft, die das Motorrad leicht zu fahren machte.

Das Handling war gut, wie von einem leichten, mittelmäßig kräftigen Motorrad mit steifem Rahmen und hochwertiger Federung zu erwarten. Die Lenkung war mühelos und neutral, so dass sich die Ducati wie ein Mittelgewicht anfühlte. Ihre Upside-Down-Gabel war gut gefedert, ohne harsch zu wirken, und ermöglichte eine gute Kontrolle. Trotz ihrer Schlichtheit funktionierte auch die Cantilever-Schwinge im Heck gut. Und die Vorderradbremse arbeitete dank zweier großer Scheiben und neuer Brembo-Gold-Line-Sättel kraftvoll und progressiv.

Der aus dem geringen Gewicht der Superlight gewonnene Vorteil war nicht dramatisch, und unter rein funktionalen Gesichtspunkten bot sie nur wenig mehr als die 900SS. Darüber hinaus war sie erheblich teurer. Die Superlight war eine gute Ergänzung der Produktpalette, die noch mehr von der ungehobelten, charaktervollen Leistung und dem hervorragenden Handling bot, das die 900SS so beliebt gemacht hatte.

Oben: *Das reduzierte Gewicht unter anderem der Marvic-Räder gab der Superlight gegenüber der 900SS ein etwas besseres Handling, die ihrerseits schon gut um Kurven lief.*

Links: *Wichtige Zutaten waren ein sportliches Äußeres und der Gitterrohrrahmen, der den Desmo-V2 als tragendes Teil nutzte.*

Links unten: *Der Name war der traditionellen Bezeichnung „Superleggera" entlehnt. Dank fehlender Soziusrasten konnten die Schalldämpfer nach oben verlegt werden.*

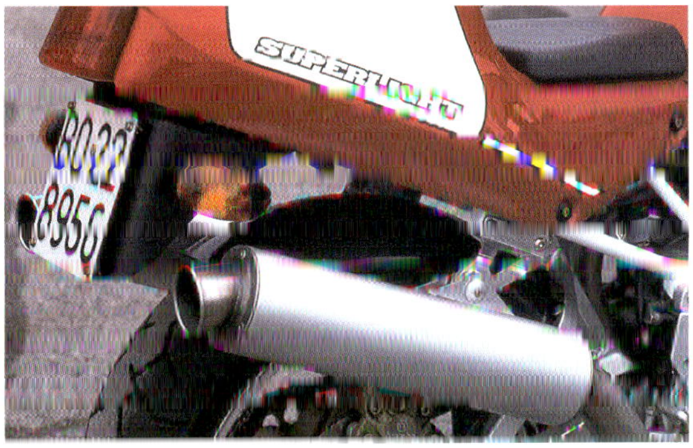

Bezeichnung	**Ducati** 900 Superlight (1992)
Motor	V2 90°, öl-/luftgekühlt, OHC
Hubraum	904 ccm (92 x 68 mm)
Leistung	53,7 kW (73 PS) bei 7000 U/min
Kraftübertragung	Sechsganggetriebe; Kette
Rahmen	Gitterrohrrahmen
Federung	vorne Teleskopgabel; hinten Zentralfederbein
Bremsen	vorne Doppelscheibenbremse; hinten Scheibenbremse
Gewicht	170 kg
Spitzengeschwindigkeit	222 km/h

Moto Guzzi Daytona

Spitze
233 km/h

Rechts: Der 992-ccm-Motor leistete 95 PS und hob die traditionelle Konstruktion mit quer eingebautem V2 von Guzzi auf ein neues Niveau.

Unten: Guzzis Flaggschiff war eine Sportlerin in bester italienischer Tradition mit eleganter Karosserie, einem großen luftgekühlten V-Zweizylinder und einem hochwertigen Chassis.

Mit den beiderseits des leuchtend roten Tanks aufragenden Köpfen ihres quer eingebauten, luftgekühlten V-Zweizylinders war die Daytona 1000 eindeutig eine Moto Guzzi. Aber sie war eine besondere Guzzi: eine schnellere, handlichere, höher entwickelte Sportmaschine, die 1992 die berühmte alte Firma aus Mandello del Lario in Norditalien wieder in der Liga der ernst zu nehmenden Superbike-Hersteller etablieren sollte.

Moto Guzzi war Jahre lang vor sich hingedümpelt, während ihre luftgekühlten, stößelstangengesteuerten V-Twins zunehmend den Anschluss verloren. Dann heuerte Firmenchef Alejandro de Tomaso Dr. John Wittner an, um eine straßentaugliche Version des von einem Guzzi-Motor angetriebenen Rennmotorrads zu entwickeln, mit dem der amerikanische Ingenieur und frühere Zahnarzt bei Zweizylinderrennen spektakuläre Erfolge gefeiert hatte. Nach drei Jahren Arbeit war die Daytona 1000 bereit für die Serienproduktion.

V2 der neuen Generation

Das 992-ccm-Triebwerk war der bis dato höchst entwickelte V2 von Guzzi für eine Straßenmaschine. Die riemengetriebenen Nockenwellen lagen im „V“ der Zylinder auf den Innenseiten, von wo aus sie die Ventile über Kipphebel bedienten. Das Kurbelgehäuse war eine überarbeitete Version aus der Le Mans mit leichterem Schwungrad und gerade verzahnten Zahn-

Essentielle Guzzi: Die 1100 Sport

1994 erweiterte Moto Guzzi die Palette um ein einfacheres neues Modell. Die 1100 Sport kombinierte ein Daytona-Chassis mit einem altmodischen 1064-ccm-V2 mit Vergasern statt einer Einspritzung.

Das Resultat war ein Motorrad mit 90 PS, das fast so schnell wie die Daytona, die gerade einmal 5 Pferdestärken mehr zur Verfügung hatte, aber ein ganzes Stück billiger war.

Zwei Jahre später schuf Guzzi die 1100 Sport Injection, indem man der Sport eine Benzineinspritzung spendierte. Die Leistung blieb unverändert, der Antritt bei niedrigen Drehzahlen wurde verbessert.

Zur gleichen Zeit wurde der Achtventiler in Form der Daytona RS modernisiert. Ihr 992-ccm-Motor hatte eine höhere Kompression, schärfere Nockenwellen, geschmiedete Kolben, Carillo-Pleuel und eine leichtere Kurbelwelle. Die RS leistete 102 PS und lief 240 km/h.

rädern. Eine Weber-Marelli-Einspritzpumpe trug zur Spitzenleistung von 95 PS bei 8000 U/min bei.

Der traditionelle Quereinbau des V2 passte gut zu einem Zentralrohrrahmen. Die Daytona verwendete ein Vierkantstahlrohr, das vom Lenkkopf zwischen den Zylindern hindurch bis zu den Aluminiumteilen führte, die Schwinge und Fußrasten hielt. Das Heck bestand aus einer Cantilever-Schwinge, die direkt auf ein diagonal eingebautes Federbein wirkte. Eine von Wittler entwickelte Parallelogrammverbindung kümmerte sich um die Lastwechselreaktionen der Kardanwelle.

Die Daytona war drehfreudiger, reaktionsstärker und schneller als ihre Vorgängerinnen, wogegen es ihr aber an der sonst üblichen Antrittstärke im Drehzahlkeller mangelte. Auch so zog die Daytona sauber ab 2000 Touren an – aus unter 65 km/h im höchsten Gang. Ab etwa 4000 Umdrehungen atmete sie tiefer durch und beschleunigte kräftig auf bis zu 233 km/h.

Das Handling war eine Kombination aus der bekannten Guzzi-Stabilität und einem moderneren Fahrgefühl. Dank der Parallelogrammverbindung der Schwinge gab es nur geringe Lastwechselreaktionen des Kardans. Mit 205 kg war die Daytona respektabel leicht und manövrierbar. Ihre Federung bestand aus einer 41-mm-Marzocchi-Gabel und einem Koni-Stoßdämpfer. Die Brembo-Bremsen waren nicht untereinander verbunden und gewährten eine effiziente, wenn auch nicht herausragende Bremskraft.

Bezeichnung	**Moto Guzzi** Daytona 1000 (1992)
Motor	V2 90°, luftgekühlt, 8 Ventile
Hubraum	992 ccm (90 x 78 mm)
Leistung	70 kW (95 PS) bei 8000 U/min
Kraftübertragung	Fünfganggetriebe; Kardanwelle
Rahmen	Zentralrohrrahmen mit Aluminiumteilen
Federung	vorne Teleskopgabel; hinten Zentralfederbein
Bremsen	vorne Doppelscheibenbremse; hinten Scheibenbremse
Gewicht	205 kg
Spitzengeschwindigkeit	233 km/h

Aber die Tage, als eine Moto Guzzi einem Feld von Serienrennmaschinen auf der Piste den Weg zeigen konnte, waren vorbei. Trotz des sportlichen Namens und der Herkunft aus dem Rennsport brillierte die Daytona eher in einer traditionellen Rolle: als sportliche Straßenmaschine, die Leistung auf individuelle Art bot. Sie war modern, aber nicht zu modern. Schließlich war die Daytona 1000 eine hundertprozentige Moto Guzzi.

Links: *Die etwas schwere Daytona zeigte ein eindrucksvolles Kurvenverhalten. Ihr steifer Stahlrahmen und die straffe Federung arbeiteten gut, und die rennerprobte Schwinge verringerte erfolgreich Lastwechselreaktionen des Kardanantriebs.*

Honda NR750

Spitze 257 km/h

Rechts: *Eine nackte NR750 zeigt den höchsten Entwicklungsstand, den man je bei einer Straßenmaschine gesehen hatte. Die Auspuffanlage war eine komplexe 8-4-2-1-2-Anordnung mit zwei Schalldämpfern im Heckbürzel.*

Unten: *Ein steifer Aluminiumrahmen und absolut hochwertige Teile verliehen der NR trotz ihres Gewichts ein exzellentes Handling. Auf der Rennstrecke war sie nicht stärker als ihre Vorgängerin NR500.*

Die einzigartige NR750 war ein Motorrad, das nur Honda, der größte, mutigste und zugegebenermaßen sturste Hersteller der Welt bauen konnte. Grandios gestylt und technisch fortschrittlich, aber auch kompliziert, schwer und verboten teuer, war die NR750 von der Rennmaschine NR500 aus den späten 70ern und frühen 80ern inspiriert. Wie die Rennmaschine hatte die straßentaugliche NR „ovale" Kolben mit je zwei Pleuelstangen, zwei Zündkerzen und nicht weniger als acht winzigen Ventilen.

Aber die NR hatte viel mehr zu bieten als nur die Kolbenform. Das Motorrad war ein Hingucker mit einem futuristischen winzigen Doppelscheinwerfer in der Vollverkleidung und einer passenden Einheit aus Tank und Sitzbank, die aus Kohlefaser und glasfaserverstärktem Kunststoff bestand und gerüchteweise teurer sein sollte als so manches komplettes Superbike. Die Lackierung war außergewöhnlich: Alleine der titanbeschichtete Windschild war verboten teuer.

Das Chassis war von gleich hoher Qualität, auch wenn es relativ konventionell konstruiert war. Ein steifer Rahmen aus poliertem Aluminium trug eine Pro-Arm-Einarmschwinge, ähnlich der aus der RC30. Das vordere Ende war mit einer 45-mm-Upside-Down-Gabel von Showa, einem 16-Zoll-Rad und einer großen Doppelscheibenbremse mit Vierkolbenbremszangen ausgestattet.

Aber die Hauptattraktion der NR750 war ihr 748-ccm-V-Vierzylinder. Die Zylinder des flüssigkeitsgekühlten Motors mit 32 Ventilen standen im 90-Grad-Winkel, und die jeweils zwei oben liegenden Nockenwellen wurden von Zahnrädern getrieben.

Die acht Pleuel bestanden aus leichtem Titan. Das Benzin wurde von einem ausgeklügelten System eingespritzt. Die komplexe Auspuffanlage endete in zwei in den Heckbürzel integrierten Schalldämpfern.

Der Grund für die Existenz der NR750 war, dass Honda nach einer Verwendung für die Technik suchte, die man ein Jahrzehnt zuvor für die NR500 entwickelt hatte. Damals gab es einen gewichtigen Grund, „ovale“ Kolben zu verwenden (tatsächlich besaßen sie gerade Flanken und halbkreisförmige Enden), als man beschloss, die Zweitakter von Suzuki und Yamaha mit einem Viertakter anzugreifen.

Charakteristik eines V8

Hondas erfolgreiche Grand Prix-Motorräder der 60er waren hochdrehende Viertakter gewesen, oftmals kleine Mehrzylinder mit vier Ventilen pro Zylinder. 1979 wurden die 500er-GP-Motorräder auf vier Zylinder beschränkt, also entwickelte Honda die NR, um so nah wie möglich an einen V8 heranzukommen. Trotz Milliarden von Yen an Entwicklungskosten war die „Nearly Ready“ („Fast Fertig“) nie wettbewerbsfähig und wurde 1981 aufgegeben.

Es gab keinen vergleichbaren Grund, die „ovalen“ Kolben bei einer Straßenmaschine zu verwenden, aber mit einer Leistung von 125 PS bei 14 000 U/min war die NR die stärkste 750er der Welt. Die Spitze lag bei 257 km/h, und der V4 hatte ein ausgesprochen breites Leistungsband. Trotz der Verwendung leichter Materialien war die NR mit 222 kg schwer und beschleunigte nicht stärker als billigere 750er der Konkurrenz.

Trotz ihres Gewichts ließ sich die Honda hervorragend handhaben, ihre Bremsen waren kraftvoll, und ihre Kombination aus Stil und schierer Verarbeitungsqualität machte die NR für die wenigen Fahrer, die sie sich leisten konnten, zu einer besonderen Maschine. Letztendlich wird man sich wegen des Aussehens, der Technologie und des Preises an die NR750 erinnern.

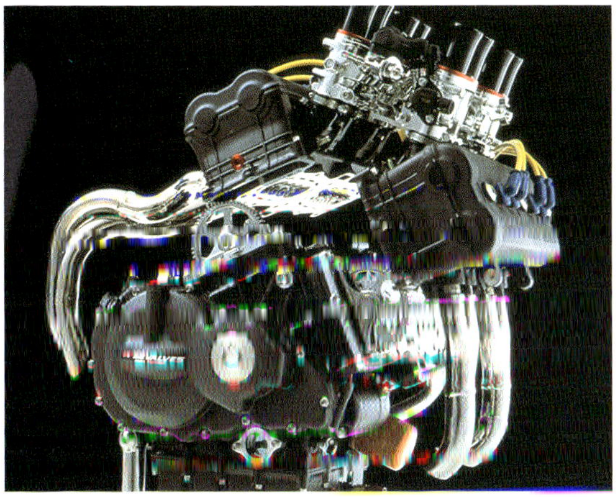

Bezeichnung	**Honda** NR750 (1992)
Motor	V2 90°, flüssigkeitsgekühlt, DOHC, 32 Ventile
Hubraum	748 ccm (101,2 x 50,6 mm)
Leistung	92 kW (125 PS) bei 14 000 U/min
Kraftübertragung	Sechsganggetriebe; Kette
Rahmen	Aluminiumprofilrahmen
Federung	vorne Teleskopgabel; hinten Zentralfederbein
Bremsen	vorne Doppelscheibenbremse; hinten Scheibenbremse
Gewicht	222 kg
Spitzengeschwindigkeit	257 km/h

Links: Das großartige Styling und die Verarbeitungsqualität der NR waren Hondas exotischer und verboten teurer technischen Tour de force würdig.

Links unten: Der 748-ccm-V4 hatte ovale Kolben, acht Einspritzdüsen, acht Titanpleuel und 32 Ventile, die von vier zahnradgetriebenen Nockenwellen gesteuert wurden.

Rennerprobte V4: Die RC45

Zwei Jahre nach der NR750 produzierte Honda mit der RC45 eine weitere exotische 750er-V4, die einen konventionelleren 16-Ventil-Motor hatte und im Grunde eine Nachfolgerin der überragenden RC30 war. Die vor allem als Basis für eine World-Superbike-Rennmaschine entwickelte RC45 (offiziell als RVF750F bezeichnet) leistete 118 PS und war schnell, flexibel und agil. Sie hatte es anfangs schwer bei den Superbike-Rennen und reichte nie an die RC30 heran, aber die RC45 kam zu Ruhm, als der Amerikaner John Kocinski 1997 den Weltmeistertitel holte.

Yamaha GTS1000

Spitze 225 km/h

Rechts: *Yamaha hoffte, dies sei die Zukunft der Sporttourer, aber wie die Bimota Tesi verkaufte sich die GTS nicht.*

Unten: *Das Handling blieb beim harten Bremsen in Kurven stabil, aber die fehlende eintauchende Gabel machte das Einlenken in die Kurve schwerfällig.*

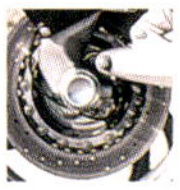

Als erstes seriengefertigtes Motorrad mit nicht-teleskopischer Vorderradaufhängung war die GTS1000 ein innovatives Motorrad, mit dem Yamaha hoffte, die Zukunft des Fahrwerksdesigns bestimmen zu können. Wie die in winzigen Stückzahlen von Bimota gebaute Tesi 1D besaß die GTS eine gabellose Vorderradführung mit dem theoretischen Vorteil der Entkoppelung, Federung und Lenkung. Die Federung wurde von einer horizontalen Leichtmetallschwinge zwischen Radnabe und einem Gelenk am c-förmigen Rahmen übernommen, die sich gegen ein diagonal eingebautes Federbein abstützte. Die Lenkung erfolgte über eine vertikale Strebe, die von der Nabe zu einem teleskopischen Lenkgehäuse führte und mit dem Lenker verbunden war. Auf der linken Seite war kein Raum für eine Bremsscheibe, deshalb erhielt die GTS eine einzelne zentrale Bremsscheibe und eine Sechskolbenbremszange mit ABS.

Die Kraft stammte aus einer modifizierten Version des FZR1000-Motors mit vier flüssigkeitsgekühlten und nach vorne geneigten Zylindern, 20 Ventilen und einem Hubraum von 1002 ccm. Benzineinspritzung, sanftere Nockenwellen, engere

Einlasskanäle und eine reduzierte Kompression senkten die Leistung von 140 auf 100 PS bei 9000 Umdrehungen.

Der Rest des Motorrads belegte den Versuch Yamahas, die Lücke zwischen heißer Sportmaschine und Langstreckentourer zu schließen. Das Styling war windschnittig, auch wenn es sich um eine große und schwere Maschine handelte. Die Sitzposition war eher sportlich über den flachen Lenker gebeugt als bequem, aber mit viel Beinfreiheit.

Müheloses Reisen

Die Leistung auf gerader Strecke war annehmbar, auch wenn der Vierzylinder im Vergleich mit der FZR mehr Kraft am oberen Ende verloren zu haben schien, als er am unteren Ende gewonnen hatte. Die GTS zog ab 3000 Umdrehungen relativ gut an und sprang ab 6000 Touren noch einmal vorwärts, um gemütlich mit 160 km/h zu fahren oder auf die Spitzengeschwindigkeit von 225 km/h zu beschleunigen. Sie wirkte bei hohen Drehzahlen eher uninspiriert und schwächelte weit vor dem roten Bereich ab 10500 U/min.

Ihre Federung schluckte eindrucksvoll Unebenheiten, ohne dass die Lenkung beeinträchtigt wurde. Das Handling neigte eher zu Stabilität als zu Agilität, was zum Teil an der fehlenden Gabel lag. Die Stabilität war meist willkommen, aber bei langsam gefahrenen Manövern wirkte die GTS schwer und ungelenk. Am eindrucksvollsten wirkten die Bremsen in Kurven, wo die Achsschenkellenkung in einer Art funktionierte, die eine Telegabel niemals erreichen konnte. Daneben stand ausreichend Bremskraft zur Verfügung, auch wenn das ABS zu empfindlich reagierte.

Leider schränkten einige Fehler, die nichts mit der Lenkung zu tun hatten, den Nutzen der GTS als Tourer ein. Der Verbrauch war zu hoch und der Tank zu klein. Die Verkleidung war schmal, und der Windschild verursachte Turbulenzen. Vor allem aber war die Yamaha extrem teuer. Diese Umstände und das Fehlen irgendwelcher wirklichen Vorzüge führten zu schlechten Verkaufszahlen. Das Versagen der Yamaha bewirkte, dass die Teleskopgabeln noch auf Jahre hinaus die Motorradwelt beherrschen würden.

***Links:** Von rechts gesehen wirkt das scheinbar frei schwebende 17-Zoll-Rad verblüffend. Yamahas Omega-Chassis verband den Lenker mit einem Lenkgehäuse in der Verkleidungsnase, von dem eine Strebe zum Lenkmechanismus in der Nabe führte. Die einzelne 320-mm-Bremsscheibe wurde von einer Sechskolbenzange mit ABS gegriffen.*

Gabelloser Pionier – Die RADD MC²

Yamahas Vorderradaufhängung war zehn Jahre zuvor von dem amerikanischen Motorradfan und Ingenieur James Parker entwickelt worden, dessen Firma RADD in Santa Fe, New Mexico, zuhause war. Parker erprobte seine Idee an einem Prototyp auf Basis der Honda XL600, der vom späteren 500-ccm-Weltmeister Wayne Rainey getestet wurde. Dies führte zu einem hinreißenden Yamaha FZ750-basierten Prototyp, der RADD MC², die 1987 in Zusammenarbeit mit Motorcyclist und dem Studio GK Design in Los Angeles gebaut wurde. Yamaha kaufte die Rechte an Parkers Entwicklung und nahm den Amerikaner unter Vertrag, um die GTS1000 zu entwickeln.

Bezeichnung	**Yamaha** GTS1000 (1993)
Motor	4 Zylinder in Reihe, flüssigkeitsgekühlt, DOHC, 20 Ventile
Hubraum	1002 ccm (75,5 x 56 mm)
Leistung	73,6 kW (100 PS) bei 9000 U/min
Kraftübertragung	Sechsganggetriebe; Kette
Rahmen	Aluminiumprofilrahmen
Federung	vorne und hinten Federbeine
Bremsen	vorne und hinten Einscheibenbremsen
Gewicht	251 kg
Spitzengeschwindigkeit	225 km/h

Boss Hoss V8

Spitze 266 km/h

Unten: *Die Boss Hoss war ungefähr so stromlinienförmig wie ein Scheunentor, aber mit fast sechs Litern an V8-Power, die 300 PS leisteten, brauchte sie keine Aerodynamik, um schnell zu sein. Das Motorrad war derartig groß, dass der teilweise hinter dem riesigen Kühler verborgene Motor nicht zu groß wirkte.*

Die gigantische und unglaublich starke Boss Hoss war das ungewöhnlichste Motorrad und gleichzeitig die unwahrscheinlichste Erfolgsgeschichte der Motorradwelt. Der in Tennessee beheimatete Monty Warne baute 1991 nur zum Spaß ein Motorrad um einen Chevrolet V8-Motor herum. Er konnte nicht ahnen, dass das Motorrad zu einem Erfolg werden würde, geschweige denn, dass er zehn Jahre später eine gut gehende Firma haben würde, die in der Zwischenzeit mehr als 1000 dieser verrückten Maschinen verkauft hatte.

Bei der Boss Hoss drehte sich alles um große Zahlen. Der typische Hubraum einer frühen Hoss betrug 5735 ccm. Ihre maximale Leistung betrug nicht weniger als 345 PS. Das Trockengewicht lag bei 466 kg, und der Radstand maß 1930 mm, damit war die Maschine weit größer als eine Honda GL1500 Gold Wing. Die Spitzengeschwindigkeit war mit „über 160 mph“ (257 km/h) angegeben, was kaum jemand bezweifelte.

Die Hoss (die Boss Hog hieß, bis Anwälte Harley-Davidsons sich einmischten) war gigantisch. Sie hatte einen großen eckigen Kühler, Rahmenrohre wie ein Baugerüst und eine Heckwalze, die den Seitenständer fast überflüssig machte. Mehrere Anzeigen verloren sich in den Weiten des Tanks, der selbst den Motor noch überragte. Die gereckte Gabel führte zu einem Vorderrad mit Doppelscheibenbremse.

Muskulöses Monster

Der Motor war der in Amerika allgegenwärtige „Small-Block“-Chevy, den General Motors seit den 50ern baute. Hier ruhten PS nach amerikanischer Sitte: nahezu sechs Liter flüssigkeitsgekühlte 90-Grad-V8-Muskeln. Er war groß, durstig und primitiv, mit monströsem Drehmoment im unteren Drehzahlbereich, das zu seinem gutturalen Grollen und seiner Benzingier passte.

Für die Verwendung in einem Auto kam der Motor mit einem Automatik- oder Schaltgetriebe, aber die

Damen-Motorrad – Die Hoss V6

Der Erfolg der V8 ermöglichte es Warne, über die Jahre hinweg zahlreiche Modifikationen anzufertigen. 1998 brachte er die Boss Hoss V6 heraus. Das von einem 4,3-Liter-Chevrolet-Motor angetriebene 200-PS-Monster wurde von Warne als sein „Damenmodell" bezeichnet. Wie die jüngste V8 besaß die Maschine Verbesserungen wie eine speziell angefertigte Vorderradfederung, neue Bremsen und Reifen und ein Automatikgetriebe. Die 25 000 Dollar teure V6 war etwas kleiner, leichter und schwächer als die V8 – was sie zum zweitgrößten, zweitschwersten und zweitstärksten Serienmotorrad der Welt machte.

Hoss, die viel weniger als jedes Auto wog, besaß keinen solchen Luxus. Der Chevy-Motor produzierte mehr PS bei 1000 Umdrehungen als die meisten Motorräder bei Vollgas. Also gab es nur einen Gang: „Fast Forward". Die Einscheibenkupplung des V8 führte zu einem selbst gebauten Winkeltrieb, der die Bewegung auf ein Kettenrad übertrug.

Bei so viel Drehmoment konnte der Fahrer den Kupplungshebel praktisch sofort loslassen und mit dem Gasgriff beschleunigen. Bei 100 km/h, wenn der Motor gerade mit 2500 Touren drehte, lief die V8 ruhig und entspannt vor sich hin und reagierte auf jedes Zucken der Gashand mit Furcht erregender Beschleunigung.

Bezeichnung	**Boss Hoss** V8 (1993)
Motor	V8 90°, flüssigkeitsgekühlt, OHV
Hubraum	5735 ccm (101,6 x 88,4 mm)
Leistung	254 kW (345 PS) bei 5000 U/min
Kraftübertragung	Eingangetriebe; Kette
Rahmen	Stahlrohrrahmen
Federung	vorne Teleskopgabel; hinten zwei Stoßdämpfer
Bremsen	vorne Doppelscheibenbremse; hinten Scheibenbremse
Gewicht	466 kg
Spitzengeschwindigkeit	266 km/h

Das Chassis war primitiv, aber stark. Kurven waren nicht die starke Seite der Hoss, was vor allem an der Heckwalze lag, die lieber geradeaus lief, als eine eckige Flanke in die Luft zu erheben. Das Motorrad bremste nicht so heftig wie es beschleunigte, ließ sich aber vertretbar zügig verzögern.

Schnelle Fahrten waren auf der Boss Hoss streckenweise beängstigend, dieses Motorrad machte sogar Spaß, wenn der Fahrer nur ein Bruchteil des gewaltigen Potentials nutzte. Der Reiz der Boss Hoss bestand im technischen Exzess. Größer oder stärker kann ein Motorrad einfach nicht sein.

Links oben: *Die Fahrt auf gerader Strecke machte dank einer Beschleunigung, die die Lenkerstange verbiegen konnte, mit der Boss Hoss Spaß.*

Links: *Ein Eingangsgetriebe und eine Kette übertrugen die Kraft auf ein 15-Zoll-Rad, dessen gewaltige Breite in Kurven nicht gerade hilfreich war.*

Ducati 916

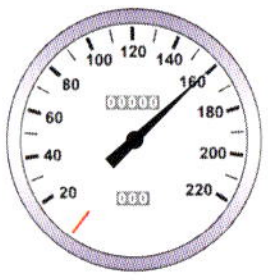

Spitze 257 km/h

Unten: *Die 916 begeisterte bei ihrer Vorstellung 1994 und wird optisch kaum verändert immer noch gebaut. Das Achtventil-Flaggschiff von Ducati beweist, dass wirklicher Stil nie aus der Mode kommt. Die italienische Firma hatte einen Aluminiumrahmen in Betracht gezogen, sich aber dann für Stahlrohre und die auffällige Einarmschwinge entschieden.*

Kaum ein Motorrad verband Stil und Geschwindigkeit mit so dramatischer Wirkung wie die Ducati 916. Die Mischung der italienischen V2 aus atemberaubender Schönheit, donnernder Motorkraft und perfektem Handling machten sie 1994 zu einem Erfolg. Gegen Ende des Jahrzehnts hatten Maschinen auf Basis der 916 eine Reihe von World-Superbike-Titeln gewonnen. In der Zwischenzeit wurde die Straßenmaschine stärker und der Motor größer, aber das Äußere wurde stolz beibehalten.

Die 916 war eine Weiterentwicklung der flüssigkeitsgekühlten V-Zweizylinder mit acht desmodromisch gesteuerten Ventilen, deren Geschichte bis auf die 851 von 1978 zurückging. Die Kreation Massimo Tamburinis war nicht nur aerodynamisch, sondern geradezu inspiriert. Die scharfe Verkleidungsnase beherbergte aggressiv blickende Doppelscheinwerfer. Tank und Verkleidung waren elegant ausgeformt und dunkelrot lackiert. Das Heck mit den unter dem Bürzel liegenden Schalldämpfern und der Einarmschwinge war gleichermaßen dramatisch ausgestaltet.

Der 916-ccm-Motor war ein aufgebohrtes Aggregat aus der 888. Weitere Veränderungen umfassten eine Weber-Benzineinspritzung und einen größeren gebogenen Kühler. Die größere Airbox wurde über Lufteinlässe in der Verkleidungsnase beatmet. Zusammen mit der Auspuffanlage steigerte dies die Leistung auf 114 PS bei 9000 U/min.

Das Chassis bestand aus dem klassischen Ducati-Gitterrohrrahmen mit einem Heckhilfsrahmen aus Aluminiumrohren. Die 916 unterschied sich von der 888 durch eine hintere Motorhalterung für zusätzliche Steifigkeit. Alles andere als traditionell war die Aluschwinge, die sich um den riesigen 190er Hinterradreifen schwang und das Dreispeichenrad hielt. Tamburini gab zu, dass das nicht die beste Lösung war, akzeptierte aber den Kompromiss, weil er das High-Tech-Image der Maschine unterstrich.

Ingenieurskunst

Eine weitere stilvolle Lösung fand sich am Lenkkopf, der über eine einstellbare Geometrie und einen horizontalen Lenkungsdämpfer verfügte. Die Schwinge stützte sich konventionell an einem vertikal eingebauten Zentralfederbein von Showa ab. Der japanische Spezialist lieferte auch die 43-mm-Upside-Down-Gabel, die ein 17-Zoll-Rad führte. Die Bremsen stammten von Brembo.

Der Achtventiler war ein drehfreudiges, charismatisches Triebwerk und erreichte in der 916 einen vorläufigen Höhepunkt. Seine Durchzugskraft war majestätisch und katapultierte das Motorrad schon ab 5000 Umdrehungen aus der Kurve heraus. Die Beschleunigung bei hohen Drehzahlen war geschmeidig und kräftig und ermöglichte Spitzengeschwindigkeiten von 257 km/h.

Das Handling war überlegen und rechtfertigte die Entscheidung gegen Aluminium und für den Stahlrahmen. Mit 195 kg war die 916 leicht, der Rahmen war steif und die Federung von hoher Qualität. Die Ducati hatte vielleicht nicht die leichtgängigste Lenkung unter den Superbikes, überzeugte aber mit einer Vertrauen erweckenden Kombination aus Stabilität und neutralem Kurvenverhalten.

Diese vollständigste der italienischen Sportmaschinen machte den Fahrer vor allem im Stadtverkehr mit der sportlichen Sitzhaltung, der straffen Federung und der plötzlichen Kraftentfaltung das Leben schwer. Auf der richtigen Straße war die 916 pure Magie: eine dieser seltenen Maschinen, die alle, die sie je gefahren sind, mit ihrer unerreichten Mischung aus Schönheit, Charakter und Leistung begeisterte.

Ducatis Superbike-Dominanz

Die straßentaugliche 916 war ein Verkaufshit, und die Werksmaschine gleichen Namens war in der World Superbike Championship noch erfolgreicher. Die roten V2 waren die dominierende Kraft in der prestigeträchtigsten Viertakt-Rennserie, die der Brite Carl Fogarty 1994 und 1995 gewann. Der Australier Troy Corser holte die Krone 1996 für Ducati, bevor Fogarty, der zwischenzeitlich für Honda gefahren war, zurückkehrte und 1998 den Titel holte. Seine vierte Meisterschaft 1999 war der fünfte Sieg für das italienische Unternehmen in sechs Jahren.

***Links:** Die 916 ccm Hubraum entstanden durch Vergrößerung des 888-ccm-V2. Weitere Modifikationen umfassten die Benzineinspritzung, eine größere Airbox und eine neue Auspuffanlage.*

***Links unten:** Der Schlüssel zum Erfolg auf Straße und Rennpiste war das exzellente Handling der 916. Die Ducati war nicht das leichtfüßigste Motorrad, aber wundervoll ausbalanciert und stabil.*

Bezeichnung	**Ducati** 916 (1994)
Motor	V2 90°, flüssigkeitsgekühlt, DOHC, 8 Ventile
Hubraum	916 ccm (94 x 66 mm)
Leistung	84 kW (114 PS) bei 9000 U/min
Kraftübertragung	Sechsganggetriebe; Kette
Rahmen	Gitterrohrrahmen
Federung	vorne Teleskopgabel; hinten Zentralfederbein
Bremsen	vorne Zweischeibenbremse; hinten Scheibenbremse
Gewicht	195 kg
Spitzengeschwindigkeit	257 km/h

Triumph Speed Triple

Spitze
209 km/h

Die mutige und charismatische Speed Triple fasste die besten Eigenschaften der neuen Firma Triumph zusammen. Mit ihrem eleganten Styling, der sportlichen Sitzhaltung, den hochwertigen Teilen und dem zur Schau gestellten Dreizylindermotor war die erste Speed Triple von 1994 eine Nachfolgerin im Geiste der Café Racer aus den 60ern – der Zeit, als britische Motorräder die Straße beherrschten.

Aggression und Eleganz

Wenn die Triple etwas mit den alten Café Racern gemeinsam hatte, dann war es die Attitüde. Schlank, schlicht und unverkleidet, aber zur gleichen Zeit aggressiv und elegant, entstammte sie der gleichen Schule unverkleideter Musclebikes wie Ducatis Monster. Mit dem drehfreudigen Dreizylinder, hochwertigen Teilen und ohne überflüssige Verzierungen, war sie für die Boulevard-Cowboys gebaut, die ihre Motorräder im Espressostil mochten: einfach, schwarz und stark.

Je nach Sichtweise war die Speed Triple (deren Name an die 500er Speed Twin von 1938 erinnerte) entweder eine sportliche Version der unverkleideten Trident 900 oder eine unverkleidete Version der Sportmaschine Daytona 900. Sie teilte zwar den gleichen flüssigkeitsgekühlten 885-ccm-Motor und den Zentralrohrrahmen der beiden anderen Maschinen, war ansonsten aber ein eigenständiges Modell.

Ihr Motor hatte ebenfalls 97 PS, hatte aber als einziger des Trios nur fünf Gänge. Daneben erhielt die Triple dunkle Aluminiumschalldämpfer, die zur schwarzen Karosserie (optional Gelb) und dem schwarzen Motor passten und an Kohlefaser erinnern sollten.

Oben: *Die bei Triumph übliche modulare Bauweise führte dazu, dass die erste Speed Triple von 1994 den gleichen Rahmen und den gleichen 885-ccm-Dreizylinder wie die Trident und die Daytona hatte. Flacher Lenker, schwarze Lackierung und hochwertige Teile verliehen ihr Individualität.*

Rechts: *Die Motorleistung wurde gegenüber den 97 PS der Trident nicht erhöht, aber die Speed Triple hatte einen aggressiveren Look und war beliebter. Die ersten Modelle hatten ein Fünfganggetriebe, später kam ein sechster Gang hinzu.*

Weitere Schritte

In vielerlei Hinsicht wurde die Speed Triple 1997 erwachsen, als Triumph die Version T509 mit komplett überarbeitetem 885-ccm-Motor, auffälligem Doppelscheinwerfer und Aluminiumrohrrahmen herausbrachte. Die T509 Speed Triple war genau wie das Original, aber mehr davon: schneller, drehmomentstärker und charismatischer. Triumph modernisierte das unverkleidete Kraftpaket weiter bis zum Modell von 2002 (unten) mit einem 118 PS starken 955-ccm-Motor, überragend agilem Handling und mehr Unterhaltungswert als alles andere auf zwei Rädern.

Die 43-mm-Gabel stammte von Kayaba und war mehrfach einstellbar. Das Kayaba-Federbein ließ sich in Vorspannung und Dämpfung justieren. Die hochwertige Vorderradbremse bestand aus 310-mm-Scheiben und Vierkolbenzangen von Nissin. Die Dreispeichenräder trugen griffige Michelin-Reifen.

Die Speed Triple wurde ihrem reaktionsfreudigen Motor zweifellos gerecht. Nach Superbike-Maßstäben war die Spitzengeschwindigkeit von 209 km/h nicht bemerkenswert, aber die Triumph punktete mit Laufruhe und Flexibilität. Fast unabhängig von der Drehzahl stürmte sie auf eine Drehung des Gasgriffs in aufregender Manier davon.

Das Handling war sehr gut, auch wenn die Triple wie alle Triumphs hoch und mit 209 kg relativ schwer war. Ihr steifer Rahmen ermöglichte mit der superben Federung ein agiles Kurvenverhalten, ohne dass dies auf Kosten der Stabilität ging. Dies war nicht nur das bis dato leichteste und niedrigste Triumph-Modell, sondern es war hervorragend für einen sportlich schnellen Fahrstil ausgelegt.

Im Alltagsgebrauch erwies sich die Triple als erstaunlich praxistauglich, wobei ihr Mangel an Luxusausstattung durch eine großzügige Reichweite, eine komfortable Sitzbank und eine gute Verarbeitung wettgemacht wurde.

In vielen Ländern wurde die unverkleidete Triumph verständlicherweise zu einem Bestseller. Der Geist der reinen, schlichten britischen Café Racer lebte in der Speed Triple weiter.

Links oben: *Der runde Einzelscheinwerfer dominierte das Styling nicht so stark wie der spätere Doppelscheinwerfer.*

Links: *Die ursprünglich nach ihrem Werkscode benannte, aber später umgetaufte T509 Speed Triple verwendete den gleichen Aluminiumrohrrahmen wie die 1997er Daytona.*

Bezeichnung	**Triumph** Speed Triple (1994)
Motor	3 Zylinder in Reihe, flüssigkeitsgekühlt, DOHC, 12 Ventile
Hubraum	885 ccm (76 x 65 mmm)
Leistung	71,4 kW (97 PS) bei 9000 U/min
Kraftübertragung	Fünfganggetriebe; Kette
Rahmen	Zentralrohrrahmen
Federung	vorne Teleskopgabel; hinten Zentralfederbein
Bremsen	vorne Zweischeibenbremse; hinten Scheibenbremse
Gewicht	209 kg
Spitzengeschwindigkeit	209 km/h

Kawasaki ZX-9R

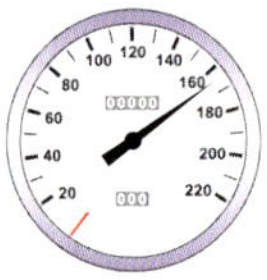

Spitze 266 km/h

Unten: *Die ZX-9R sah nach dem aus, was sie war: ein sportliches, aber praktisches Modell zwischen der sportlicheren ZXR750 und der größeren ZZ-R1100. Damit konnte die 9R nicht mit leichteren, spezialisierteren Rivalinnen auf der Rennstrecke mithalten, aber für Fahrer auf der Suche nach einem effizienten, komfortablen Motorrad mit mächtiger Leistung auf gerader Strecke hatte die Kawasaki viel zu bieten.*

Kawasakis Tradition herausragender 900er-Superbikes ließ Mitte der 90er ein neues Modell erwarten. Die Z1 von 1973 und die GPZ900R Ninja von 1984 hatten den guten Ruf der Firma als Hersteller kraftvoller, schneller und höchst zuverlässiger 900er-Vierzylinder fest etabliert. 1994 schließlich kam das Modell, das diesen Ruf für weitere 10 Jahre bestätigen sollte: die ZX-9R.

Die Welt der Superbikes war seit den Tagen der Z1 und der Ninja, als eine einzelne brillante Maschine alle Konkurrenz in den Schatten stellen und sich gleichzeitig als perfekter Allrounder präsentieren konnte, immer spezialisierter geworden. Nichtsdestotrotz entwarf Kawasaki die ZX-9R als Motorrad, das sich zwischen der Renn-Replica ZXR750 und der Sporttourer ZZ-R1100 platzieren sollte. Von Stil und Ausrichtung her setzte sie auf Leistung, aber die 9R war weniger extrem als einige Supersportler der Konkurrenz.

Der Motor war eine auf 899 ccm vergrößerte Version des flüssigkeitsgekühlten 749-ccm-Triebwerks aus der ZXR750. Er besaß ein Ram-Air-System, große 40-mm-Vergaser und akribisch polierte Ein- und Auslasskanäle. Das Resultat waren 137 PS bei 10 500 Umdrehungen und eine begeisternd große Kraft über das gesamte Drehzahlband hinweg.

Starkes, aber schweres Chassis

Der Motor saß in einem Alurahmen, ähnlich dem der ZZ-R1100, mit einer stabilen Kastenschwinge und mehrfach einstellbarer Federung an beiden Enden. Die Fahrwerksgeometrie war sportlich mit einem Lenkkopfwinkel von 24 Grad. Die Kawasaki wog mit 215 kg erheblich mehr als viele ihrer Rivalinnen, 30 kg mehr als etwa die Honda FireBlade.

Das Styling war eckig und aggressiv und beruhte auf der World-Superbike-Maschine. Aber nach Motorsportmaßstäben war die ZX-9R eine große

Die ZX-9R wird immer schneller

Kawasaki überarbeitete die ZX-9R über die Jahre immer wieder und stellte 2000 eine Version vor, die viele Veränderungen beinhaltete, aber immer noch das „Look and Feel" des Originals hatte. Die 9R lieferte nun 142 PS aus ihrem jetzt über einen breiten Schlitz unter dem Doppelscheinwerfer beatmeten 16-Ventiler und war schneller und drehmomentstärker als je zuvor. Das Gewicht betrug zu Gunsten einer größeren Agilität nur noch 183 kg. Die Kawasaki war immer noch eine Supersportlerin, die genügend Platz und Komfort für Touren anbot – und auf dem Weg keine Gefangenen machte.

Bezeichnung	**Kawasaki** ZX-9R (1994)
Motor	4 Zylinder in Reihe, flüssigkeitsgekühlt, DOHC, 16 Ventile
Hubraum	899 ccm (73 x 53,7 mm)
Leistung	101 kW (137 PS) bei 10500 U/min
Kraftübertragung	Sechsganggetriebe; Kette
Rahmen	Aluminiumprofilrahmen
Federung	vorne Teleskopgabel; hinten Zentralfederbein
Bremsen	vorne Zweischeibenbremse; hinten Scheibenbremse
Gewicht	215 kg
Spitzengeschwindigkeit	266 km/h

Maschine mit einem breiten Tank und einem langen Weg bis zu den Lenkergriffen. Die geräumige Sitzposition und die breite Sitzbank machten die Kawasaki komfortabel und betonten gleichzeitig, dass sie keine ultraleichte Renn-Replika war.

Die ZX-9R fühlte sich am wohlsten auf einer schnellen, offenen Straße, wo ihre Kraft immer wieder aufs Neue begeisterte. Bei niedrigen Touren grollte der 16-Ventiler ungeduldig und zerrte an der Leine. Ab 7000 Umdrehungen stürmte die Kawasaki begeistert vorwärts und zog ab etwa 10000 Umdrehungen noch einmal an, um mit einem geschmeidigen und befreiten Gefühl bis zur Drehzahlbegrenzung bei 12500 U/min und einer Spitzengeschwindigkeit von 266 km/h zu fliegen.

Das Handling der Kawasaki war auf geraden, breiten Straßen überragend, wo der Fahrer ihre Kraft voll ausloten konnte. Auf kurvenreicheren Strecken war die Maschine weniger überzeugend, denn ihr Gewicht und die schwerfällige Lenkung machten sie im Vergleich zu sportlicheren Rivalinnen ungelenk.

Die ZX-9R konnte zweifellos die Messlatte für Superbikes nicht höher hängen, wie das ihre Vorgängerinnen Z1 und GPZ900R getan hatten. Für eine Renn-Replika war sie zu groß und zu schwer, und als Langstreckenmaschine fehlten ihr wichtige Dinge wie ein Hauptständer und ein Soziusgrill. Aber für Fahrer, die nach einem Supersportmotorrad mit einem ordentlichen Maß an Praxistauglichkeit suchten, war die ZX-9R sicherlich erste Wahl.

Links oben: *Für Wheelies war ausreichend Kraft vorhanden. Eine harte Beschleunigung aus dem Stand war fast unmöglich, ohne dass das Vorderrad abhob. Die großen Schlitze unter dem Scheinwerfer sind Lufteinlässe für das Ram-Air-System, das dem Motor zu einer Leistung von 137 PS verhalf.*

Ducati 748SP

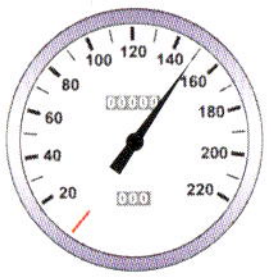

Spitze
240 km/h

Rechts: *Handling und Kurvenverhalten waren dank steifem Gitterrohrrahmen und hochwertiger Showa-Federung überragend. Die große Bodenfreiheit und die Gürtelreifen halfen.*

Unten: *Nachdem Ducati 1994 mit der 916 eines der schönsten Motorräder der Welt gebaut hatte, schickte man ein Jahr später vernünftigerweise ein, abgesehen von der gelben Lackierung, identisch aussehendes Model hinterher.*

Kaum ein Motorrad attackierte die Sinne des Fahrers so wie die Ducati 748SP. Ihre leuchtend gelbe Karosserie stach ins Auge, der dröhnende Klang ihres Auspuffs hämmerte auf die Ohren, und ihre unglaubliche Kombination aus Kraft, Bremsleistung und Kurvenverhalten nahmen den Atem. Ein Tag auf der SP stählte die Reflexe, schärfte das fahrerische Können und erschöpfte die Kräfte. Die 748SP war sicherlich nicht entspannend, aber sehr aufregend.

Eine kleinere Version des Flaggschiffs 916 war 1995 ein logischer Schritt für Ducati. Die renntaugliche 748SP, die gleichzeitig mit der billigeren, zweisitzigen 749 Biposto eingeführt wurde, sollte gegen die japanischen Vierzylinder in der zunehmend wichtigeren 600er-Supersport-Klasse antreten. Der Hubraum von 748 ccm entstand durch Verkleinerung von Bohrung und Hub der 916, während das Kurbelgehäuse ein leichteres Schwungrad und ein eng gestuftes Getriebe erhielt. Mit einer Weber-Marelli-Benzineinspritzung und Karbon-Nockenwellen von Termignoni leistete die 748SP maximal 100 PS bei 11 000 Umdrehungen, 9 PS weniger als die 916.

Beide 748er besaßen die gleiche Chassiskonstruktion wie die 916, einschließlich einer identischen Kombination aus Stahlrohrrahmen und Alu-Einarmschwinge. Beide hatten 43-mm-Upside-Down-Gabeln von Showa, aber die teurere SP besaß ein Heckfederbein von Öhlins statt von Showa. Die Brembo-Scheiben der SP bestanden aus Gusseisen statt aus Stahl.

Die sportliche 748SP war im Stadtverkehr unkomfortabel und schwierig zu kontrollieren, erwachte aber auf offener Strecke zu aufregendem Leben. Solange der Fahrer die Drehzahl über 7000 Touren hielt, war die Ducati suchtgefährdend schnell.

Bei 10 000 Umdrehungen, wenn der 916 bereits die Luft ausging, röhrte die 748 immer noch in Richtung rotem Bereich bei 11 000 U/min der Spitzengeschwindigkeit von 240 km/h entgegen.

Konzentration gefordert

Die 748 forderte dank ihrer nervöseren Natur mehr vom Fahrer als die 916. Beim Anbremsen vor einer Kurve musste die 748 heruntergeschaltet werden, wo die 916 einfach weitergestürmt wäre. Das war manchmal frustrierend, aber der erhöhte Aufwand und die größere Konzentration, die die 748SP forderte, erhöhten vor allem auf kurvenreichen Strecken auch den Spaß.

Dies lag zum Teil an ihrem brillanten Chassis. Die Federung beider Enden war straff, was unebene Straßen unkomfortabel machte, aber auf glatten Strecken war die Ducati überragend. Ihre Lenkung war nicht überragend schnell, aber die Schräglagenstabilität war perfekt, und der Öhlins-Stoßdämpfer vermittelte viel Feedback und Kontrolle. Auch die Leistung der großen Brembo-Bremsen war exzellent.

Die schnelle, laute, fordernde 748SP war sicherlich kein Motorrad für jeden Fahrer oder für jede Strecke, aber am richtigen Tag und auf der richtigen Straße gab es definitiv keine andere Maschine, die schneller war oder mehr Spaß machte. Ducatis neuer Star wurde auch bei Supersport-Rennen ein Hit, wo die V2 erfolgreich die japanischen Vierzylinder herausforderte und eine Reihe von Weltmeistertiteln einfuhr.

Die nächste Generation – Die 748R

Ducati modernisierte seine 748er 2000 umfassend in Form der 748R, die das „fortschrittlichste Motorrad, das je gebaut wurde", sein sollte. Eine überarbeitete Benzineinspritzung in Verbindung mit einer größeren Airbox, größeren Ventilen, neuen Nockenwellen und Kolben, CNC-gefrästen Zylinderköpfen und Titanpleueln gab ihr eine Leistung von 106 PS bzw. 112 PS mit Rennauspuff. Ein überholter Rahmen und eine neue Showa-Gabel trugen zum überragenden Fahrverhalten auf Straße und Rennstrecke bei. Allerdings gelang es der 748R in ihren ersten Saisons nicht, die World Superbike Championship für Ducati zurückzugewinnen.

Links oben: *Ein Einzelsitz, offene Termignoni-Rohre und ein breiter, griffiger Gürtelreifen verliehen dem Heck der 748SP ein angemessen sportliches Aussehen.*

Links: *Selbst bei Schräglagen über 45 Grad hatte die Ducati noch ausreichend Bodenfreiheit und Grip. Nur wenige Motorräder waren einfacher schnell zu fahren oder machten dabei mehr Spaß.*

Bezeichnung	**Ducati** 748SP (1995)
Motor	V2 90°, flüssigkeitsgekühlt, DOHC, 8 Ventile
Hubraum	748 ccm (88 x 61,5 mm)
Leistung	70,6 kW (100 PS) bei 11 000 U/min
Kraftübertragung	Sechsganggetriebe; Kette
Rahmen	Gitterrohrrahmen
Federung	vorne Teleskopgabel; hinten Zentralfederbein
Bremsen	vorne Zweischeibenbremse; hinten Scheibenbremse
Gewicht	200 kg
Spitzengeschwindigkeit	240 km/h

Honda Super Blackbird

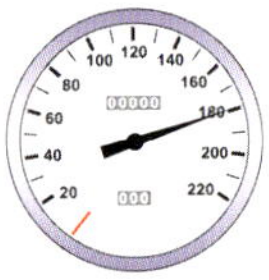

Spitze 290 km/h

Das Ziel, das Honda mit der CBR1100XX verfolgte, war klar. Die nach dem schnellen amerikanischen Spionageflugzeug Super Blackbird benannte Maschine sollte den inoffiziellen Titel des schnellsten Motorrads der Welt von der Kawasaki ZZ-R1100 zurückerobern. Der Versuch war von Erfolg gekrönt, denn der Reihenvierzylinder und die Aerodynamik ließen die Blackbird auf 290 km/h fliegen. Nebenbei war es Honda gelungen, eine schöne Sporttourer zu bauen.

Die Blackbird strebte zwar nach neuen Geschwindigkeitssphären, aber der Weg dahin war altbekannt. Ihr 1137-ccm-Treibwerk war ein konventioneller quer eingebauter flüssigkeitsgekühlter DOHC-Vierzylinder mit 16 Ventilen. Sein einzig ungewöhnliches Merkmal, abgesehen von einer gigantischen Leistung von 162 PS bei 10000 U/min, waren zwei Ausgleichswellen, die den Motor so laufruhig machten, dass er die Steifigkeit des Chassis durch eine feste Montage im Alurahmen unterstützen konnte.

Unten: *Die Aerodynamik ist ein Schlüsselmerkmal beim Design der Blackbird, und so zeigt die Karosserie eine nur sehr schmale Silhouette und hat einen C_W-Wert unter dem der winzigen NSR250 aus gleichem Hause.*

Hainase

Die Aerodynamik spielte beim Design der CBR eine gewichtige Rolle. Die enttäuschend aussehende Karosserie war auf eine minimale Silhouette und einen äußerst geringen Luftwiderstand ausgelegt. Dazu trug eine Hai-ähnliche Nase bei, die dank zweier übereinander liegender Scheinwerfer hinter einem gemeinsamen Glas noch schmaler gestaltet werden konnte.

Die Blackbird mochte langweilig aussehen, aber ihre Leistung war es mit Sicherheit nicht. Der Motor war ein echter Star. Die wirkliche Kraft setzte bei etwa 5000 Umdrehungen ein und ließ die Nadel des Drehzahlmessers bis in den roten Bereich ab 10 800 Touren schnellen. Die CBR konnte die von Honda versprochenen 306 km/h zwar nicht erreichen, kam aber nah heran – und das war den meisten Fahrern schnell genug.

In den unteren Drehzahlen verhielt sich die Honda typisch friedfertig, aber die Konzentration der Kraft im oberen Drehzahlbereich ließ das Drehmoment im Mittenband etwas leiden. Ein voll aufgedrehter Gasgriff bei 4000 Umdrehungen führte zu einer eher faulen Reaktion, was beim Überholen lästig war. Aber auch so musste man selten durch das relativ präzise Getriebe herunterschalten.

Stabilität auf gerader Strecke

Natürlich fühlte sich die Honda auf offenen Hauptstraßen sehr wohl. Ihre Stabilität auf gerader Strecke war makellos, die Lenkung angemessen leichtgängig, und die Maschine fühlte sich insgesamt sehr kultiviert und sehr, sehr schnell an. Die nicht einstellbare 43-mm-Gabel funktionierte ebenso gut wie das Zentralfederbein hinten. Mit 223 kg Gewicht war die Blackbird für die Rennstrecke recht schwer und weich gefedert, aber selbst dort machte sie eine gute Figur.

Das Bremsen übernahm eine überarbeitete Version des Dual-CBS-Systems von Honda, bei dem Vorder- und Hinterradbremse mit Lenkerhebel oder Fußpedal gleichzeitig angesprochen wurden. Die CBR stoppte schnell, und einige Fahrer waren bei Nässe oder im Soziusbetrieb froh über das Verbundsystem. Andere waren weniger überzeugt. Der Druckpunkt war etwas vage, und die Bremsen schienen nach dem ersten kräftigen Zubeißen etwas zum Fading zu neigen.

Nützliche Details waren unter anderem eine Uhr und eine Tankanzeige in der Instrumentenkonsole (es gab keinen Reservehahn), Gepäckhaken und ein kräftiger Soziusgriff sowie breite Spiegel mit integrierten Blinkern. Weniger beeindruckend war der flache Windschild, der für große Fahrer bei normalem Reisetempo einige Turbulenzen am Helm erzeugte.

Diese Kritikpunkte hinderten die Blackbird nicht daran, erfolgreich zu sein, wozu in nicht unbeträchtlichem Umfang die Tatsache beitrug, dass sie das schnellste Ding auf zwei Rädern war. Honda überarbeitete das Motorrad in den folgenden Jahren, vor allem durch eine verbesserte Einspritzung und einige mutige Lackierungen. Nach Einführung der Suzuki Hayabusa war die XX nicht mehr das schnellste Motorrad der Welt. Aber für Fahrer, die nach wahnsinniger Geschwindigkeit in Verbindung mit Kultiviertheit, stabilem Handling und Alltagstauglichkeit suchen, hatte die Blackbird immer noch viel zu bieten.

__Oben:__ Eine Spitzengeschwindigkeit von etwa 290 km/h reichte aus, die Blackbird zum schnellsten Serienmotorrad der Welt zu machen, aber die Durchzugskraft war recht flau, bis Honda die Vergaser durch eine Einspritzung austauschte.

__Links:__ Das Styling verbarg einige clevere Ideen. Die Lufteinlässe in den Flanken der Verkleidung beatmen die Vergaser; die Löcher unter dem Scheinwerfer lassen Kühlluft für den Motor ein.

__Links unten:__ Die Blackbird war keineswegs hässlich, aber ihre Lackierung machte ihr langweiliges Styling auch nicht interessanter. Die Alternativen zu diesem Grau waren Schwarz und Dunkelrot.

Bezeichnung	**Honda** CBR1100XX (1996)
Motor	4 Zylinder in Reihe, flüssigkeitsgekühlt, DOHC, 16 Ventile
Hubraum	[illegible] ccm ([illegible] x 58 mm)
Leistung	[illegible] kW (152 PS) bei 10 000 U/min
Kraftübertragung	Sechsganggetriebe; Kette
Rahmen	Aluminiumprofilrahmen
Federung	vorne Teleskopgabel; hinten Zentralfederbein
Bremsen	vorne Zweischeibenbremse; hinten Scheibenbremse
Gewicht	223 kg
Spitzengeschwindigkeit	290 km/h

Suzuki GSX-R750T

Spitze 257 km/h

Suzukis schnelle und leichte GSX-R750 war 1985 die erste moderne Renn-Replica. Aber obwohl der 16-Ventil-Motor in den folgenden Jahren mehrfach modernisiert wurde, war er Mitte der 90er auch schwerer und weniger konkurrenzfähig geworden, und die Initialen GSX-R hatten an Glanz verloren. Dann brachte Suzuki 1996 eine völlig neue GSX-R heraus, die schlank, gemein und wie ihre Vorgängerin völlig kompromisslos war.

Oben: *Die überragende 1996er GSX-R750 hatte weder die unverwechselbare Erscheinung noch das radikale Chassisdesign der GSX-R von vor 11 Jahren.*

Leicht und kraftvoll

Schon die Statistik gibt einen ersten Hinweis auf die Furcht erregende Leistung des neuen Motorrads. Die Spitzenleistung der GSX-R750T von 126 PS entsprach der der Honda CBR900RR und übertraf alle anderen 750er. Die Suzuki wog 179 kg und war damit leichter als jede 600er-Vierzylinder, von Maschinen ihrer Hubraumklasse ganz zu schweigen. Sie besaß die gleiche Lenkgeometrie und den gleichen Radstand wie die Grand-Prix-Maschine RGV500.

Die dramatisch erhöhte Kraft des Motors und seine geringe Größe und Gewicht erforderten einige größere Modifikationen, vor allem den Einbau eines Ram-Air-Systems. Interne Veränderungen des flüssigkeitsgekühlten 16-Ventilers mit 749 ccm (Suzuki hatte die Ölkühlung vier Jahre zuvor aufgegeben) umfassten eine langhubigere Auslegung, eine Versetzung der Nockenwellenkette ans Ende der Kurbelwelle, enger zusammen liegende Zylinder und die Verkleinerung und/oder Erleichterung zahlreicher Bauteile.

Der Rahmen war vollständig neu: eine konventionelle, aber höhere und weniger steife Aluminiumkonstruktion als beim traditionellen GSX-Design. Die Suzuki sah recht gewöhnlich aus, aber schon die erste Fahrt zerstreute diese Vorstellung. Selbst im Stand fühlte sich das Motorrad ungewöhnlich leicht und

Rechts: *Zur rennmäßigen Ausstattung zählten eine elegante Verkleidung und ein großer Heckbürzel für die Aerodynamik, ein Radstand wie beim Grand-Prix-Geschoss RGV500 und ein Trockengewicht von 179 kg, womit dieses Motorrad nur 3 kg schwerer war als das 1985er-Federgewicht GSX-R750.*

Links außen: *Die Leistung auf gerader Strecke war dank des geringen Gewichts und des überarbeiteten 126-PS-Motors mit einem Ram-Air-System hervorragend.*

Links: *Suzukis lang erwarteter Alurahmen bestand aus gezogenen Vierkantholmen und gegossenen Schwingenlagern, hatte eine sehr steile Geometrie und war steif genug für ein brillantes Handling.*

Bezeichnung	**Suzuki** GSX-R750T (1996)
Motor	4 Zylinder in Reihe, flüssigkeitsgekühlt, DOHC, 16 Ventile
Hubraum	749 ccm (72 x 46 mm)
Leistung	92,7 kW (126 PS) bei 11600 U/min
Kraftübertragung	Sechsganggetriebe; Kette
Rahmen	Aluminiumprofilrahmen
Federung	vorne Teleskopgabel; hinten Zentralfederbein
Bremsen	vorne Doppelscheibenbremse; hinten Scheibenbremse
Gewicht	179 kg
Spitzengeschwindigkeit	257 km/h

manövrierfähig an. Einmal auf dem Weg, ließ sich die spritzige GSX-R mit erstaunlicher Schnelligkeit und Präzision in Kurven werfen. Leider fühlte sich die extrem kurze, leichte Suzuki beim Beschleunigen über Bodenwellen nervös an. Aber ihre Hochgeschwindigkeitsstabilität war in der Regel gut, was der Steifigkeit des Rahmens und der hoch entwickelten, mehrfach einstellbaren Federung zu danken war. Breite Gürtelreifen gaben viel Grip. Die Vorderradbremse mit zwei großen Scheiben und Sechskolbenzangen fühlte sich im Stadtverkehr etwas hölzern an, arbeitete aber bei höheren Geschwindigkeiten phänomenal.

Der Motor lebte von Drehzahlen und erforderte für Bestleistungen eine rege Verwendung des Sechsganggetriebes. Solange die Nadel des Drehzahlmessers nahe am roten Bereich ab 13500 Umdrehungen blieb, lieferte die Suzuki eine brachiale Beschleunigung auf die Spitzengeschwindigkeit von 257 km/h. Bei niedrigen Touren stand nicht einmal annähernd so viel Leistung zur Verfügung, aber für eine so kompromisslose Maschine war die GSX-R einigermaßen gefügig.

Nicht jeder war anfangs über das neue Motorrad erfreut. Einige hart gesottene GSX-R750-Fans meinten, dass dies keine echte GSX-R sei, und dass durch die Aufgabe der Ölkühlung und der Änderung des Rahmens zu viele prägende Zutaten verloren gegangen seien. Solche Zweifel wurden normalerweise mit der ersten Fahrt schnell zerstreut. Selbst die kürzesten Runden reichten als Beleg, dass dies eine durch und durch echte GSX-R750 war: superschnell, extrem agil und absolut verrückt.

Noch drehfreudiger: Die GSX-R600

Selbst die GSX-R750 erschien entspannt und vernünftig im Vergleich zur 1997 eingeführten GSX-R600. Der 599-ccm-Vierzylinder produzierte 104 PS bei 12 000 Umdrehungen, war mit 174 kg noch leichter und bewahrte fast seinen gesamten Kraftvorrat zwischen 10 000 und dem roten Bereich ab 13 500 Umdrehungen auf. In typischem GSX-R-Stil war die Maschine mit 250 km/h, brillantem Handling und nur sehr wenig Komfort oder gar Kompromissbereitschaft das sportlichste Mittelgewicht auf dem Markt.

Harris Magnum 5

Spitze 266 km/h

__Unten:__ Die Form der Magnum ähnelte der vieler Sportmotorräder, aber ihre 35-mm-Rahmenrohre unterschieden sie deutlich von den üblichen Aluminiumholmen. Der Tank bestand aus Aluminium und war breit, weil er die große Airbox umschloss. Das selbsttragende Karbonheck beherbergte die beiden Auspuffschalldämpfer.

Die schlanke und kraftvolle Magnum 5, die die Brüder Steve und Lester Harris 1996 um den Motor einer Honda CBR900RR herum bauten, war die neue einer Reihe von Harris Magnum, die fast 20 Jahre zurückreichte. Die Magnum zeichneten sich durch Vierzylindertriebwerke, rennertaugliche Chassis und handwerkliche Fertigung aus und waren hochwertige Café Racer, die Harris zu einem der bekanntesten Spezialhersteller der Welt machten.

Die Inspiration für die erste Magnum stammte vom Harris-Kawasaki-Z1000-Ausdauerrenner aus den späten 70ern. In diesen Tagen leiteten die Harris-Brüder ein Rennteam, das an Veranstaltungen wie den 24 Stunden von Le Mans teilnahm. Indem sie ihre Rennmaschine mit einer neuen Verkleidung, einem Tanküberzug und weiteren Modifikationen versahen, schufen sie eine hervorragend handhabbare Straßenmaschine, die Magnum 1. 1981 führte die Überarbeitung durch Target Design, die auch die Suzuki Katana entworfen hatten, zur Magnum 2, von der mehr als 800 Stück verkauft wurden.

Die meisten Magnum 2 hatten den 16-Ventil-Motor der Suzuki GSX1100 und auch die spätere Magnum 4 war Suzuki-getrieben. Mitte der 80er kehrte Harris mit der Magnum 3 zu Kawasaki-Motoren zurück. Ein Jahrzehnt später schuf die Firma aus Hertfordshire, inspiriert durch den Erfolg der CBR900RR FireBlade, die Magnum 5 mit Hondas flüssigkeitsgekühltem 16-Ventil-Triebwerk.

Dies war die bisher schickste Magnum mit einer Verkleidung mit Doppelscheinwerfer, vielen Karbonteilen und einer hoch verlegten Auspuffanlage. Anders als frühere Modelle war die Magnum 5 weniger ein radikales Supersport-Motorrad als die japanische Spenderin des Motors. Die erste FireBlade war notorisch nervös und kompromisslos, also konstruierte Harris den steifen Stahlrohrrahmen der Magnum mit etwas weniger steiler Lenkgeometrie, längerem Radstand und weniger extremer Sitzposition.

Bezeichnung	**Harris** Magnum 5 (1996)
Motor	4 Zylinder, flüssigkeitsgekühlt, DOHC, 16 Ventile (Honda)
Hubraum	893 ccm (70 x 58 mm)
Leistung	99,4 kW (135 PS) bei 10 500 U/min
Kraftübertragung	Sechsganggetriebe; Kette
Rahmen	Gitterrohrrahmen
Federung	vorne Teleskopgabel; hinten Zentralfederbein
Bremsen	vorne Doppelscheibenbremse; hinten Scheibenbremse
Gewicht	185 kg (betankt)
Spitzengeschwindigkeit	266 km/h

Magnum 4 – Die Harris GSX-R

Die Vorgängerin der Magnum 5 wurde 1991 um den ölgekühlten 16-Ventil-Vierzylinder aus der Suzuki GSX-R1100 herum gebaut. Er war ein ideales Triebwerk für Harris, weil die Serien-GSX-R dieser Zeit beliebt war, aber ein schlechtes Handling hatte. Die Magnum 4 korrigierte das mit ihrem steifen Gitterrohrrahmen, einer riesigen Aluschwinge und hochwertigen Teilen. Die Verkleidung wurde häufig weggelassen, um einen aggressiveren Streetfighter-Look zu erzielen.

Haltung und Stabilität

Die Magnum erforderte mehr Arbeit vom Fahrer, zeigte aber immer noch ein überragend leichtes, neutrales Lenkverhalten. Die Harris war stabiler als die Serien-Honda, vor allem bei starker Beschleunigung. Ein Grund dafür war das hervorragende Öhlins-Federbein im Heck. Um Kosten zu sparen, wurden Teile wie die Gabel und Gabelbrücken, Räder und Bremsen aus der 900RR übernommen. Sie alle waren von hoher Qualität und trugen zum Kurvenverhalten der Magnum bei.

Die Leistung auf gerader Strecke wurde durch eine Vier-in-eins-Auspuffanlage und Vergasermodifikationen gesteigert, und viele Eigentümer nutzten die Gelegenheit, den Honda-Motor zu tunen. Die üblichen 124 PS der RR wurden auf 135 PS bei 10 500 U/min angehoben, und die Spitzengeschwindigkeit lag bei 266 km/h.

Ironischerweise war eine weitere Attraktion der Magnum 5 ihr Preis, der in den 80ern der größte Nachteil ihrer Vorgängerinnen gewesen war. In den meisten Fällen wurde sie als Bausatz zu einem Preis verkauft, der es dem Besitzer einer Unfall-900RR zum Beispiel erlaubte, eine Magnum 5 zu den Kosten für eine Reparatur zu bauen.

Die Leistungssteigerung war bei weitem nicht so groß wie bei den alten Magnum-Modellen, was den Fortschritten des japanischen Chassis-Designs zu danken war. Tatsächlich sahen einige Fahrer der CBR900RR den Gewinn der Magnum an Stabilität auf Kosten der Agilität als einen Rückschritt an. Aber es bestand kein Zweifel daran, dass die Magnum 5 ein gut handhabbares und sehr schnelles, schönes und exotisches Motorrad war.

Links oben: *Die elegante Verkleidung mit dem Doppelscheinwerfer bot eine gute Aerodynamik. Harris verwendete viele Standardteile von Honda wie Gabel und Gabelbrücken, Bremsen, Instrumente und Schalthebel.*

Links: *Anders als frühere Magnums hatte die Mk5 eine weniger sportliche Lenkgeometrie und einen längeren Radstand als die CBR900RR, die den Motor lieferte.*

Bimota YB11

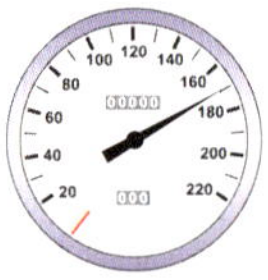

Spitze 274 km/h

Bimotas Reputation als Hersteller von Supersportmotorrädern der Spitzenklasse beruhte auf fortschrittlichen und leichten Chassis. Das machte die kleine italienische Firma Mitte der 90er verwundbar, als massengefertigte japanische Superbike-Chassis so gut geworden waren, dass es schwer war, ihre Qualität zu erreichen, geschweige denn sie zu übertreffen. Aber Bimota baute weiterhin Supersportmaschinen mit herausragender Leistung, allen voran die YB11 Superleggera von 1996.

Ironischerweise basierte der Alurahmen der YB11 keineswegs auf einem futuristischen Konzept, sondern eng auf dem der einige Jahre alten YB6. Das war aber kein Nachteil für die YB11, die wunderschön gestylt und mit hochwertigen Teilen ausgestattet war und eine kompromisslos aggressive Persönlichkeit zeigte.

Die YB11 rechtfertigte ihren Namen Superleggera (Superleicht) mit einem Gewicht von nur 183 kg, womit sie 15 kg leichter war als die Yamaha YZF1000R Thunderace war, die den 1002-ccm-Vierzylinder lieferte. Die Hauptstreben des Rahmens waren unverändert aus der YB6 übernommen worden, aber die obere Traverse rückte näher an den Lenkkopf heran und gab zusätzliche Steifigkeit. Ein hochwertiger Paioli-Stoßdämpfer stützte die neue Aluschwinge ab. Auch die kräftige Gabel stammte von Paioli.

Bimota beließ den flüssigkeitsgekühlten 20-Ventiler der Thunderace, der in der Serienversion 145 PS leistete, intern unverändert. Aber man montierte eine größere Airbox, die über Schläuche durch die Verkleidungsnase beatmet wurde. Bimota zufolge brachte

Oben. Bimota gab an, die YB11 habe etwas mehr Leistung als die Yamaha Thunderace, die den Motor lieferte. In Verbindung mit dem geringen Gewicht führte dies zu einer monströsen Performance auf gerader Strecke.

Rechts: *Die YB11 trug den 20-Ventil-Motor von Yamaha zwar in einem Chassis, dessen Konstruktion dem der YZR1000 Thunderace sehr ähnlich war, aber die Italienerin hatte eine deutlich sportlichere Persönlichkeit. Ihre schmale Verkleidung, die straffe Federung, der Einzelsitz und die sportliche Geometrie ergaben ein typisch aggressives Bimota-Gefühl.*

dies mit einer neuen Vier-in-eins-Auspuffanlage und überarbeiteten Vergasern mehr PS.

Die YB11 teilte sich Motor und Fahrwerkstyp mit der YZF1000R, aber die Motorräder fühlten sich definitiv unterschiedlich an. Die Bimota war sportlicher mit strafferer Federung, dünnerer Sitzbankpolsterung und nach vorne gestreckter Sitzhaltung. Das geringere Gewicht verlieh der Italienerin auf gerader Strecken einen leichten Vorteil, da sie über ein Leistungsgewicht verfügte, an das kein massengefertigtes Motorrad heranreichte.

Bösartige Beschleunigung

Ein Zucken der Gashand ließ die Bimota eine Spitzengeschwindigkeit von 274 km/h erreichen. Die maximale Leistung lag bei 10000 U/min an, und die Beschleunigung bei hohen Drehzahlen war einfach bösartig. Die größte Stärke des Yamaha-Motors war ihre Durchzugskraft, und das galt auch für die YB11. Sie zog mit stürmischem Drang an, sobald der Gashahn bei 4000 Umdrehungen geöffnet wurde.

Wie die meisten Bimota war sie kein praktisches Motorrad. Ihre Federung war zu straff, um bei niedrigen Geschwindigkeiten auf unebenen Straßen ordentlich zu funktionieren, aber auf glatten Oberflächen ließ sich das Motorrad superb handhaben. Ihre Brembo-Bremsen bissen brutal zu, und ihre Agilität, Straßenlage und Bodenfreiheit waren immens.

Naturgemäß konnte die YB11 nicht an die Leistungsvorsprünge heranreichen, die einige ihrer Vorgängerinnen über die massengefertigte Konkurrenz genossen hatten. Selbstverständlich war die von Hand gebaute sehr teuer und unpraktisch. Aber sie war wunderschön, selten und wirklich schnell, und genügend Käufer waren bereit, den Höchstpreis zu bezahlen, um die Superleggera zu einem Erfolg zu machen.

Tesi: Der gabellose Misserfolg

Die Bimota Tesi sollte die Motorradwelt mit ihrer futuristischen Achsschenkellenkung anstelle einer Gabel in eine neue Ära fortschrittlichen Fahrwerksdesigns führen. Die Schöpfung des Chefingenieurs Pierluigi Marconi, der schon als Student mit dem Entwurf begonnen hatte (Tesi ist italienisch für „These"), führte das Vorderrad in einer Zweiarmschwinge, das um ein Lager in seiner Nabe gelenkt wurde. Eine Reihe von Streben verband den Lenker mit dem Vorderrad.

Die von einem flüssigkeitsgekühlten V2 aus der Ducati 851 getriebene Tesi D1 war bei ihrem ersten Auftritt 1991 schnell und glamourös. Obwohl ihr das neue Fahrwerk Vorteile beim Bremsen in der Kurve verschaffte, war das Handling inkonsistent, was zum Teil an der komplexen und verschleißanfälligen Lenkung lag. Zusammen mit dem hohen Preis sorgten diese Schwierigkeiten sorgten dafür, dass die Tesi ein Misserfolg wurde, den Ruf und Finanzen Bimotas nicht gut vertrugen.

Links: *Schlankes Styling, breite Rahmenholme und eine Vier-in-eins-Anlage verliehen der Bimota Rennsportflair.*

Links unten: *Der Rahmen der YB11 war eine Weiterentwicklung des Alurahmens, der 1987 mit der YB4ie eingeführt wurde.*

Bezeichnung	**Bimota** YB11 (1996)
Motor	4 Zylinder, flüssigkeitsgekühlt, DOHC, 20 Ventile (Yamaha)
Hubraum	1002 ccm (75,5 x 56 mm)
Leistung	109 kW (148 PS) bei 10000 U/min
Kraftübertragung	Fünfganggetriebe; Kette
Rahmen	Aluminiumprofilrahmen
Federung	vorne Teleskopgabel; hinten Zentralfederbein
Bremsen	vorne Doppelscheibenbremse; hinten Scheibenbremse
Gewicht	183 kg
Spitzengeschwindigkeit	274 km/h

Honda Valkyrie

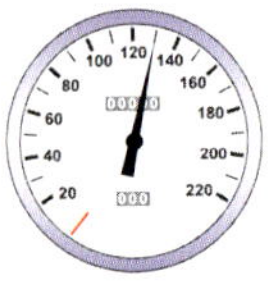

Spitze
210 km/h

Rechts: *Die Valkyrie war unmissverständlich eine Cruiser, aber ihr riesiger Sechszylinder wies auf ihre brutale Kraft hin.*

Unten: *Das vermutlich Verblüffendste an der Honda war die Kompetenz ihres Fahrwerks, vor allem der Gabel und der starken Vorderradbremse.*

Hondas gigantische Sechszylinder Valkyrie war weit von dem entfernt, was sich die meisten Menschen unter einem Superbike vorstellen. Die Valkyrie hatte einen hohen Lenker, zwei Stoßdämpfer und einen Sechszylinder-Boxermotor mit 1520 ccm Hubraum. Aber das (außerhalb Amerikas) auch als F6C bekannte Motorrad bewies schnell, dass es trotz seiner Größe über genügend Leistung für einen unvergesslichen Ritt verfügte.

Das Konzept eines auf der Gold Wing beruhenden unverkleideten Motorrads war angesichts der amerikanischen Vorliebe für Cruiser und der seit Jahren ungebrochenen Popularität der GL1500 logisch. Die Valkyrie feierte den amerikanischen Stil mit hohem Lenker, großen Radkästen und langem Radstand. Aber der Sechszylinder-Boxer verlieh ihr einen einzigartigen Charakter. Er dominierte die Optik, zumal sich seine üppigen Chromflächen im Scheinwerfer und den schick abgeflachten Auspuffrohren fortsetzten. Der unveränderte Hubraum von 1520 ccm machte die Valkyrie zur Cruiser mit dem größten Motor auf dem Markt. Der SOHC-Motor erhielt schärfere Nockenwellen und einen überarbeiteten Ventiltrieb. Neben

der neuen Auspuffanlage, die den Durchzug erhöhen sollte, hatte das Motorrad sechs 28-mm-Keihin-Vergaser statt der zwei 33-mm-Vergaser der Gold Wing. Das Ergebnis war eine maximale Leistung von 100 PS bei 6000 Umdrehungen – für eine Cruiser ziemlich heiß – und reichlich Drehmoment im Drehzahlkeller.

Bis auf die Größe war das Chassis konventionell mit einem Stahlrohrrahmen und dem Tank am gewohnten Platz aufgebaut (bei der Gold Wing saß er unter dem Sitz). Die Gabel war eine dicke Upside-Down-Einheit. Stoßdämpfer im Chromgehäuse hielt das Heck der 310 kg schweren Maschine hoch. Der tiefe Schwerpunkt, die konservative Lenkgeometrie und der lange Radstand machten die Honda bei niedrigen Geschwindigkeiten sehr stabil und einfach zu fahren.

Walkürenritt

Ein Großteil des fahrerfreundlichen Charakters war dem Motor zu danken. Die Valkyrie hatte so viel Drehmoment bei niedrigen Touren, dass sie ihr Fünfganggetriebe kaum brauchte. Der große Sechszylinder zog ohne Protest aus 32 km/h und 800 Umdrehungen an. Die Beschleunigung war aus solchen Werten natürlich sanft, aber die F6C musste nicht viel härter rangenommen werden, um stark, nahtlos und fast völlig laufruhig Schwung aufzubauen. Bei 160 km/h zog die Maschine immer noch kräftig und aufregend bis zu einer Spitzengeschwindigkeit von über 200 km/h.

Wenn die Motorleistung der Valkyrie beeindruckte, so galt das erst recht für ihr Chassis. Der Rahmen war stark genug, um mit dem Gewicht fertig zu werden, die Federung war ausreichend straff und gut gedämpft, um schnelle Kurven nicht nur möglich, sondern auch erfreulich zu machen. Die Bodenfreiheit war nach Cruiser-Maßstäben großzügig, und das Bremsverhalten war dank Doppelscheibenbremse mit Zweikolbenzangen vorne und größerer Scheibe am Hinterrad gut.

Viele Fahrer lehnten die Bezeichnung „Performance Cruiser" von Honda ab und weigerten sich, die Maschine ernst zu nehmen, aber wer sie fuhr, den überzeugte die Valkyrie meist auch. Sie verband ein einzigartiges Äußeres mit einem geschmeidigen, kraftvollen und flexiblen Motor und einem kompetenten Chassis. Honda hatte sich zum Ziel gesetzt, einen Riesen-Cruiser mit der der Größe entsprechenden Leistung zu schaffen, und hatte genau das erreicht.

Bezeichnung	**Honda** F6C Valkyrie (1996)
Motor	6-Zylinder-Boxer, flüssigkeitsgekühlt, OHC
Hubraum	1520 ccm (71 x 64 mm)
Leistung	73,6 kW (100 PS) bei 6000 U/min
Kraftübertragung	Fünfganggetriebe; Kardanwelle
Rahmen	Stahlrohrrahmen
Federung	vorne Teleskopgabel; hinten zwei Stoßdämpfer
Bremsen	vorne Doppelscheibenbremse; hinten Scheibenbremse
Gewicht	310 kg (betankt)
Spitzengeschwindigkeit	210 km/h

Erions ultimative Valkyrie

Zahlreiche Fahrer und Spezialfirmen schufen auf Basis der Valkyrie ihre eigenen Kreationen, aber wenn es um Kraft, Aussehen und Sound geht, reichte keine an das Motorrad Odin – „King of the Valkyries" („König der Walküren") – heran. Craig Erion, Chef der kalifornischen Firma Two Brothers Racing, schraubte dafür zwei Turbolader an den Sechszylinder und erreichte damit eine zwischen 140 und 200 PS einstellbare Leistung. Selbst beim unteren Wert lieferte die Odin eine brutale Beschleunigung, begleitet von ohrenbetäubendem Lärm aus den sechs Auspuffrohren.

Links: *Der 1520-ccm-Sechszylinder-Boxer beruhte weitgehend auf dem Motor der Gold Wing, hatte aber schärfere Nockenwellen und einen konventionellen Ventiltrieb anstelle des hydraulischen Ventilspielausgleichs. Neben einer neuen Auspuffanlage besaß die Valkyrie auch sechs 28-mm-Keihin-Vergaser statt zweier 33-mm-Vergaser.*

BMW K1200RS

Spitze 240 km/h

Unten: *Die Karosserie der RS verbarg nicht nur den 1171-ccm-Reihenvierzylinder, sondern auch den größten Teil des Rahmens, der mit der BMW-Tradition brach, indem er erstens aus Aluminium bestand und zweitens den Motor nicht als tragendes Teil nutzte. Dadurch konnte der Motor auf Gummi gelagert werden, was zusammen mit der einstellbaren Ergonomie für hohen Fahrkomfort sorgte.*

Bei der Vorstellung der K1200RS 1997 war BMW schon weit damit gediehen, das Image eines Herstellers guter, aber etwas langweiliger Motorräder abzulegen.Trotzdem war die große Sporttourer eine Offenbarung. Mit ihren geschwungenen Linien, dem Alurahmen, der Telelever-Vorderradfederung und dem kraftvollen flüssigkeitsgekühlten Vierzylindermotor war die RS durch und durch ein modernes Superbike. Daneben warf sie mit angegebenen 130 PS die freiwillige Selbstbeschränkung auf 100 PS, die die Marke jahrelang behindert hatte, in hohem Bogen über Bord.

Die K1200RS war aber eindeutig eine BMW. Anders als bei der Mehrheit der Sporttourer wurde hier ebenso viel Gewicht auf die Sportlichkeit wie auf die Tourentauglichkeit gelegt. Typische BMW-Teile waren Lenker, Sitzbank und Fußrasten, die allesamt einstellbar waren. Auch der Windschild konnte in zwei Positionen fixiert werden und trug so zum Fahrkomfort bei.

Getunter 16-Ventil-Motor

Den größten Eindruck machte die Leistung des Motors, einer überarbeiteten Version des längs eingebauten 16-Ventil-Vierzylinders aus der K1100RS. Mittels einer neuen Kurbelwelle war der Hubraum von 1092 auf 1171 ccm vergrößert worden. Leichte Kolben und Ventiltrieb, eine höhere Kompression und ein Ram-Air-System trugen zu einer maximalen Leistung von 130 PS bei 8750 U/min bei.

Das machte die K1200RS zur bisher kraftvollsten BMW, und es war den Ingenieuren gelungen, die hoch drehende Kraft mit der traditionell starken Durchzugskraft der K-Motoren zu kombinieren. Die überarbeitete Motronic-Benzineinspritzung lieferte eine sofortige Gasannahme, auch unter 3000 Touren und im höchsten Gang, und von da ab zog die RS immer stärker, bis ihr in der Nähe des roten Bereichs ab 9000 Umdrehungen langsam die Puste ausging.

Die Kraft im mittleren Drehzahlband machte es fast unnötig, den Motor höher als 8000 Umdrehungen

zu drehen, aber es war verlockend, weil sich der gummigelagerte Motor bei fast allen Drehzahlen so laufruhig anfühlte. Bei 4500 U/min meldete sich ein leichtes Vibrieren, ausgerechnet bei der praktikablen Reisegeschwindigkeit von 137 km/h im höchsten Gang. Aber die traditionelle Unruhe der K-Serie war verschwunden, und die RS fühlte sich äußerst kultiviert an. Außerdem war sie mit echten 240 km/h ohne Gepäck wirklich schnell, und ihr neues Sechsganggetriebe war das beste, das BMW je verbaut hatte (und das erste, das japanischen Maßstäben standhalten konnte).

Auch das Chassis der K12 war beeindruckend. Der Rahmen war eine Zentralrohrkonstruktion aus Aluminium und viel stabiler als die alte Stahlvariante, weil der Motor nicht mehr als tragendes Teil agieren musste. Mit 260 kg Trockengewicht und einem langen Radstand war die K1200RS ein großes und schweres Motorrad, erlaubte aber eine schnelle Gangart auf kurvenreichen Strecken. Die Lenkung war etwas langsam, aber neutral und präzise, und die Hochgeschwindigkeitsstabilität war selbst mit Gepäck gut.

Die Vorderradfederung erfolgte über ein überarbeitetes Telelever-System aus der R1100RS, das gut funktionierte. Die Zweikolbenzangen von Brembo mit großen schwimmenden Scheiben und ABS ermöglichten ein kraftvolles und verlässliches Bremsverhalten. Die Paralever-Hinterradschwinge stützte sich auf ein rechtsseitig diagonal montiertes Federbein ab. Die RS war zu weich gefedert und zu schwer, um in engen Kurven Spaß zu machen, konnte aber bei Bedarf erstaunlich schnell um Ecken fahren.

Die einzige wirkliche Schwäche der RS, abgesehen vielleicht von Preis, Größe und Gewicht, war die wegen der Kombination aus kleinem Tank und großem Durst mittelmäßige Reichweite. Dieser für BMW untypische Fehler schmälerte aber kaum den Reiz eines sehr schnellen und kultivierten Langstreckenmotorrads.

Links oben: *Das Telelever-System sah auf den ersten Blick wie eine konventionelle Gabel aus, besaß aber ein Zentralfederbein unter der Verkleidungsnase.*

Oben: *Die K1200RS war sehr schnell, aber zu schwer für eine aggressive Fahrweise, und fühlte sich am wohlsten mit Koffern und Tankrucksack.*

Links: *Der zweifach einstellbare Windschild war weniger effizient als seine voll einstellbaren Vorgänger, aber besser als die Konkurrenz.*

Bezeichnung	**BMW** K1200RS (1997)
Motor	4 Zylinder in Reihe, flüssigkeitsgekühlt, DOHC, 16 Ventile
Hubraum	1171 ccm (70,5 x 75 mm)
Leistung	96,7 kW (130 PS) bei 8750 U/min
Kraftübertragung	Sechsganggetriebe; Kardanwelle
Rahmen	Aluminiumprofilrahmen
Federung	vorne Telelever mit Zentralfederbein, hinten Stoßdämpfer
Bremsen	vorne Doppelscheibenbremse; hinten Scheibenbremse
Gewicht	260 kg
Spitzengeschwindigkeit	240 km/h

Triumph T595 Daytona

Spitze 266 km/h

__Unten:__ Das von der eleganten Verkleidung mit dem Doppelscheinwerfer beherrschte, aggressive Styling deutete die Leistung des 955-ccm-Dreizylinders an. Die Triumph war nicht so renntauglich wie ihre Rivalinnen, aber die britische Firma hatte eine Sportmaschine geschaffen, die es mit den Besten der Welt aufnehmen konnte.

Die T595 Daytona war das Motorrad, mit dem Triumph als Hersteller von Superbikes erwachsen wurde. Schnell und gut handhabbar, war die Daytona das erste Sportmotorrad der neu gegründeten britischen Firma, das sich direkt mit den besten italienischen und japanischen Konkurrenten messen sollte. Die Triumph war vielleicht nicht so rennorientiert wie manche Rivalinnen, aber ihre einzigartige Mischung aus Stil, Leistung und Dreizylindercharakter machten sie zu einem großen Erfolg.

Ein wichtiger Faktor bei der Entwicklung der Daytona war die Entscheidung des Triumph-Chefs John Bloor, das modulare Format aufzugeben, mit dem sein Unternehmen 1991 angetreten war. Bei diesem System teilten sich mehrere Modelle viele Komponenten, wodurch die Produktpalette schnell und kosteneffektiv aufgebaut werden konnte. Allerdings wurden damit zu viele Kompromisse für ein Supersport-Motorrad notwendig.

Die Daytona änderte das. Diesmal konnten die Ingenieur ungehindert entwickeln. Der Name T595 bezog sich auf den Werkscode, eine Tradition, die bis auf die T120 Bonneville und noch weiter zurückgeht. Die Maschine wurde später in Daytona 955i umgetauft, weil viele Käufer dachten, die Zahl 595 beziehe sich auf den Hubraum. Der betrug aber 955 ccm, da der Motor eine aufgebohrte Version des flüssigkeitsgekühlten 885-ccm-Motors mit 12 Ventilen aus der alten Daytona war.

Im Motorinneren bewegten sich neue Kolben mit reibungsarmen Ringen in Aluminiumhülsen. Lotus Engineering half dabei, den Motor mit größeren Ventilen, neuen Nockenwellen und einer leichteren Kurbelwelle zu tunen. Zusätzlich sparten Magnesiumdeckel, modifizierte Kurbelgehäuse und ein samt Kupplung neu entworfenes Getriebe Gewicht. Weitere Veränderungen umfassten eine neue Airbox, eine Drei-in-eins-Auspuffanlage und eine Sagem-Benzineinspritzung.

Der Motor war also eine Weiterentwicklung seines Vorgängers, aber der Rahmen, in dem er als tragendes Element integriert war, war völlig neu. Statt des alten Stahlzentralrohrrahmens kam ein Brückenrahmen aus zwei ovalen Aluminiumrohren zum Einsatz. Da das Styling eine wichtige Rolle spielte, waren die Rohre und die Einarmschwinge poliert. Die Federung übernahmen eine mehrfach einstellbare 45-mm-Gabel und ein justierbares Zentralfederbein von Showa.

Kompakt und drehfreudig

Für den Fahrer fühlte sich die Daytona wesentlich kompakter an als die früheren Triumph und sie war definitiv viel schneller. Der neue Motor zeigte sich laufruhig und drehfreudig. Jenseits der 6000 Umdrehungen trat er gewaltig an und ließ die Nadel des Drehzahlmessers dem roten Bereich ab 10500 U/min entgegenfliegen. Die Leistung lag mit 128 PS bei 10200 U/min um 15 PS über der ihrer Vorgängerin Daytona Super III. Wenn der Fahrer sich hinter den recht niedrigen Windschild duckte, erreichte die Dreizylinder 257 km/h. Nur die etwas hakelige Sechsgangschaltung und ein deutliches Leistungsloch bei 5500 Umdrehungen störten den Eindruck von einer schnellen und kultivierten Sportmaschine.

Über solche Beschwerden war das Handling erhaben, vor allem auf der Straße, wo die Kombina-

tion aus leichtgängiger, neutraler Lenkung und Vertrauen erweckender Stabilität sehr eindrucksvoll zur Geltung kam. Die Kopflastigkeit früherer Triumph war verschwunden und wurde, unterstützt von einer straffen, aber komfortablen Federung, durch eine angenehme Handhabbarkeit ersetzt. Die Daytona konnte nicht an die Agilität ihrer sportlichsten Rivalinnen heranreichen, aber sie lag nicht weit hinten, und ihre Nissin-Bremsen verliehen ihr eine überragende Bremsleistung.

Die Daytona 595 war mehr als ein exzellentes Sportmotorrad, sie war der Beweis, dass Triumph wirklich wieder im Geschäft war. Fast 30 Jahre, nachdem die Honda CB750 die T150 Trident auf die Plätze verwiesen und den Niedergang der einst die Motorradindustrie beherrschenden britischen Firma beschleunigt hatte, verfügte Triumph wieder über ein sportliches Superbike, das dem Vergleich mit den Besten der Welt standhielt.

***Oben:** Der Look der Daytona wurde durch den Rahmen aus ovalen Aluminiumholmen noch betont.*

Bezeichnung	**Triumph** T595 Daytona (1997)
Motor	3 Zylinder in Reihe, flüssigkeitsgekühlt, DOHC, 12 Ventile
Hubraum	955 ccm (79 x 65 mm)
Leistung	94,2 kW (128 PS) bei 10200 U/min
Kraftübertragung	Sechsganggetriebe; Kette
Rahmen	Aluminiumbrückenrahmen
Federung	vorne Teleskopgabel; hinten Zentralfederbein
Bremsen	vorne Doppelscheibenbremse; hinten Scheibenbremse
Gewicht	198 kg
Spitzengeschwindigkeit	266 km/h

Suzuki TL1000S

Spitze 257 km/h

Die Einführung der Suzuki TL1000S schien eine neue Ära der japanischen V2-Supersportlerinnen einzuleiten. Der kraftvolle 996-ccm-Achtventiler der TL saß in einem leichten und technisch innovativen Chassis, und die halbverkleidete Suzuki war schick, aggressiv und bezahlbar. Dieses Motorrad bewies, dass Japaner aufregende V-Twins bauen konnten, und versprach Ducati eine ernsthafte Konkurrenz.

Unglücklicherweise für Suzuki entwickelten sich die Dinge anders. Bei ihrer Einführung wurde die TL1000S fast einstimmig für ihren verblüffend kraftvollen und drehmomentstarken Motor, für ihr Handling und für das hohe technologische Niveau gelobt. Aber das Handling verwandelte sich gelegentlich in Instabilität. Gerüchte über ein ernsthaftes Radflattern führten zu einem Rückruf, um einen Lenkungsdämpfer einzubauen. Die Verkaufszahlen haben sich davon nie wieder erholt.

Kraftvoll und charismatisch

In der Realität waren die Gruselgeschichten (die nur in einigen Ländern auftauchten) oft übertrieben, und die TL1000S war ein in nahezu jeder Hinsicht überragendes Superbike. Ihr Motor war ein flüssigkeitsgekühlter DOHC-90-Grad-V-Zweizylinder. Ein Ram-Air-System beatmete eine Mikuni-Denso-Benzineinspritzung, was eine Leistung von 123 PS bei 8500 Umdrehungen erlaubte – mehr als die Ducati 916 und die Honda VTR1000F zu bieten hatten und die weniger charisma-

__Oben:__ Mit flach über den Tank gebeugtem Fahrer war die TL1000S normalerweise ein aufregend schnelles Motorrad. Aber bei harter Beschleunigung, vor allem mit wenig Gewicht auf dem Vorderrad und einem leichten Fahrer, neigte die Suzuki zum Kopfschütteln.

__Rechts:__ Eine der Attraktionen der TLS war ihr durch die Optik vermitteltes aggressives Image. Die Japaner hatten lange gebraucht, bis sie Ducati mit einer großen V2 folgten, aber sie machten schließlich deutlich, dass eine neue Ära der Konkurrenz angebrochen war.

tische japanische V2, die zur gleichen Zeit vorgestellt wurde.

Der Rahmen bestand aus Aluminiumrohren und einer einzigartigen Heckfederung aus einer einzelnen Feder (fast horizontal auf der rechten Seite montiert) und einem separaten Rotationsdämpfer. Durch diese kompakte Anordnung konnte der Motor weiter nach hinten rücken und der Radstand für zusätzliche Manövrierbarkeit verkürzt werden. Andere Teile waren konventionell und von hoher Qualität, wie etwa die Kayaba-Upside-Down-Gabel und die Vorderradbremse mit 320-mm-Scheiben und Nissin-Vierkolbenzangen.

Der Motor war ein echter Star mit all der Leistung und dem Charakter eines guten V2. Die TL zog bei niedriger Drehzahl knackig an und zeigte viel Kraft im mittleren Bereich, die für ausreichend Beschleunigung sorgte, um das Vorderrad mit einer kleinen Drehung des Gasgriffs in die Luft zu heben. Der drehfreudige Motor erwachte ab 6300 Umdrehungen, ließ die Nadel bis zum roten Bereich ab 10 500 U/min hochschnellen und beschleunigte die Suzuki schlagartig auf ihre Spitzengeschwindigkeit von 257 km/h.

Das Handling war meistens gut, auch wenn die TL etwas überempfindlich auf die Federungseinstellung reagierte. Nur wenige Experten waren von den Vorzügen des Rotationsdämpfers überzeugt. Die Suzuki war mit 187 kg leicht, und ihr Lenkkopfwinkel war steil. Dies verhalf zu einer mühelosen Lenkung und schnellen Richtungswechseln sowie zu der Nervosität, die der TL ihren schlechten Ruf eingetragen hatte.

Nach der Beruhigung durch einen Lenkungsdämpfer (tunlichst von höherer Qualität als der von Suzuki verspätet eingebauten) gab es an der V-Twin nichts mehr zu mäkeln, aber sehr viel zu loben. Sie war schnell, leicht, flexibel, einigermaßen komfortabel und voller V-Twin-Charakter. Nur wenige Motorräder konnten den Adrenalinausstoß des Fahrers auf der Straße so beflugeln wie die TL1000S.

Renn-Verwandtschaft: Die TL1000R

Suzuki wartete nur ein Jahr, bevor man der TL1000S eine vollverkleidete Weiterentwicklung, die TL1000R, hinterherschickte. Diese sollte als Basis für die World-Superbike-Serie dienen, wo die Regeln traditionell Zweizylinder gegenüber Vierzylindern begünstigten. Die 134 PS starke TL1000R war kräftiger, laufruhiger und besser kontrollierbar als das S-Modell. Aber es fehlte ihr an der stürmischen Durchzugskraft, die bei der halbverkleideten Maschine so viel Spaß machte, und sie war ausladender und schwerer. Das wäre nicht schlimm gewesen, hätte die TL-R auf der Rennstrecke gewonnen, aber sie war bei US-Rennen nicht konkurrenzfähig und konnte die Vierzylinder GSX-R750 nicht ersetzen.

***Links oben:** Im Stand sah sie unschuldig aus, aber der raubeinige Ruf der TL beeinträchtigte die Verkäufe, und so wurde die Produktion 2001 eingestellt.*

***Links:** Neben Suzukis erstem Supersport-V2-Motor besaß die TL einen Alurahmen und einen neuartigen Rotationsdämpfer.*

Bezeichnung	**Suzuki** TL1000S (1997)
Motor	V2 90°, flüssigkeitsgekühlt, DOHC, 8 Ventile
Hubraum	996 ccm (98 x 66 mm)
Leistung	90,5 kW (123 PS) bei 8500 U/min
Kraftübertragung	Sechsganggetriebe; Kette
Rahmen	Aluminiumrahmen
Federung	vorne Teleskopgabel; hinten ein Stoßdämpfer
Bremsen	vorne Doppelscheibenbremse; hinten Scheibenbremse
Gewicht	187 kg
Spitzengeschwindigkeit	257 km/h

Yamaha YZF-R1

Spitze 274 km/h

Rechts: *Die Frontansicht wurde von den aggressiv angewinkelten Scheinwerfern beherrscht, die perfekt zur Mentalität der Maschine passten.*

Unten: *Das Chassis setzte neue Maßstäbe des Handlings. Die wichtigste Innovation war die Mischung aus ultra-kurzem Radstand und langer Hinterradschwinge.*

Drei Werte sagten alles über die YZF-R1, mit der Yamaha 1998 die Superbike-Welt überraschte. Der Vierzylinder-Renner lieferte 150 PS, wog gerade mal 176 kg und hatte einen ultra-kurzen Radstand von nur 1395 mm. Das machte die Maschine zum stärksten, leichtesten und kompaktesten Sportmotorrad seiner Klasse, das je gebaut wurde. Dazu kam das passende aggressive Styling.

Unter der spitzen Verkleidung mit dem Doppelscheinwerfer verbarg sich clevere Technologie. Die Grundkonstruktion zeigte die bekannte Mischung aus 20-Ventil-Vierzylindermotor und Deltabox-Aluminiumrahmen. Aber das Designteam unter Führung von Kunihiko Miwa montierte das Sechsganggetriebe höher als üblich hinter die flüssigkeitsgekühlten Zylinder, wodurch der 998-ccm-Motor sehr kompakt wurde. Damit konnte das Motorrad selbst sehr kurz sein und trotzdem eine lange Hinterradschwinge für höhere Stabilität bekommen.

Innovatives Kurbelgehäuse

Der Motor glänzte mit seiner innovativen Konstruktion von Zylindern und Kurbelgehäuse als Einheit, war damit steifer als herkömmliche Designs und konnte so als tragendes Chassisteil dienen. Dadurch musste der Deltabox-II-Rahmen der R1 nicht so stark

***Links:** Im Jahr 2000 wurde die R1 in mehr als 250 Details überarbeitet, einschließlich einer leicht veränderten Karosserie und eines Titan-Schalldämpfers. Auch Vergaser, Getriebe, Vorderradbremse und Federung wurden modifiziert. Die Veränderungen liefen nicht auf eine dramatische Revision hinaus, aber das Versprechen „die Beste wurde gerade ein Stück besser" klang glaubwürdig.*

sein, und das Motorrad konnte weniger als die meisten 600er-Sportmaschinen wiegen.

Abgesehen von seinem Beitrag zum Handling war der Motor ein pures Kraftpaket. Das Motorrad fühlte sich mit dem flachen, schmalen Lenker, den hohen Fußrasten, der festen Sitzbank und dem winzigen Windschild sehr leicht und ungemein sportlich an. Die Leistungsentfaltung des Motors war so breit angelegt, dass die R1 vom Moment der Gasannahme an wie aus einer Kanone abgefeuert davon schoss.

Dabei war es gar nicht einmal die Furcht erregende Beschleunigung, mit der die R1 dem roten Bereich ab 11750 U/min entgegenstürmte, und auch nicht die Spitzengeschwindigkeit von 274 km/h, die hauptsächlich beeindruckten. Womit die R1 wirklich punktete, war ihre Flexibilität, die dafür sorgte, dass zu jedem Zeitpunkt suchtgefährdend starke Beschleunigung zur Verfügung stand und das extrem einfach zu fahrende Motorrad tatsächlich sehr sehr schnell machte.

Das Handling war entsprechend beachtlich. Die Kombination aus geringem Gewicht, Steifigkeit, kompakten Abmessungen und exzellenter Federung sorgten dafür, dass sich die Maschine besser handhaben ließ als jedes 600er Sportmotorrad. Die R1 war natürlich nicht unfehlbar und wie jedes kurze, leichte und starke Motorrad neigte sie beim Beschleunigen über Bodenwellen zum Flattern. Aber meistens verhielt sie sich so, als könnte der Fahrer trotz der schieren Geschwindigkeit gar nichts falsch machen.

Bezeichnung	**Yamaha** YZF-R1 (1998)
Motor	4 Zylinder in Reihe, flüssigkeitsgekühlt, DOHC, 20 Ventile
Hubraum	998 ccm (74 x 58 mm)
Leistung	110 kW (150 PS) bei 10 000 U/min
Kraftübertragung	Sechsganggetriebe; Kette
Rahmen	Aluminiumprofilrahmen
Federung	vorne Teleskopgabel; hinten Zentralfederbein
Bremsen	vorne Doppelscheibenbremse; hinten Scheibenbremse
Gewicht	176 kg
Spitzengeschwindigkeit	274 km/h

Ihre Vorderradbremse konnte sich in Kraft und feinfühliger Dosierbarkeit mit jeder Konkurrentin messen. Auch die Detaillösungen waren gut. So enthielt die Instrumentenkonsole einen digitalen Tachometer und einen analogen Drehzahlmesser sowie eine Uhr. Trotz dieser praktischen Note war die R1 überhaupt kein Alltagsmotorrad. Sie war für den Fahrer bei niedrigen Geschwindigkeiten unbequem und für den Sozius bei jedem Tempo unerträglich. Sie war so schnell und wild, dass selbst erfahrene Fahrer sich nach einer etwas weniger scharfen Alternative umsahen.

Aber für diejenigen, denen es rein auf Leistung ankam, war die YZF-R1 schlicht sensationell. Noch bevor sie ein Rad auf die Straße gesetzt hatte, machten die drei eingangs angeführten Werte Yamahas neuen Star auf dem Papier zum besten Superbike der Welt. Diesem Versprechen wurde sie auf Straße und Rennpiste voll und ganz gerecht.

BMW R1100S

Spitze 225 km/h

Rechts: *Hoch komprimierende Kolben und eine verbesserte Beatmung machten den 1085-ccm-Motor zum stärksten BMW-Boxer. Aus Gewichtsgründen bestanden die Zylinderkopfdeckel aus Magnesium.*

Unten: *Elegante Linien, flacher Lenker, leuchtend gelbe Lackierung, hoch verlegte Auspuffanlage mit Schalldämpfern unter dem Heckbürzel und Einarmschwinge gaben der R1100S einen sportlichen Auftritt.*

Die schicke und schnelle R1100S trat 1998 den Beweis an, dass sich das traditionelle Format des Zweizylinder-Boxers immer noch für den Motorradsport eignete. Das war der aggressivste Straßen-Boxer, den BMW je gebaut hatte. Der deutsche Konzern bezeichnete sie als „ Sporttourer mit der Betonung auf Sport“, und die 1100S war schnell, agil und bremsstark genug, um sich unter ernsthafter Konkurrenz zu behaupten.

Die seitlich herausragenden Zylinderköpfe ließen keinen Zweifel daran, dass es sich um eine BMW handelte. Aber die S pflegte einen sehr eigenen Stil, vor allem bei der Nase mit der großen asymmetrischen Scheinwerferlinse. Diese Asymmetrie fand sich im Tankdeckel und den Instrumenten wieder. Das Heck wiederum war bemerkenswert schlank und sportlich.

Der luftgekühlte 1085-ccm-Motor, der auf dem Achtventiler aus dem Tourer R1100RS basierte, machte die BMW zum bis dato stärksten Zweizylinder-Boxer. Er war mit neuen hoch verdichtenden Kolben getunt. Auch die Beatmung war durch ein neues Luftfilterdesign und eine überarbeitete Motronic-Motorsteuerung verbessert worden.

Eine neue Auspuffanlage mit zwei Schalldämpfern unter dem Heckbürzel half mit, die maximale Leistung um 8 PS auf 98 PS bei 7500 U/min zu erhöhen. Geschmiedete Pleuel hielten den Motor zusammen, und die Ölzirkulation im Kurbelgehäuse wurde verbessert. Die 1100S hatte immer noch einen Kardanantrieb, bekam aber ein neues Sechsganggetriebe.

BMW investierte viel Mühe bei der Chassisentwicklung darin, sicherzustellen, dass die R1100S nicht nur der Boxer mit dem besten Handling, sondern auch leicht wurde. Mit 209 kg Trockengewicht war sie immer noch etwas schwerer als ihre engsten Rivalinnen. Ein Teil der Gewichtseinsparung rührte von der neuen Telelever-Vorderradfederung her, die über ein Rad in der Nähe des Lenkkopfs in der Dämpfung eingestellt werden konnte.

Aluminiumhauptrahmen

Wie bei anderen Vierventilboxern auch waren Motor und Getriebe tragende Elemente des Chassis, aber die 1100S unterschied sich darin, dass sie einen Aluminiumhauptrahmen besaß. Ein Stahlrohrhilfsrahmen trug die Paralever-Schwinge, was von links gesehen einen sehr aufgeräumten und sportlichen Look ergab. Die Räder waren neue, leichtere 17-Zoller mit griffigen Gürtelreifen.

Der mild getunte Boxermotor zog gut aus dem Drehzahlkeller an und drehte mit mehr Enthusiasmus als die früheren Boxer. Die S fühlte sich bei knapp 5000 Umdrehungen im höchsten Gang mit 137 km/h wohl und machte einen laufruhigen, stabilen und entspannten Eindruck. Darüber wurde der Motor etwas harsch, aber die BMW hatte reichlich Beschleunigungsreserven bis zur Spitzengeschwindigkeit von 225 km/h in der Hinterhand.

Den größten Eindruck hinterließ das Chassis, denn die R1100S ließ sich wie keine andere BMW-Straßenmaschine bisher handhaben. Ihre Fahrwerksgeometrie lag nahe an der Norm für Renn-Replicas, und das Motorrad begeisterte mit der Leichtigkeit und Präzision, mit der es auf leichten Druck auf den sportlich flachen Lenker durch Kurven ging.

Die Telelever-Gabel ermöglichte eine großartige Kombination aus schneller Lenkung und Stabilität, vor allem beim Einbremsen in eine Kurve. Die Federung an beiden Enden lieferte reichlich Feedback und war so gut gedämpft, dass das Motorrad selbst beim harten Beschleunigen aus welligen Kurven heraus stabil blieb. Auch die Vorderradbremse von Brembo mit Vierkolbenzangen und 305-mm-Scheiben war exzellent.

Die R1100S glänzte nicht nur mit BMW-Attributen wie Langstreckenkomfort oder Kultiviertheit, sondern auch mit schneller Lenkung, kraftvollen Bremsen und einer Vorliebe für hohes Tempo. Sie war eine erfreulich gut handhabbare, schnelle Maschine, die BMW erstmals seit der R90S Mitte der 70er wieder fest auf dem Sportmotorradmarkt etablierte.

Links oben: *Das Handling zeichnete sich durch ein leichtgängiges und neutrales Lenkgefühl, eine straffe, gut gedämpfte Federung und eine beeindruckende Stabilität aus.*

Oben: *Nicht jeder mochte das asymmetrische Design des Scheinwerfers, aber niemand konnte der BMW ein gewöhnliches Aussehen vorwerfen.*

Bezeichnung	**BMW** R1100S (1998)
Motor	2-Zylinder-Boxer, luftgekühlt, HC, 8 Ventile
Hubraum	1085 ccm (99 x 70,5 mm)
Leistung	72,1 kW (98 PS) bei 7500 U/min
Kraftübertragung	Sechsganggetriebe; Kardanwelle
Rahmen	Aluguss- und Stahlrohrrahmen
Federung	vorne Telelever-Gabel; hinten Paralever-Schwinge
Bremsen	vorne Doppelscheibenbremse; hinten Scheibenbremse
Gewicht	209 kg
Spitzengeschwindigkeit	225 km/h

Aprilia RSV Mille

Spitze 274 km/h

Rechts: *Die unverwechselbare und aerodynamische Form der RSV basierte stark auf den Grand-Prix-Rennern von Aprilia und fiel mit einem einzigartigen Dreifachscheinwerfer auf.*

Unten: *Die Ansicht von links zeigt die große und sehr steife Schwinge, die wie der Rahmen von der langen Rennerfahrung Aprilias profitierte.*

Aprilias Referenzen als Hersteller erstklassiger Superbikes waren makellos. Das Unternehmen aus Noale in Norditalien war schnell vom kleinen Produzenten leichter Zweiräder zum zweitgrößten Motorradhersteller Europas aufgestiegen. Auf dem Weg dahin hatte man die Japaner bei einer Reihe von Weltmeisterschaftstiteln in den heiß umkämpften 250er- und 125er-Grand-Prix-Klassen geschlagen. Also konnte niemand von der Schnelligkeit und umfassenden Kompetenz des ersten großen Viertakters Aprilias, der RSV Mille, überrascht worden sein.

Die Mille sollte als Basis für eine World-Superbike-Rennmaschine und für eine Reihe V2-Straßenmaschinen dienen, und ihr konservatives Styling stammte aus dem firmeneigenen Windkanal. Auch der Leichtmetallrahmen und die Zweiarmschwinge waren von der Rennabteilung nicht im Hinblick auf Stil, sondern auf maximale Stärke bei minimalem Gewicht entwickelt worden. Die Auspuffanlage endete nicht in zwei Schalldämpfern unter dem Heckbürzel, sondern in einem dicken Rohr auf der rechten Seite, weil dies der leichteste Weg zum benötigten Volumen war.

Die Mille beinhaltete sehr viel innovative Technologie, vor allem bei ihrem DOHC-V2 mit 998 ccm Hubraum. Aprilia entschied sich für einen 60-Grad-Winkel der flüssigkeitsgekühlten Zylinder, da der Motor so kompakter baute als beim 90-Grad-Winkel etwa der Ducati. Ein 60-Grad-V2 produziert aber auch

mehr Vibrationen, die von zwei Ausgleichswellen geschluckt wurden – eine vor der Kurbelwelle, die kleinere im hinteren Zylinderkopf.

Konkurrenzfähige Leistung

Ein weiteres Merkmal war der Trockensumpf – der kompakter war als der konventionelle Nasssumpf – und die „Power Clutch", die verhindern sollte, dass sich beim harten Bremseinsatz das Hinterrad hob. Ansonsten war der Achtventil-V2 mit Benzineinspritzung eher unauffällig. Seine internen Dimensionen waren fast identisch mit denen der 90-Grad-Motoren von Ducati, Honda und Suzuki. Die maximale Leistung war mit 128 PS bei 9250 U/min konkurrenzfähig.

Der Rest der Mille war konventionell, aber weitgehend Stand der Technik. Die Federung bestand aus einer 43-mm-Upside-Down-Gabel von Showa und einem Heckstoßdämpfer von Sachs. Mit 189 kg war die Mille etwas leichter als ihre Rivalin von Ducati, aber schwerer als die leichtesten japanischen Konkurrentinnen. Zu den nützlichen Details zählte eine High-Tech-Instrumentenkonsole, die einen großen digitalen Tacho enthielt und bis zu 40 Rundenzeiten aufzeichnen konnte.

Der Motor war superb: kraftvoll im oberen Bereich, drehmomentstark im mittleren Bereich und mit reichlich V2-Charakter gesegnet. Wurde sie hart rangenommen, flitzte sie durch das hervorragende Sechsganggetriebe bis zum Limit bei 11000 Umdrehungen, während eine rote Lampe dem Fahrer wie bei einem Rennmotorrad anzeigte, wann er hochschalten musste. Die Leistung im oberen Drehzahlbereich musste nicht auf Kosten der Durchzugskraft erkauft werden. Die Mille reagierte aus niedrigen Touren heraus knackig und wurde einfach immer schneller, bis sie ihre Spitzengeschwindigkeit von 274 km/h erreichte.

Das Chassis der RSV war ebenso eindrucksvoll, indem es Hochgeschwindigkeitsstabilität (von einem Lenkungsdämpfer in der Verkleidungsnase unterstützt) mit einer leichten, gefühlvollen Lenkung kombinierte. Ihre typische Supersport-Geometrie, der steife Rahmen und die exzellente Federung führten dazu, dass sie in Kurven mit den Besten mithalten konnte. Die einzige leichte Enttäuschung war die Vorderradbremse von Brembo, die einen festen Griff erforderte, um volle Leistung zu bringen.

Einige Kritiker bemängelten, dass es der Aprilia ein wenig an italienischem Glamour fehlte, aber das machten ihre hochwertige Technik und die umfassende Leistung mühelos wett. Die RSV Mille war ein gelungener erster Versuch, der Aprilia erfolgreich als wichtigen Superbike-Hersteller etablierte. Und der binnen kurzem zu einer konkurrenzfähigen World-Superbike-Rennmaschine und einer Palette schneller und schicker Zweizylinder führte.

__Links:__ Aprilia überrasche mit dem 60-Grad-Winkel der Zylinder des 998-ccm-V-Twin. Der größte Vorteil war die kurze Baulänge. Der größte Nachteil waren stärkere Vibrationen, die mit Ausgleichswellen bekämpft wurden.

__Unten:__ Der Trockensumpf ermöglichte eine kompaktere Bauweise des Motors und sorgte dafür, dass der Motor bei ausgedehnten Wheelies nicht die Schmierung verlor. Angesichts der schnellen Gasannahme und des geringen Gewichts war das eine gute Idee.

Bezeichnung	**Aprilia** RSV Mille (1998)
Motor	V2 60°, flüssigkeitsgekühlt, DOHC, 8 Ventile
Hubraum	998 ccm (97 x 67,5 mm)
Leistung	94,0 kW (128 PS) bei 9250 U/min
Kraftübertragung	Sechsganggetriebe, Kette
Rahmen	Aluminiumprofilrahmen
Federung	vorne Teleskopgabel; hinten Zentralfederbein
Bremsen	vorne Doppelscheibenbremse; hinten Scheibenbremse
Gewicht	180 kg
Spitzengeschwindigkeit	274 km/h

Yamaha YZF-R7

Spitze 290 km/h

__Rechts:__ Nur wenige Serienmotorräder sahen ohne Verkleidung besser aus. Der dickere Kühler dieser R7 stammt aus dem Rennsatz.

__Unten:__ In Aussehen und Konstruktion spiegelte die R7 die R1 wider, aber ihr Motor und ihr Chassis waren wesentlich exotischer.

Yamaha machte keine halben Sachen bei der Entwicklung der YZF-R7, die auch den Code OW02 trug. Die Vierzylinder mit 749 ccm wurde als Basis für eine Rennmaschine in der World Superbike Championship entwickelt und war das höchst entwickelte Motorrad, das Yamaha je gebaut hatte. Mit nur 500 produzierten Einheiten war sie auch das seltenste. Daneben kostete sie fast dreimal so viel wie das Flaggschiff der offenen Klasse, die YZF-R1, und war damit eine der teuersten Yamaha.

Mehr als jede Straßenmaschine vor ihr, war die R7 nicht einfach nur eine straßentaugliche Maschine, die auch Rennen fahren konnte, sondern ein Wettbewerbsmotorrad mit Beleuchtung und Anlasser. Die Wurzeln der Yamaha zeigten sich schon in der Motorkonstruktion, die wie die R1 fünf Ventile pro Zylinder, eine Einheit aus Zylinder und Kurbelgehäuse und ein vertikal gestaffeltes Getriebe aufwies.

Einspritzmotor

Die Motordimensionen waren mit denen der YZF750SP identisch. Im Gegensatz zu dieser hatte die R7 aber eine Benzineinspritzung. Die Zylinderkopfteile waren CNC-gefräst, um präzise Maße und eine perfekte Balance zwischen den Zylindern zu

Bezeichnung	**Yamaha** YZF-R7 (1999)
Motor	4 Zylinder in Reihe, flüssigkeitsgekühlt, DOHC, 20 Ventile
Hubraum	749 ccm (72 x 46 mm)
Leistung	118 kW (160 PS) bei 13700 U/min (mit Rennsatz)
Kraftübertragung	Sechsganggetriebe; Kette
Rahmen	Aluminiumprofilrahmen
Federung	vorne Teleskopgabel; hinten Zentralfederbein
Bremsen	vorne Doppelscheibenbremse; hinten Scheibenbremse
Gewicht	176 kg (betankt)
Spitzengeschwindigkeit	290 km/h

Noris knapper Misserfolg

Die YZF-R7 war nur zu einem Zweck entworfen worden und schaffte es letztlich nicht, ihn zu erreichen. Nach einem enttäuschenden ersten Jahr kam der Werksfahrer Noriyuki Haga 2000 ganz nah an den World-Superbike-Titel heran. Aber am Ende der Saison wurde der Versuch durch einen positiven Dopingtest nach Einnahme eines Schlankheitsmittels im Training vereitelt, während der Japaner auf dem zweiten Platz hinter Hondafahrer Colin Edwards lag. Daraufhin löste Yamaha sein World-Superbike-Team auf. Die Herausforderung der R7 war zu Ende.

erreichen. Die leichtgewichtigen Innereien umfassten Titanventile und Pleuel sowie geschmiedete Kolben mit vernickelten Böden für eine bessere Haltbarkeit.

Das Chassis war ähnlich exotisch. Die schwarze Lackierung des Rahmens deutete darauf hin, dass er eher den 500er-GP-Maschinen entsprang als früheren Straßenmodellen. Die Holme des Hauptrahmens enthielten eine zusätzliche Aluminiumschicht, die eine gegenüber der R1 verdoppelte Verwindungssteifigkeit versprach. Die hochentwickelte 43-mm-Upside-Down-Gabel stammte ebenso wie der Heckstoßdämpfer von Öhlins. Lenkgeometrie und Position des Schwingenlagers ließen sich einstellen.

Die R7 war für die Ausstattung mit einem Rennsatz vorbereitet, der allerdings wegen der wenigen notwendigen Modifikationen klein ausfiel (die Spitzenleistung betrug ohne den Satz nur 100 PS, um die weltweite Homologation zu erleichtern). Die wichtigste Komponente war die große Karbonfaser-Airbox, die die Verwendung eines Ram-Air-Systems erlaubte. Daneben enthielt der Umrüstsatz auch noch einen Karbonfaserschalldämpfer.

Flache Lenkstummel, nach hinten versetzte Fußrasten und ein Einzelsitz unterstrichen die Rennsportintention. Die Flexibilität des Motors machte die Maschine bei moderaten Geschwindigkeiten gut fahrbar, aber erst bei hohen Drehzahlen kamen die leichtgewichtigen Innereien zum Tragen, und die Yamaha schoss mit atemberaubender Beschleunigung davon. Mit dem Rennsatz leistete die R7 etwa 160 PS bei 13700 Umdrehungen, genug für eine Spitzengeschwindigkeit von 290 km/h. Das steife, mehrfach einstellbare Chassis der R7 kombinierte eine rasiermesserscharfe Lenkung mit verblüffender Stabilität und Präzision. Jedes Detail von Straße oder Rennstrecke wurde direkt an den Fahrer weitergemeldet, so dass die Kurvenfähigkeit weit über der normaler Sportmotorräder lag. Das war vor allem der überragenden Öhlins-Federung zu verdanken. Dazu lieferten die beiden vorderen Bremsscheiben eine gewaltige Bremsleistung ab.

Eine Fahrt auf der R7 war eine einzigartig aufregende Erfahrung, aber dieses Motorrad war nicht für gewöhnliche Straßen oder Fahrer gebaut. Wie ihre Vorgangerin OW01, eine ähnlich exotische 750er, zehn Jahre zuvor war die YZF-R7 für die World Superbike-Rennen gedacht. Die OW01 hatte zwar Rennen, aber nie den Titel gewonnen. Für die YZF-R7 wäre nur die erste Meisterschaft für Yamaha ausreichend gewesen.

Links oben: *Die YZF-R7 war selten in ihrer Standardform mit Beleuchtung und Rückspiegeln zu sehen, da der Großteil der 500 Exemplare auf der Rennstrecke gefahren wurde. Die Nachfrage war so stark, dass die R7 in einigen Ländern anfangs nur an professionelle Rennsportler verkauft wurde. Der Rennsatz war auf Straße und Rennbahn absolut unerlässlich.*

MV Agusta 750 F4

Spitze 266 km/h

Rechts: *Das Schalldämpferquartett der F4 ergab eine einzigartige Heckansicht. Der Motorsound war sowohl auf das musikalische Ohr des Fahrers als auch auf Leistung abgestimmt.*

Unten: *Die F4 war eines der stilvollsten Superbikes der Welt und spiegelte mit ihrer rot-silbernen Lackierung und ihrem Vierzylinder die große Geschichte von MV Agusta wider.*

Wenn je ein Motorrad die Verkörperung der italienischen Liebe zu Glamour, Geschwindigkeit und allem Mechanischen war, dann die 750 F4, mit der MV Agusta 1999 wiedergeboren wurde. Die F4 war prächtig und brillant gebaut, von dem winzigen Doppelscheinwerfer in der Verkleidungsnase bis hin zu den vier zigarrenförmigen Schalldämpfern, die unter dem windschnittigen Heckbürzel hervorsahen. Sie hatte Leistung, Handling und eine faszinierende Geschichte. MV Agusta, eine der berühmtesten Marken der Welt, war wieder da – mit Stil.

Die alte Firma aus Gallerate nördlich von Mailand hatte 17 500er-Weltmeisterschaften in Folge gewonnen und einige der schnellsten und exotischsten straßentauglichen Superbikes gebaut, bevor sie die Produktion in den frühen 80ern einstellte. Die Marke schien tot, bis Cagiva-Chef Claudio Castiglioni sie wiederbelebte. Nach fast einer Dekade immer wieder unterbrochener Entwicklungsarbeit vollendete Designgenie Massimo Tamburini ein Motorrad, das auf einer Stufe mit der Ducati 916 stand, die er zuvor entwickelt hatte.

Das Chassis der F4 verband einen Gitterrohrrahmen aus Stahl mit gegossener Schwingenaufnahme. Bei den Modellen der in limitierter Auflage von 300 Stück gebauten Serie Oro („Goldene Serie“) waren diese Teile aus Magnesium statt aus Aluminium, das für die massengefertigte F4 verwendet wurde. Die extra vom japanischen Spezialisten gefertigte Gabel besaß Holme mit dem bis dato unerreichten Durchmesser von 49 mm. Die Sechskolbenbremszangen

wurden zusammen mit Nissin entwickelt, und die Reifen waren Spezialanfertigungen von Pirelli. Tamburinis Cagiva Research Centre (CRC) entwarf die Karosserie aus leichter Kohlefaser.

Ferrari-Ingenieure arbeiteten mit an dem ersten Entwurf des flüssigkeitsgekühlten 749-ccm-Reihenvierzylinders mit 16 Ventilen, der sich von den japanischen Motoren durch eine radiale Ventilanordnung unterschied und damit besser atmen können sollte. Die F4 war zudem das einzige Straßenmotorrad mit einem aus dem Rennsport stammenden austauschbaren „Kassetten"-Getriebe. Tamburini entwarf die komplexe Auspuffanlage, nachdem er den Auspuff von Castiglionis Ferrari F40 zerlegt und studiert hatte.

Großartiger Auspuffsound

Die Spitzenleistung des Einspritzmotors lag bei 126 PS, so dass die 750er-F4 bei der Geschwindigkeit nicht mit Superbikes der offenen Klasse mithalten konnte. Aber das Motorrad drehte mit 13 300 U/min, gab einen großartigen Auspuffsound von sich und war wirklich schnell. Der Vierzylindermotor war laufruhig und kultiviert. Er zog knackig aus den unteren Drehzahlen hoch, und sein Getriebe schaltete wie geschmiert. Es gab keinen großen Schritt zur Leistungsabgabe, nur eine gleichmäßige Beschleunigung, während der Zeiger des Drehzahlmessers über die gelbe Anzeige flog und die F4 ihrer Spitze von 257 km/h entgegen strebte.

Das Handling war superb. Mit 184 kg Trockengewicht war die Serie Oro sehr leicht. Ihr kurzer Radstand und ihre sportliche Lenkgeometrie machten das Motorrad mit dem hochwertigen Rahmen und der hervorragenden Federung sehr stabil. Bei hohen Geschwindigkeiten auf gerader Strecke war die Maschine unerschütterlich, konnte aber gleichzeitig mit leisestem Druck in Kurven und von einer Seite auf die andere geworfen werden. Auch die Bremsen waren sehr kraftvoll und benötigten nur einen kleinen Druck, um die Maschine beherzt zu verzögern.

Bezeichnung	**MV Agusta** 750 F4 Serie Oro (1999)
Motor	4 Zylinder in Reihe, flüssigkeitsgekühlt, DOHC, 16 Ventile
Hubraum	749 ccm (73,8 x 43,8 mm)
Leistung	92,7 kW (126 PS) bei 12 500 U/min
Kraftübertragung	Sechsganggetriebe; Kette
Rahmen	Gitterrohrrahmen und Magnesiumschwinge
Federung	vorne Teleskopgabel; hinten Zentralfederbein
Bremsen	vorne Doppelscheibenbremse; hinten Scheibenbremse
Gewicht	184 kg
Spitzengeschwindigkeit	266 km/h

Links: *Die beneidenswerte Reputation von MV Agusta wurde von 38 Grand-Prix-Titeln, davon 18 in der 500er-Klasse, und den Feuer speienden Vierzylindern der 70er in Stein gemeißelt*

Links unten: *Die ersten 300 F4 gehörten zur exotischen Serie Oro mit Magnesiumschwinge, Rahmenteilen und Rädern, während bei der massengefertigten F4 S Aluminium verwendet wurde.*

Unten: *Von der Leistung her konnte die F4 nicht mit den Maschinen der offenen Klasse mithalten, aber ihre Stabilität und ihr Handling überzeugten.*

Bei aller Optik und innovativen Technologie argumentierten einige Zyniker, dass die F4, und selbst die extrem teure Serie Oro, weder leichter noch kraftvoller sei als die wesentlich billigere Suzuki GSX-R750. Aber ein Vergleich mit solchen Begriffen ging am Sinn der F4 vorbei. Dieses Superbike war eines der schönsten und makellosesten Motorräder, die je gebaut worden waren, eines, an das man sich für immer als das Motorrad erinnern wird, mit dem eine der ganz großen Marken zurückgekehrt war. Dass die neue F4 ein so schönes, schnelles und besonderes Motorrad geworden war, war eine Leistung, die der langen und glorreichen Geschichte von MV Agusta würdig war.

Buell Lightning X1

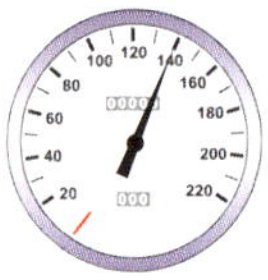

Spitze
225 km/h

Unten: *Die X1 war kultivierter als frühere Modelle, aber immer noch durch und durch eine Buell mit Markenzeichen wie der großen Airbox, die rechts herausragte, und Schall- und Stoßdämpfer unter dem luftgekühlten Harley-Davidson-V2.*

Ende 1998 hatten die lebendigen und unverwechselbaren Sportmotorräder des Ingenieurs und ehemaligen Rennfahrers Erik Buell seit dem ersten Modell mehr als zehn Jahre zuvor einen weiten Weg zurückgelegt. Mit ihrem individuellen Styling, der aufrechten Sitzhaltung, den getunten Harley-V-Twins und ihren agilen Chassis hatten die Buell mehr Geschwindigkeit, Handling und Spaß vermittelt als jedes andere Motorrad.

Aber die Buell hatten Schwachstellen. Modelle wie die S1 Lightning mit ihrem großen, hässlichen Luftfilter, dem LKW-artigen Auspuff, dem unbequem winzigen Sitz, den weichen Harley-Fußrasten und der Tendenz, den hinteren Zylinder zu überhitzen, waren definitiv exzentrisch. Dann stellte Buell Ende 1998 die Lightning X1 vor.

Die X1 bewies, dass Erik Buell und seine Kollegen bei Harley-Davidson, der mittlerweile ein Großteil der Firma gehörte, auf Kritik hörten. Die X1 verband typische Buell-Aggressivität mit einem frischen Styling, einem Motorschild über dem Schalldämpfer, einem größeren Sitz, normalen Fußrasten und einer besseren Kühlung. Sie besaß außerdem einen steiferen Stahlrahmen, einen neuen Aluhilfsrahmen im Heck und eine Aluschwinge sowie Showa-Federung vorne und hinten.

Wie die anderen Buell wurde die X1 von einem luftgekühlten 45-Grad-V-Twin angetrieben, der für die 1200er-Sportster von Harley vorgesehen war. Hier wurde er mit Buells „Thunderstorm"-Zylinderköpfen mit größeren Ventilen, überarbeiteten Kanälen und neu geformten Brennkammern getunt. Eine neue Benzineinspritzung verhalf ihm zu 95 PS bei 6200 Umdrehungen. Dies war bemerkenswert angesichts der Tatsache, dass er als Standard-Sportster weniger als 60 PS hatte.

Bezeichnung	**Buell** Lightning X1 (1999)
Motor	V2 45°, luftgekühlt, OHV (Harley Sportster)
Hubraum	1200 ccm (88,8 x 98,8 mm)
Leistung	70 kW (95 PS) bei 6200 U/min
Kraftübertragung	Fünfganggetriebe; Riemen
Rahmen	Gitterrohrrahmen
Federung	vorne Teleskopgabel; hinten Zentralfederbein
Bremsen	vorne und hinten Scheibenbremse
Gewicht	200 kg
Spitzengeschwindigkeit	225 km/h

Damit erreichte die X1 echte 225 km/h, und der clever gummigelagerte Motor fühlte sich dabei auch noch erstaunlich laufruhig an. Er besaß eine großzügige Durchzugskraft, und das Motorrad lief mühelos eine Reisegeschwindigkeit von 115 km/h mit sofortiger Beschleunigung in der Hinterhand.

Schärfere Geometrie

Auch das Chassis wusste zu beeindrucken. Die Lenkung war leichtgängig genug für schnelle Richtungswechsel. Die Showa-Federung wirkte an beiden Enden sehr gut, und die Buell behielt den traditionell unberechenbaren, auf Zug statt auf Kompression arbeitenden Stoßdämpfer unter dem Motor.

Die Vorderbremse mit Sechskolbenzange und riesiger Einzelscheibe gewährte eine kraftvolle Verzögerung, auch wenn sie bei höheren Temperaturen zum Fading neigte. Die Details waren gegenüber früheren Modellen verbessert. So gab es einen großzügigen Lenkeinschlag, ein Zündschloss in der Instrumentenkonsole, leicht einstellbare Rückspiegel, ein Staufach unter dem Sitz und andere nützliche Kleinigkeiten.

Eine neue Generation: Die Firebolt XB9R

Einen Beweis für die Zukunftsorientiertheit Buells lieferte das Modelljahr 2002, als die Firma ihr bisher bestes und konkurrenzfähigstes Modell vorstellte: die Firebolt XB9R. Sie war eines der innovativsten Motorräder seit Jahren. Das Benzin wurde in den großen Aluminiumholmen des Rahmens gebunkert und das Öl in der Schwinge. Dazu kamen eine windschnittige Verkleidung und eine Perimeterbremse mit Sechskolbenzange vorne. Das Entwicklungsteam von Buell überarbeitete den Sportster-Motor zu einem luftgekühlten 984-ccm-V-Zweizylinder mit Benzineinspritzung, der 92 PS leistete und ein breites Leistungsband besaß. Damit erhielt die leichte, ultra-kurze Buell eine lebhafte Performance auf gerader Strecke, die zu ihrem brillant agilen Handling passte.

Wer sich fragte, ob diese Spuren von Zivilisation den Umstand kaschieren sollten, dass es der X1 am traditionell rauen Appeal einer Buell fehlte, konnte beruhigt werden: Die X1 fühlte sich immer noch angemessen verrückt an. Sie war eine kultiviertere, modernere Maschine mit hohem Buell-Spaßfaktor. Außerdem war sie Beleg für die Absicht des neuen Mehrheitseigners Harley-Davidson, die für den Erfolg nötigen Mittel zu investieren.

Links oben: *Die Buell hatten eine Vorliebe für Wheelies, und die X1 machte da keine Ausnahme. Der Einspritzmotor reagierte in der Gasannahme nicht ganz so unmittelbar wie frühere Modelle, aber seine Leistung von 95 PS war die bisher höchste.*

Honda X-11

Spitze
257 km/h

Das Konzept einer unverkleideten Maschine, angetrieben vom Motor der Super Blackbird, schien seit Einführung der 1137-ccm-Vierzylinder 1996 logische Konsequenz. Als die X-11 1999 auf den Markt kam, tat sie dies mit beträchtlicher Geschwindigkeit, wenn auch nicht mit dem Stil, der unverkleidete Maschinen von Firmen wie Ducati und Harley-Davidson so beliebt gemacht hatte.

__Oben:__ Die X-11 war zu ungeschlacht, um den optischen Reiz solcher Modelle wie der Ducati Monster zu erreichen, aber ihre Kraft und Praxistauglichkeit machten das wett. Die Instrumentenabdeckung hielt einigen Wind von der Brust des Fahrers ab, und die Kühlerverkleidung erhöhte die Stabilität bei hohen Geschwindigkeiten.

Schlicht, aber unterhaltsam

Die X-11 war eine eher schlicht wirkende Kreation, hielt jedoch viel Fahrspaß bereit. Das Motorrad war viel mehr als einfach nur eine ausgezogene Super Blackbird. Honda tunte den 16-Ventiler mit einer überarbeiteten Benzineinspritzung und einem neuen Auspuff von 150 auf immer noch beeindruckende 134 PS bei 9000 Umdrehungen herunter. Weitere Veränderungen beinhalteten eine statt zwei Ausgleichswellen und ein Fünfganggetriebe anstelle von sechs Gängen.

Der Rahmen kombinierte die beiden Aluminiumholme der Blackbird mit einer neuen gegossenen Mittelsektion im Heck. Diese trug die Schwinge und sollte ein wenig Flexibilität in den Rahmen bringen.

Honda behauptete, dass die Kühlerverkleidung nicht nur die Beatmung verbesserte, sondern auch mehr Anpressdruck auf das Vorderrad brachte und so die Stabilität erhöhte. Außerdem sollte die kleine Instrumentenverkleidung bei hohen Geschwindigkeiten den Wind vom Fahrer fernhalten. All das klang ziemlich unwahrscheinlich – bis man die X-11 fuhr.

Es war genügend Kraft für eine Spitzengeschwindigkeit von 257 km/h vorhanden, und für eine unverkleidete Maschine war die Honda bei solchen

__Rechts:__ Die Rahmenholme der Honda stammten aus der Super Blackbird, aber die Gusssektion im Heck war neu und sollte in Kurven etwas Flexibilität gewähren.

Geschwindigkeiten überragend effizient. Vielleicht blieb die Honda dank des Anpressdrucks des Kühlers auch dort noch felsenfest stabil, wo die meisten unverkleideten Motorräder an ihre Grenzen stießen. Selbst die kleine Instrumentenabdeckung lenkte genug Wind ab, um schnelle Reisegeschwindigkeiten untypisch komfortabel zu machen.

Trotz seiner Größe und seines Gewichts war das Motorrad relativ niedrig, so kultiviert wie jede andere Honda und bei niedrigen Geschwindigkeiten wirklich gut fahrbar. Der große Vierzylinder war spürbar drehmomentstärker und reaktionsschneller als der Motor der Super Blackbird.

Natürlich hatte die X-11 nicht die aufregende Kraftentfaltung bei hohen Drehzahlen wie die verkleidete Maschine, aber ihre geschmeidige Beschleunigung selbst aus niedrigen Drehzahlen heraus war eine mehr als ausreichende Entschädigung.

Für ein so großes Motorrad ließ sich die Honda gut handhaben. Ihre Lenkung war einigermaßen leichtgängig, und ihre recht schlichte Federung gab ein straffes Fahrverhalten, während sie die meisten Unebenheiten schluckte. Das Verbundbremssystem, eine getunte Version des Dual CBS-Systems aus der Super Blackbird, verband reichlich Kraft mit einem beruhigend normalen Bremsgefühl.

Die meisten, die die Honda fuhren, liebten sie. Der X-11 fehlte es vielleicht am Stil mancher unverkleideter Rivalinnen, aber sie war genauso schnell und aufregend wie jede einzelne von ihnen.

CB1000: The Big One

Die X-11 war nicht das erste Naked Bike, das Honda geschaffen hatte, indem man einem Superbike die Verkleidung wegnahm. Einige Jahre früher hatte die CB1000 mit einem heruntergetunten 16-Ventiler aus der CBR1000F eine Leistung von 97 PS mit einem von der legendären CB1100R inspirierten Styling verbunden. Die auch als Big One bekannte CB1000 war weich abgestimmt und schwer, hatte reichlich Drehmoment im mittleren Bereich und eine Spitzengeschwindigkeit von 225 km/h. Später modifizierte Honda sie zur CB1300, die einen noch drehmomentstärkeren Motor und ein besseres Handling dank umfassend modernisiertem Chassis hatte.

Links oben: *Wenn man ein Naked Bike mit 134 PS fährt, kann man dem gelegentlichen Burnout kaum widerstehen.*

Links: *Das Detuning des Super-Blackbird-Motors ergab einen stärkeren Durchzug im mittleren Bereich – ideal für eine unverkleidete Maschine.*

Bezeichnung	**Honda** X-11 (1999)
Motor	4 Zylinder in Reihe, flüssigkeitsgekühlt, DOHC, 16 Ventile
Hubraum	1137 ccm (79 x 54 mm)
Leistung	98,6 kW (134 PS) bei 9000 U/min
Kraftübertragung	Fünfganggetriebe; Kette
Rahmen	Aluminiumprofilrahmen
Federung	vorne Teleskopgabel; hinten Zentralfederbein
Bremsen	vorne Doppelscheibenbremse; hinten Scheibenbremse
Gewicht	222 kg
Spitzengeschwindigkeit	257 km/h

Harley-Davidson Dyna Super Glide Sport

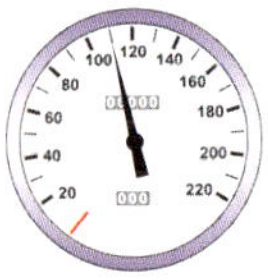

Spitze 177 km/h

Als Harley-Davidson den Twin-Cam-88-Motor für das Modelljahr 1999 vorstellte, war das Resultat eine Palette von Motorrädern, die die alte Firma ins 21. Jahrhundert bringen sollten. Das neue Triebwerk war stärker, stabiler und kultivierter. Im ersten Jahr wurden sieben Modelle mit dem Twin Cam ausgestattet. Das schnellste und sicherlich eindrucksvollste war die neue Dyna Super Glide Sport.

Nach Harley-Maßstäben war die schlanke und schlichte Sport mit ihrem beinahe flachen Lenker, dem schwarz lackierten Motor und dem relativ sportlichen Chassis leicht, agil und kraftvoll. Der neue Twin Cam 88 bewahrte das Aussehen, den Klang und das Gefühl einer traditionellen Harley, lieferte aber genügend zusätzliche Kraft und Drehmoment, dass sich das neue Motorrad deutlich lebhafter ausnahm.

Zwei Nockenwellen

Der Twin Cam 88 hatte seinen Namen von den beiden Nockenwellen – die immer noch Stößelstangen antrieben – und seinem Hubraum von 88 Kubikzoll, also 1450 ccm. Der Evolution-Motor hatte 80 Kubikzoll bzw. 1340 ccm. Abgesehen vom größeren ovalen Luftfilterdeckel sah der neue Motor dem Evolution sehr ähnlich. Aber neben den neuen Nockenwellen und dem zusätzlichen Hubraum war der 88er auch mit neuen Lagern und einer besseren Schmierung verstärkt.

Die Kundenforderung nach einer kontinuierlichen Identität überzeugte Harley, bei dem traditionellen luftgekühlten 45-Grad-V-Twin zu bleiben. Auch die synchrone Taktung der Kolben blieb – aber innerhalb dieses Formats wurde nahezu alles verändert. Es blieben nur 18 der 450 Teile des Evolution-Motors erhalten.

__Unten:__ Nur Harley-Davidson konnte ein solches Motorrad „Sport" nennen, aber für eine Cruiser war das Modell mit der offiziellen Bezeichnung FXDX schnell und agil.

Bezeichnung	**Harley-Davidson** Dyna Super Glide Sport (1999)
Motor	V2 45°, luftgekühlt, OHV
Hubraum	1450 ccm (95,3 x 101,6 mm)
Leistung	50 kW (68 PS) bei 5400 U/min
Kraftübertragung	Fünfganggetriebe; Riemen
Rahmen	Stahlrohrrahmen
Federung	vorne Teleskopgabel; hinten zwei Stoßdämpfer
Bremsen	vorne Doppelscheibenbremse; hinten Scheibenbremse
Gewicht	300 kg
Spitzengeschwindigkeit	177 km/h

***Links oben:** Der breite Lenker ergab eine Sitzhaltung, die für moderate Geschwindigkeiten geeignet war, aber bei 160 km/h schnell ermüdete.*

***Links:** Die schlanke Super Glide Sport war 1999 eines von sieben Modellen mit dem Twin-Cam-Motor.*

Ein neues ovales Luftfiltergehäuse hielt eine um 70 Prozent größere Airbox. Die Beatmung wurde durch die höhere Kompression und die neu geformten Brennkammern verbessert. Harley bestand darauf, dass die Leistungszuwächse nicht alleine auf die neue Nockenwellenkonstruktion zurückzuführen waren, aber die Zunahme war beeindruckend. Die maximale Leistung lag nun bei 68 PS bei 5400 Umdrehungen im Gegensatz zu den 50 PS des Evo-Motors. Aus Fahrersicht bestand der große Vorzug des 88er-Motors in der besseren Gasannahme. Die Sport war sowohl bei niedrigen Drehzahlen, wo sie von unter 2000 Touren anzog, als auch bei hohen Umdrehungen sehr lebhaft, wenn sie aus 110 km/h oder mehr mit bisher nicht gekanntem Drang bis auf 177 km/h beschleunigte.

Die Fahrwerkssteifigkeit wurde durch eine verbesserte Motor-Getriebeverbindung erhöht. Mit 300 kg war die Sport beileibe kein Leichtgewicht, aber sie fühlte sich doch einigermaßen agil an und ließ sich dank der weichen, aber gut kontrollierten Federung gut handhaben. Die Doppelscheibenbremse am Vorderrad lieferte eine annehmbare Bremskraft, trotz ihrer recht einfachen Zangenkonstruktion.

Die Super Glide Sport verband Langstreckentauglichkeit mit einer guten Geschwindigkeit, stabiles Handling mit überraschender Agilität und schlichtes Understatement mit dem Image und der Verarbeitungsqualität einer Harley. Sie war ein gutes Motorrad, das bewies, dass die Firma es sowohl mit der Leistung als auch mit dem Stil ernst meinte.

Der Erfolg der Super Glide Sport vor allem auf den Exportmärkten ermutigte Harley nur zwölf Monate später, einen Schritt weiter zu gehen. Während der Twin Cam 88 unverändert blieb, wurde das Chassis mit einer voll einstellbaren Gabel, sportlicherer Geometrie, besseren Stoßdämpfern, neuen Bremsen mit Vierkolbenzangen und einem breiteren Hinterreifen ausgestattet. Das so entstandene Motorrad sah fast identisch aus, verhielt sich aber in Kurven und beim Bremsen deutlich besser als das Vorgängermodell und jede andere Harley Cruiser zuvor.

***Oben:** Dies ist eine 2000er Super Glide Sport mit verbessertem Chassis. Die kräftigen Vierkolbenzangen der Vorderradbremse des Zulieferers Hayes kamen später auch anderen Modellen zugute. Der hintere Reifen war ein breiterer 150er Dunlop mit mehr Grip.*

Yamaha YZF-R6

Spitze 266 km/h

Mehr noch als ihre Rivalinnen in der heiß umkämpften Mittelgewichtsklasse der Supersportler war die Yamaha YZF-R6 eine schnelle und frenetische Maschine, die von hohen Drehzahlen und unmöglichen Schräglagen lebte. Auf einer kurvenreichen Straße oder der Rennstrecke waren nur wenige Motorräder, unabhängig vom Hubraum, schneller oder bereiteten mehr Fahrspaß.

Die maximale Leistung der R6 von 120 PS bei 13 000 U/min war ein Rekord in der 600er-Klasse, denn dies war das erste Serienmotorrad mit 200 PS pro Liter.

Im Prinzip war der 599-ccm-Motor eine kleinere Version des 998-ccm-Triebwerks aus der YZF-R1 mit 16 statt 20 Ventilen und einer Ram-Air-Beatmung. Das kompakte Getriebe der R1 kam ebenso im kleineren Motorrad zum Einsatz wie die in einem Stück gegossene Einheit aus Zylindern und Kurbelgehäuse, die eine Verwendung des Motors als tragendes Chassisteil erlaubte.

Der leichte Aluminiumrahmen reduzierte das Gewicht auf in der Klasse unerreichte 169 kg. Das aggressive Styling der R6 basierte auf dem der größeren Maschine. Das Gleiche galt für die Sitzhaltung, die die Beine verkrampfen ließ und viel Gewicht auf die Handgelenke verlegte. Die extremere Persönlichkeit der YZF-R6 wurde durch den roten Bereich des Drehzahlmessers ab 15 500 Touren angedeutet. Yamaha stellte die R6 als kompromisslose Sportmaschine auf, die ein extremes Fahrerlebnis bot, und schon die erste Fahrt bestätigte, dass dies keine Übertreibung war.

Die drehfreudige, ungemein manövrierfähige kleine Maschine bot viel Spaß, wenn der Fahrer in der

Oben: *Geringes Gewicht, radikale Geometrie und kompakte Größe machten die YZF-R6 zweifellos zum Serienmotorrad mit dem besten Handling, auch wenn die ultra-sportliche Yamaha empfindlich auf das Fahrergewicht und die Federungseinstellung reagierte. Nur wenige Motorräder stellten solche Ansprüche oder brachten bei harter Gangart auf Straße oder Rennstrecke so viel Fahrspaß.*

Rechts: *Die Familienähnlichkeit zu R1 und R7 fällt auf den ersten Blick auf. Wie die größeren Modelle hatte das Mittelgewicht ein hochwertiges Chassis mit zwei Aluminiumholmen, eine mehrfach einstellbare Federung und Vorderradbremsen mit Vierkolbenzangen.*

Hoch drehendes Erbe: Die FZR600

Yamaha hatte schon vor der YZF-R6 eine Geschichte drehfreudiger Mittelgewichtsvierzylinder. Ihre Vorgängerin FZR600 besaß eine ähnlich kompromisslose Persönlichkeit und basierte ihrerseits auf der luftgekühlten FZ600, die in den 80er-Jahren eine der drehfreudigsten und agilsten Maschinen war. Wie die R6 hatte die FZR einen flüssigkeitsgekühlten 599-ccm-16-Ventiler in einem Stahlrahmen. Die FZR war mit 179 kg leicht und gut handhabbar. Ihre 90 PS erlaubten eine Spitzengeschwindigkeit von 225 km/h.

Bezeichnung	**Yamaha** YZF-R6 (1999)
Motor	4 Zylinder in Reihe, flüssigkeitsgekühlt, DOHC, 16 Ventile
Hubraum	599 ccm (65,5 x 44,5 mm)
Leistung	88,3 kW (120 PS) bei 13 000 U/min
Kraftübertragung	Sechsganggetriebe; Kette
Rahmen	Aluminiumprofilrahmen
Federung	vorne Teleskopgabel; hinten Zentralfederbeln
Bremsen	vorne Doppelscheibenbremse; hinten Scheibenbremse
Gewicht	169 kg
Spitzengeschwindigkeit	266 km/h

richtigen Stimmung und auf der richtigen Straße war. Sie reagierte am besten auf hektisches Rauf- und Runterschalten im Sechsganggetriebe, um die Drehzahl über 12 000 Umdrehungen zu halten. In der Stadt oder bei dichtem Verkehr machte die Yamaha ihrem Fahrer das Leben schwer. Der Motor war bei niedrigen Touren laufruhig, aber kraftlos, bis die Nadel des Drehzahlmessers in der oberen Hälfte anlangte. Zum Überholen musste man also mehrfach runterschalten.

Auf der Rennstrecke zuhause

Auf der anderen Seite machte die R6 zweifellos mehr Spaß als drehmomentstärkere Motorräder, wenn der Fahrer auf eine Serie von Kurven traf und alles richtig machte. Das galt noch mehr auf der Rennstrecke, wo die Yamaha mit einer für eine 600er erstaunlichen Geschwindigkeit aus Kurven schoss und auf 2[illegible] km/h beschleunigte.

Auf Straße oder Rennstrecke war die Yamaha bei hohen Geschwindigkeiten eindrucksvoll stabil, blieb immer agil und leicht zu lenken. Die Mischung aus Chassissteifigkeit, geringem Gewicht und straffer, gut gedämpfter Federung ergab ein Handling, das nur wenige Motorräder übertreffen konnten. Noch beeindruckender war das Bremsvermögen der vorderen Doppelscheibenbremse und der Zangen aus der R1.

Praxistauglichkeit war nicht die Stärke der R6, auch wenn sie die nach vorne gebeugte Sitzhaltung, die straffe Federung, den fehlenden Hauptständer und die dünne Sitzbank zumindest durch optional erhältliche Soziusgriffe wettzumachen versuchte. Für den Berufsverkehr und Touren gab es reichlich bessere Mittelgewichte. Aber für Drehzahlorgien auf Straße oder Rennstrecke setzte die R6 den Mittelgewichtsstandard.

Links oben: *Im Gegensatz zur YZF-R1 profitierte die R6 von einem Ram-Air-System, das über einen Schlitz zwischen den Scheinwerfern atmete. Die Yamaha galt allgemein als die schnellste und agilste Mittelgewichtsvierzylinder in Serienform und bewies ihr Potential, als der deutsche Star Jörg Teuchert im Jahr 2000 die Supersport-Weltmeisterschaft gewann.*

Suzuki Hayabusa

Mit ihrer heruntergezogenen Verkleidungsnase, dem großen Kotflügel und dem knubbeligen Heckbürzel war die Suzuki Hayabusa anerkanntermaßen eines der am wenigsten attraktiven Superbikes. Und doch war die Maschine ein großer Erfolg, und kaum ein Besitzer äußerte sich negativ über ihr Aussehen. Dafür gab es einen einfachen Grund: Die Hayabusa sah so aus, um schnell zu sein – und das Resultat war eine phänomenale Spitzengeschwindigkeit von 306 km/h.

Suzuki wollte das schnellste Motorrad der Welt bauen und musste daher die Honda Super Blackbird schlagen. Dass dies gelang, lag zu einem nicht geringen Teil an der hässlichen, aber aerodynamisch effizienten Verkleidung der GSX1300R. Zur Feier nannte Suzuki das Motorrad Hayabusa, nach einem aggressiven, schnellen japanischen Wanderfalken, dessen Beute zufällig Amseln (engl.: Blackbirds) waren.

Rekordbrechende Pferdestärken

Unter der Karosserie der GSX schlummerte keine Hochtechnologie. Der 1298-ccm-Motor war eine größere, überarbeitete Version des 16-Ventilers aus der GSX-R1100. Der neue Motor hatte größere Ventile und eine neu gestaltete Brennkammer. Dank einer zahnradgetriebenen Ausgleichswelle konnte der Motor fest montiert werden und so die Chassissteifigkeit erhöhen. Eine Benzineinspritzung und ein Ram-Air-System verhalfen zu einer Leistung von 173 PS bei 9800 U/min, einem Rekord bei einem Serienstraßenmotorrad.

Das Chassis war konventionell mit einem Alurahmen, Upside-Down-Gabel und Sechskolbenzangen, die am Vorderrad in 320-mm-Scheiben bissen. Weitere erwähnenswerte Merkmale sind ein vertikal angeordneter Doppelscheinwerfer, durch den die Nase schmal gebaut werden konnte, und eine ultradünne, leichte Instrumentenkonsole. Das auf

Unten: Die Windschnittigkeit der Hayabusa trug entscheidend zur enormen Geschwindigkeit der Maschine bei. Die Suzuki-Ingenieure verbrachten Stunden im Windkanal, um nicht nur die Verkleidung zu tunen, sondern auch die Rückspiegel, den Kotflügel und den Sitzhöcker.

Geschwindigkeit ausgerichtete Styling wurde vielfach kritisiert, aber zu Suzukis Ehrenrettung muss man sagen, dass mehr an der Hayabusa war als reine Leistung. Mit 215 kg war die GSX einigermaßen leicht und die Sitzposition war geräumig und komfortabel. Trotz eines Lenkungsdämpfers war die Lenkung leichtgängig und präzise. Trotzdem war der wichtigste Eindruck der von unglaublicher Kraft und Geschwindigkeit. Der große Motor lieferte eine sofortige, überragend starke Beschleunigung über das gesamte Drehzahlband hinweg. Ob der Drehzahlmesser nun 4000 oder 9000 Umdrehungen anzeigte, die Hayabusa raste davon wie ein Lenkgeschoss. Wenn es dem Fahrer gelang, das Vorderrad auf dem Boden zu halten, stürmte sie aus dem Stand in 10 Sekunden über die Viertelmeile und war in unter drei Sekunden auf 100 km/h. Selbst bei 240 km/h hatte sie noch kraftvolle Beschleunigung zu bieten. Das Motorrad zeigte mehr als 320 km/h auf seinem etwas optimistischen Tachometer.

All diese Performance auf gerader Strecke wäre zu einer Belastung geworden, hätte die Suzuki kein gutes Handling gehabt. Aber Suzuki hatte genauso viel Aufwand ins Chassis investiert wie in den Motor. Der Rahmen war äußerst steif, und die exzellente Federung fühlte sich straff an, schluckte aber zuverlässig Unebenheiten. Die Bremsen waren sehr kraftvoll, die speziell entwickelten Bridgestone-Reifen waren griffig, und die Bodenfreiheit war gut. Einige Fahrer bemängelten, dass der flache Windschild zu wenig Schutz böte. Aber nur wenige hatten ernsthafte Beschwerden, vor allem 2000, als die Hayabusa den Angriff der Kawasaki ZX-12R auf ihren inoffiziellen Titel als „schnellstes Motorrad der Welt" erfolgreich abwehrte.

Im folgenden Jahr reagierte Suzuki auf eine freiwillige Übereinkunft zwischen den großen Motorradherstellern (die sich Sorgen um zukünftige Restriktionen machten) und rüstete die GSX mit einem elektronischen Drehzahlbegrenzer aus, der die Maximalgeschwindigkeit auf 300 km/h beschränkte.

Der Hayabusa waren die Flügel gestutzt – aber ihr Status als schnellstes Motorrad auf der Straße sollte noch einige Zeit sicher sein.

Oben: *Bei hoher Geschwindigkeit lieferte das Ram-Air-System, das über die Öffnungen in der Verkleidung atmete, mehr Leistung.*

Links unten: *Die Frontansicht entstand fast ausschließlich im Windkanal.*

Bezeichnung	**Suzuki** GSX1300R Hayabusa (1999)
Motor	4 Zylinder in Reihe, flüssigkeitsgekühlt, DOHC, 16 Ventile
Hubraum	1298 ccm (81 x 63 mm)
Leistung	127 kW (173 PS) bei 9800 U/min
Kraftübertragung	Sechsganggetriebe; Kette
Rahmen	Aluminiumprofilrahmen
Federung	vorne Teleskopgabel; hinten Zentralfederbein
Bremsen	vorne Doppelscheibenbremse; hinten Scheibenbremse
Gewicht	215 kg
Spitzengeschwindigkeit	300 km/h

Arai
DAINESE

21. Jahrhundert **Schneller, leichter, stärker**

Der Trend zu Beginn des neuen Jahrtausends ging in Richtung Spezialisierung. Supersportmotorräder wurden immer schneller, leichter und stärker. Ein Beispiel dafür ist die 298 km/h schnelle Suzuki GSX-R1000. Diese Entwicklung wurde durch die zunehmend beliebten „Publikumstage" auf bekannten Rennstrecken gefördert.

Eine weitere für das frühe 21. Jahrhundert typische Maschine ist die Kawasaki ZX-12R, die auf eine Spitzengeschwindigkeit von 300 km/h gedrosselt werden musste. Die großen Hersteller hatten sich auf dieses Limit geeinigt, um schärferen Restriktionen seitens der Gesetzgeber zuvorzukommen.

Honda FireBlade

Spitze 274 km/h

Rechts: *Die fünfte Generation der FireBlade war die bisher am stärksten überarbeitete Version mit modernisiertem Motor, neuem Rahmen, neuer Karosserie, Upside-Down-Gabel und 17-Zoll-Vorderrad.*

Unten: *Hondas „gelenkloser" Rahmen sollte eine begrenzte Flexibilität erlauben, obwohl die Hauptholme steifer waren als beim Vorgängermodell. Die Aluschwinge war im Motor gelagert.*

Hondas verblüffend schnelle und leichte CBR900RR hatte 1992 die Motorradwelt im Sturm erobert und sich eine konkurrenzlose Reputation für Leistung und agiles Handling verdient. Aber obwohl die FireBlade in den 90ern ungebrochen beliebt war und mehrmals modernisiert wurde, zeichneten sich die Nachfolgemodelle eher durch ihre technische Entwicklung als durch den unbändigen Fahrspaß des Originals aus.

Im Jahr 2000 folgte eine umfangreich modifizierte Version unter der Modellbezeichnung CBR929RR in den Staaten. Schon die nüchternen Zahlen zeigen, wie ernst es Honda meinte. Die CBR leistete 150 PS und wog nur 170 kg, damit war sie 22 PS stärker und noch 10 kg leichter als das Vorjahresmodell – und zumindest auf dem Papier ihrer Erzrivalin Yamaha YZF-R1 überlegen.

Die Ingenieure unter der Leitung des „Vaters der FireBlade", Tadao Baba, gaben ihr Bestes für dieses Modell, das einen umfassend modifizierten und von 918 auf 929 ccm vergrößerten flüssigkeitsgekühlten Motor und ein vollständig neues Chassis erhielt. Der größere Hubraum wurde durch eine kurzhubigere Auslegung ermöglicht, die die Verwendung größerer Ventile erlaubte. Zusätzlich trugen neu geformte, geschmiedete Kolben, ein engerer Ventilwinkel und kompaktere Brennkammern zur erhöhten Kraft bei.

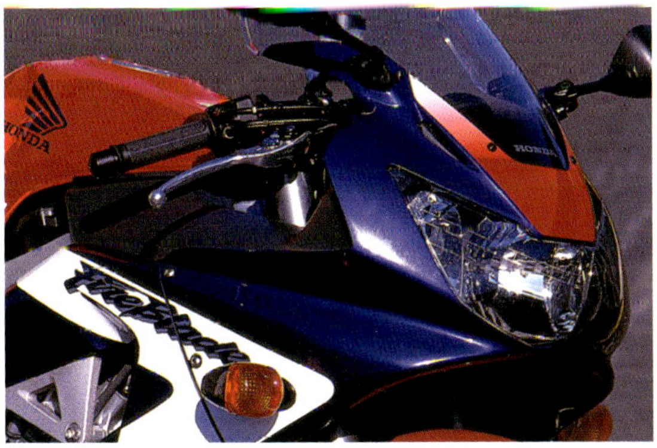

Gelenkloser Rahmen

Eine digital gesteuerte Benzineinspritzung ersetzte die Vergaser. Der zum Teil aus Titan bestehende Auslasstrakt besaß ein Ventil im Yamaha-Stil, und es gab zahlreiche Veränderungen am Chassis. Der Rahmen war eine Variante der „gelenklosen" Honda Konstruktion, die eine kontrollierte Flexibilität im Bereich des Schwerpunkts ermöglichen sollte. Erstmalig kamen ein 17-Zoll-Vorderrad und eine Upside-Down-Gabel zur Anwendung.

Auch vom Fahrersitz aus bot sich ein neuer Ausblick auf einen schlankeren Tank und einen digitalen Tachometer im Cockpit. Die vorherige CBR war schnell und agil gewesen, aber dieses Motorrad spielte dank seines äußerst geringen Gewichts und der zusätzlichen Kraft in einer anderen Liga. Sie reagierte schon bei unter 5000 Umdrehungen im höchsten Gang mit knackig harter Beschleunigung auf den Gasgriff und stürmte geschmeidig dem roten Bereich ab 11 500 U/min zu. Der 16-Ventil-Motor besaß im oberen Drehzahlbereich gewaltige Kraft und erlaubte eine Spitzengeschwindigkeit von 274 km/h.

Die Federung erforderte eine akribisch genaue Einstellung, aber dann ließ sich die Honda leicht und doch stabil lenken, obwohl sie keinen Lenkungsdämpfer besaß. Die verbesserte Vorderradbremse mit Vierkolbenzangen und großen Scheiben gewährte eine phänomenale Bremskraft.

Obwohl sie ihrer Rivalin, der Yamaha YZF-R1, zu sehr ähnelte, um sich wirklich von ihr abgrenzen zu können, hatte die Überarbeitung nicht nur die beste FireBlade aller Zeiten hervorgebracht, sondern die CBR wieder direkt in die Konkurrenz um den inoffiziellen Titel des schnellsten und besten Sportmotorrads gebracht.

Im Straßenbetrieb konnte die Honda auf jeden Fall mit ihrer Kultiviertheit und Verlässlichkeit punkten.

Noch schärfer: Die 2002er CBR

Für das Jahr 2002 überarbeitete Honda die FireBlade erneut mit einem auf 954 ccm vergrößerten Motor, der ihr die amerikanische Bezeichnung CBR954RR einbrachte. Die verbesserte Benzineinspritzung und die 22 ccm zusätzlicher Hubraum erhöhten die maximale Leistung um 3 PS (die angegebene Leistung blieb dank einer anderen Messmethode bei 150 PS). Eine aggressiver geformte Karosserie, ein am Lenkkopf versteifter Rahmen und ein Titanschalldämpfer reduzierten das Gewicht auf 168 kg, so dass dies die bisher schnellste und leichteste FireBlade war.

Links oben: *Karosserie, Tank und Sitz dieser FireBlade – oder CBR929RR in den Staaten, wo der Name FireBlade nicht verwendet wurde – waren neu gestaltet.*

Links: *Honda hatte das Ziel der „totalen Kontrolle" erreicht. Bei korrekter Einstellung war die CBR das Superbike der offenen Klasse mit dem besten Handling.*

Bezeichnung	**Honda** CBR929RR FireBlade (2000)
Motor	4 Zylinder in Reihe, flüssigkeitsgekühlt, DOHC, 16 Ventile
Hubraum	929 ccm (74 x 54 mm)
Leistung	110 kW (150 PS) bei 11 000 U/min
Kraftübertragung	Sechsganggetriebe; Kette
Rahmen	Aluminiumprofilrahmen
Federung	vorne Teleskopgabel; hinten Zentralfederbein
Bremsen	vorne Doppelscheibenbremse; hinten Scheibenbremse
Gewicht	170 kg
Spitzengeschwindigkeit	274 km/h

Aprilia Mille R

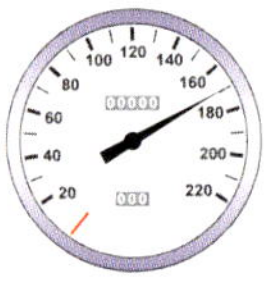

Spitze 274 km/h

Unten: *Mit ihrer schwarzen Lackierung und dem Einzelsitz erinnerte die Mille R sowohl an die Superbike-Rennmaschine als auch an die RSV Mille SP, die nur für professionelle Rennfahrer vorgesehen war. Im Gegensatz zum exotischen und teuren SP-Modell besaß die R den Motor und den Rahmen der Standard-Mille und war billiger.*

Nur ein Jahr nachdem Aprilia mit der RSV Mille in den Superbike-Markt eingestiegen war, gelang der Firma ein beeindruckendes World-Suberbike-Debüt, als der Australier Peter Goddard bei der Meisterschaft 1999 mit der V2 auf den zwölften Platz fuhr. Im folgenden Jahr stellte Aprilia mit der Mille R eine verbesserte Straßenmaschine vor. Mit ihrer Lackierung und dem Einzelsitz erinnerte die R an die Werksmaschine. Auch wenn sie für die Straße gebaut worden war, vermittelte sie doch etwas von dem Gefühl und dem Look der Rennmaschine.

Der flüssigkeitsgekühlte 998-ccm-60-Grad-V2-Motor besaß einige neue Ausstattungsmerkmale. Seine Benzineinspritzung war auf Durchzug bei niedrigen Drehzahlen und Laufruhe getrimmt, und die Kupplung war überarbeitet wurden. Der DOHC-Achtventiler leistete angegebene 128 PS bei 9500 Umdrehungen und entsprach in dieser Hinsicht der Standard-Mille, deren Motor gleichermaßen modernisiert wurde.

Die Aluminiumholme des Hauptrahmens der R waren zwar mit denen der Standard-RSV identisch, aber der Einsitzer sparte Gewicht durch einen kleineren Aluhilfsrahmen. Das Chassis der R war ebenfalls verbessert worden. Die Vorderradfederung übernahm jetzt eine 43-mm-Upside-Down-Renngabel von Öhlins mit reibungsarm beschichteten Standrohren. Der schwedische Spezialist lieferte auch das Heckfederbein und den quer eingebauten Lenkungsdämpfer.

Die Aprilia-Ingenieure ließen nichts unversucht, um bei der Maschine an Gewicht zu sparen. Die beiden Schmutzfänger bestanden aus Karbonfaser. Es gab eine leichtere Batterie und einen Tank aus Kunstharz. Die Räder waren aus Aluminium geschmiedet und nicht wie sonst üblich gegossen worden. Diese und andere Sparmaßnahmen redu-

zierten das Trockengewicht auf 185 kg, das waren 4 kg weniger als bei der Standard-Mille.

Laufruhiger und flexibler Motor

Der große V-Zweizylinder war beeindruckend: laufruhig, flexibel und sehr stark. Die Mille R donnerte mit einem gelassenen Gefühl aus Kurven heraus und beschleunigte eindrucksvoll auf dem Weg zur Spitzengeschwindigkeit von 274 km/h. Sie drehte schnell genug hoch, um bei 11 500 Umdrehungen an den Begrenzer zu stoßen, wenn der Fahrer nicht vom Blinken der roten Warnlampe im elektronischen Cockpit geleitet schnell durch die sechs Gänge schaltete.

Die Stärke der Mille R war ihr Handling, was angesichts der Qualität ihres Chassis nicht überraschte. Die Aprilia kippte auf den kleinsten Befehl hin leicht in Schräglage, lenkte sich überlegen neutral und war in schnellen Kurven und auf langsamen unebenen Geraden gleichermaßen unerschütterlich. Die verbesserte Vorderradbremse von Brembo lieferte eine hervorragende Verzögerung.

Trotz ihres Rennlooks kauften die meisten Fahrer die Mille R für die Straße, wo sie ihre Mischung aus müheloser Kraftentfaltung, leichtem, aber stabilem Handling und exzellenter Verarbeitungsqualität zu einem hervorragenden Sportmotorrad machte. Auch auf der Rennstrecke konnte die Mille R überzeugen. Zur Freude Aprilias galt das auch für die ähnlich gestylte Werksrennmaschine, mit der man in der World-Superbike-Serie rechnen musste.

RSV als Sporttourer: Die Futura

Aprilias Plan, eine Familie von Superbikes um den 60-Grad-V2 herum aufzubauen, resultierte 2001 in der Futura. Unter der kantigen Tourenverkleidung wurden die Einspritzung und der Einlasstrakt auf zusätzliches Drehmoment bei niedrigen Drehzahlen, ein kultivierteres Fahrgefühl und eine auf 113 PS reduzierte Leistung getrimmt. Der Alurahmen wurde für eine aufrechte Sitzhaltung und eine weniger rennorientierte Geometrie modifiziert. Eine neue Auspuffanlage mit dem Schalldämpfer unter der Sitzbank schuf Platz für Koffer. Die Futura war ein kultiviertes, komfortables Motorrad mit exzellentem Handling, geschmeidiger Beschleunigung und 240 km/h Spitzentempo.

__Links oben:__ Das vordere Ende der Mille R war mit einer hochwertigen Upside-Down-Gabel von Öhlins und einem Dreifachscheinwerfer ausgestattet.

__Links:__ Geringes Gewicht, ein äußerst steifer Rahmen und hochwertige Federelemente verliehen der Mille R ein superbes Handling.

Bezeichnung	**Aprilia** RSV Mille R (2000)
Motor	V2 60°, flüssigkeitsgekühlt, DOHC, 8 Ventile
Hubraum	998 ccm (97 x 67,5 mm)
Leistung	[illegible] kW ([illegible] PS) bei [illegible] U/min
Kraftübertragung	Sechsganggetriebe; Kette
Rahmen	Aluminiumprofilrahmen
Federung	vorne Teleskopgabel; hinten Zentralfederbein
Bremsen	vorne Doppelscheibenbremse; hinten Scheibenbremse
Gewicht	185 kg
Spitzengeschwindigkeit	274 km/h

Kawasaki ZX-12R

Spitze
300 km/h

Unten: *Bei über 170 PS auf Abruf bedurfte es nur eines Zuckens im Handgelenk, um das Vorderrad der ZX-12R in die Luft zu bekommen. Dank des Ram-Air-Systems war die Leistung bei hohen Geschwindigkeiten beeindruckend. Der Einlassschlitz ragte unter den Scheinwerfern hervor, wo der Luftdruck am höchsten war.*

Die schnelle ZX-12R, mit der Kawasaki ins neue Jahrtausend ging, bestätigte, dass mit dem Hersteller großer Vierzylinder-Superbikes immer noch zu rechnen war. Mit ihrer raketenartigen Beschleunigung und der Spitzengeschwindigkeit von 307 km/h forderte die ZX-12R Suzukis Hayabusa im Kampf um den Titel des schnellsten Superbikes der Welt heraus. Aber mitten in die Diskussion um die genaue Motorleistung platzten Berichte, die ZX-12R sei das erste Motorrad, das von der freiwilligen Selbstbeschränkung der Hersteller auf 300 km/h betroffen sei, um drastischeren gesetzlichen Restriktionen zuvor zu kommen.

In der wirklichen Welt abseits aufgelassener Flugplätze und elektronischer Tempoerfassung spielten diese Zahlen keine Rolle. Es stand fest, dass die ZX-12R wie ihre Hauptrivalin sehr, sehr schnell war. Die ZX-12R funktionierte auch bei normalen Geschwindigkeiten gut und war ein ebenso attraktives wie technisch interessantes Motorrad.

Ironischerweise war nicht etwa der flüssigkeitsgekühlte 1199-ccm-Motor das herausragende Merkmal der Maschine. Der DOHC-16-Ventiler war im Grunde eine vergrößerte Version des Motors der 900er-ZX-9R mit einer Benzineinspritzung statt Vergasern. Eine Ram-Air-Beatmung durch eine Öffnung unter den Scheinwerfern verhalf zu 176 PS bei 11000 U/min.

Das innovativste Merkmal der Kawasaki war ihr hohler Monocoque-Aluminiumrahmen. Durch Aufgabe der normalerweise außerhalb des Motors verlaufenden Holme hatte Kawasaki eine steife Struktur schaffen können, die eine schmalere Silhouette und damit eine besserer Aerodynamik erlaubte. Der hohe Rahmen bildete nun zudem die große Airbox. Das Benzin lagerte unter dem Sitz und senkte so den Schwerpunkt.

Die übrigen Chassisteile waren konventionell. Allerdings profitierte die ZX-12R von der Arbeit der Luftfahrtabteilung des Konzerns, indem sie kleine Flügel beiderseits der Verkleidung erhielt.

Diese sollten nicht für mehr Anpressdruck sorgen, sondern Turbulenzen des Vorderrads glätten. Das war bei den hohen Geschwindigkeiten, die die ZX-12R mit verlockender Mühelosigkeit erreichte, wichtig.

Gewaltig, aber fügsam

Dieses täuschend gewöhnlich aussehende Motorrad konnte aus dem Stand und über die Viertelmeile in nur 10 Sekunden auf 225 km/h beschleunigen. Selbst bei dieser Geschwindigkeit hatte die ZX-12R genügend Beschleunigungsreserven. Trotz dieser gewaltigen Kraft verhielt sich die Maschine ausgesprochen fügsam. Die maximale Leistung setzte nahe dem roten Bereich ab 11500 Umdrehungen ein, aber die Kawasaki beschleunigte bereits unter 2000 Touren knackig. Dadurch ließ sie sich mit minimalem Einsatz der Sechsgangschaltung sowohl im täglichen Stadtverkehr als auch auf Reisen bequem fahren.

Der Motor war laufruhig, auch wenn die stärksten Vibrationen bei einer üblichen Reisegeschwindigkeit von rund 130 km/h auftraten. Ansonsten war der Fahrkomfort dank einer geräumigen Sitzposition und guten Windschutzes hoch. Für ein 210 kg schweres Motorrad besaß die ZX ein gutes Handling. Die Geometrie war relativ sportlich abgestimmt, und die Federung war straff. Die ZX war bei guter Stabilität recht agil und lud zu flotten Kurvenfahrten ein, wozu auch die kräftige und gut dosierbare Vorderradbremse mit Sechskolbenzangen beitrug.

Allen frühen Spekulationen zum Trotz erwies sich die ZX-12R in den meisten unabhängigen Tests als etwas langsamer als die Hayabusa. Dennoch war sie eine eindrucksvolle Maschine, die erstaunlich schnell, überraschend flexibel und komfortabel Kawasakis Reputation für Vierzylinderleistung auch im 21. Jahrhundert unterstrich.

Links oben: *Die Spezialität der ZX-12R waren Geraden, aber sie fühlte sich auch in Kurven wohl.*

Oben: *Die kleinen Flügel unter dem Schriftzug sollten die Turbulenzen vom Vorderrad glätten.*

Links: *Trotz der aerodynamischen Formgebung war die ZX-12R schön – besonders in Kawasaki-Grün.*

Bezeichnung	**Kawasaki** ZX-12R (2000)
Motor	4 Zylinder in Reihe, flüssigkeitsgekühlt, DOHC, 16 Ventile
Hubraum	1199 ccm (83 x 55,1 mm)
Leistung	130 kW (170 PS) bei 11000 U/min
Kraftübertragung	Sechsganggetriebe; Kette
Rahmen	Aluminiummonocoque
Federung	vorne Teleskopgabel, hinten Zentralfederbein
Bremsen	vorne Doppelscheibenbremse; hinten Scheibenbremse
Gewicht	210 kg
Spitzengeschwindigkeit	300 km/h

Bimota SB8K

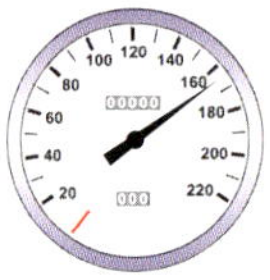

Spitze
266 km/h

Rechts: *Der Motor der SB8K war der kraftvolle V-Twin aus der Suzuki TL1000, modifiziert mit einer neuen Weber-Marelli-Einspritzung und einem hoch verlegten Auspuff.*

Unten: *Die elegante SB8K teilte sich den Aluminium- und Karbonfaserrahmen der SB8R, aber nicht die Lufteinlassschläuche zum Tank.*

Bimota löste Anfang der 2000er World-Superbike-Saison eine Sensation aus, als der Australier Anthony Gobert beim zweiten Zusammentreffen des Werksteams ein Rennen gewann. Gobert fuhr Bimotas neue SB8K mit einem V2-Motor aus der Suzuki TL1000R. Der Sieg beruhte vor allem auf der geschickten Reifenwahl auf der feuchten Strecke von Philip Island, richtete aber aller Augenmerk auf Bimota und die SB8K.

Die Straßenmaschine SB8K, auf der Goberts Rennmaschine weitgehend basierte, war eine neu gestaltete, aerodynamischere und etwas stärkere Version des Vorgängermodells SB8R, das den gleichen 996-ccm-Motor besaß. Bimota plante für das Jahr 2000 nur 150 Stück, das nach den World-Superbike-Regularien geforderte Minimum.

Wie die SB8R war die K eine exotische Maschine, die den flüssigkeitsgekühlten 90-Grad-V-Zweizylinder der TL mit einem Rahmen aus Aluminiumholmen und Kohlefaserteilen im Bereich des Schwingengelenks kombinierte. In guter Bimota-Tradition blieb der Motor intern praktisch unverändert und erhielt nur etwas mehr Leistung durch eine neue Weber-Marelli-Einspritzung mit 59-mm-Drosselklappengehäusen.

Die größere Airbox wurde im Gegensatz zur SB8R mit ihren auffälligen Rohren über dem Tank auf konventionelle Weise durch die Verkleidungsnase

beatmet. Bimota gab für die SB8K, die auch über einen überarbeiteten Einlasstrakt und einen hoch verlegten Auspuff verfügte, optimistische 149 PS an, 15 PS mehr als die Serien-Suzuki.

Am Hauptrahmen und an der Federung gab es gegenüber der SB8R keine Veränderungen: eine 46-mm-Upside-Down-Gabel von Paioli und ein horizontal rechts im Rahmen montierter Stoßdämpfer von Öhlins, der sich über eine Aluminiumstrebe an der Schwinge abstützte. Die Rennversion SB8K erhielt einige zusätzliche Details wie einstellbare Schwingenlager.

Donner und Aggression

Mit 172 kg war die SB8K etwas leichter als die SB8R und beachtliche 25 kg leichter als die TL1000R. Dies führte zusammen mit der zusätzlichen Leistung zu einer stürmischen Beschleunigung auf gerader Strecke. Der große V-Twin der Bimota trieb das Motorrad mit mehr Kraft und Aggressivität vorwärts, als es die Fahrer der ungemein drehmomentstarken Suzuki erwartet hätten.

Die SB8K nahm in den unteren Gängen wunderbar Gas an, auch wenn der Gasgriff etwas schwergängiger war als bei der TL, was das geschmeidige Beschleunigen im Kurvenscheitel etwas erschwerte. Bei höheren Geschwindigkeiten begann die Bimota, wirklich Nutzen aus den größeren Drosselklappengehäusen zu ziehen, während sie ihrer Spitzengeschwindigkeit von 257 km/h vehement entgegenstürmte.

Nun hätte die Mischung aus potentem V2-Motor, geringem Gewicht, kurzem Radstand und rennsportlicher Geometrie das Handling erschweren können,

Bezeichnung	**Bimota** SB8K (2000)
Motor	V2 90°, flüssigkeitsgekühlt, DOHC, 8 Ventile (Suzuki TL1000R)
Hubraum	996 ccm (98 x 66 mm)
Leistung	110 kW (149 PS) bei 8500 U/min
Kraftübertragung	Sechsganggetriebe; Kette
Rahmen	Aluminium- und Kohlefaserrahmen
Federung	vorne Teleskopgabel; hinten ein Stoßdämpfer
Bremsen	vorne Doppelscheibenbremse; hinten Scheibenbremse
Gewicht	172 kg
Spitzengeschwindigkeit	266 km/h

aber der steife Rahmen und die hochwertige Federung wussten dies zu verhindern. Sie ließ sich schnell und leicht lenken, blieb aber selbst bei harter Beschleunigung stabil. Breite Gürtelreifen gewährten einen guten Grip, und die Vorderradbremse von Brembo war kraftvoll.

Die Nachfrage nach der SB8K war groß und nahm nach Goberts Sieg in Philip Island noch zu, aber für Bimota ging es rapide bergab. Zuerst stellten sich mechanische Probleme ein, von denen eines zu einem bösen Sturz Goberts führte. Dann wurde das Rennteam mitten in der Saison aufgelöst, nachdem ein Hauptsponsor einen Haufen Schulden hinterlassend verschwand.

Schließlich fand sich das bereits durch die katastrophale Einführung der unzuverlässigen 500 V das finanziell angeschlagene Unternehmen in einer schlimmeren wirtschaftlichen Situation wieder als je zuvor. Die Produktion lief aus, bevor die meisten SB8K montiert waren, und die Zukunft sah für die berühmte und innovative Firma düster aus, die fast 30 Jahre lang einige der schnellsten und besten Superbikes der Welt gebaut hatte.

Oben: *Die Werksrennmaschine SB8K erzielte einen Überraschungssieg in Australien, litt dann aber unter verschiedenen mechanischen Problemen, die letztlich zu einem Sturz Goberts in Japan führten. Bimotas Rennteam fehlte das Entwicklungsbudget schon, bevor sich der Sponsor aus dem Staub machte.*

Links: *Es wurden nur wenige SB8K gebaut, bevor Bimota die Produktion einstellte. Aber wer die V2 fuhr, war unweigerlich von ihrer Kraft, Flexibilität und Leichtigkeit begeistert. Ironischerweise war die Nachfrage groß, als Bimota überschuldet die Pforten schloss.*

Marine Turbine Technologies Y2K

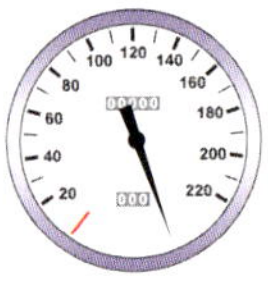

Spitze
400 km/h
(geschätzt)

Unten: *Mit ihrer Verkleidung sah die Y2K lang und etwas ungewöhnlich aus, aber nichts deutete auf den einzigartigen Motor hin. Die Upside-Down-Gabel führte ein 17-Zoll-Kohlefaserrad von Dymag. Die fehlende Motorbremse der Turbine bedeutete für die Sechskolbenzangen der Bremsen zusätzliche Arbeit.*

Mit einer Leistung von 286 PS und einer Spitzengeschwindigkeit von mehr als 322 km/h war die von der Firma Marine Turbine Technologies gebaute Y2K sicherlich das stärkste und schnellste Motorrad, das je in die Serienproduktion gegangen ist. Vor dem Hintergrund, dass die Y2K von einer Hubschrauberturbine angetrieben wurde, war diese Performance kaum überraschend.

Flugzeugturbinen waren schon bei Dragstern und Einzelanfertigungen verwendet worden, aber nie zuvor bei einem Motorrad, das für den Straßenverkehr vorgesehen war. Trotz eines Preises von 150000 Dollar bestand genügend Nachfrage, so dass Marine Turbine über die nächsten Jahre eine kleine Serie der Y2K baute und verkaufte.

Turbinenantrieb

Mit einem Rolls-Royce-Emblem auf der Nase – die Turbine war eine Allison 250 aus dem Bell JetRanger – und einem hohen Pfeifen, wie man es normalerweise auf der Startbahn eines Flughafens erwartet, erschien die Y2K als das unwahrscheinlichste aller Motorräder. Marine Turbine Technologies (MTT) kaufte aus Sicherheitsgründen ausrangierte Flugzeugturbinen auf und führte sie neuen Verwendungen von Booten über Fahrzeuge bis hin zu Feuerwehrpumpen zu.

Als MTT-Präsident Ted McIntyre beschloss, ein Motorrad ins Firmenangebot aufzunehmen, beauftragte er Christian Travert, einen ehemaligen Rennfahrer und Umbauspezialisten, mit der Projektleitung. Turbinen laufen am besten mit einer konstanten

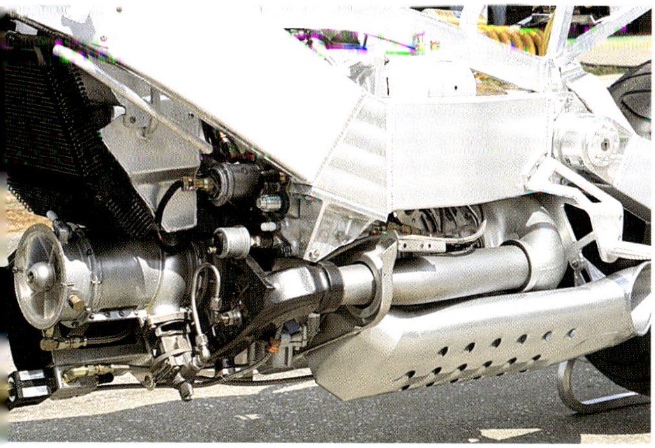

Links außen: *Die aus einem Hubschrauber stammende Gasturbine lag in einem ungemein starken Rahmen aus dicken Aluminiumholmen.*

Links: *Die weit auseinander liegenden Scheinwerfer sorgten zusammen mit dem diskreten Rolls-Royce-Emblem für Individualität und Stil.*

Geschwindigkeit, und im Helikopter lief die Turbine mit 50 000 Umdrehungen. Travert baute ein Getriebe und eine Kupplung ein, um die Kraft auf ein Kettenrad und von dort über eine Kette ans Hinterrad zu übertragen.

Der Motor lief mit Diesel. „Er läuft mit allem, von Benzin über Tequila bis hin zu Chanel-Parfüm", sagte Travert, „aber Diesel verbrennt am effizientesten und gibt die meiste Kraft." Außerdem entwarf und baute Travert das Chassis, das in der Konstruktion dem eines Superbikes glich, aber viel länger und stärker war. Ein Aluminiumrahmen hielt eine konventionelle Gabel und einen Heckstoßdämpfer von Öhlins.

Das Motorrad hatte anstelle von Rückspiegeln einen kleinen Fernsehschirm (mit einer Heckkamera verbunden) im Cockpit. Wen man den Anlasserknopf drückte, lief die Turbine hoch, und ihr Winseln steigerte sich zu einem Kreischen, bis der Drehzahlmesser 20 000 Umdrehungen anzeigte. In diesem Moment zündete die Turbine und das Motorrad war fahrbereit.

Die Beschleunigung bei geringer Geschwindigkeit war dank einer lang ausgelegten Zweigangautomatik unspektakulär. Dann aber erwachte das Motorrad zum Leben und beschleunigte ab 80 km/h mit aufregender Wucht und fast unheimlicher Laufruhe. Angesichts der Kraft und der Art, mit der die Y2K aus dem Stand in nur 15 Sekunden auf 365 km/h beschleunigte, machte MTTs Angabe von 400 km/h durchaus glaubwürdig.

Die turbinengetriebene Maschine war zu lang, um sich wie ein Sportmotorrad handhaben zu lassen, und erforderte auf kurvenreichen Strecken viel Arbeit vom Fahrer.

Aber sie war sowohl auf geraden Strecken als auch in schnellen Kurven beeindruckend stabil. Auch ihre Scheibenbremsen bissen kraftvoll zu – und wurden auch reichlich bemüht, denn es gab keine Motorbremse, wenn man das Gas wegnahm.

Trotz des hohen Preises erlebte MTT eine stetige Nachfrage nach der Y2K, die wohl das ungewöhnlichste Serien-Superbike der Welt war. Ein Bonus war die lebenslange Garantie auf die Turbine. Wie Ted McIntyre es ausdrückte: „Jeder, der eine von denen zerbläst und es überlebt, verdient einen neuen Motor."

Unten: *Die lange, windschnittige Y2K gewährte dem Fahrer viel Platz, um sich hinter den Windschild zu ducken. Das war bei der Leistung der Turbine auch nötig.*

Bezeichnung	**Marine Turbine Technologies** Y2K (2000)
Motor	Rolls-Royce Allison 250 Gasturbine
Hubraum	k. A.
Leistung	210 kW (286 PS) bei 52 000 U/min
Kraftübertragung	Zweigangautomatik; Kette
Rahmen	Aluminiumprofilrahmen
Federung	vorne Teleskopgabel; hinten Zentralfederbein
Bremsen	vorne Doppelscheibenbremse; hinten Scheibenbremse
Gewicht	190 kg
Spitzengeschwindigkeit	400 km/h (geschätzt)

Cagiva V-Raptor

Spitze 240 km/h

Rechts: *Das kräftige Drehmoment des Suzuki-V2, gut von der neuen Einspritzung kontrolliert, machte die V-Raptor ideal für Wheelies.*

Unten: *Das schnittige Styling der V-Raptor hatte keinen praktischen Nutzen, verlieh ihr aber trotz des vertrauten V-Zweizylinders und des Stahlrohrrahmens ein eigenständiges Aussehen.*

Cagiva gelang mit der Raptor und der V-Raptor ein eindrucksvolles Debüt als Superbikehersteller. Die beiden schnellen und auffälligen Maschinen wurden von dem 996-ccm-V-Zweizylinder der Suzuki TL1000S angetrieben. Die vor allem durch kleine Maschinen bekannt gewordene italienische Firma war Eignerin der Marke MV Agusta und hatte unter deren Namen mit der Produktion der 750 F4 begonnen, aber die beiden Raptor waren die ersten Superbikes unter eigenem Namen.

Mit ihren unverkleideten V2-Motoren, dem aggressiven Styling und der italienischen Herkunft zeigten die Raptor Ähnlichkeiten mit der Ducati Monster, die 1993 den Markt für unverkleidete Motorräder neu belebt hatte. Diese Ähnlichkeit war kein Zufall, denn der argentinische Designer Miguel Galluzzi hatte auch die erste unverkleidete Ducati geschaffen.

Vor allem die V-Raptor zog mit ihrem scharfen Schnabel und den zum Tank führenden Lufteinlass-Attrappen die Blicke auf sich. Ihr Stil war dem Namen angemessen: Raptor ist das lateinische Wort für Raubvogel. Wie die schlichtere Raptor, die eher der Monster ähnelte, wies die V-Raptor einige interessante Details wie einen zentral platzierten, dreieckigen Drehzahlmesser mit darunter liegendem

digitalem Tacho und klauenartigen Gussteilen unter den Soziusfußrasten auf.

Geschmeidige Kraftentfaltung

Das Entwicklungsteam bei Cagiva beließ den flüssigkeitsgekühlten 90-Grad-Achtventiler intern unverändert, programmierte aber die Benzineinspritzung um und montierte neue Ein- und Auslasstrakte, um die Kraftentfaltung im unteren und mittleren Drehzahlbereich geschmeidiger zu gestalten. Der Motor verlor dabei einige PS, aber Cagivas Leistungsangabe von 105 PS bei 8500 Umdrehungen (TL1000: 123 PS) war irreführend, weil die Firma am Hinterrad maß und nicht wie die meisten Hersteller an der Kurbelwelle.

Ob sie nun knackig aus 2000 Umdrehungen heraus beschleunigte oder vorwärts stürmte, während sich die Nadel des Drehzahlmessers rapide dem roten Bereich ab 10300 U/min näherte, die V-Raptor stellte Drehmoment auf Anforderung zur Verfügung. Die Spitzengeschwindigkeit lag bei 240 km/h, die Vibrationen waren gering, und das Sechsganggetriebe schaltete sauber.

Das Chassisdesign beruhte auf einem Stahlrohrrahmen im Stil der Ducati und kam in der Regel gut mit der Kraft des V-Twin zurecht. Eine halbelliptische Stahlschwinge stützte sich an einem vertikal montierten Sachs-Stoßdämpfer ab; die Upside-Down-Gabel stammte von Marzocchi. Beide Enden waren gut gedämpft, aber weich und gewährten so in der Stadt und auch bei höheren Geschwindigkeiten einigen Fahrkomfort.

Mit 197 kg war die V-Raptor respektabel leicht (das Basismodell war etwas leichter). Die Lenkgeometrie war nicht sonderlich sportlich, aber der Lenker war breit genug, um genügend Hebel für eine schnelle, neutrale Lenkung zu bieten. Die Vorderradbremse von Brembo war nicht so stark wie bei anderen Systemen, reichte aber für die Anforderungen einer Straßenmaschine aus.

Das Grundmodell Raptor fuhr sich ähnlich, erregte aber nicht so viel Aufmerksamkeit. Ihr etwas höherer und nicht so weit nach hinten gezogener Lenker ermöglichte eine etwas aufrechtere Sitzhaltung als der der V-Raptor, die zusätzlich noch etwas Windschutz durch die Lenkerverkleidung bot. Beide Modelle belegten, dass Galluzzi sein Ziel erreicht hatte, das Konzept des Naked Bike weiterzuentwickeln. Sie waren attraktiv, schnell und agil und etablierten Cagiva als erfolgreichen Superbikehersteller.

Ein Jahr später erweiterte Cagiva die Raptor-Palette um die Raptor 650 mit dem V2 aus der Suzuki SV650 und die in limitierter Auflage gefertigte Xtra-Raptor, die den 996-ccm-Motor mit einer Kohlefaserkarosserie, einer sportlicheren Lenkgeometrie und einer strafferen, mehrfach einstellbaren Federung kombinierte. Aber obwohl die Nachfrage gerade nach der kleineren Maschine sehr groß war, geriet Cagiva in finanzielle Probleme, die die Produktion erheblich behinderten und viele Verkäufe kosteten.

Links: *Der Rahmen bestand aus 40 mm-Stahlrohren und nutzte den 90-Grad-V2 von Suzuki als tragendes Teil. Die Italiener beließen den Motor intern unverändert, modifizierten aber Ein- und Auslasstrakt.*

Unten: *Die V-Raptor und die konventionellere Raptor (links) wurden gleichzeitig eingeführt und teilten sich die meisten Teile. Das Basismodell bot eine etwas aufrechtere Sitzhaltung und war preisgünstiger.*

Bezeichnung	**Cagiva** V-Raptor (2000)
Motor	V2 90°, flüssigkeitsgekühlt, DOHC, 8 Ventile (Suzuki TL1000S)
Hubraum	996 ccm (98 x 66 mm)
Leistung	77,3 kW (105 PS) bei 8500 U/min
Kraftübertragung	Sechsganggetriebe; Kette
Rahmen	Gitterrohrrahmen
Federung	vorne Teleskopgabel; hinten Zentralfederbein
Bremsen	vorne Doppelscheibenbremse; hinten Scheibenbremse
Gewicht	197 kg
Spitzengeschwindigkeit	240 km/h

Honda SP-1

Spitze 266 km/h

Unten: *Die SP-1 unterschied sich deutlich von der VTR1000F, aus der sie entwickelt worden war. Der flache Lenker, die nach hinten versetzten Fußrasten und der Einzelsitz unterstrichen die ernst gemeinten Sportambitionen. Für einen Sozius konnte ein Sitzkissen auf dem Heckbürzel montiert werden, aber das Motorrad war dazu geschaffen, solo – und schnell – gefahren zu werden.*

Nach vielen Jahren der erfolglosen Konkurrenz mit Ducati in der World Superbike Championship, deren Regeln Zweizylindermotorrädern einen Gewichtsvorteil gewährten, gab Honda schließlich das traditionelle V4-Konzept auf und entwickelte einen eigenen V-Zweizylinder. Die 2000 eingeführte VTR1000 SP-1 erwies sich in doppeltem Sinn als erfolgreich. Der Amerikaner Colin Edwards gewann damit die Superbike-Weltmeisterschaft, und Hondas Palette von Straßenmaschinen wurde durch ein superbes Sportmotorrad aufgewertet.

Trotz ihres kraftvollen 999-ccm-90-Grad-V2-Motors, des hochwertigen Chassis, des rennsportmäßigen Stylings und einer durchdachten Ausstattung war die SP-1 keine limitierte Auflage, die nur als Basis für die Rennmaschine dienen sollte. Das in den Staaten als RC51 bekannte Modell wurde in großen Stückzahlen gefertigt und lag preislich näher an einem normalen Sportmotorrad als an ihrer Vorgängerin RC45.

Honda hatte bereits eine große V2 im Programm, aber die SP-1 teilte sich weniger als zehn Prozent der Teile mit der VTR1000F Firestorm. Ihr Motor besaß eine höhere Kompression, Zahnräder statt Kette im Ventiltrieb und ein eng gestuftes Getriebe. Anstelle der Vergaser der Firestorm verfügte die SP-1 über eine Benzineinspritzung, die über ein innovatives System beatmet wurde, dessen Leitung von einer Öffnung zwischen den beiden Scheinwerfern durch den speziellen Alulenkkopf in die Airbox führte, um Turbulenzen im Luftstrom zu vermeiden. Die maximale Leistung betrug 136 PS bei 9500 Umdrehungen.

Im Gegensatz zur Firestorm besaß der Rahmen der SP-1 zwei konventionelle Aluminiumholme. Er nutzte den Motor als tragendes Teil und stützte den hinteren Stoßdämpfer an einem großen Aluminiumquerträger ab. Die 43-mm-Upside-Down-Gabel war wie der Stoßdämpfer mehrfach einstellbar.

Kompakt und drehfreudig

Die SP-1 war kompakt, die Stummellenker niedrig, die Fußrasten hoch und der Sitz dünn gepolstert. Das Finish war für Honda-Maßstäbe eher rudimentär mit nicht lackierten Aufklebern und sichtbarer Verkabelung in der Verkleidung. Der rennsportmäßig lang ausgelegte erste Gang reichte bis 113 km/h. Aber dank der Flexibilität des Motors war das Motorrad leicht und schnell zu fahren. Der Motor liebte Drehzahlen und schoss mit solchem Enthusiasmus bis in den roten Bereich ab 10 000 Umdrehungen, dass der linke Fuß des Fahrers flink durchs Getriebe schalten musste, während die Maschine ihrer Spitzengeschwindigkeit von 266 km/h entgegenstrebte.

Die SP-1 war mit 196 kg nicht sonderlich leicht, ließ sich aber gut handhaben. Ihr steifer Alurahmen und die hochwertigen Teile erlaubten eine präzise Kontrolle. Die Federung an beiden Enden war straff und ideal für Rennstrecken oder gute Straßen geeignet. Die Vorderradbremse mit zwei großen Scheiben und Vierkolbenzangen von Nissin besaß viel Biss und war gut dosierbar.

Die SP-1 war vorrangig für die Rennstrecke gebaut, um Hondas Ruf als Hersteller der schnellsten Viertaktmotorräder der Welt wieder herzustellen. Edwards Titel in der ersten Saison bestätigte diese Vorgehensweise. Außerdem hatte Honda mit der straßentauglichen Version eine herausragende Straßenmaschine geschaffen, die die für Honda typische Kultiviertheit und hohe technische Qualität mit dem Charakter eines V-Twin zu verbinden wusste.

Edwards Superbike-Siegerin

Selbst Honda konnte nicht erwartet haben, dass ihre neue V-Twin den heiß umkämpften Superbike-Titel im ersten Jahr gewinnen würde, aber Colin Edwards gelang genau das auf der von Castrol gesponserten Werksmaschine. Das Motorrad des Texaners leistete 180 PS, besaß ungeheure Durchzugskraft, wog nur 161 kg und war verlässlich und schnell. Zu Hondas gesteigerter Freude gewannen die japanischen Grand-Prix-Stars Daijiro Katoh und Tohru Ukawa das Acht-Stunden-Rennen auf dem heimischen Kurs in Suzuka.

Links: *Durch die feste, gut gedämpfte Federung eignete sich die SP-1 hervorragend für schnelle Kurven auf glatten Straßen und Rennstrecken, war aber ansonsten wenig komfortabel.*

Links unten: *Die Luft erreichte die Airbox durch eine Öffnung in der Verkleidung und einen speziell gegossenen Lenkkopf.*

Bezeichnung	**Honda** VTR1000 SP-1 (RC51) (2000)
Motor	V2 90°, flüssigkeitsgekühlt, DOHC, 8 Ventile
Hubraum	999 ccm (100 x 63,6 mm)
Leistung	100 kW (136 PS) bei 9500 U/min
Kraftübertragung	Sechsganggetriebe; Kette
Rahmen	Aluminiumprofilrahmen
Federung	vorne Teleskopgabel; hinten Zentralfederbein
Bremsen	vorne Doppelscheibenbremse; hinten Scheibenbremse
Gewicht	196 kg
Spitzengeschwindigkeit	266 km/h

Kawasaki ZX-6R

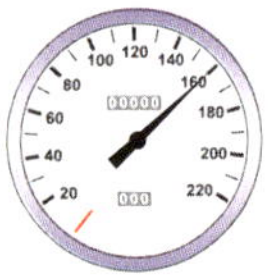

Spitze
257 km/h

Kawasaki hatte mit der GPZ600R mit flüssigkeitsgekühltem 16-Ventiler, Brückenrohrrahmen und Vollverkleidung 1985 praktisch die 600er-Supersport-Klasse erfunden. 15 Jahre später bewies eine modernisierte Version der Nachfolgerin dieses Modells, die ZX-6R, dass der Hersteller immer noch ganz vorne in der am heftigsten umkämpften Klasse der Motorradwelt mitspielte.

Schneller, leichter, schärfer

Ein Blick auf die Werte der ZX-6R zeigte, dass dieses Motorrad trotz seines kleinen Hubraums ein ernst zu nehmendes Superbike war. Die Kawasaki leistete 109 PS, wog nur 172 kg und erreichte eine Spitzengeschwindigkeit von 257 km/h. Fünf Jahre nach Einführung der ersten ZX-6R war die Herausforderin aus der grünen Ecke in nahezu jeder Hinsicht schneller, leichter, schärfer und besser.

Optisch bestand der größte Unterschied zur ersten ZX-6R in der Front, wo nun ein Doppelscheinwerfer über einem größeren Ram-Air-Einlass saß. Abgesehen von der Lackierung sah das neue Modell vertraut aus, aber Motor, Federung und Bremsen waren neu oder zumindest umfassend modifiziert. Die Konkurrenz bei den Mittelgewichts-Supersportlerinnen war so stark, dass eine beständige Weiterentwicklung überlebenswichtig war.

Die Veränderungen am 599-ccm-Motor betrafen ein überarbeitetes Ram-Air-System, eine erhöhte Kompression und völlig neue Zylinderlaufbahnen aus Aluminium sowie zahlreiche Gewichtssparmaßnahmen. Auch die Ventil- und Kupplungsdeckel sowie die Abdeckungen von Lichtmaschine und Kurbelgehäuse waren aus leichtem Magnesium. Kurbelwelle, Zündspulen, Nockenwellen und Kupplung wurden gewichtssparend neu gestaltet.

__Oben:__ Die ZX-6R hatte viel mit dem ersten Modell von 1995 gemein, aber eine Reihe von Modernisierungen hatte ihr Profil weiter geschärft. Ein Alurahmen, eine Vier-in-eins-Auspuffanlage und die grüne Lackierung gehörten zu den Konstanten.

__Rechts:__ Der Doppelscheinwerfer verlieh der überarbeiteten ZX-6R einen modernen Look. Die wichtigste Änderung an der Verkleidungsnase war die größere Ansaugöffnung des Ram-Air-Systems.

Bezeichnung	**Kawasaki** ZX-6R (2000)
Motor	4 Zylinder in Reihe, flüssigkeitsgekühlt, DOHC, 16 Ventile
Hubraum	599 ccm (66 x 43,8 mm)
Leistung	80,2 kW (109 PS) bei 12500 U/min
Kraftübertragung	Sechsganggetriebe; Kette
Rahmen	Aluminiumprofilrahmen
Federung	vorne Teleskopgabel; hinten ein Stoßdämpfer
Bremsen	vorne Doppelscheibenbremse; hinten Scheibenbremse
Gewicht	172 kg
Spitzengeschwindigkeit	257 km/h

Am Aluminiumrahmen der 6R wurden nur die Schwinge und der Stoßdämpfer verändert. Front- und Heckfederung waren straffer abgestimmt, und die Gabelholme standen weiter auseinander. Weitere Modifikationen waren neue Bremszangen und eine neue Instrumentenkonsole, die zusätzliches Gewicht sparten.

Mit all diesen Neuerungen leistete die 6R ganze 3 PS mehr und war 5 kg leichter – Verbesserungen, die sie wieder um die Klassenführung mitfahren ließen. Wie bei anderen sportlichen Mittelgewichten konzentrierte sich die Leistungsentfaltung auf den oberen Drehzahlbereich.

Wenn die Nadel des Drehzahlmessers am roten Bereich ab 14000 Umdrehungen zitterte, beschleunigte die 6R, begleitet vom Ohren betäubenden Heulen der Einspritzung, mit atemberaubender Schnelligkeit.

Kawasakis Titelanwärterin war immer im Mittenband etwas stärker gewesen als ihre Rivalinnen. Die 6R zog für eine 600er immer noch kräftig aus dem Drehzahlkeller an. Mit ihrem guten Windschutz und der Doppelsitzbank war sie einigermaßen geräumig und komfortabel, zumindest im Vergleich zur Konkurrenz.

Ein perfektes Handling gehörte seit dem ersten Modell von 1996 zur ZX-6R, und das 2000er-Modell war das bis dato beste in dieser Disziplin. Seine straffe Federung arbeitete gleichermaßen hervorragend auf unebenen Straßen wie auf Rennstrecken. Die verbesserte Vorderradbremse der Kawasaki war exzellent, und die griffigen Gürtelreifen boten eine hervorragende Führung und ausgezeichnete Traktion.

So genau man auch die ZX-6R untersuchte, es war sehr wenig an diesem agilen, schnellen und vielseitigen Motorrad zu kritisieren, das auch noch mit einem konkurrenzfähigen Preis glänzte. Die Kawasaki war mindestens genau so aufregend wie ihre Hauptrivalinnen, praktischer als die meisten und für viele Experten die erste Wahl in der mittelgewichtigen Supersport-Abteilung.

Allerdings ließen die Bemühungen der Entwicklungsabteilungen bei der Konkurrenz dies nicht lange so bleiben, und es gab keine Zeit zum Ausruhen.

Links: *Der modernisierte flüssigkeitsgekühlte 599-ccm-16-Ventiler drehte bis auf 14000 U/min.*

Links unten: *Die Modell-Embleme sollten 2002 ausgetauscht werden, als der Motor auf 636 ccm aufgebohrt wurde, um mehr Durchzugskraft zu erhalten.*

Unten: *Die ZX-6R des britischen Fahrers Iain McPherson trug in der Supersport-Weltmeisterschaft 2000 die Nummer 2 und der Australier Andrew Pitt holte 2001 sogar den Titel für Kawasaki.*

Ducati MH900e

Rechts: *Traditionelle Noten wie der runde Scheinwerfer, die Halbverkleidung und die verrippte Ölsumpfattrappe verliehen der MH900e zusammen mit den modernen Teilen ein einzigartiges Aussehen.*

Unten: *Der öl-/luftgekühlte 904-ccm-V2 aus eigenem Hause trug zum visuellen Reiz ebenso bei wie die Einarmschwinge aus Stahlrohr anstelle von Aluminium.*

Das von Ducati Mike Hailwood Evoluzione genannte Motorrad war der Beweis dafür, dass es sich manchmal lohnt, selbst die absurdesten Ideen zu verfolgen. Diese einzigartige Mischung aus altem und neuem Superbike nahm ihren Anfang als Skizze des Designchefs Pierre Terblanche. Terblanche war von den Heldentaten Hailwoods bei der 1978er TT auf der Isle of Man inspiriert, als „Mike the Bike" aus dem Ruhestand zurückkehrte, um mit einer Ducati zum Sieg zu fahren.

Terblanche entwarf seinen Tribut an die Geschichte in Form einer V-Twin, die ein 70er-Styling – einschließlich chromeingefasstem Scheinwerfer, Grafik im alten Stil und einer Ölsumpf-Attrappe unter dem Motor – mit modernen Noten kombinierte. Er überzeugte die Firmenchefs, ein Konzeptmotorrad mit futuristischen Details wie einer Heckkamera anstelle von Rückspiegeln und an den Schalldämpfern montierten Blinkern zu bauen.

Als die MH900e enthüllt wurde, waren die Reaktionen so positiv, dass Ducati die Maschine in limitierter Auflage produzierte. Die Evoluzione wurde auch als ideal für den ersten ernst gemeinten Versuch Ducatis im E-Commerce angesehen. 1000 Einheiten der MH900e wurden am ersten Tag des neuen Jahrtausends über die Website www.ducati.com angeboten und waren wenige Stunden später ausverkauft. Schließlich wurde die doppelte Stückzahl gebaut.

Stilvoll mit wunderschönen Details

Ein Blick erklärt die starke Nachfrage, besonders bei denen, die alt genug waren, sich an das Jahr 1978 zu erinnern. Die Evoluzione war stilvoll, besaß wunderschöne Details und verband Alt und Neu mit einzigartigem Flair. Kamera und Blinker des Prototyps schafften es nicht in die Produktion, wohl aber so schöne Details wie der weiße Drehzahlmesser über dem digitalen Tacho und die Einarmschwinge aus Stahlrohr.

Die Basis der Evoluzione war die 900SS, die den öl-/luftgekühlten 904-ccm-V2 lieferte. Der OHC-Motor lieferte bescheidene 75 PS und saß in einem traditionellen Gitterrohrrahmen. Damit war die MH900e weit von einem modernen Sportmotorrad entfernt, besaß aber trotz der stark gedämpften langen Auspuffrohre unter der Sitzbank einen passenden rohen und altmodischen Charakter.

Dank des Einspritzmotors und des länger übersetzten Getriebes aus der Monster 900 gab es auch genügend Beschleunigung. Ein Dreh am Gasgriff bei unter 5000 Umdrehungen reichte aus, um die Ducati vorwärts grummeln zu lassen, ohne herunterschalten zu müssen. Wenn der Fahrer das Kinn auf dem Leichtmetalldeckel des Tanks drückte, kam die MH900e auf eine Spitzengeschwindigkeit von 209 km/h.

Auch das Handling war gut und zeigte die aus den 12970ern bekannte Mischung aus leichter Lenkung und Hochgeschwindigkeitsstabilität. Die Evoluzione war nicht die agilste Maschine auf der Straße, aber ihre gute Federung und das geringe Gewicht ließen sie die überreichliche Bodenfreiheit und die griffigen Reifen gut ausnutzen. Das Dreischeibensystem von Brembo lieferte reichlich moderne Bremskraft. Weniger willkommen waren die schlechten Spiegel, die unlesbaren Warnlampen, der hohe Sitz und die geringe Reichweite des winzigen Tanks.

Solche Eigenheiten sorgten dafür, dass die MH900e kein Motorrad für jeden Fahrer war. Terblanche konnte damit leben, dass nicht jeder seine Maschine mochte, die eigentlich nie für die Produktion in großen Stückzahlen vorgesehen war. „Die Menschen, für die sie gedacht ist, verstehen sie, und die anderen interessieren mich überhaupt nicht“, sagte er. Für die ersteren stellten die traditionellen Ducati-Tugenden der MH900e wie Drehmoment, Handling und Charakter sicher, dass sie sowohl ein sehr angenehmes Motorrad als auch ein herausragendes Designerstück war.

__Links unten:__ Der 70er-Jahre-Stil mit altem Schriftzug und rot-silberner Lackierung erinnerte an die alte Zeit, ohne dass das Motorrad tatsächlich wie Mike Hailwoods Maschine aussah, deren Vollverkleidung im Rot, Weiß und Grün des Sponsors Castrol lackiert war.

__Rechts unten:__ Die 75 PS starke MH900e war auf gerader Strecke nicht sonderlich schnell, aber der flexible V2 und das geringe Gewicht sorgten für reichlich Fahrspaß.

Bezeichnung	**Ducati** MH900e (2000)
Motor	V2 90°, öl-/luftgekühlt, OHC
Hubraum	904 ccm (92 x 68 mm)
Leistung	55,2 kW (75 PS) bei 8000 U/min
Kraftübertragung	Sechsganggetriebe; Kette
Rahmen	Gitterrohrrahmen
Federung	vorne Teleskopgabel; hinten ein Stoßdämpfer
Bremsen	vorne Doppelscheibenbremse; hinten Scheibenbremse
Gewicht	186 kg
Spitzengeschwindigkeit	209 km/h

Yamaha FJR1300

Spitze 257 km/h

Rechts: *Das Styling war eindeutig von der YZF-R1 beeinflusst, aber die verstellbare Scheibe unterstrich den Anspruch auf Komfort und Geschwindigkeit.*

Unten: *Die große Verkleidung, die breite Sitzbank und die Koffer waren Ausstattungsmerkmale, die allesamt auf der Wunschliste eines Tourenfahrers ganz oben standen.*

Viele Fahrer erinnerten sich gerne an die kraftvollen Reihenvierzylinder, das solide Handling und die Langstreckentauglichkeit der Modelle FJ1100 und 1200. Da lag es nahe, dass Yamaha bei der Planung einer Rückkehr auf den Sporttourermarkt die Vorteile der FJ-Modelle mit modernen Mitteln und einem modernen Design wiedererstehen lassen wollte.

Der FJR fehlte es sicherlich nicht an Geschwindigkeit. Mit einer maximalen Leistung von 145 PS hatte der neue flüssigkeitsgekühlte 1298-ccm-Motor fast so viel Kraft wie das Triebwerk der Supersportlerin YZF-R1. Der neue 16-Ventiler lieferte auch mehr Drehmoment im oberen Drehzahlbereich als der R1-Motor und besaß eine Drehmomentkurve, die auch bei niedrigen Touren viel Performance versprach.

Anders als ihre Vorgängerin FJ1100, die zunächst als Sportmotorrad geplant war, bevor sie zur Tourer bestimmt wurde, war die FJR von vorne herein als Sporttourer gedacht. Sie besaß einen elektrisch verstellbaren Windschild, einen Kardanantrieb, einen eingebauten Gepäckträger und integrierte Koffer. Dazu erlaubte sie eine relativ aufrechte Sitzhaltung statt einer sportlich gekrümmten Position.

Oben: Die Yamaha ergänzte ihre Geschwindigkeit auf gerader Strecke mit einer beeindruckenden Performance auf kurvenreichen Straßen.

Wirklich schnell

Durch die tiefe Sitzbank und die Fußrasten vermittelte die FJR bei niedrigen Geschwindigkeiten ein entspanntes Fahrgefühl. Aber ein Dreh am Gasgriff machte deutlich, dass es sich hier um ein schnelles Motorrad handelte. Die Yamaha lieferte ab 2000 Touren im höchsten Gang eine nahtlose Beschleunigung ab, die ab 3000 Umdrehung an den Armen zerrte und das effiziente Fünfganggetriebe fast wie eine optionale Zusatzausstattung wirken ließ.

Der Motor war zu kultiviert, um einen Kraftsprung zu zeigen, aber er zog durch den mittleren Drehzahlbereich stärker bis zum roten Bereich bei 9000 Umdrehungen. Dank zweier Ausgleichswellen verhielt sich die Yamaha bei den meisten Drehzahlen sehr laufruhig. Die meiste Zeit war nur ein typisch hochfrequentes Kribbeln zu spüren, das dezent bestätigte, dass es sich um einen Reihenvierzylinder handelte.

Ironischerweise kam es gerade bei 5000 Umdrehungen zu etwas deutlicheren Vibrationen, was einer üblichen, schnellen Reisegeschwindigkeit von 145 km/h entsprach. Einige Fahrer nahmen das als willkommene Ausrede, um die FJR ihrer Spitzengeschwindigkeit zuzutreiben, die mit hoch gestelltem Windschild 241 km/h und ohne Koffer 257 km/h betrug.

Die FJR ließ sich mit und ohne Gepäck gut handhaben. Auf gerader Strecke war sie unerschütterlich und in schnellen Kurven verhielt sie sich stabil. Mit 237 kg war die Maschine beachtlich leicht, was vor allem an der Verwendung von Aluminium für Rahmen und Schwinge lag. Die exzellente Federung, die für Komfort sorgte, war straff genug für schnelle Kurven. Vor allem die Gabel widerstand den Kräften der zupackenden Bremse mit ihren zwei Scheiben und Vierkolbenzangen vorbildlich. Weitere tourengerechte Ausstattungsmerkmale waren eine breite Sitzbank und der große, abgeflachte Tank, der perfekt für einen Tankrucksack geeignet war.

Die einstellbare Scheibe war nur bedingt für große Fahrer geeignet, ansonsten war die FJR in allen Bereichen ein hervorragender und gut ausgestatteter Allrounder.

Yamaha hatte eine Maschine bauen wollen, die die Rolle der FJ1200 übernehmen, ihr aber auch in allem überlegen sein sollte. Dieses Ziel hatte man zweifellos erreicht, und die FJR1300 war in jeder Hinsicht besser als alle Rivalinnen darin, Langstreckenkomfort und den Stil eines Sportmotorrads miteinander zu verbinden.

Links: Anders als frühere Sporttourer besaß die FJR einen Alurahmen mit charakteristischen Seitenteilen beiderseits des Zylinderkopfs. Der 1298-ccm-Vierzylinder, bildete ein tragendes Teil des Chassis und verlieh mit seiner Einheit aus Zylinder und Kurbelgehäuse zusätzliche Steifigkeit.

Bezeichnung	**Yamaha** FJR1300 (2001)
Motor	4 Zylinder in Reihe, flüssigkeitsgekühlt, DOHC, 16 Ventile
Hubraum	1298 ccm (79 x 66,2 mm)
Leistung	107 kW (145 PS) bei 8500 U/min
Kraftübertragung	Fünfganggetriebe; Kardanwelle
Rahmen	Aluminiumprofilrahmen
Federung	vorne Teleskopgabel; hinten Zentralfederbein
Bremsen	vorne Doppelscheibenbremse; hinten Scheibenbremse
Gewicht	237 kg
Spitzengeschwindigkeit	257 km/h

Suzuki GSX-R1000

Spitze
298 km/h

Unten: Die GSX-R1000 unterschied sich von ihren 600er- und 750er-Schwestern durch die Sechskolbenzangen und die goldenen Standrohre.

Zu Beginn des neuen Jahrtausends hatten sich die Sportmotorradfans damit abgefunden, dass die Zeit dramatischer Leistungszuwächse bei Serienmaschinen vorbei war. Nach den großen Sprüngen der Honda CBR900RR 1992 und der Yamaha R1 sechs Jahre später hielten sie es nicht für möglich, dass einem massengefertigten Motorrad erneut ein solcher Schritt gelingen würde. Da platzte die Suzuki GSX-R1000 mit einer vernichtenden Kombination aus Geschwindigkeit und Agilität in die Szenerie, die die Konkurrenz ratlos ließ und bewies, dass die Leistungsspirale noch lange kein Ende hatte.

Es gab nichts Revolutionäres an dieser neuesten GSX-R, die ihren 600er- und 750er-Geschwistern zum Verwechseln ähnlich sah. Aber es gab schlicht und ergreifend kein anderes Motorrad auf der Straße, das dieser Mischung aus monströs kraftvollem Motor, rasiermesserscharfem Handling, bissiger Bremskraft und geringem Gewicht auch nur nahe kam.

Die GSX-R1000 war das Endprodukt all der Forschungs- und Entwicklungserfahrung, die Suzuki seit der ersten GSX-R750 vor 16 Jahren gesammelt hatte. Der 998-ccm-Motor war im Grunde eine aufgebohrte Version des neuesten GSX-R750-Motors und teilte sich mit diesem einige Teile wie z. B. den Zylinderkopf. Selbst die Ventile und ihre Winkel waren identisch, auch wenn die Nockenwellen des 1000ers einen anderen Hub und ein anderes Timing hatten.

Auch das Kurbelgehäuse war gleich, wobei der 1000er eine Ausgleichswelle und größere Lager aufwies. Kupplung und Ölkühler waren ebenfalls größer. Die Vier-in-eins-Auspuffanlage besaß Titankrümmer

Bezeichnung	**Suzuki** GSX-R1000 (2001)
Motor	4 Zylinder in Reihe, flüssigkeitsgekühlt, DOHC, 16 Ventile
Hubraum	998 ccm (73 x 59 mm)
Leistung	118 kW (161 PS) bei 11 000 U/min
Kraftübertragung	Sechsganggetriebe; Kette
Rahmen	Aluminiumprofilrahmen
Federung	vorne Teleskopgabel; hinten Zentralfederbein
Bremsen	vorne Doppelscheibenbremse; hinten Scheibenbremse
Gewicht	170 kg
Spitzengeschwindigkeit	298 km/h

Links oben: *Mit 16 Ventil-Vierzylinder, Alurahmen und kompromissloser Attitüde war die GSX-R1000 eine würdige Nachfolgerin der GSX-R750, die die Supersport-Welt 1985 revolutioniert hatte.*

Links: *Diese GSX-R ist mit einem Soziuskissen ausgestattet. Der Auspuff ist die Standardausstattung statt des gegenüber zu sehenden Auspuffs eines Fremdanbieters.*

und ein Auslassventil im Yamaha-Stil für mehr Durchzugskraft. Die maximale Leistung betrug 161 PS bei 1000 Umdrehungen, womit die Suzuki 10 PS mehr leistete als ihre schärfsten Rivalinnen Honda FireBlade und Yamaha R1.

Die Rahmengeometrie und die Sitzposition waren gegenüber der 750er unverändert, aber die Holme des Alurahmens hatten etwas dickere Wände und eine zusätzliche Motorhalterung. Selbst die Verkleidung war mit der 750er fast identisch, aber das Motorrad unterschied sich durch seine goldene Upside-Down-Gabel und seine Sechskolbenbremszangen. Die größere Maschine besaß zudem ein sechs Zoll breites Hinterrad mit einem 190er-Reifen.

Furcht einflößende Performance

Von dem Moment an, in dem die GSX-R1000 von der Kette gelassen wurde, bestand kein Zweifel mehr, dass sich das Gleichgewicht der Kräfte bei den Superbikes verschoben hatte. Die Performance war mit einer Mischung aus wilder Hochgeschwindigkeitsleistung, Durchzugskraft und präziser Gaskontrolle Furcht einflößend. Die Suzuki war dabei nicht nur schnell, sondern auch leicht zu fahren. Es gab keinerlei Einbrüche in der Kraftentfaltung; nur gigantisches Drehmoment im gesamten Band zwischen 3000 Umdrehungen und dem roten Bereich ab 12500 U/min, begleitet von einem bösartigen Fauchen aus der Ram-Air-beatmeten Airbox. Unter den richtigen Bedingungen erreichte die GSX-R echte 298 km/h – und das in sehr kurzer Zeit.

Das Chassis war ebenso beeindruckend wie der Motor. Mit 170 kg war die Maschine nur 4 kg schwerer als die GSX-R750 und hatte den Vorteil besserer Federung und Bremsen. Sowohl Bug- als auch Heckfederung arbeiteten progressiv, schluckten kleine Bodenwellen und gaben ein gutes Feedback, wurden mit schnellen Kurven hervorragend fertig. Die Sechskolbenzangen der Vorderradbremse lieferten massive Bremskraft bei guter Dosierbarkeit und nur minimalem Eintauchen der Gabel.

In typischer GSX-R-Manier war die neue Maschine unverschämt sportlich und kompromisslos. Sie war bei geringen Geschwindigkeiten unkomfortabel und so schnell, dass ein Großteil ihres Potentials auf der Straße verschwendet war. Dies war allerdings keine faire Kritik. Die galt eher dem Umstand, dass die GSX-R zwar beileibe nicht unattraktiv war, aber recht gewöhnlich aussah. In Sachen schiere Leistung war die GSX-R1000 das beste Serienmotorrad der Welt.

Unten: *Suzukis 500er-Weltmeister von 1993, Kevin Schwantz, holt bei einem GSX-R-Festival in Brands Hatch das meiste aus der Kurvenfähigkeit seiner Maschine heraus.*

Triumph Daytona 955i

Spitze
274 km/h

Rechts: *Triumph tunte den 955-ccm-Dreizylinder mit neuen Ventilen, erhöhter Kompression und einem überarbeiteten Einlasstrakt.*

Unten: *Die Daytona war ein gut aussehendes Motorrad und behielt das einzigartige Rahmendesign mit zwei parallelen Aluminiumholmen bei, war aber optisch unauffälliger als ihre Vorgängerin.*

Seit ihrer Einführung 1997 hatte sich die Triumph Daytona einen Ruf als schickes und schnelles Sportmotorrad verdient. Aber die britische Dreizylinder war immer schon mehr ein Allrounder als eine topmoderne Supersportlerin gewesen, und die Entwicklung auf dem Superbike-Markt hatte diesen Umstand nur zementiert. Triumphs Antwort war die Daytona 955i: stärker, leichter und konkurrenzfähiger als je zuvor.

Dies war die bisher beste Sportmaschine von Triumph, aber sie war nicht mehr so eigenständig wie das alte Modell, da sie entworfen war, um der Herausforderung aus Japan und Italien entgegen zu treten, und daher etwas konventioneller werden musste. Die Karosserie war neu gestaltet, und die Einarmschwinge war verschwunden. Die neue zweiarmige Schwinge war leichter und ermöglichte einen kürzeren Radstand, auch wenn ihr der Stil des Vorgängermodells fehlte.

Der 955-ccm-12-Ventiler war mit neuen Ventilen, neu geformten Kanälen, leichteren Pleueln, einer überarbeiteten Einspritzung und einer größeren Airbox getunt. Kühlung und Schmierung arbeiteten effizienter, und die Geräuschentwicklung war redu-

ziert. Die maximale Leistung von beeindruckenden 147 PS wurde bei 10 700 Umdrehungen frei. Das waren 19 PS mehr als beim alten Modell und machte die Dreizylinder zum stärksten Serienmotorrad Europas.

Der Aluminiumrahmen war eines der wenigen Teile, die übernommen wurden, und selbst er erhielt einen neuen Hilfsrahmen und wurde am Heck angehoben, um eine steilere Geometrie und bessere Bodenfreiheit zu erzielen. Der japanische Spezialist Showa lieferte die Federung: Das Innenleben der Gabel war überarbeitet, und der Heckstoßdämpfer war schlanker und leichter. Auch die Verwendung des leichten Vorderrads der TT600 half dabei, das Gewicht auf respektable 188 kg zu reduzieren.

Kehliges Einlassheulen

Aus dem Sattel fiel der Blick auf die ebenfalls von der TT600 übernommene moderne Instrumentenkonsole mit digitalem Tacho und analogem Drehzahlmesser. Die revitalisierte Daytona war ein sehr schnelles Motorrad, das in den unteren Gängen bis zum Begrenzeranschlag bei 11 000 U/min drehte, während er seiner Spitzengeschwindigkeit von 274 km/h entgegen schoss. Die Gasannahme der Benzineinspritzung war sehr direkt, es gab reichlich Durchzugsvermögen, und der Motor war angenehm laufruhig. Das Sechsganggetriebe schaltete sich recht hakelig, aber in jeder anderen Hinsicht war dies ein superbes Triebwerk.

Das Chassis stand dem in nichts nach. Diese getunte Daytona war zwar immer noch mehr ein Allrounder als eine Renn-Replica, aber sie war sehr wohl eine agile, leicht zu lenkende und beeindruckend stabile Sportmaschine. Die straffe, gut kontrollierte Federung trug ebenso zur Schnelligkeit bei wie die großzügige Bodenfreiheit. Und die Daytona hielt den Ruf Triumphs für exzellente Bremsen aufrecht.

Bei laufender Stoppuhr konnte die überarbeitete Triumph Daytona bei der reinen Geschwindigkeit zwar nicht mit den schnellsten Vierzylinder-Konkurrentinnen mithalten. Aber die Britin fuhr auf Straße und Rennstrecke vorne mit. Und für viele Fahrer machten der unverwechselbare Stil und der Dreizylindercharakter die Daytona zu einer durchaus reizvollen Alternative.

Links oben: *Das reduzierte Gewicht, die sportlichere Fahrwerksgeometrie und die verbesserte Federung ergaben im Zusammenspiel mit dem steifen Rahmen ein exzellentes Handling. Triumph beharrte darauf, dass die Daytona für die Straße und nicht für die Rennstrecke gebaut sei, aber die Dreizylinder machte sich auf der Piste recht gut.*

Dreizylindrige Sporttourer: Die Sprint ST

Triumph nutzte den 955-ccm-Dreizylinder als Basis für mehrere andere Modelle, von denen das beste sicherlich die Sporttourer Sprint ST war. Sie wurde 1999 mit einer gedrosselten 112-PS-Version des 12-Ventilers und einem neuen Alurahmen vorgestellt und konnte mit den besten Sporttourern der Welt mithalten.

Drei Jahre später wurde sie mit einem modernisierten 118 PS-Triebwerk ausgestattet. Dies verbesserte die allgemeine Performance mit einer Spitzengeschwindigkeit von 240 km/h, einem hervorragenden Handling und einem überragenden Langstreckenkomfort.

Bezeichnung	Triumph Daytona 955i (2001)
Motor	3 Zylinder in Reihe, flüssigkeitsgekühlt, DOHC, 12 Ventile
Hubraum	955 ccm (79 x 65 mm)
Leistung	108 kW (147 PS) bei 10700 U/min
Kraftübertragung	Sechsganggetriebe, Kette
Rahmen	Aluminium-Brückenrohrrahmen
Federung	vorne Teleskopgabel; hinten Zentralfederbein
Bremsen	vorne Doppelscheibenbremse; hinten Scheibenbremse
Gewicht	188 kg
Spitzengeschwindigkeit	274 km/h

Honda CBR600F Sport

Spitze
257 km/h

Rechts: *Ironischerweise erhöhten die neuen Motorteile der Sport, die das Tuningpotential verbessern sollten, die Leistung des Motorrads in seiner Standardform nicht.*

Unten: *Die Sport war die bisher aggressivste Version der phänomenal erfolgreichen 599-ccm-Vierzylinder von Honda, die auf dem US-Markt traditionell F4 hießen.*

2001 war die Honda CBR600F seit 14 Jahren eines der meist verkauften Motorräder, dessen Erfolg seit der Einführung 1987 durch regelmäßige Modernisierungen gesichert wurde. Aber Honda stand vor dem Dilemma der zunehmenden Spezialisierung bei den Supersport-Mittelgewichten.

Wie konnte die CBR weiterhin mit den Renn-Replicas wie der Suzuki GSX-R600 oder der Yamaha R6 mithalten und sich gleichzeitig die Allrounderqualitäten bewahren, für die sie seit langem berühmt war?

Die Antwort lautete, dass ein einzelnes Motorrad nicht mehr auf allen Feldern konkurrieren konnte. Also stellte die Firma 2001 zwei eigenständige CBR vor, indem man der überholten Standard-600F ein neues Sportmodell zur Seite stellte. Die vorrangig als Basis für Supersportrennen entwickelte Sport erhielt eine Auswahl an Tuningteilen, die einige der praktischeren Ausstattungsmerkmale ersetzten, mit der die CBR traditionell versehen war.

Aggressives Styling

Die meisten Änderungen kamen beiden Modellen zugute. Die offensichtlichste war ein aggressiveres

Ein weiterer Pluspunkt war das Fauchen der Airbox beim Beschleunigen. Obwohl diese Honda die Sinne nicht so aufwühlte wie einige rauere Rivalinnen, verlieh ihr das etwas sportlichere Gefühl mehr Persönlichkeit. Erwartungsgemäß war die Honda genauso kultiviert und wohlerzogen wie immer und zeigte ihre traditionelle Balance zwischen Performance und Praxistauglichkeit.

Die überarbeitete Federung, das leicht reduzierte Gewicht und die griffigen Gürtelreifen der Standard-600F machten sie agiler als die vorige CBR. Auf der Rennstrecke war die Sport immer noch besser, aber nur geringfügig. Selbst diese Honda war nicht ganz so scharf wie ihre aggressivsten Rivalinnen, aber sie war die bisher schnellste CBR600F und verlor nichts von ihrer geschätzten Allroundtauglichkeit.

Links: *Neu gestaltete Lufteinlässe trugen zum scharfen Profil der Sport und ihrer Standardschwester bei, die in weiten Teilen identisch waren.*

Unten: *Obwohl sie ein Allrounder blieb, besaß die Sport ein superbes Handling. Beide CBR-Modelle wurden mit verstärktem Alurahmen, verbesserter Federung und leichteren Rädern und Bremsen modernisiert.*

Styling mit einem Doppelscheinwerfer über zwei neu gestalteten Einlassöffnungen. Die Öffnungen beatmeten eine neue Benzineinspritzung, die auf der der FireBlade basierte. Weitere Modifikationen betrafen einen versteiften Alurahmen, einen digitalen Tacho mit Uhr und Tankanzeige und eine überarbeitete Federung sowie leichtere Räder und Bremsen.

Die Leistung beider Modelle blieb bei 108 PS bei 12500 Umdrehungen, da die neuen Motorteile der Sport die Maschine nach einem Tuning konkurrenzfähiger bei Rennen machen sollten. Der Ventiltrieb wurde überarbeitet, das Schwungrad erleichtert und die Kupplung verstärkt. Die Sport erhielt einen schwarz lackierten Rahmen, einen Einzelsitz mit Soziuskissen und keinen Haltegriff oder Hauptständer.

Der Motor der Sport hatte seine Stärke im Supersportrennen, wo die Spitzenteams trotz strikter Regularien mit sorgfältigem Tuning bis zu 125 PS aus dem 599-ccm-Vierzylinder holen konnten. Ein neuer Zylinderkopf, neue Nockenwellen, eine erhöhte Kompression und eine spezielle Zündung ließen die CBR bis 16000 U/min drehen und eine Spitzengeschwindigkeit von 282 km/h erreichen. Nichtsdestotrotz gewann die langsamere Kawasaki ZX-6R unter dem Australier Andrew Pitt die Meisterschaft von 2001.

Beide Versionen der neuen CBR6 waren schnell und gut handhabbar. Trotz der aggressiveren Erscheinung war die berühmte Allroundtauglichkeit der Honda praktisch unangekratzt geblieben. Der 16-Ventiler arbeitete am besten bei hohen Drehzahlen, aber er lieferte schon viel Kraft ab 9000 Touren und bot reichlich Drehmoment aus dem Drehzahlkeller.

Bezeichnung	**Honda** CBR600F Sport (2001)
Motor	4 Zylinder in Reihe, flüssigkeitsgekühlt, DOHC, 16 Ventile
Hubraum	599 ccm (67 x 42,5 mm)
Leistung	79,5 kW (108 PS) bei 12500 U/min
Kraftübertragung	Sechsganggetriebe; Kette
Rahmen	Aluminiumprofilrahmen
Federung	vorne Teleskopgabel; hinten Zentralfederbein
Bremsen	vorne Doppelscheibenbremse; hinten Scheibenbremse
Gewicht	169 kg
Spitzengeschwindigkeit	257 km/h

Ducati ST4S

Spitze 257 km/h

Ducatis Tradition, sportliche rote Superbikes zu bauen, bedeutet, dass der Begriff „Sporttourer" in Bologna anders definiert wird. Die klassische Balance von Langstreckenkomfort und Geschwindigkeit ist nichts für Ducati. Die Idee der Firma von einer Sporttourer geht zur schnellen, leichten V-Twin, die etwas weicher abgestimmt wird und einen höheren Lenker und Platz für einen Sozius hat.

Familienoberhaupt

Dieser Ansatz zeigte sich in der ST4S, die 2001 als Oberhaupt der wachsenden Familie von Sporttourern der Marke vorgestellt wurde. Die ST2 mit ihrem flüssigkeitsgekühlten SOHC-V2 mit 944 ccm und zwei Ventilen pro Zylinder war 1997 eingeführt worden. Zwei Jahre später gesellte sich die ST4 mit einer modifizierten Version des stärkeren DOHC-Achtventilers aus der 916 hinzu.

Im Prinzip war die ST4S eine sportlichere Version der ST4 mit vergrößertem Motor und neu gestaltetem Chassis. Die S sah zwar sehr zurückgenommen aus, aber unter der grauen Karosserie brannte ein Herz aus Feuer. Diese Sporttourer war etwas stärker und nicht viel schwerer als die legendäre erste 916, mit der Ducati 1994 in den Kampf um Ruhm auf Straße und Rennstrecke eingestiegen war.

Die Italiener brauchten nicht lange nach einem Triebwerk für die ST4S zu suchen. Zur gleichen Zeit, zu der die 916-ccm-ST4 vorgestellt wurde, war die Sportmaschine 916 mit einem größeren, stärkeren 996-ccm-Motor aufgerüstet worden. Für eine wirklich schnelle Sporttourer musste dieser Desmo-V2 nur in das Chassis der ST4S geschraubt werden, nachdem er mit kompakteren Zylinderköpfen, neuen Einlassnockenwellen und besserer Performance bei niedrigen

__Oben:__ Die Form der ST4S war mit der der ST2 und ST4 identisch, mit denen sie eine Familie bildete, aber die S hatte mehr Leistung und stand in vielerlei Hinsicht einem ausgewachsenen Sportmotorrad näher als einer Sporttourer.

__Rechts:__ Zu den überragenden Chassisteilen zählten eine Upside-Down-Gabel von Showa mit titanbeschichteten Standrohren und ein Öhlins-Federbein mit einstellbarer Vorspannung. Die ST4S verfügte zudem über Leichtmetallräder und eine Aluminiumschwinge.

Bezeichnung	**Ducati** ST4S (2001)
Motor	V2 90°, flüssigkeitsgekühlt, DOHC, 8 Ventile
Hubraum	996 ccm (98 x 66 mm)
Leistung	86,1 kW (117 PS) bei 8750 U/min
Kraftübertragung	Sechsganggetriebe; Kette
Rahmen	Gitterrohrrahmen
Federung	vorne Teleskopgabel; hinten Zentralfederbein
Bremsen	vorne Doppelscheibenbremse; hinten Scheibenbremse
Gewicht	212 kg
Spitzengeschwindigkeit	257 km/h

Links oben: *Die Ducati verband mächtige V2-Performance mit Tourer-Merkmalen wie einer relativ aufrechten Sitzhaltung.*

Links: *Mit dem auf maximale Bodenfreiheit eingestellten Federbein konnte die ST4S fast so hart durch Kurven getrieben werden wie die Supersportlerin 996.*

Drehzahlen ausgestattet worden war. Die maximale Leistung betrug 117 PS und die ST4S war bei über 4000 Umdrehungen 10 PS stärker als die ST4.

Ducatis Absicht war, der ST4S ein drehmomentstarkes V-Twin-Gefühl sowie reichlich Endgeschwindigkeit und Beschleunigung zu verleihen. Die S startete erst ab etwa 6000 Umdrehungen durch, lief zu diesem Zeitpunkt 160 km/h im obersten Gang und beschleunigte von da an bis zur Spitzengeschwindigkeit von 257 km/h. Aber schon bei 3000 Umdrehungen lag geschmeidiges Drehmoment an und wurde von dem sauber schaltenden Getriebe unterstützt.

Auch das Handling war exzellent. Schon die erste ST4 war nicht schwerfällig, aber die S kombinierte einen identischen Stahlrohrrahmen mit einer Gabel mit titanbeschichteten Standrohren, einem Öhlins-Stoßdämpfer mit von Hand einstellbarer Vorspannung im Heck, leichteren Rädern, einer Aluschwinge und einem griffigeren Hinterreifen. In der Werkseinstellung war das Motorrad komfortabel, aber relativ weich. Mit etwas Feintuning der Federung wurde die Maschine straff, und ihre Gangart wurde auf der Rennstrecke nur durch die Neigung des Hauptständers eingeschränkt, sich bei extremen Schräglagen einzugraben.

Dieser Hauptständer belegte, dass Ducatis Sporttourer ein paar Kompromisse im Interesse von Komfort und Praxistauglichkeit eingehen musste. Weitere Zivilisationsspuren waren eine Tankanzeige und eine Uhr im Cockpit, eine Wegfahrsperre, vernünftiger Windschutz und Reichweite, eine große Sitzbank und reichlich Beinfreiheit. Für Fahrer, die nach einem Allrounder mit einer Leistung und Agilität suchten, die nur wenige Jahre zuvor Stand der Technik waren, war die ST4S eine verlockende Alternative.

Nackte V-Twin: Die Monster S4

Kurz vor der Produktion der ST4S stellte Ducati eine weitere V2 mit acht Ventilen vor: die Monster S4. Dies war das stärkste Mitglied der unverkleideten Monster-Familie, die es seit 1993 gab. Die Monster S4 kombinierte einen 916-ccm-Motor, wie er in der ST4S verwendet wurde, mit 101 PS mit einem hochwertigen Chassis, dessen Gitterrohrrahmen ebenfalls aus der Sporttourer stammte. Das Resultat war eine wunderbar unterhaltsame Straßenmaschine mit atemberaubender Beschleunigung, einer Spitzengeschwindigkeit von 240 km/h, exzellentem Handling, einer großen Vorliebe für Wheelies und einem noch raubeinigeren V-Twin-Charme als die traditionelle Monster.

Yamaha Fazer 1000

Spitze
257 km/h

__Rechts:__ Auch wenn der 998-ccm-20-Ventiler aus der YZF-R1 für die Fazer entschärft war, leistete er 143 PS bei 10 000 U/min.

__Unten:__ Das Modell mit Stahlrahmen, das in den USA FZ1 hieß, schuldete der R1 das scharfe Styling der Halbverkleidung ebenso wie den Motor.

Als die Leistung japanischer Renn-Replicas in den 90ern einen bemerkenswerten Höhepunkt erreichte, wurde eine neue Klasse etwas weniger leistungsorientierter Superbikes populär. Unverkleidete Vierzylinder mit großem Hubraum, heruntergetunten Supersportmotoren und Stahlrahmenchassis boten reichlich Geschwindigkeit und Fahrspaß zu einem erheblich niedrigeren Preis als ihre vollverkleideten und hochgetunten Verwandten mit Alurahmen.

Die von einem modifizierten Motor der GSX-R1100 angetriebene Suzuki Bandit war die erste und wurde bald gefolgt von Rivalinnen wie der Kawasaki ZRX1200S oder der Honda Hornet 900 mit ihrem von der FireBlade entlehnten Motor. Aber die schnellste und wohl auch stilistisch eigenständigste Maschine dieser Art war die Yamaha FZS1000 Fazer, die von einer entschärften Version des 998-ccm-Motors aus der YZF-R1 angetrieben wurde.

Die große Fazer war eines der logischsten Modelle, die Yamaha je gebaut hatte, da die Palette nicht nur die R1 umfasste, die ihren Motor spendete, sondern auch die FZS600 Fazer, eine schnelle und vielseitige Sportmaschine.

Die Mischung der beiden Modelle zu einem Motorrad namens FZS1000 Fazer erforderte nur wenig Fantasie.

Beeindruckende Spitzenleistung

Der flüssigkeitsgekühlte DOHC-20-Ventiler der R1 wurde für die Fazer als zu exzessiv angesehen und daher entschärft – aber nur ein wenig. Kleinere Vergaser, ein überarbeiteter Ansaugtrakt mit EXUP-Ventil und eine neue Vier-in-eins-Auspuffanlage reduzierten die Spitzenleistung von 150 PS auf immer noch beeindruckende 143 PS bei 10000 U/min.

Wie die Fazer 600 hatte das neue Motorrad statt der Aluminiumholme der R1 einen Stahlrohrrahmen. Die Chassis-Dimensionen waren etwas länger und weniger steil als die der R1, und mit 208 kg wog die Maschine trocken 33 kg mehr als ihre sportlichere Cousine. Aber die Familienähnlichkeit zeigte sich im Styling, das dank einer Halbverkleidung mit Doppelscheinwerfer wesentlich aggressiver ausfiel als bei der 600er.

Die geräumige, nahezu aufrechte Sitzposition der FZS1000 glich dem kleineren Modell wie das allgemeine Gefühl einer Maschine, die Geschwindigkeit und Agilität mit einem gerüttelten Maß an Komfort und Praxistauglichkeit kombinierte. Der große Unterschied bestand in der literstarken Leistung mit einem superb geschmeidigen und starken Gefühl schon gut unter 3000 Umdrehungen und einem aufregenden Kick bei etwa 7500 Touren, wenn der große Vierzylinder tiefer durchatmete und seinem roten Bereich bei 11500 U/min zustrebte. Bei ausreichend Platz war die auf dem analogen Tacho angegebene Spitzengeschwindigkeit von 240 km/h ruckzuck erreicht, vorausgesetzt, die Nackenmuskeln des Fahrers hielten es aus. Aber die wirkliche Stärke der Fazer war die von Drehzahl oder eingelegtem Gang unabhängige brutale Beschleunigung, die jederzeit zur Verfügung stand.

Zum Glück war das Chassis ebenfalls hervorragend. Der Stahlrohrrahmen war steif, und die Federung verband gute Kontrolle mit komfortablerem, stabilerem und entspannterem Fahrgefühl, als die R1 zu bieten hatte. Die elegante Halbverkleidung und der kleine Windschild hielten einigen Wind von der Brust des Fahrers ab, und die Bremsen waren überragend kraftvoll. Zu den nützlichen Merkmalen zählten ein Hauptständer, eine Tankanzeige und Soziusgriffe.

Die FZS1000 schien angesichts der Qualität der beiden verschmolzenen Motorräder immer schon zum Star geboren zu sein und war unter den „preiswerten" Vierzylindern der offenen Klasse sicherlich erste Wahl. Ihr einziger Nachteil war, dass diese Beschreibung nicht ganz zutraf, denn die FZS war deutlich teurer als ihre Hauptrivalinnen. Yamaha hatte der großen Fazer Stil, Performance und Praxistauglichkeit gegeben, aber keinen niedrigen Preis, der ihr den Erfolg sichern konnte.

Links: *Der Stahlrohrrahmen der Yamaha gab ihr ein komplett anderes Aussehen als der typische Alurahmen der R1. Weniger offensichtliche Unterschiede waren der längere Radstand der Fazer, die weniger sportliche Lenkgeometrie und die längeren Federwege.*

Unten: *Neben mehr Leistung im oberen Drehzahlbereich als ihre Rivalinnen hatte die Yamaha auch eine geschmeidige Gasannahme und große Reserven an Durchzugskraft.*

Bezeichnung	**Yamaha** FZS1000 Fazer (2001)
Motor	4 Zylinder in Reihe, flüssigkeitsgekühlt, DOHC, 20 Ventile
Hubraum	998 ccm (74 x 58 mm)
Leistung	105 kW (143 PS) bei 10000 U/min
Kraftübertragung	Sechsganggetriebe; Kette
Rahmen	Stahlrohrrahmen
Federung	vorne Teleskopgabel, hinten Zentralfederbein
Bremsen	vorne Doppelscheibenbremse; hinten Scheibenbremse
Gewicht	208 kg
Spitzengeschwindigkeit	257 km/h

MV Agusta Brutale

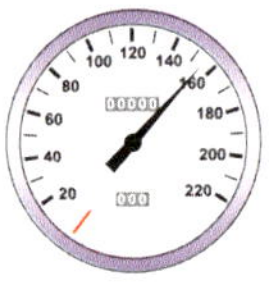

Spitze
249 km/h

__Rechts:__ Die zwei Schalldämpfer der Brutale waren nach oben gewinkelt, um das Fünfspeichenrad freizugeben und dem Heck ein unverwechselbares Aussehen zu geben.

__Unten:__ Kompakt, breitschultrig und auffällig vom Scheinwerfer bis zum Heck, wurde die Brutale selbst im Stand ihrem Namen gerecht.

MV Agustas dramatische Wiedergeburt mit der 750er F4 war eine der großen Motorradgeschichten der 90er. Aber Firmenchef Claudio Castiglioni wusste, dass er eine Palette von Motorrädern bauen musste, die Technologie und Image der F4 bis zur Neige ausbeuteten. So kam es zur nächsten Stufe in der Wiederbelebung von MV: der Brutale.

Das unverkleidete Motorrad hatte den flüssigkeitsgekühlten 749-ccm-Reihenvierzylinder der F4 mit seinen radial angeordneten vier Ventilen pro Zylinder und auch die charakteristische Kombination aus Gussteilen und Stahlrohren des Rahmens. Aber die Brutale machte auf den ersten Blick klar, dass an diesem Motorrad viel mehr dran war als nur eine F4 mit abmontierter Verkleidung.

Wie die F4 wurde die Brutale von Massimo Tamburini entworfen, dem Mitbegründer von Bimota, Schöpfer der Ducati 916 und Paten des modernen Motorraddesigns. Abgesehen von der fehlenden Verkleidung und dem vertrauten Vierzylinder glich die Brutale nichts, das auf zwei Rädern fuhr. Vom herabgezogenen Scheinwerfer bis zu den parallelen Schalldämpfern auf der rechten Seite war sie einzigartig.

In typischer Tamburini-Manier steckte die Brutale voller netter Details wie der kohlefasereingefassten Instrumentenkonsole (digitaler Tacho, analoger Dreh-

zahlmesser mit weißem Zifferblatt), den einstellbaren Fußrasten, der ausgefuchsten Einarmschwinge aus Leichtmetall und dem subtil integrierten roten Soziuskissen. Der Blick vom tiefen Sattel aus wurde vom leicht erhöhten einteiligen Lenker beherrscht.

Die aufrechte Sitzposition verlieh der Brutale etwas von dem aggressiven Gefühl der altmodischen Superbike-Rennmaschinen. Dieses Gefühl wurde vom Sound des Motorrads verstärkt: eine Mischung aus Ansaugschlucken und dem Gurgeln der Schalldämpfer. Der Motor der Brutale war dem der F4 bis hin zum austauschbaren Getriebe mechanisch sehr ähnlich, war aber mit neuen Ein- und Auslasstrakten entschärft worden.

Das Resultat war eine Steigerung der Leistung bei niedrigen Drehzahlen, während die maximale Leistung von der der letzten F4 auf 127 PS bei 12500 Umdrehungen reduziert wurde. Diese Änderungen lohnten sich, denn die Brutale war für ein Motorrad mit einem so sportlichen Stammbaum erstaunlich flexibel. Ihre Weber-Marelli-Benzineinspritzung ließ sie sauber aus niedrigen Drehzahlen anziehen, bis bei 5000 Umdrehungen die starke Beschleunigung einsetzte.

Natürlich musste der Fahrer die Drehzahlen hoch halten, um die volle Leistung abzurufen, vorzugsweise über 9000 U/min, wenn die Brutale tiefer durchatmete und lauter heulte, während sie sich ihrem roten Bereich ab 13000 Umdrehungen und der Spitzengeschwindigkeit von 249 km/h näherte. Das machte in kurzen Phasen Spaß, auch wenn hohe Geschwindigkeiten dank der aufrechten Sitzhaltung schnell ermüdend wurden. Die meisten Fahrer zogen ein häufiges Schalten im Sechsganggetriebe vor und nutzten lieber die Durchzugskraft.

Sportlich scharf

Das Handling war erwartungsgemäß exzellent. Die Brutale war leicht und ihre Geometrie sportlich scharf. Die Federung an beiden Enden war weich genug für eine entspannte Fahrt, aber straff genug für zielgenaue Kurvenfahrten. Die MV konnte mit ihrem breiten Lenker schnell herumgeworfen worden, war aber bei hohen Geschwindigkeiten stabil. Die Sechskolbenbremsen von Nissin lieferten eine kraftvolle Verzögerung. Im Stadtverkehr sorgte die aufrechte Sitzhaltung für einen gewissen Fahrkomfort.

MV kündigte ursprünglich wie bei der F4 an, dass die ersten 300 Einheiten nach Spezifikation der Serie Oro mit Magnesiumrahmenteilen, -schwinge und -rädern herauskommen würden. Aber die finanziellen Probleme der Firma verzögerten die Produktion dieser handgefertigten Motorräder, und so war es stattdessen die etwas schwerere und viel preiswertere Standard-Brutale mit Alurahmenteilen, die zuerst in die Produktion ging. Nichtsdestotrotz genossen die Eigner einer MV Agusta Brutale reichlich Leistung und unverkleideten italienischen Charme.

Links: *MV entschärfte den 749-ccm-Vierzylinder mit seiner knackigen Einspritzung und der lebhaften Gasannahme der F4 etwas. Der kurze Radstand und das geringe Gewicht der Brutale trugen zur Unfähigkeit des Vorderrads bei, längere Zeit auf der Straße zu bleiben.*

Unten: *Die goldenen Gussteile, Räder und die Schwinge dieser Brutale identifizieren sie als ein Motorrad der Serie Oro, die für diese Teile Magnesium statt Aluminium verwendete. Dies sparte Gewicht und trug beträchtlich zum Preis bei. Motoren und sonstige Teile der beiden Modelle waren ansonsten identisch.*

Bezeichnung	**MV Agusta** Brutale Serie Oro (2001)
Motor	4 Zylinder in Reihe, flüssigkeitsgekühlt, DOHC, 16 Ventile
Hubraum	749 ccm (73,0 x 43,0 mm)
Leistung	93,5 kW (127 PS) bei 12 500 U/min
Kraftübertragung	Sechsganggetriebe; Kette
Rahmen	Gittrerrohrrahmen mit Magnesiumgussteilen
Federung	vorne Teleskopgabel; hinten Zentralfederbein
Bremsen	vorne Doppelscheibenbremse; hinten Scheibenbremse
Gewicht	179 kg
Spitzengeschwindigkeit	249 km/h

Harley-Davidson V-Rod

Spitze
225 km/h

Rechts: *Auch wenn die V-Rod ziemlich eindeutig eine Cruiser war, lud ihr Handling doch zu enthusiastischen Kurvenfahrten ein.*

Unten: *Mit ihrem Aluminium-Finish, der innovativen Instrumentenkonsole, der gereckten Gabel und vielen cleveren Details sah die V-Rod aus jedem Blickwinkel interessant aus.*

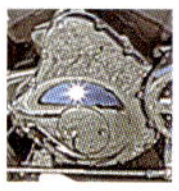

Die VRSCA V-Rod, die Harley-Davidson Mitte 2001 enthüllte, war weit mehr als einfach nur die erste einer neuen Familie von V-Twins. Sie war eine verblüffend elegante, originelle und kraftvolle Maschine, die keinem anderen Serienmotorrad glich und bestätigte, dass das Unternehmen aus Milwaukee mutige und ambitionierte Pläne für das 21. Jahrhundert hatte.

Auf den ersten Blick war klar, dass die lange, niedrige und scheinbar aus einem soliden Block Aluminium gemeißelte V-Rod kein gewöhnliches Motorrad war. Optisch hatte sie mehr mit einem Custom Bike als mit einer Serienmaschine gemein und war technisch sogar noch bemerkenswerter. Sie gab den traditionellen luftgekühlten V2 zu Gunsten eines potenteren und kultivierteren flüssigkeitsgekühlten Motors auf, der auf dem der Rennmaschine VR1000 basierte und von Porsche in Deutschland mit entwickelt wurde.

„Revolution"-Motor

Bis zur V-Rod hatten Harleys Stößelstangen zum Öffnen der Ventile verwendet, aber der neue 1130-ccm-„Revolution"-Motor nutzte die Technik der VR-Rennmaschine. Dies bedeutete einen Zylinderwinkel von 60 Grad und zwei oben liegende Nockenwellen, die vier Ventile pro Zylinder öffneten. Die maximale Leistung betrug 115 PS bei 8500 Umdrehungen, fast doppelt so viel wie beim Twin-Cam-88-V2.

Was wie der Tank aussah, war eine große Airbox, die die Benzineinspritzung per Fallstrom beatmete. Das Benzin lagerte unter dem Sattel. Kühler und Ölkühler waren hinter einer ausladenden Aluverkleidung verborgen, die sie mit verwirbelter Luft versorgte. Der Stahlrohrrahmen entstand durch Hydroformung (mit Wasser unter Hochdruck), um glatte Biegungen zu erreichen. Eine lange Aluschwinge trug zum langen Radstand bei.

Ein kurzer Beschleunigungsstoß der V-Rod bestätigte, das dies nicht nur eine weitere Cruiser aus Milwaukee war. Die Art, mit der die silberne Maschine aus dem Stand durch die fünf Gänge bis zum roten Bereich bei 9000 Umdrehungen beschleunigte, war schlicht aufregend. Der Motor war zudem sehr drehmomentstark und kultiviert. Das Motorrad beschleunigte sauber aus 2000 Umdrehungen und 48 km/h im höchsten Gang und sprang ab 3000 Touren mit echtem Enthusiasmus vorwärts bis auf die Spitzengeschwindigkeit von 225 km/h.

Die V-Rod besaß für eine Cruiser auch ein gutes Handling. Der Rahmen war stark, und die Federung an beiden Enden ermöglichte ein einigermaßen straffes, aber komfortables Fahrgefühl. Das Motorrad war bei hohen Geschwindigkeiten stabil und ließ sich leicht lenken, während weitere Chassisteile die Fortschritte belegten, die Harley in den vergangenen Jahren gemacht hatte. Die Bremsen verzögerten kraftvoll, was bei den großen Scheiben und den Vierkolbenzangen am Vorderrad nicht weiter überraschte. Die breiten Gürtelreifen gaben reichlich Grip.

Natürlich sprach die radikale V-Rod nicht alle traditionellen Harley-Fahrer an, brachte der Marke aber viele neue Kunden. Es war eine außergewöhnliche Maschine, die den zweirädrigen Stil zu neuen Höhen führte und zeigte, dass das Unternehmen es ernst meinte mit der Verbindung von traditionellen Stärken und moderner Technologie. Bei Harley-Davidson war eine neue Ära angebrochen. Nahm man die V-Rod als Beleg, würde sie genauso cool werden wie die alte – und erheblich aufregender.

Die VR1000 – Harleys Straßenrenner

Harley basierte den Revolution-Motor der V-Rod auf dem flüssigkeitsgekühlten 60-Grad-Triebwerk der VR1000. 1994 eingeführt, sollte die halb orange, halb schwarz lackierte VR Harley Erfolge und letztlich den Weltmeistertitel in der AMA-Superbike-Serie bringen. Aber obwohl Miguel Duhamel in seiner ersten Saison den zweiten Platz belegte, war die VR1000 niemals wirklich konkurrenzfähig. Bei Einführung der V-Rod im Juni 2001 bestätigte Harley das Engagement der Firma für die VR – nur um kurz darauf den Rückzug aus dem Rennsport zum Ende der Saison anzukündigen.

Bezeichnung	**Harley-Davidson** VRSCA V-Rod (2002)
Motor	V2 60°, flüssigkeitsgekühlt, DOHC, 8 Ventile
Hubraum	1130 ccm (100 x 72 mm)
Leistung	84,7 kW (115 PS) bei 8500 U/min
Kraftübertragung	Fünfganggetriebe; Zahnriemen
Rahmen	Stahlrohrrahmen
Federung	vorne Teleskopgabel; hinten zwei Stoßdämpfer
Bremsen	vorne Doppelscheibenbremse; hinten Scheibenbremse
Gewicht	269 kg
Spitzengeschwindigkeit	225 km/h

Links oben: *Die 115 PS der V-Rod übertrafen zwar die Leistung ihrer Vorgängerinnen, aber Harley blieb beim vertrauten Zahnriemen, um die fette Walze im Heck anzutreiben.*

Links: *Scheibenräder, eine große Kühlerverkleidung aus Aluminium und elegant geschwungene Schalldämpfer verliehen der V-Rod das handgefertigte Aussehen eines preisgekrönten Custom Bike.*

Honda VFR VTEC

Spitze 250 km/h

Hondas Traum der 80er, die Superbike-Welt mit V4-Motoren zu beherrschen, war in den folgenden Jahren verblasst und gestorben. Nach und nach waren die zahlreichen V4-Modelle aus dieser Zeit durch Reihen-Vierzylinder ersetzt worden, die billiger und profitabler zu produzieren waren. Aber das Juwel in Hondas Krone blieb die VFR, die einzigartige kultivierte, flüssigkeitsgekühlte V4-Sporttourer mit 16 Ventilen, die in den USA als Interceptor verkauft wurde.

Die erste VFR750F von 1986 war keineswegs aufgegeben, sondern über die Jahre immer wieder aufpoliert und umgeformt worden, so dass sie schärfer und schneller wurde, ohne die Kultiviertheit oder die Allroundqualitäten zu verlieren, die sie so besonders gemacht hatten. Substantielle Veränderungen erfolgten 1990 mit einem sportlicheren Styling, einem rennerprobten Alurahmen und einer Einarmschwinge und 1998, als der Motor von 748 auf 782 ccm vergrößert wurde und nun 108 PS leistete.

VTEC-Technologie

Angesichts der Reputation der VFR für Qualität und Hochtechnologie überraschte es nicht, als das umfassend überarbeitete 2002er-Modell Hondas erstes Mainstream-Motorrad mit der variablen Ventiltechnik VTEC erschien, die bereits einige Zeit in den Autos der Firma zum Einsatz kam. VTEC, das eine Hydraulik nutzte, um die Hälfte der 16 Ventile bei unter 7000 Umdrehungen am Öffnen zu hindern, sollte das Drehmoment bei niedrigen Drehzahlen eines Motors mit zwei Ventilen pro Zylinder geben plus der Hochgeschwindigkeitsleistung eines Vierventilers.

Statt zu versuchen, die Leistung an beiden Enden des Drehzahlbandes zu erhöhen, ließen die Ingenieure die 108 PS der alten VFR ungetastet und nutz-

__Unten:__ Dies war die optisch sportlichste VFR in der 16jährigen Modellgeschichte. Der Scheinwerfer hatte vier Linsen: die oberen zwei für das Fernlicht und die unteren für das Abblendlicht.

__Rechts:__ Unter der kantigen neuen Karosserie enthielt der 782-ccm-V4 einige Neuerungen, die vor allem die Leistung im unteren Drehzahlbereich steigern sollten. Neben der neuen variablen Ventilsteuerung VTEC war die Einspritzung überarbeitet, und es gab hoch verlegte Schalldämpfer.

ten VTEC, um die Leistung im Mittenbereich zu steigern, was für eine Sporttourer wichtiger war. Ironischerweise ging die offensichtlichste Veränderung der VFR in die andere Richtung: ein aggressives neues Styling, ein Scheinwerfer mit vier Linsen und eine neue Auspuffanlage mit dreieckigen Schalldämpfern unter dem Sitz.

Im Stand fühlte sich die VFR mit ihrer geräumigen Sitzposition und dem etwas höheren Windschild kaum anders an als das alte Modell. Aber der Zweiventilmodus des VTEC-Motors machte den V4 bei niedrigen Drehzahlen ruhiger, kultivierter und reaktionsschneller. Sobald die 5000 Umdrehungen überschritten waren, reagierte die VFR mit wesentlich mehr Dringlichkeit als ihre Vorgängerin, deren Drehmomentkurve an diesem Punkt ärgerlich einsackte.

Bei 7000 Touren wurde das VTEC aktiviert es arbeitete nicht ruhig und unaufdringlich im Hintergrund, sondern kündigte seinen Einsatz deutlich an. Der Motorsound des V4 wechselte von einem Schnurren zu einem Fauchen, und das Motorrad sprang aggressiv nach vorne. Die VFR schoss durch die sechs Gänge auf den roten Bereich bei 11700 Umdrehungen und ihre Spitzengeschwindigkeit von 250 km/h zu.

Der Alurahmen war vor allem am Gelenk der Einarmschwinge leicht verstärkt. Die Federung war exzellent – mit genügend Kontrolle für ein gutes Handling auf Straße oder Rennstrecke. Die VFR besaß eine überarbeitete, verwässerte Version der Dual-CBS-Verbundbremse ihrer Vorgängerin. Das Resultat war eine starke und stabile Verzögerung mit einer geringeren Gefahr eines blockierenden Hinterrads.

Das Finish war perfekt, und die Verkleidung schützte. Weniger Spritverbrauch und ein größerer Tank ermöglichten eine größere Reichweite. Das Konzept der Sporttourer birgt unweigerlich Kompromisse, und die VFR hatte diese Kompromisse seit langem gemeistert. Mit VTEC war die Honda besser als je zuvor in der Lage, das Beste aus beiden Welten zu bieten.

Bezeichnung	**Honda** VFR/Interceptor (2002)
Motor	V4 90°, flüssigkeitsgekühlt, DOHC, 16 Ventile
Hubraum	782 ccm (72 x 48 mm)
Leistung	79,5 kW (108 PS) bei 10500 U/min
Kraftübertragung	Sechsganggetriebe; Kette
Rahmen	Aluminiumprofilrahmen
Federung	vorne Teleskopgabel; hinten Zentralfederbein
Bremsen	vorne Doppelscheibenbremse; hinten Scheibenbremse
Gewicht	213 kg
Spitzengeschwindigkeit	250 km/h

Links: *Honda behauptete nicht länger, die Einarmschwinge der VFR sei stabiler als eine Zweiarmschwinge gleicher Stärke, aber das aufgeräumte Heck trug zum Stil der Maschine bei.*

Links: *Trotz der nachgiebigen Federung war die Honda hervorragend zu handhaben und fühlte sich in Schräglage mit der Fußraste auf dem Boden recht wohl. Der Alurahmen war mit steiferen Hauptzügen und einer zusätzlichen Verstrebung am Lenkkopf verstärkt. Die VFR-Version mit ABS hatte eine einstellbare Vorspannung für den Heckstoßdampfer.*

Ducati 998

Spitze
274 km/h

Rechts: *Neben dem namensgebenden engen Ventilwinkel besaß der 998-ccm-Testastretta-V-Twin langhubige Dimensionen und eine maximale Leistung von 123 PS.*

Unten: *Wenige Ducati-Fans störten sich daran, dass die 998 fast identisch mit der 1994 vorgestellten 916 aussah.*

2002, als Ducati das neue Superbike mit der Nummer 998 auf der Verkleidung präsentierte, sah die elegante rote Maschine fast identisch mit der ersten 916 von vor acht Jahren aus.

Unter den vertrauten Kurven hatte der berühmte Desmo-V2, der seit seinem Debüt 1994 mehrfach modifiziert wurde, seine bisher wichtigste Modernisierung erfahren. Der Name 998 war ein Hinweis, auch wenn man sich sonst bei Ducati nicht darauf verlassen konnte, auf den tatsächlichen Hubraum. Der flüssigkeitsgekühlte 998-ccm-Motor hatte das „Testastretta"-Layout der neuen Generation, das erstmals beim limitierten und teuren Vorjahresmodell 996R Verwendung gefunden hatte.

Verbesserte Motorbeatmung

Die 996R war 2001 als Basis für die World-Superbike-Rennmaschine eingeführt worden, auf der der Australier Troy Bayliss einen weiteren Weltmeistertitel für Bologna holte. Der größte Vorteil der Testastretta war der enge Ventilwinkel, der dem Motor seinen Namen gab. Weitere Veränderungen umfassten langhubigere Dimensionen, eine flachere Brennkammer, ein revidiertes Einlasstiming und eine hoch entwickelte Marelli-Einspritzung mit größeren Drosselgehäusen.

Im Prinzip war die 998 eine Testastretta-Ducati für die Massen oder zumindest für die Massen mit

Jedenfalls sorgten die nahezu unendliche Bodenfreiheit, die griffigen Gürtelreifen und die extrem kraftvollen Bremsen der 998 für einen ebenso aufregenden wie schnellen Ritt.

Selbstverständlich musste sich der Fahrer einer 998 auf der richtigen Straße oder besser auf einer Rennstrecke befinden, um ihre Leistung voll auskosten zu können. Sie war eine extrem schnelle und konzentrierte Maschine mit einer äußerst sportlichen Sitzposition, einem dünn gepolsterten Sitz und nur wenigen Konzessionen an den Komfort. All dies war exakt so, wie es bei der würdigen Nachfolgerin der überragenden 916 sein sollte.

Links: *Die Kurvenqualitäten der 998 waren dank der Mischung aus sehr steifem Stahlrahmen und hochwertiger Federung superb.*

Unten: *Der Look mit Doppelscheinwerfer war über die Jahre genauso vertraut geworden wie die exquisite Front der 998 mit Upside-Down-Gabel und Bremsen.*

genügend Geld für ein glamouröses, seriengefertigtes italienisches Motorrad. Die Maschine hatte eine maximale Leistung von 123 PS, war beachtliche 11 PS über der des Vorjahresmodells 996 lag und der der exotischen, in limitierter Auflage gefertigten 916 SPS von vor vier Jahren entsprach. Ducatis Palette hielt auch ein getuntes Modell 998S mit 136 PS und eine limitierte Auflage mit 139 PS bereit.

Die Änderungen am Chassis waren weniger umfangreich. Wie die teureren Modelle S und R besaß die Standard-998 einen Rahmen im Stil der 996R, dessen weiter auseinander liegende obere Züge eine größere Airbox zuließen. Alle drei Modelle verfügten über Öhlins-Stoßdämpfer im Heck, die im Fall der 998 mit einer 43-mm-Upside-Down-Gabel von Showa zusammenarbeitete. Die Bremsen waren mit dünneren Scheiben als bei der 996 aufgewertet, die immer noch von Vierkolbenzangen von Brembo gegriffen wurden. Ein näherer Blick bestätigte, dass die Verkleidung im subtil neu gestalteten Stil der 996R gehalten war.

Ducatis Achtventilmotor war ein wunderbar kraftvolles und drehmomentstarkes Aggregat gewesen, aber die Leistung des Testastretta-Motors war wirklich beachtlich. Ließ man sie los, konnte die 998 274 km/h erreichen und tat dies mit einer aufregenden Beschleunigung. Das Motorrad schoss aus fast jeder Drehzahl voran, während seine Benzineinspritzung eine makellos präzise, lineare Gasannahme zeigte, die den V-Twin so angenehm zu fahren machte.

Die Ducati verhielt sich in Kurven großartig. Ihr steifer Rahmen und die straffe, gut kontrollierte Federung stellten sicher, dass das Handling auf den Punkt präzise war. Der Biposto-Stoßdämpfer im Heck der Zweisitzer arbeitete absolut makellos, auch wenn leichtere Piloten mit der einsitzigen Version und einer weicheren Feder besser beraten waren.

Bezeichnung	**Ducati** 998 (2002)
Motor	V2 90°, flüssigkeitsgekühlt, DOHC, 8 Ventile
Hubraum	998 ccm (100 x 63,5 mm)
Leistung	90,5 kW (123 PS) bei 9750 U/min
Kraftübertragung	Sechsganggetriebe; Kette
Rahmen	Gitterrohrrahmen
Federung	vorne Teleskopgabel; hinten Zentralfederbein
Bremsen	vorne Doppelscheibenbremse; hinten Scheibenbremse
Gewicht	198 kg
Spitzengeschwindigkeit	274 km/h

Register

Ace 52
Agostini, Giacomo 128
Agusta, Graf Domenico 128, 129
AJS 86, 87
Albright, Johnnie 29
Allen, Johnny 90
American Cycle Manufacturing Company 20
Applebee, Frank 15
Aprilia
Futura 283
Mille R 282–283
RSV Mille 262–263
Ariel
Huntmaster 70–71
Leader 59
Red Hunter 71
Square Four 8, 51, 58–59
Artley, Ray 34
Associated Motor Cycles 87, 93

Baba, Tadao 222, 280
Baker, Erwin „Cannonball" 24, 29, 34
Baldwin, Oliver 19
Balke, Charles 29
Barnes, Freddie 18–19
Bauer, Dr. Stefan 106
Baumann, Art 102, 103
Bayliss, Thomas & Co. 46
Bayliss, Troy 316
Bedell, Alan 34
Benelli 750 Sei 134–135
Bennett, Alec 36, 37, 40
Bennett, Wells 31, 35
Bigsby, Paul 44
Bimota
HB1 175
HB2 174–175
HB3 175
SB2 148–149
SB8K 286–287
SB8R 286
Tesi 1D 230, 249
Tuatara 211
YB11 (Superleggera) 248–249
YB6 EXUP 210–211, 248
Bloor, John 90, 220, 254
BMW
K1 206–207
K100RS 206
K1100RS 252
K1200RS 252–253
Luftmeister K1 207
R32 132
R75 132
R90S 132–133, 172, 261
R1100RS 260
R1100S 260–261
Bordi, Massimo 212
Boss Hoss
V6 233
V8 232–233
Bridgestone 350 GTR 104–105
Brough, George 32, 33
Brough Superior SS100 8, 11, 32–33
Alpine Grand Sport 33
SS80 32
SS100 Pendine 33
Brown, George 63
BSA
Golden Flash 70, 74, 75, 94
Gold Star Clubman 55, 72–73
Leader 71
Lightning 110
Road Rocket 74–75
Rocket Gold Star 94–95
Spitfire 95
Super Flash 74
Super Rocket 75
Buell, Erik 204, 268
Buell
Firebolt XB9R 269
Lightning X1 268–269
RR1000 Battletwin 204
RR1200 204
RS1200 204–205
S2 Thunderbolt 205
Butcher, Rex 97

Cagiva V-Raptor 290–291
Carroll, Arthur 37
Carruthers, Kel 134
Castiglioni, Claudio 266, 310
Cecotto, Johnny 148
Chemarin, Jean-Claude 158
Clancy, Carl Stevens 34
Clark, Doug 96
Clark, Harold 73
CNA Rondine (Swallow) 65
Collier, Charlie 86
Corser, Troy 235
Craig, Joe 37
Crocker, Albert 44, 45
Crocker
Scootabout 45
V-twin 44–45
Crosby, Graeme 183
Cyclone V-Twin 26–27

Daimler, Gottlieb 6
Daimler Reitwagen 6
Daniell, Harold 37
Davies, Howard 62
Davies, Peter 139
Davidson, Arthur 22
Davidson, Walter 22
Davidson, William 22
Davidson, Willie G. 145
Degens, Dave 97
Degner, Ernst 104
Dixon, Freddie 33
Douglas, William 16–17
Douglas Flat Twin 17
Dow, Eddie 94
Dresda Triton 96–97
Ducati
748R 241
748SP 240–241
750 Super Sport 136
851 203, 212–213, 234, 249
888SPS 213
900 Superlight 224–225
900SS 8, 136–137, 202–203, 224
900SS Hailwood Replica 137
916 9, 148, 215, 234–235, 256, 266, 241, 310
998 316–317
GT750 127
MH900e 296–297
Monster S4 307
ST2 306
ST4S 306–307
Duhamel, Miguel 313
Duke, Geoff 37, 65

Edwards, Colin 265, 292, 293
Egli, Fritz 193
Einspur, Daimler 6
Erion, Craig 251
Erion, Kevin 223
Erion
900RR Replica 223
Odin Valkyrie 251
Excelsior
Manxman 46–47
Mechanical Marvel 46
Super-X 31
Talisman 47
V-twin 30–31
Viking 47

Fernihough, Eric 33
Ferrari, Virginio 210
Flying Merkel 24–25
FN Four 12–13
Fogarty, Carl 201, 209, 235
Foster, Bob 40
Franklin, Charles B. 38, 66
Free, Rollie 38, 63
Frith, Freddie 40
Friz, Max 132

Galluzzi, Miguel 290
Gardner, Wayne 181
Gellera (Gilera), Giuseppe 65
Gilera Saturno Sport 55, 64–65
Gleave, Sid 46
Gobert, Anthony 286, 287
Goddard, Peter 282
Goodman, Percy 40
Gould, Ron 116
Grant, Ron 102
Gustafson, Charles sen. 28
Guzzi, Carlo 82

Haga, Noriyuki 265
Hailwood, Mike 128, 137, 152, 296
Handley, Wal 72
Hanlon, Dave und Dan 31
Harley, William 22, 23

Harley-Davidson
- Cafe Racer (XLCR) 144–145
- Dyna Super Glide Sport 272–273
- Knucklehead (Model 61E) 44, 45, 48–49
- Low Rider 145
- Model 7D 23
- Model 11F 22–23
- Model 74F 49
- Model J 23
- Silent Grey Fellow 23
- Sportster 76–77, 144, 145, 268
- V-Rod 6, 312–313
- VR1000 313

Harris, Steve und Lester 246
Harris
- Magnum 1 246
- Magnum 2 246
- Magnum 3 246
- Magnum 4 246, 247
- Magnum 5 246–247

Hartle, John 91
Hasha, Eddie 29
Haslam, Ron 195
Hatch, Ike 46
Hedstrom, Oscar 28
Hele, Doug 92
Hendee, George 28
Henderson 30
- Ace 35
- KJ 34–35
- Model D 34
- Model E 34
- Model G 34

Henderson, Tom 34
Henderson, William 34, 52
Hicks, Freddie 40
Hildebrand und Wolfmüller 6
Holder, Matt 57
Honda
- CB1000 271
- CB1100R 159, 170–171, 174, 175, 180, 200
- CB1300 271
- CB400 Super Dream 159
- CB450 89, 98–99
- CB750 8, 108, 113, 114–115, 120, 127, 130, 133, 147, 158, 255
- CB750F2 115
- CB750FZ 159
- CB900F 158–159
- CB900FZ 170
- CB92 Benly Super Sport 99
- CBR1100XX *siehe* Super Blackbird
- CBR600F Sport 304–305
- CBR900RR (FireBlade) 9, 215, 219, 222–223, 238, 244, 246, 247, 280–281, 300, 301, 304
- CBR954RR 281
- CBX1000 152–153, 158, 160
- CX500 Turbo 176–177
- CX650 Turbo 177
- F6C *siehe* Valkyrie
- FireBlade *siehe* CBR900RR
- GL1500 Gold Wing 232, 250
- Hornet 900 308
- NR750 228–229
- RC30 200–201, 208
- RC45 229
- RVF750F *siehe* RC45
- SP-1 292–293
- Super Blackbird 242–243, 270, 276
- Valkyrie 250–251
- VF1000F 180
- VF1000R 9, 180–181, 200
- VF750F 194
- VFR750F (Interceptor) 194–195, 200, 314
- VFR VTEC 314–315
- VTR1000F Firestorm 292
- X-11 270–271

Hopwood, Bert 73, 84, 92
HRD Motors 62
Humiston, Lee 30

Indian
- Chief 29, 66–67
- Four (Ace) 52–53
- Powerplus 28–29, 66
- Scout 66
- Sport Scout 38–39
- Standard 29
- Torque Four 53
- X44 53

Irimajiri, Shoichiro 152
Irving, Phil 62

Joerns Motor Manufacturing Company 26, 27
Johns, Don 27
Jones, Maldwyn 24, 25

Katoh, Daijiro 293
Kawasaki
- GPZ1000RX 185
- GPz1100 166–167, 177
- GPZ600R 294
- GPZ900R (Ninja) 9, 167, 179, 181, 184–185, 198, 238, 239
- H1 500 121
- H2 750 120–121, 127
- „Lawson Replica“ 178
- Z1 130–131, 159, 167, 238, 239
- Z1-R 131
- Z1000 154, 155, 158, 167, 246
- Z1100R 178–179
- Z1300 160–161, 166
- Z650 147
- Z900 131, 142
- ZRX1200S 308
- ZX-10 185, 216, 217
- ZX11 *siehe* ZZ-R1100
- ZX-12R 9, 277, 279, 284–285
- ZX-6R 294–295
- ZX750 Turbo 177
- ZX-9R 238–239
- ZXR750 208–209, 238
- ZZ-R1100 (ZX-11) 216–217, 238, 242

Keleçom, Paul 12–13
Kinney, Dave 27
Kocinski, John 229
Kretz, Ed 38

Laverda, Massimo 124
Laverda
- 750 SFC 124–125, 127, 186
- Jota 138–139
- RGS 1000 186
- SFC 1000 186–187
- V6 125

Lawrence, T. E. 33
Lawson, Eddie 178, 179, 182, 183
Lemon, Arthur 35
Leon, Christian 158
Le Vack, Bert 33
Liberati, Libero 65
Light Motor Company 24
Lomas, Bill 83
Lucchinelli, Marco 197
Lyons, Ernie 68

McCandless, Rex und Cromie 37, 85
McIntyre, Bob 80
McIntyre, Ted 288, 289
Mackenzie, Niall 169
McNeil, J. A. 27
Magni, Arturo 129, 151
Magni, Giovanni 151
Mann, Dick 115
Marconi, Pierluigi 249
Marine Turbine Technologies Y2K 288–289
Martin, Harry 46
Masetti, Umberto 65
Masserini, Massimo 64
Matchless G12 de Luxe 86–87
Merkel, Fred 201
Merkel, Joseph 24, 25
Merkel-Light Motor Co. 24
Miami Cycle Company 24
Milne, Jack und Cordy 44
Miwa, Kunihiko 258
Molloy, Ginger 121
Moore, Walter 36, 37
Moto Guzzi
- 1100 Sport 227
- 750S3 127, 140
- Albatros 82
- Astore 82
- Condor 82
- Daytona 226–227
- Dondolino 82
- Falcone 82–83
- Le Mans 8, 140–141
- V7 Sport 126–127, 140

Muth, Hans 132
MV Agusta
- 750 F4 266–267
- 750 Sport 128–129, 150
- 750S America 150
- Boxer *siehe* Monza
- Brutale 310–311
- F4 148
- Magni 151
- Monza 150–151

Nash, Godfrey 37
Nicholson, Bill 73
Norton, James Landowne 36
Norton
- 650SS 92–93
- Commando 8, 89, 106–107
- CS1 37
- Dominator 88 84–85, 92
- Dominator 99 96
- International 36–37
- Manx 37

Manxman 650 92
Nott, Ernie 42
NSU 37

Ottaway, Bill 23

Page, Val 59
Parker, James 231
Parodi, Giorgio 82
Petrali, Joe 49
Pierce, Percy 13
Pierce Arrow 13
Polen, Doug 213
Pope, Albert 20–21
Pope V-twin 20–21
Pridmore, Reg 133
Pullin, Cyril 43

Read, Phil 93, 110, 150
Remor, Piero 65
Ricardo, Harry 43
Rickman, Don und Derek 118
Rickman Interceptor 118–119
Roberts, Kenny 183
Roche, Raymond 213
Rosier, Jake de 29, 30
Royal Enfield
Constellation 80–81, 119
Meteor 81, 119
Super Meteor 81
Rudge
Multi 43
Multwin 43
Ulster 42–43
Russell, Scott 209

Salmaggi, Giuseppe 64
Sangster, Jack 58
Schwinn, Ignaz 30, 31, 34, 35
Scott, Alfred Angus 14–15, 56
Scott
Clubman's Special 57
Flying Squirrel 56–57
Squirrel Sportster 15
Super Squirrel 15
Two-speed 14–15
Setchell, Brian 93
Sheene, Barry 197
Silk, George 57
Silk 700S 57
Slater Brothers 138
1200 139
3CE 138
3CL 138
Mirage 139
Slater, Roger und Richard 138
Smart, Paul 136, 137
Spaggiari, Bruno 136
Strand, Andrew 26
Sunbeam
S7 60, 61
S8 60–61
Surridge, Victor 43
Surtees, John 128
Suzuki
Bandit 1200 308
GS1000 8, 154–155, 157, 158
GS550 143
GS750 142–143, 147, 155
GSX1100 164–165, 166, 172, 246
GSX-R1000 6, 279, 300–301
GSX-R1100 196–197, 218, 247, 276
GSX-R600 245, 304
GSX-R750 9, 163, 188, 190–191, 196, 244, 257, 267, 300, 301
GSX-R750T 244–245
GT550 103
GT750 120, 122–123, 142
Hayabusa (GSX1300R) 9, 215, 243, 276–277, 284, 285
Katana 1100 172–173, 246
RG500 Gamma 197
RGV500 244
T20 Super Six 102
T500 89, 102–103
TL1000R 257
TL1000S 256–257
TR750 123
XN85 177

Taglioni, Fabio 136, 212
Tait, Percy 91
Tamburini, Massimo 148, 149, 175, 234, 266, 310
Taveri, Luigi 152
Terblanche, Pierre 296, 297
Tomaso, Alejandro de 226
Tonti, Lino 126
Tooley's Bicar 19
Trasler, Steve 91
Travert, Christian 288, 289
Triumph
Daytona 1200 221
Daytona 955i 302–303, 254
Speed Triple 236–237
Speed Twin 8, 11, 50–51, 68, 78, 96, 236
Sprint ST 303
Thunderbird 650 78–79
Tiger 100 51, 68–69, 78
Tiger 110 75, 79, 91, 96
Tiger 90 51
Trident 8, 89, 108–109, 220, 236
Trophy 1200 220–221
T120 Bonneville 8, 69, 89, 90–91, 99, 110, 111, 254
T509 Speed Triple 237
T595 Daytona 254–255
Type R 43
X-75 Hurricane 109
Turner, Edward 50, 51, 58, 59, 68, 78, 84, 90

Udall, Charles 41
Ukawa, Tohru 293
Uncini, Franco 197
Uphill, Malcolm 91

Velocette
KSS 40–41
KTT 40, 41
LE 101
MAC 41
Model K 40
MSS 41
Venom Thruxton 100–101
Viceroy 101
Vetter, Craig 109
Villa, Walter 148
Vincent, Philip 62
Vincent
Black Knight 63
Black Lightning 62
Black Prince 63
Black Shadow 62–63
Comet 62
Meteor 62
Rapide V-twin 62

Walker, Eric 46
Walker, Graham 42
Walker, Otto 23
Walker, Phil 87
Warne, Monty 232, 233
Werner, Brüder 7
Williamson, Billy 16–17
Williamson, Harold 16–17
Williamson Flat Twin 16–17
Wills, Harold 40
Wittner, Dr John 226
Wolters, Joe 30
Wolverton, Charles 35
Wood, Tim 15
Woods, Stanley 36
Wright, Joe 19
Wright, Sam 46

Yamaha
Fazer 1000 308–309
FJ1100 198, 298
FJ1200 198–199, 298
FJR1300 298–299
FZ750 188–189, 218
FZR1000 218–219
FZR1000 EXUP 210
FZR600 275
GTS1000 230–231
OW02 *siehe* YZF-R7
OW61 183
R1 308
R6 304
RADD MC² 231
RD-Serie 116, 117
RD350 117
RD350F2 169
RD350LC 168–169
RD350 Pro-Am-Serie 169
RD350 YPVS 169
RD400 117, 168
RD500LC 182–183
TZ350 168
V-Max 192–193
XJ650 Turbo 177
XS-1 110–111
XS1100 156–157, 166, 199
XS750 148–149
YR1 116
YR5 116–117, 168
YZF1000R Thunderace 219, 248, 249
YZF-R1 6, 9, 215, 219, 258–259, 280, 281, 298
YZF-R6 274–275
YZF-R7 264–265

Zenith Gradua V-twin 18-19